JN272955

TOOL
ツール活用シリーズ

電子回路シミュレータ
SIMetrix/SIMPLISによる高性能電源回路の設計

高い安定性と応答性が得られる負帰還特性にチューニング

遠坂俊昭 著
Toshiaki Enzaka

CQ出版社

まえがき

　どんな電子装置でも，必ず必要になるのが電源です．そして，電源には次にあげる様々な課題が要求されます．

　容量：　　　　装置に必要な電圧・電流を供給できること
　順法：　　　　装置に該当する法規格に適合していること
　安全性：　　　発火や高温など人体や周囲に悪影響を与えないこと
　発熱：　　　　使用する素子が寿命に影響するような高温にならないこと
　信頼性：　　　温度・振動などの周囲環境の変化に故障なく動作すること
　長寿命：　　　使用部品点数が少なく，長期に渡って故障なく動作すること
　経済性：　　　安価な部品で構成できること
　小型軽量：　　小さく軽い部品で構成できること
　高効率：　　　電源で不要な電力損失が少ないこと
　安定性：　　　入力電圧や負荷変動に対して安定な電圧・電流を供給できること
　雑音阻止特性：商用電源などから侵入する雑音を阻止し，電子装置に伝えないこと
　低雑音：　　　電子装置に供給する電圧・電流に含まれる雑音が少ないこと
　EMC（Electro Magnetic Compatibility）：外来の電磁的雑音に対し誤動作せず，ほかの装置に電磁的雑音を与えないこと

　上記にあげた事項はお互い関連性がありますが，これらの事項をすべて理解し，満足させることはなかなか大変です．本書は，その中の安定性について設計方法と特性の評価方法をシミュレーションと実測データを比較しながら解説します．

　電源の出力電圧または電流を一定値に制御し，安定化するには負帰還が使用されます．負帰還は，1927年にブラック氏が発明してから既に1世紀が経過しようとしており，解明しつくされた技術です．そして，本書で扱っている負帰還は，古典制御とまで呼ばれるに至っています．しかし一方，雑誌や半導体メーカのデータシートなどで，この負帰還に必要な素子値についてその算出方法までを詳しく解説したものをあまり見かけないのもまた事実です．

　本書では，負帰還に必要な LCR についての基礎知識と素子値の算出方法に加え，最近手軽に使用できるようになったシミュレーション，そして計測器で実測した結果を示し，初心者の方でも順番に読み解けば負帰還設計が理解できるように努めました．

　電源の負帰還の場合，回路図からは読み取り難い要素が多々あります．リニア・レギュレータでは出力のコンデンサの等価直列抵抗や等価直列インダクタンスが負帰還動作に大きな影響を与えます．ところが，これらは回路図に書かれることはありません．

スイッチング・レギュレータでは，コイルが不可欠です．そして，このコイルに流れる電流の連続性により交流特性が大きく変化します．しかし，回路図を見ただけではこの特性を判断するのは難しいことです．また，スイッチング・レギュレータの方式によっては無駄時間という負帰還にとっては大敵な特性が発生するものがあり，この特性も回路図から読み取ることはなかなか難しい作業です．

　上記の回路図から読み取るのが難しい特性をシミュレーションでグラフ化すると，負帰還動作の理解にとても役に立ちます．本書では，スイッチング・レギュレータのシミュレーションに最適なSIMetrix/SIMPLISを使用しました．このシミュレータは，SPICE系のSIMetrixと，独自のアルゴリズムを使用したSIMPLISの二つで構成され，同じ回路図エディタから切り換えて使用できます．本書ではSIMetrix/SIMPLISの使用方法からスイッチング・レギュレータのループ利得，そして出力インピーダンス-周波数特性のシミュレーション方法までを解説しています．

　最後にSIMetrix/SIMPLISを紹介していただいた黒田徹氏，スイッチング・レギュレータについて指導していただいた荒木邦彌氏，馬場清太郎氏，アナログナレッジでお世話いただいている群馬大学の山越芳樹氏，ポリテクセミナでお世話いただいているポリテクセンタ関東の岡栄太郎氏に紙面を借りて感謝するとともにお礼申し上げます．

2013年春　藪塚にて　遠坂 俊昭

本書のサポート・ページ
http://mycomputer.cqpub.co.jp/

目次

まえがき ... 2

第 1 章 電源回路の概要 ... 8

- 1-1 電源と負帰還 ... 8
- 1-2 安全性 ... 9
- 1-3 商用電源 ... 13
- 1-4 レギュレータ（安定化電源）の概要 ... 16
  - 1-4-1 リニア・レギュレータ 16
  - 1-4-2 スイッチング・レギュレータ 17
  - 1-4-3 レギュレータの性能を表すパラメータ 20
- 1-5 電源回路とシミュレータ ... 21
  - 1-5-1 PSpice 21
  - 1-5-2 LTspice 22
  - 1-5-3 SIMetrix/SIMPLIS 23
- Column 1-1 アナログナレッジのホームページの紹介 25

第 2 章 SIMetrix/SIMPLIS の使い方 ... 26

- 2-1 SIMetrix/SIMPLIS のスタート ... 26
- 2-2 SIMetrix での回路図の作成 ... 27
- 2-3 解析の実行 ... 33
- 2-4 SIMetrix の回路図を SIMPLIS の回路図に変更 ... 36
- 2-5 SIMPLIS で過渡解析の実行 ... 37
- 2-6 SIMPLIS で AC 解析を実行 ... 38
- 2-7 SIMPLIS でマルチステップ解析の実行 ... 38
- Column 2-1 付属 CD-ROM の SPICE モデルをインストールする方法 44

第 3 章 電源回路に使用される基本素子の特性と動作 ... 48

- 3-1 コンデンサ ... 48
  - 3-1-1 コンデンサの電圧波形と電流波形 48
  - 3-1-2 コンデンサのインピーダンスと RC ローパス・フィルタ 50
  - 3-1-3 コンデンサのインピーダンス-周波数特性と等価回路 53
- 3-2 コイル ... 55
  - 3-2-1 コイルの電流波形と電圧波形 55
  - 3-2-2 コイルのインピーダンスと RL ローパス・フィルタ 58
  - 3-2-3 コイルのインピーダンス-周波数特性と等価回路 59

| 3-3 | トランス | 61 |

- 3-3-1 トランスの等価回路　61
- 3-3-2 トランスのモデリング　62
- 3-3-3 SIMetrix でトランスをシミュレーションする　64
- 3-3-4 トランスの非直線性と飽和　65
- 3-3-5 トランスの安全性　69

| 3-4 | ヒューズ | 69 |

第4章
負帰還を理解するための基礎知識　72

4-1	デシベル	72
4-2	利得-周波数特性をリニア目盛りと dB 目盛りで比較する	73
4-3	ボーデ線図と利得合成	74
4-4	利得・位相-周波数特性	77

- 4-4-1 *RLC* 回路の LPF 特性　77
- 4-4-2 *RLC* 回路の HPF 特性　78
- 4-4-3 *RLC* 回路の LPF ステップ特性　79
- 4-4-4 *RLC* 回路の HPF ステップ特性　81
- 4-4-5 2次の LPF と HPF　82
- 4-4-6 利得傾斜と位相の関係　82
- 4-4-7 利得の傾斜と位相の関係が特異な場合　84

第5章
負帰還の動作と設計　86

5-1	負帰還の動作	86
5-2	安定な負帰還を実現するために	88
5-3	四つの負帰還方式と入出力インピーダンス	93

- 5-3-1 電圧帰還・直列注入方式　94
- 5-3-2 電圧帰還・並列注入方式　95
- 5-3-3 電流帰還・直列注入方式　96
- 5-3-4 電流帰還・並列注入方式　97

| 5-4 | 電源回路の負帰還 | 97 |
| 5-5 | 誤差増幅器の設計 | 99 |

- 5-5-1 制御部の特性がステップ LPF 特性の場合　100
- 5-5-2 制御部の特性が1次 LPF 特性の場合　106
- 5-5-3 制御部の特性が2次から1次 LPF 特性になる場合　108
- 5-5-4 制御部の特性に過剰位相系が発生し高域の利得が上昇する場合　109
- 5-5-5 制御部の特性が2次 LPF 特性になる場合　112

| 5-6 | gm アンプ | 114 |

- 5-6-1 電圧出力と電流出力　115
- 5-6-2 gm アンプの周波数特性　116
- 5-6-3 gm アンプの利得の漸近線　117
- 5-6-4 gm アンプで誤差増幅器を設計する　119

Column 5-1　負帰還技術に貢献された人々　123

第6章
リニア電源の設計 124
6-1 整流・平滑回路 124
- 6-1-1 半波整流回路　127
- 6-1-2 両波整流回路　127
- 6-1-3 ブリッジ整流回路　127
- 6-1-4 高調波電流　130

6-2 シリーズ・レギュレータの基本設計と評価 130
- 6-2-1 実験用4出力低雑音電源　130
- 6-2-2 負帰還設計　132
- 6-2-3 ループ特性の評価　136
- 6-2-4 ロード・レギュレーションと出力インピーダンスの評価　138
- 6-2-5 出力電圧の過渡応答の評価　141
- 6-2-6 出力雑音の評価　145
- 6-2-7 低 ESR コンデンサを使用した場合の負帰還設計　146

6-3 熱設計 149
- 6-3-1 熱抵抗　149
- 6-3-2 パワー・トランジスタのチップとケース間の熱抵抗の算出方法　150
- 6-3-3 放熱シート　151
- 6-3-4 熱計算　152

Appendix A　オーディオ帯域の測定に適した周波数特性分析器
FRA (Frequency Response Analyzer)　155

第7章
リニア・レギュレータの応用設計…Dual CVCC 実験用電源 158
7-1 Dual CVCC 実験用電源の概要 158
7-2 定電圧制御動作 160
7-3 定電流制御動作 160
7-4 定電圧モードでの負帰還設計 161
7-5 定電流モードでの負帰還設計 166
7-6 電源トランスの改造 168
7-7 放熱設計 170
7-8 調整方法 171
7-9 特性の評価 171

第8章
スイッチング電源の動作 174
8-1 降圧型コンバータ 174
8-2 昇圧型コンバータ 177
8-3 昇降圧型コンバータ 178
8-4 SEPIC コンバータ 180
8-5 Cuk コンバータ 183

8-6	パルス幅変調器	183
8-7	電流連続モードと電流不連続モード	185
8-8	電圧制御モードと電流制御モード	189

Appendix B　制御部の利得-周波数特性の漸近線　197

第9章
Buckコンバータの設計・製作・評価　200

9-1	Buckコンバータの概要	200
9-2	出力コイルと出力コンデンサの決定	201
9-3	負帰還設計	204
9-4	各種特性のシミュレーション値と実測値の比較	209

第10章
積層セラミック・コンデンサを使用したBuckコンバータの設計・製作・評価　212

10-1	Buckコンバータの概要	212
10-2	出力コイルと出力コンデンサの決定	213
10-3	負帰還設計	215
10-4	各種特性のシミュレーション値と実測値の比較	222

Column 10-1　高誘電率積層セラミック・コンデンサの直流重畳特性　225

第11章
電圧モードBoostコンバータの設計・製作・評価　226

11-1	電圧モードBoostコンバータの概要	226
11-2	出力コイルとコンデンサの決定	226
11-3	負帰還設計	232
11-4	各種特性のシミュレーション値と実測値の比較	237

第12章
電流モードBoostコンバータの設計・製作・評価　240

12-1	電流モードBoostコンバータの概要	240
12-2	出力コイルとコンデンサの決定	243
12-3	負帰還設計	243
12-4	各種特性のシミュレーション値と実測値の比較	254

付属CD-ROMについて	257
参考・引用*文献	258

索引　259

第1章　電源の基本と利用するシミュレータの特徴
電源回路の概要

1-1──電源と負帰還

　当然のことながら，電子回路を動作させるためには電源が必要です．そして，電子回路を動作させるための電源は一般的に直流です．家庭やオフィスに供給される商用電源は，交流100V/200Vです．したがって，電子機器には電子回路を動作させる安定した直流電圧に変換するための電源回路が必要になります．電源回路は，人間でいうと血液を送り出す心臓に相当する，とても重要な部分です．また，電源回路は出力電圧の安定だけではなく，外部より侵入する雑音を阻止したり，事故・感電などに対する安全をも大きく左右します．

　最近の計測器などにはCPUが使用されているのはあたりまえになっていますが，CPUやメモリ，FPGA，そしてアナログ回路などで必要とされる直流電圧は様々です．例えば，**写真**1-1に示す発振器では，市販の+12V単出力の電源ユニットの出力から複数のDC-DCコンバータを使用して様々な直流電圧を生成しています．

　図1-1に示すように，一般的なDC-DCコンバータでは出力電圧を一定値に保つため，出力電圧と基準電圧を比較し，その差電圧（**図**1-1のⒶ-Ⓑ間電圧）を最小に制御する負帰還が使用されています．負帰還を使用することにより，入力電圧が変動したり，負荷であるCPUなどの消費電流が変動しても，常に一定の電源電圧を保つことができます．

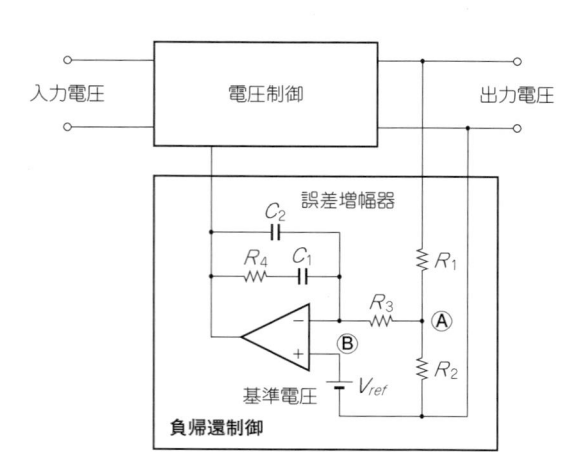

図1-1　DC-DCコンバータには負帰還が使用されている

(a) AC100Vは市販電源につながっている

・緑の地に黄色の螺旋に着色された電線で、電源入力のグラウンド端子と筐体が接続されている

・コモン・モード雑音を除去するためのフェライト・コア

(b) 市販電源の下に配置されているDC-DCコンバータの部分

・三端子レギュレータ
・スイッチング用 MOSFET
・コントロール IC

写真 1-1　発振器に使用されている市販電源

　しかし，負帰還回路に使用する抵抗やコンデンサ（C_1，C_2，R_3，R_4）の定数が不適切な場合，電源が発振したり，負荷変動により出力電圧が大きく変動したりしてしまいます．この負帰還回路の定数は，原理を正しく理解しないと算出できません．

　本書では，この負帰還回路の定数の求め方を主題にして，負帰還の基本原理から応用回路までを解説していきます．

1-2──安全性

　本書では，電源の安全性については主題ではありませんが，電源では一番重要といえる項目なので，簡単に説明します．

　電源回路は，図1-2に示すように入力であるAC100Vと直流電圧出力部分とはトランスやフォト・カプラで電気的に絶縁されています．AC100Vと電気的に接続されている部分を1次回路，負荷と電気的に接続されている部分を2次回路と呼びます．

　後述する過電圧カテゴリでは，ここで説明した1次回路が過電圧カテゴリⅡ，2次回路が過電圧カテゴリⅠに相当します．

(a) リニア電源の例

(b) スイッチング電源の例

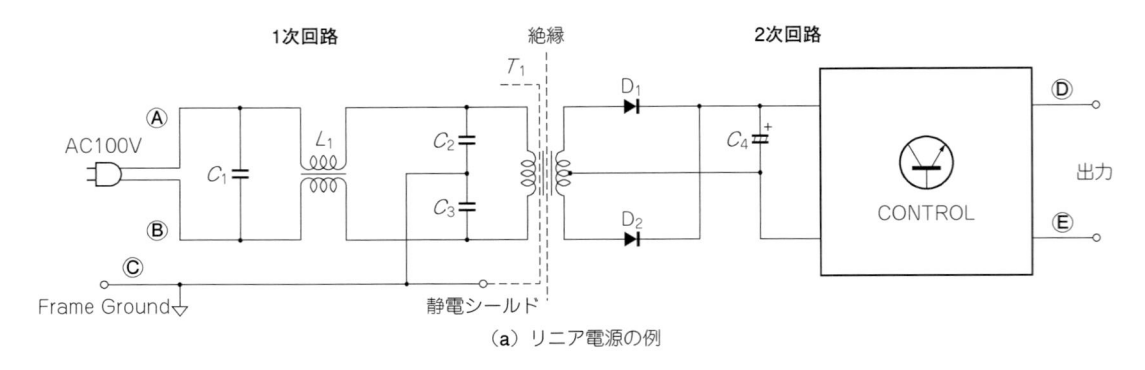

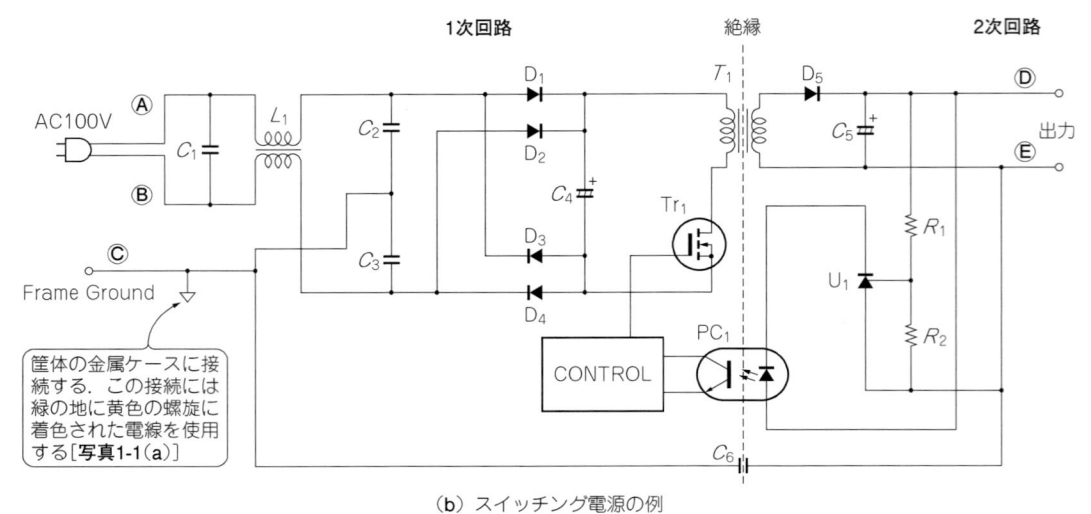

図 1-2　1次回路（AC100V側）**と 2次回路**（負荷がつながる側）

1次回路が故障すると，その影響が屋内配線にまで及んで発火や感電などの事故を引き起こす可能性があります．このため，1次回路は2次回路に比べて，安全性を保つためのJISなどの規則が厳しくなっています．

図1-2(a)のリニア電源は1次回路の部品点数が比較的少ないですが，**図1-2**(b)のスイッチング電源では制御のための回路も含まれるので，1次回路の部品点数が多くなります．したがって，スイッチング電源の場合は，部品の規格や配置などの考慮が大変になります．

一般のユーザが使用する電子機器については，経済産業省が制定したPSEとして有名な電気用品安全法があります．そして，下記に例を示すように，使用される分野によりそれぞれ個別にJIS規格が定められています．

　　測定，制御及び研究室用電気機器……………………………………………… JIS C 1010-1
　　医用電気機器……………………………………………………………………… JIS T 0601-1
　　レーザ製品………………………………………………………………………… JIS C 6802-11

したがって，設計する機器がどの分野に属し，どのような規格が定められているかを確認し，規格に添った設計を行う必要があります．

「測定，制御及び研究室用電気機器」の安全規格 JIS C1010-1 は，IEC（国際電気標準会議）61010-1 の規

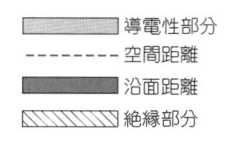

汚染度	溝の幅Xの最小値[mm]
1	0.25
2	1.0
3	1.5
4	2.5

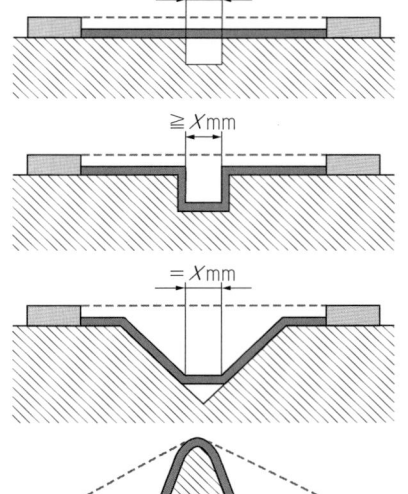

【例1】 幅X未満で，任意の深さの平行またはV字の溝がある場合．
空間距離と沿面距離が同じで，溝を横切って直接測定する．

【例2】 幅X以上で，任意の深さの平行またはV字の溝がある場合．
空間距離：見通し線距離
沿面距離：溝の輪郭線に沿った距離

【例3】 幅Xを超えるV字の溝がある場合．
空間距離：見通し線距離
沿面距離：溝の輪郭線に沿うが，幅がXの位置で短絡する．

【例4】 リブがある経路．
空間距離：リブの頂点を超える最短の直接経路
沿面距離：リブの輪郭線に沿った距離

図 1-3 沿面距離と空間距離

格に基づいて制定されています．しかし，同一の内容ではなく一部が変更されています．海外で使用される製品を開発する場合は，当然ながらIEC61010-1に基づく必要があります．

本書でJIS C 1010-1の規格のすべてを解説することはとてもできないので，ここでは導電部分どうしを絶縁する距離を例にとって一部を紹介します．

図1-3に示すように，絶縁のための距離には，空間距離と絶縁体の沿面に添った沿面距離があります（図1-3の例以外にもいろいろな形状について定められている）．そして，表1-1に示すように，設置される環境（過電圧カテゴリ，汚染度）によって，空間距離・沿面距離の最小値が定められています．また，絶縁耐圧試験のための試験電圧も規定されています．

◆ 過電圧カテゴリの四つの分類（図1-4）
▶ 過電圧カテゴリⅠ：コンセントを経由し，電源トランスにより絶縁された2次側の部分．
▶ 過電圧カテゴリⅡ：コンセントに接続する電源コード付き機器の1次側の部分．
▶ 過電圧カテゴリⅢ：直接配電盤から電気を取り込む，工場などの産業機器の一次側，および分岐部からコンセントまで．
▶ 過電圧カテゴリⅣ：建造物の引き込み線で使用される電気計器，および一次過電流保護装置など，引き込み線に直接接続される部分．

過電圧カテゴリは，以前は設置カテゴリと呼ばれていました．オシロスコープなどの電源の仕様に書かれている「CAT Ⅱ」は，「過電圧カテゴリⅡ」であることを示しています．

表 1-1 過電圧カテゴリ（汚染度によって決定される絶縁のための最小距離規定の表の一部，詳しくは JIS ハンドブックなどを参照）

動作電圧 (実効値または直流) [V]	汚染度1 設置カテゴリ（過電圧カテゴリ）I					
	空間距離 [mm]	沿面距離 [mm]		試験電圧 [V]		
		機器内 CTI>100	プリント配線板上 CTI>100	ピーク・インパルス 1.2/50 μs	実効値 50/60Hz 1min	直流または 50/60Hz ピーク 1min
50 以下	0.1	0.18	0.10	330	230	330
100 以下	0.1	0.25	0.10	500	350	500
150 以下	0.1	0.30	0.22	800	490	700
300 以下	0.5	0.70	0.50	1500	820	1150
600 以下	1.5	1.70	1.70	2500	1350	1900
1000 以下	3.0	3.20	3.20	4000	2200	3100

(a) 汚染度1，設置カテゴリ（過電圧カテゴリ）I

動作電圧 (実効値または直流) [V]	汚染度2 設置カテゴリ（過電圧カテゴリ）I								
	空間距離 [mm]	沿面距離 [mm]					試験電圧 [V]		
		機器内			プリント配線板上		ピーク・インパルス 1.2/50 μs	実効値 50/60Hz 1min	直流または 50/60Hz ピーク 1min
		材料グループ			コートなし	コートあり			
		I CTI>600	II CTI>400	III CTI>100	CTI>175	CTI>100			
50 以下	0.2	0.6	0.85	1.2	0.20	0.10	330	230	330
100 以下	0.2	0.7	1.00	1.4	0.20	0.10	500	350	500
150 以下	0.2	0.8	1.10	1.6	0.35	0.22	800	490	700
300 以下	0.5	1.5	2.10	3.0	1.40	0.70	1500	820	1150
600 以下	1.5	3.0	4.30	6.0	3.00	1.70	2500	1350	1900
1000 以下	3.0	5.0	7.00	10.0	5.00	3.20	4000	2200	3100

(b) 汚染度2，設置カテゴリ（過電圧カテゴリ）I

動作電圧 (実効値または直流) [V]	汚染度1 設置カテゴリ（過電圧カテゴリ）II					
	空間距離 [mm]	沿面距離 [mm]		試験電圧 [V]		
		機器内 CTI>100	プリント配線板上 CTI>100	ピーク・インパルス 1.2/50 μs	実効値 50/60Hz 1min	直流または 50/60Hz ピーク 1min
50 以下	0.1	0.18	0.1	500	350	500
100 以下	0.1	0.25	0.1	800	490	700
150 以下	0.5	0.50	0.5	1500	820	1150
300 以下	1.5	1.50	1.5	2500	1350	1900
600 以下	3.0	3.00	3.0	4000	2200	3100
1000 以下	5.5	5.50	5.5	6000	3250	4600

(c) 汚染度1，設置カテゴリ（過電圧カテゴリ）II

動作電圧 (実効値または直流) [V]	汚染度2 設置カテゴリ（過電圧カテゴリ）II								
	空間距離 [mm]	沿面距離 [mm]					試験電圧 [V]		
		機器内			プリント配線板上		ピーク・インパルス 1.2/50 μs	実効値 50/60Hz 1min	直流または 50/60Hz ピーク 1min
		材料グループ			コートなし	コートあり			
		I CTI>600	II CTI>400	III CTI>100	CTI>175	CTI>100			
50 以下	0.2	0.6	0.85	1.2	0.2	0.1	500	350	500
100 以下	0.2	0.7	1.00	1.4	0.2	0.1	800	490	700
150 以下	0.5	0.8	1.10	1.6	0.5	0.5	1500	820	1150
300 以下	1.5	1.5	2.10	3.0	1.5	1.5	2500	1350	1900
600 以下	3.0	3.0	4.30	6.0	3.0	3.0	4000	2200	3100
1000 以下	5.5	5.5	7.00	10.0	5.5	5.5	6000	3250	4600

(d) 汚染度2，設置カテゴリ（過電圧カテゴリ）II

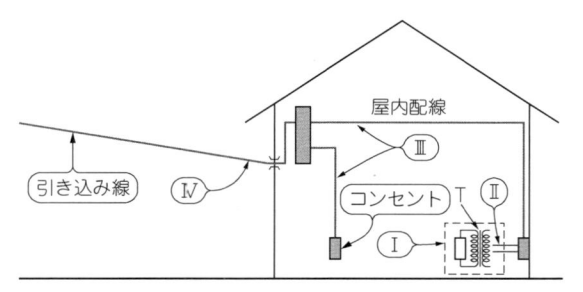

図 1-4　過電圧カテゴリの分類

◆ 汚染度の四つの等級（機器が使用される環境）
- 汚染度1：汚染がないか，乾燥した非導電性の汚染だけが発生する，結露の生じない密閉された部分．
  これは，密封性のある部屋やクリーン・ルームでの使用を想定したものです．
- 汚染度2：結露が生じるが，非導電性の汚染しか発生しない場所．
  これは，標準的なオフィスや家庭内の環境に相当します．
- 汚染度3：導電性の汚染が発生するか，または予想されるような結露のために導電性となる乾燥した非導電性の汚染が発生する場所．
  これは，温度・湿度の管理されていない屋内環境に相当します．
- 汚染度4：汚染は導電性のほこり，または雨や雪によって発生する永続性の導電性が発生する場所．
  これは，一般的な屋外環境に相当します．

　一般的なオフィスなどで使用される計測器などの電源の1次側は，表 1-1 (d) に規定された値になります．表 1-1 (d) から，電源が AC100V で動作する機器の場合は AC100V 入力と筐体や2次側との間の絶縁耐圧が $820V_{rms}$，AC200V の場合は $1350V_{rms}$ の電圧が1分間印加されても異常が生じてはいけないことになります．

　このことから，通常図 1-2 (a), (b) のⒶⒷとⒸ間，ⒶⒷとⒺ間に，AC100V 機器の場合は余裕をみて $1kV_{rms}$，AC200V 機器の場合は $1.5kV_{rms}$ の電圧を1分間印加して安全であることを確かめます．

　したがって，図 1-2 (a) では C_2, C_3, T_1 の耐圧，図 1-2 (b) では C_1, C_2, T_1, PC_1, C_6 の耐圧がこの電圧で安全であることが必要になります．

1-3 ── 商用電源

　図 1-5 に示すように，電子機器を動作させるための商用電源は，電柱に設置された柱上トランスで $6.6kV_{rms}$ から $AC100V_{rms}$ ($200V_{rms}$) に降圧して供給されています．この結線方式を，単相三線式と呼びます．

　そして，柱上トランスの絶縁破壊など，万一の故障事故が発生しても2次側に 6.6kV の高圧が発生しないように，中点が大地にアースされています．こうすることにより，商用電源の3本の線は大地電位に対し $100V_{rms} \times \sqrt{2} \fallingdotseq 141V$ のピーク電圧以上の電位が現れないことになります．

　これは，電気設備技術基準で商用電源と大地間の電位差が 150V 以上にならないように定められているためです．

　柱上トランスの2次側の中点がアースされ，人間の体と大地との間に何らかのインピーダンスで接続さ

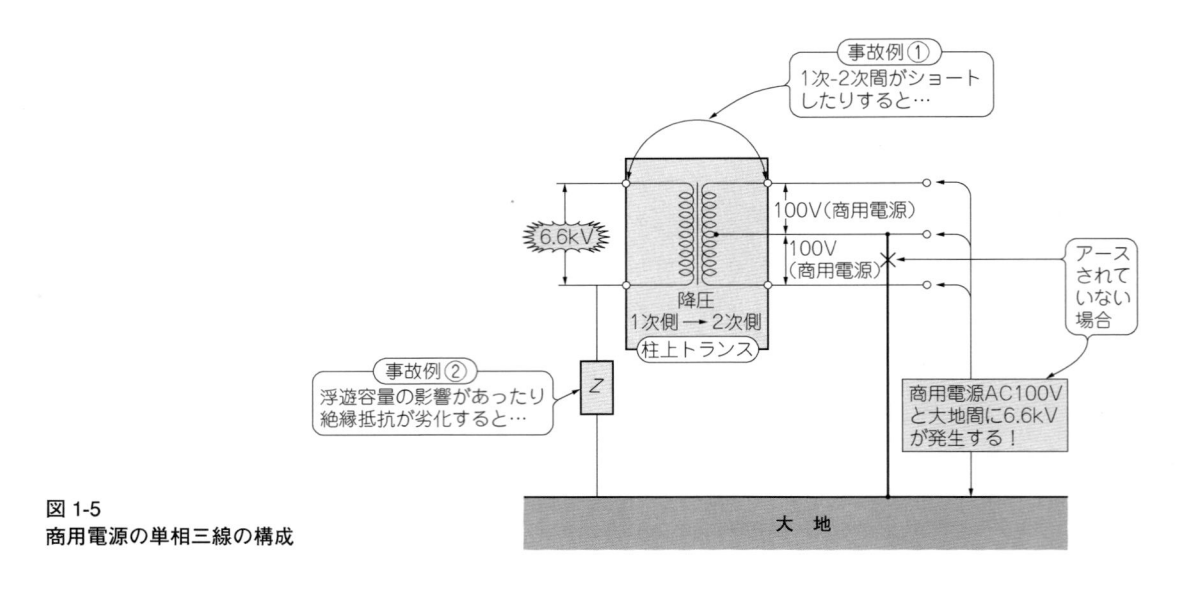

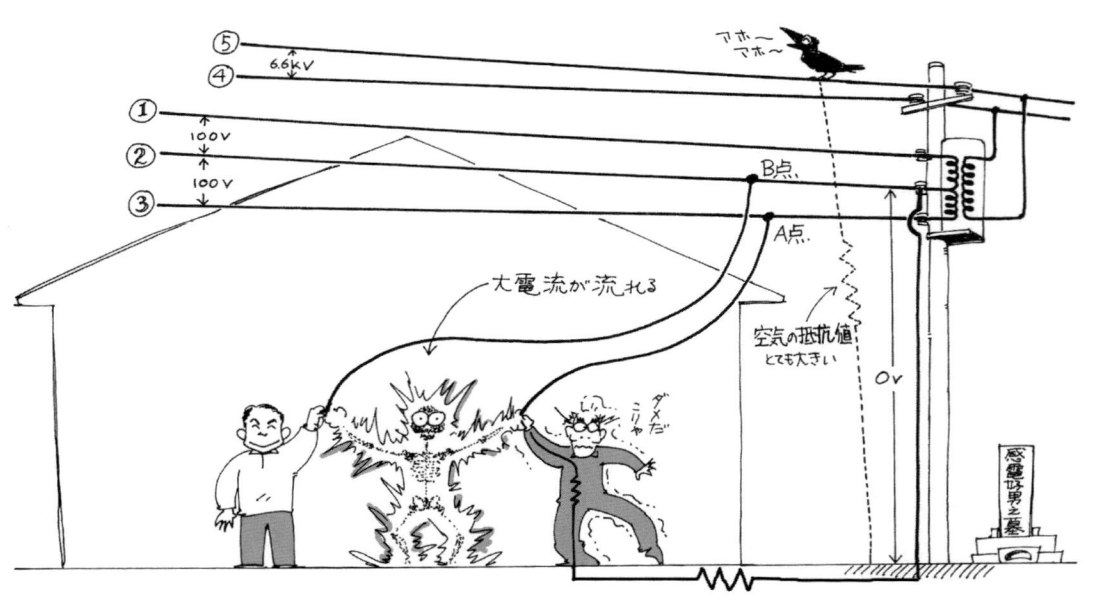

図 1-5
商用電源の単相三線の構成

図 1-6　感電の電流経路

れているため，図 1-6 の A 点に触れると感電し，B 点では感電しないことになります．また，絶縁抵抗の大きいゴム製の長靴などをはいていれば，A 点に触れても感電しません．

当然ながら，A 点と B 点を同時に触れると人体に大電流が流れ，恐ろしいことになります．電線にとまっているカラスが感電しないのは，空気の抵抗が非常に大きいためです．

図 1-7 は，スイッチング電源の 1 次側の POWER MOSFET のドレイン-ソース間の電圧波形をオシロスコープで観測しようとした図です．オシロスコープでは，安全のためにプローブのグラウンド側は 3P の AC 入力のグラウンドに接続されています．そして，3P のグラウンドの端子は大地に接続されます．AC100V の片側も大地に接続されているため，図 1-7 に示す大地を経由する経路でプローブのグラウンド

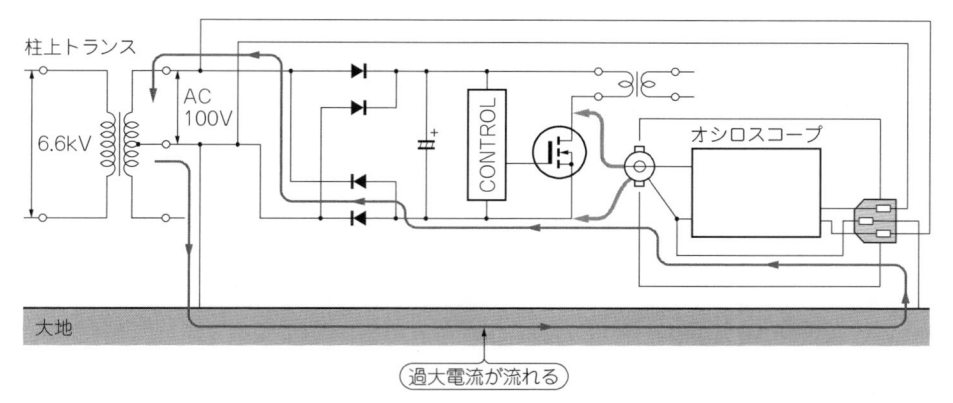

図 1-7 オシロスコープをスイッチング電源の 1 次回路に接続すると危険

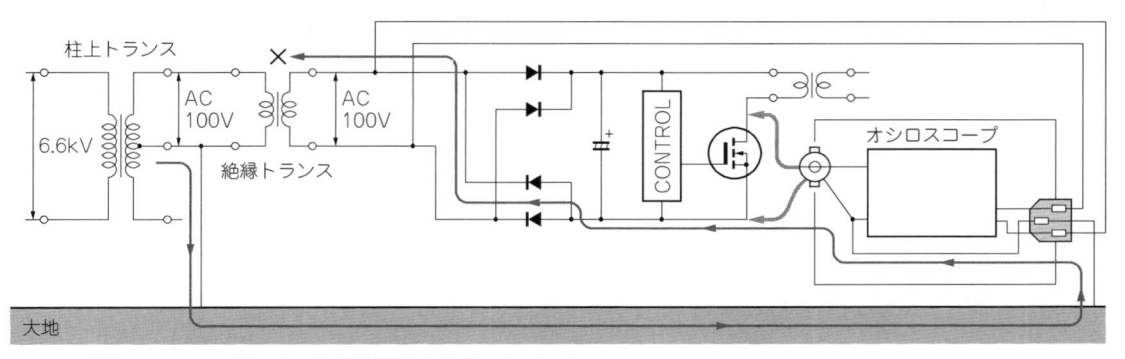

図 1-8 絶縁トランスを挿入すると過大電流を防ぐことができる

写真 1-2
絶縁トランス
（TOYOZUMI 製 TZ11-500A2）

線に大電流が流れてしまい，通常はブレーカが飛ぶことになります．

図 1-8 は，AC 電源とスイッチング電源の入力との間に，**写真 1-2** に示す絶縁トランスを挿入したときの接続図です．絶縁トランスにより，大地から浮いた AC100V が供給されます．したがって，大地に接続されたオシロスコープのグラウンドをスイッチング電源に接続しても，大地を通じて過大電流が流れることはなく安全に波形観測ができます．

電池動作のポータブル・オシロスコープの場合は，プローブのグラウンドが大地から浮いているので大電流が流れることはありません．

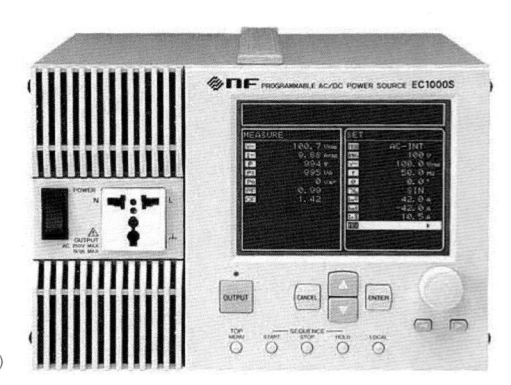

写真 1-3
電力増幅器
（交流電源，エヌエフ回路設計ブロック製 EC1000S）

　また，**写真** 1-3 に示す電力増幅器は，AC100V/200V の商用電源から 0～270V_{rms} の出力を得ることができ，商用電源と出力が絶縁されています．このため，この電力増幅器の出力でスイッチング電源を駆動すればプローブのグラウンドに大電流が流れることなく，安全に波形観測ができます．また，電源電圧を自由に変化させることや瞬断も発生できるので，スイッチング電源の各種評価にも便利に使えます．

1-4 ── レギュレータ（安定化電源）の概要

　レギュレータは，入力電圧や負荷が変動しても，常に一定な出力電圧（または電流）になるように制御し，安定化する装置です．
　レギュレータは，リニア方式とスイッチング方式（Switch-Mode Power Supply：SMPS）に大別されます．

1-4-1　リニア・レギュレータ

　トランジスタや FET をリニア動作で使用し，コレクタ-エミッタ間またはドレイン-ソース間の電圧や流れる電流を制御し，出力電圧（または電流）を一定値に制御します．
　リニア・レギュレータは，下記の特徴があります．
　　○ 出力雑音が少ない．
　　○ 大量の負帰還を比較的容易に実現でき，正確な出力電圧が得られる．
　　○ 比較的部品点数が少なく，コイルを使用しなくても実現できる．
　　▲ 電力効率が悪く，ヒートシンクが大きくなり，省エネに向かない．
　リニア・レギュレータには，次に示す 2 種があります．

◆ シリーズ・レギュレータ

　図 1-9 (a) に示すように，出力電圧を R_a と R_b で分圧し，分圧した電圧と基準電圧の値が同じになるように R_c の値を制御します．その結果，V_{in} や R_L が変動しても V_{out} が一定の電圧に自動制御されます．R_c の部分には，トランジスタや MOSFET が使用されます．
　図 1-9 (b) が実際の回路例です．Tr_2 のコレクタ-エミッタ間電圧を増減させて制御し，出力電圧を一定に安定化します．Ⓐ点は，AC100V の変動や C_1 で取り除けなかったリプル電圧のため，変動の大きい直流電圧になります．出力であるⒹ点を分圧したⒺ点の電位とツェナー・ダイオードによる基準電位であるⒻ点と比べ，Ⓕ点より低かったらⒷ点が上昇し，出力電圧が上昇します．逆に，Ⓔ点がⒻ点より高かった

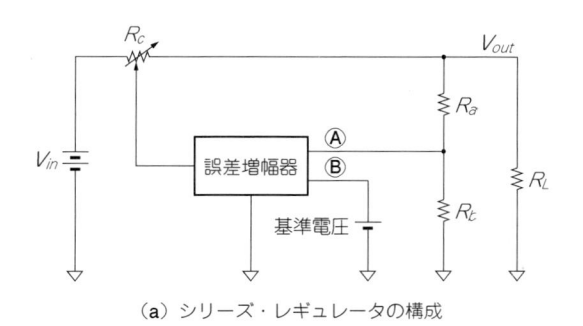

(a) シリーズ・レギュレータの構成

(b) ディスクリート素子とOPアンプで構成したシリーズ・レギュレータの例

図1-9 シリーズ・レギュレータの構成と回路例

らⒷ点が下降し，出力電圧が下降します．こうしてⒺ点とⒻ点の電位が同じになり，Ⓓ点が一定値に制御されます．

◆ シャント・レギュレータ

図1-10に示すように，R_dによる電圧降下を利用して，V_{in}やR_Lが変動してもV_{out}が一定の値になるようにR_cの値を自動制御します．

負荷電流が流れないときにはR_cに最大負荷電流に等しい電流が流れ，R_dとR_cによる電力損失が多く，特殊な用途を除きあまり用いられません．

図1-10(b)に示す基準電圧IC，TL431がシャント・レギュレータの構成になっています．TL431は，スイッチング電源の2次側の基準・制御ICとして多用されており，多くのメーカが相当品を販売しており，下記にその型名を示します（V_{ref}：基準電圧）．

V_{ref}：2.5V .... TL431 LM431 NJM431 TA76431 uPC1093[*] HA17431 など
V_{ref}：1.25V .... TLV431 LMV431 NJM2376 TA76432 uPC1943/44 HA17L431 など

1-4-2 スイッチング・レギュレータ

スイッチング・レギュレータは，図1-11(a)に示すように制御素子をON/OFFし，ON/OFF時間の比を変化させることにより一定の出力電圧（または電流）に制御する方式です．

制御素子はON/OFF動作なので，原理的には電力損失がなく，非常に効率の良い方法です．反面，ON/OFF時に雑音が発生しやすく，また，制御が難しくなります．

図1-11(b)のシミュレーション回路では，15Vの入力電圧をスイッチS1で10us[*]，S2で5usと交互にONすることにより10Vの出力電圧を得ています．

---

[*] uPC，usは本来µPC，µsと記述されますが，シミュレーション・ソフトの欧文表記ではµは使われないため，本書ではuで統一しています．

(a) シャント・レギュレータの構成

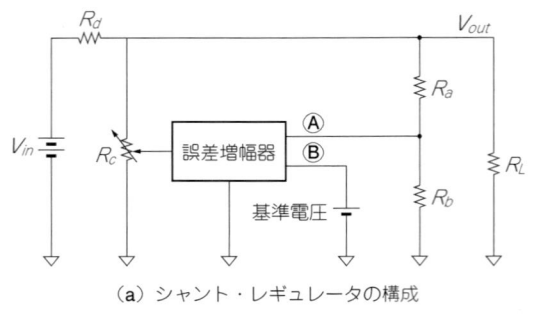

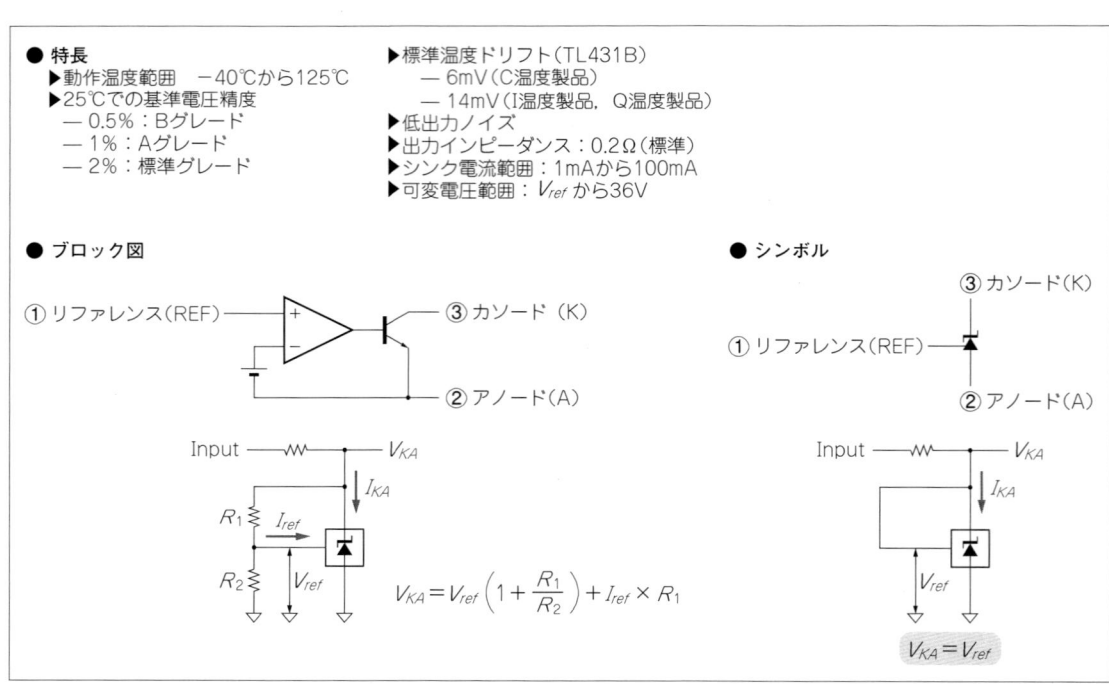

● 特長
▶ 動作温度範囲 −40℃から125℃
▶ 25℃での基準電圧精度
 — 0.5%：Bグレード
 — 1%：Aグレード
 — 2%：標準グレード
▶ 標準温度ドリフト(TL431B)
 — 6mV（C温度製品）
 — 14mV（I温度製品，Q温度製品）
▶ 低出力ノイズ
▶ 出力インピーダンス：0.2Ω（標準）
▶ シンク電流範囲：1mAから100mA
▶ 可変電圧範囲：V_{ref} から36V

● ブロック図

① リファレンス(REF)
③ カソード（K）
② アノード(A)

$$V_{KA} = V_{ref}\left(1 + \frac{R_1}{R_2}\right) + I_{ref} \times R_1$$

● シンボル

③ カソード(K)
① リファレンス(REF)
② アノード(A)

$V_{KA} = V_{ref}$

(b) シャント・レギュレータTL431/432の仕様

図 1-10 [13]　シャント・レギュレータの構成と回路例

スイッチング・レギュレータを大別すると，図1-12，図1-13に示すオンライン（入出力非絶縁），オフライン（入出力絶縁）の2種になります．

オンライン・レギュレータは入力側のグラウンドと出力側のグラウンドが共通になっており，入力電圧と出力電圧が絶縁されていません．小型のものが多く，プリント基板上などで直流電源電圧の変換などに用いられます．

オフライン・レギュレータは，入出力が絶縁されており，電力電送はトランスで，制御信号は通常フォト・カプラで絶縁しています．入力された交流電圧は整流・平滑され，100～300V程度の直流に変換されます．この直流を10kHz～1MHz程度でON/OFFし，トランスで降圧して再び直流に変換します．商用周波数（50/60Hz）のトランスに比べ，スイッチング周波数が高いため，トランスの形状が非常に小型・軽量になります．

(a) 原理図

(b) シミュレーション回路

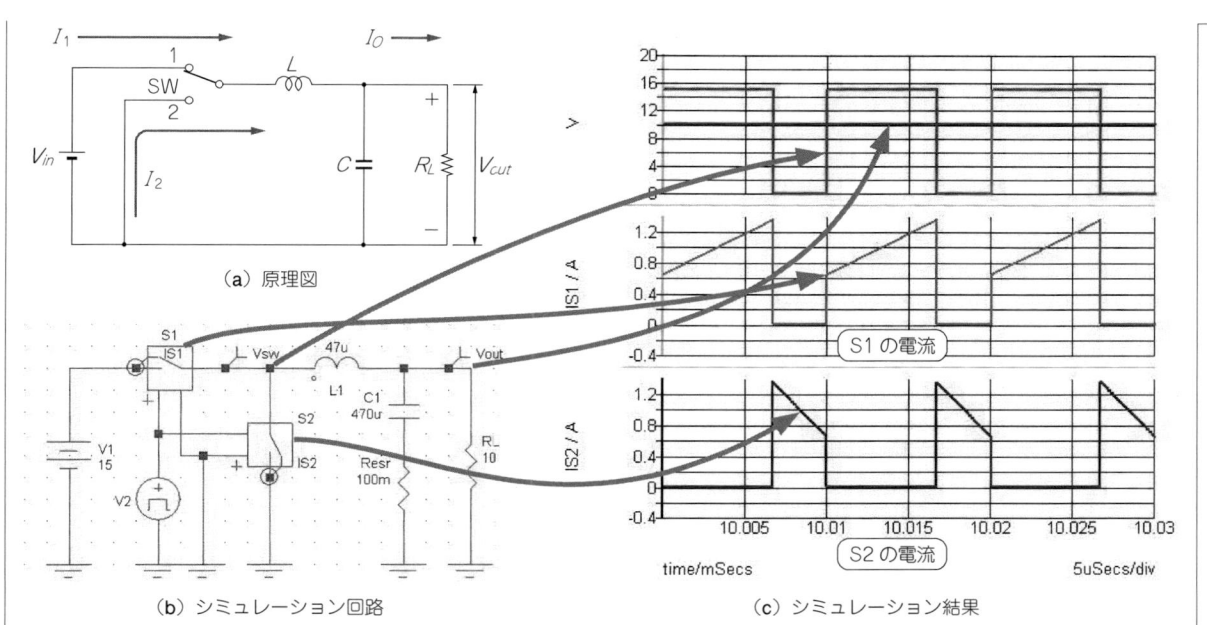

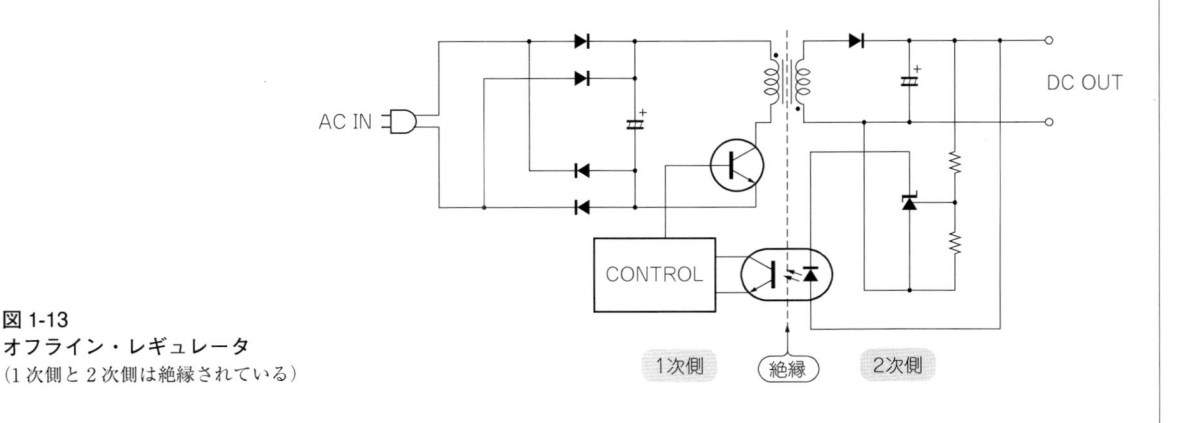

(c) シミュレーション結果

図1-11 スイッチング・レギュレータの原理図とそのシミュレーション[SMPS_Buck]

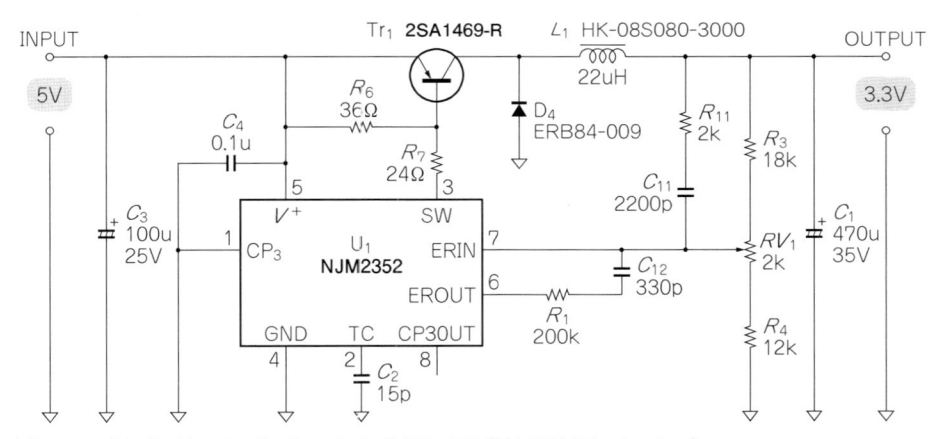

図1-12 オンライン・レギュレータ(1次側と2次側は絶縁されていない)

図1-13
オフライン・レギュレータ
(1次側と2次側は絶縁されている)

1-4——レギュレータ(安定化電源)の概要　019

1-4-3　レギュレータの性能を表すパラメータ

　レギュレータの性能を決定する主な項目には，次のものがあります．

◆ ライン・レギュレーション

　直流安定化回路において，入力の商用電源電圧が変動した場合，出力直流電圧にどのくらい影響するかがライン・レギュレーションです．入力電圧が10%変化した場合，出力電圧がどの程度変動するかなどの百分率などで表示されます．

◆ ロード・レギュレーション

　レギュレータで出力電圧を一定に制御しますが，負荷が変動し，出力電流が変化した場合に，わずかですが出力電圧が変化します．

　無負荷のときの出力電圧を V_1，定格負荷での出力を V_2 とすると，ロード・レギュレーションは次の式で求められます．

$$\text{ロード・レギュレーション (\%)} = \frac{V_1 - V_2}{V_1} \times 100\%$$

　レギュレータを製作した場合，無負荷よりも定格負荷のほうが電圧が高くなる場合があります．このようなレギュレータは負帰還の設計が適切でなく，発振している可能性があります．オシロスコープなどで出力電圧を詳しく観測し，発振対策を行う必要があります．

◆ 出力インピーダンス

　ロード・レギュレーションは，直流域での出力インピーダンスといえます．電力増幅器などが負荷の場合，レギュレータの出力電流が増幅器の信号に比例して変動します．このような場合には，出力インピーダンスの周波数特性が重要になり，できる限り広帯域で低いインピーダンスが維持されていることが望まれます．

　レギュレータの負帰還設計が適切でないと，特定の周波数で出力インピーダンスが上昇する現象が発生します．

◆ リプル電圧抑圧比

　整流・平滑回路からの直流電圧には，必ずリプル電圧が含まれています．このリプル電圧が，直流安定化回路においてどの程度抑圧されるかがリプル抑圧比です．一般的な三端子レギュレータの場合，60dB程度の抑圧比になっています．したがって，整流・平滑回路の出力に $1V_{p-p}$ のリプルが含まれていれば，三端子レギュレータの出力にはリプル電圧が $1mV_{p-p}$ になって現れることになります．

◆ 出力雑音

　レギュレータの基本回路で説明したように，ツェナー・ダイオードの基準電圧を非反転増幅回路で増幅して出力電圧とするために，極わずかですが，ツェナー・ダイオードやOPアンプの雑音，それに R_1，R_2 の電圧検出抵抗から発生する熱雑音などが出力電圧に重畳して現れます．

　通常のOPアンプ回路では，OPアンプ自身が電源電圧変動を抑圧する特性をもっているために，三端子レギュレータなどでも問題が生じることは極まれです．しかし，PLL回路に使用されるVCOなどでは，三端子レギュレータの出力に現れる，極わずかな雑音が悪影響することもあります．

1-5──電源回路とシミュレータ

　現在，電子機器の開発には開発期間の短縮や開発費用の低減のため，回路設計用のシミュレータが多用されています．

　シミュレータは，あらかじめ使い方の勘所を知っておく必要があります．いきなり使用しても無駄に時間を費やし，正確な結果を得られないこともあります．したがって，常日頃から親しんで慣れておくことが大切です．

1-5-1　PSpice

　販売元が MicroSim から OrCAD，Cadence へと変わり，バージョンアップも頻繁に行われていますが，全世界で解説本も多く，アナログ回路設計ではデファクト・スタンダードになっています．

　製品は高価ですが，個人レベルでは評価版が使えます．評価版では使用規模の制限があり，バージョンによってその制限が異なっています．

　アクティブ・フィルタなど，OP アンプ応用回路のシミュレーションには Ver9.2 が，トランジスタなど

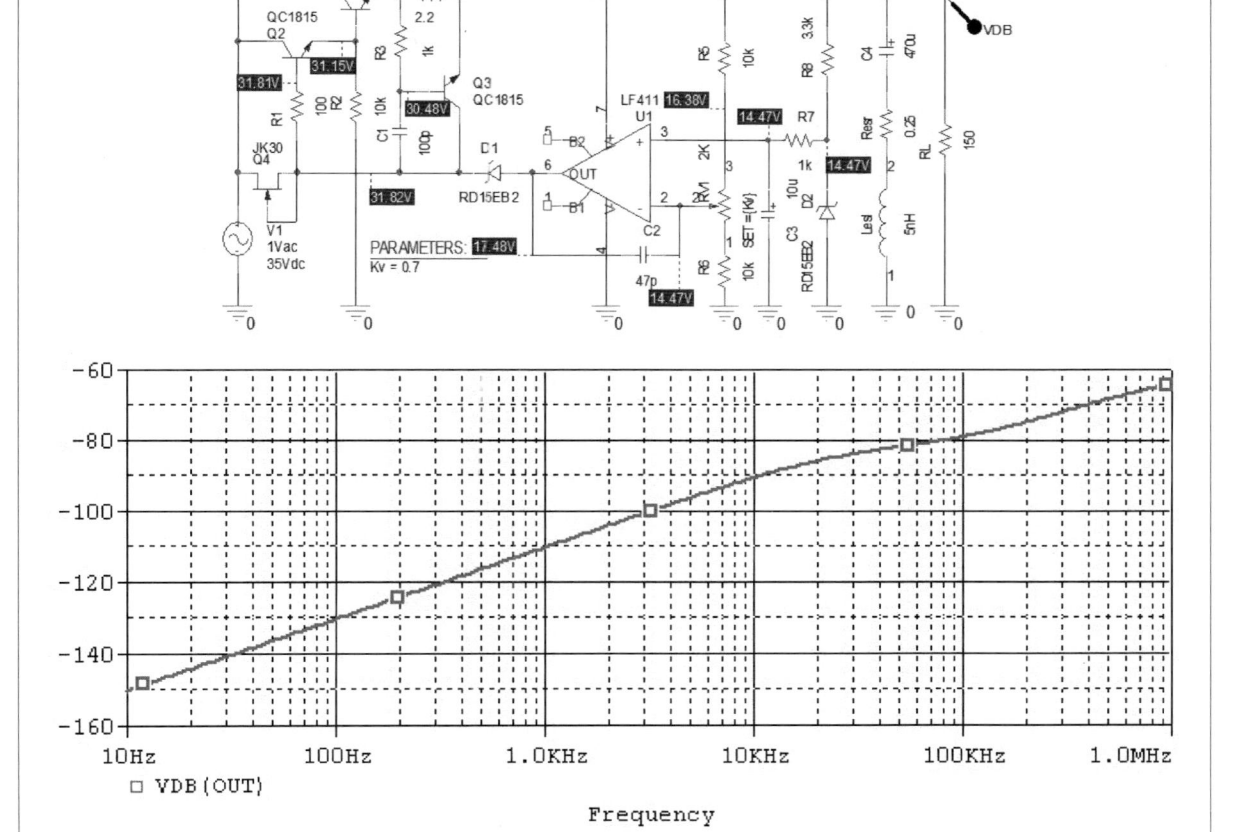

図1-14　PSpice を使用してシリーズ・レギュレーターのリプル・リジェクション特性をシミュレーションした例

のディスクリート回路にはVer10以降の評価版が適しています．

Ver9.2は「電子回路シミュレータPSpice入門編，CQ出版社」，Ver15.7は「デザインウェーブマガジン2008年2月号，CQ出版社」に付録で収録されています．

最新の評価版は，Cadence社のホームページから無料でダウンロードできます．

図1-14は，PSpiceのAC解析でリプル・リジェクション特性（入力電圧の変動がどの程度出力で抑圧できるか）をシミュレートした例です．AC解析が完了すると，回路の各部分の直流バイアス電圧や電流が表示され便利です．

1-5-2 LTspice

リニアテクノロジー社が，自社のICの販売促進のために無料で配布しているシミュレータです．同社のホームページからダウンロードでき，回路規模の制限がないのが特徴です．

リニアテクノロジー社が販売しているほとんどのOPアンプや電源用ICのモデル・ライブラリが収録されています．他社のICを組み込むことも可能です．

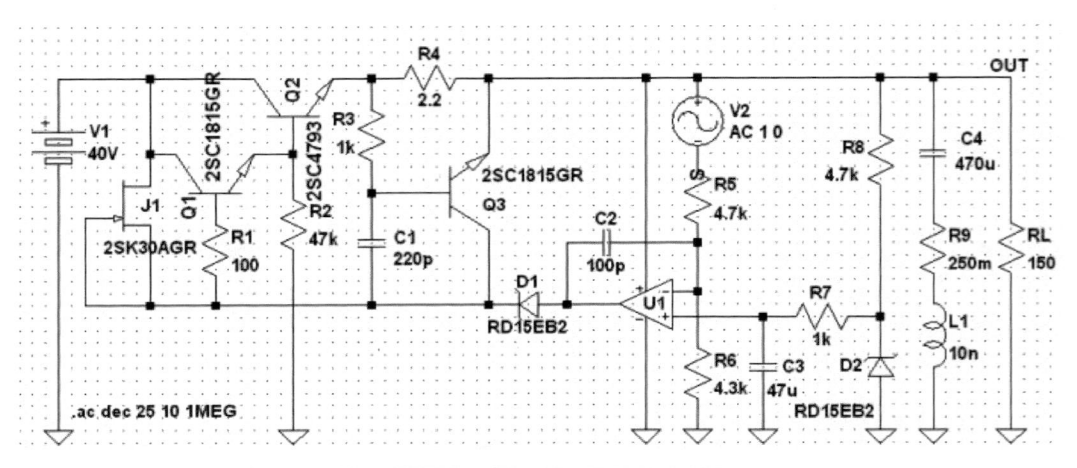

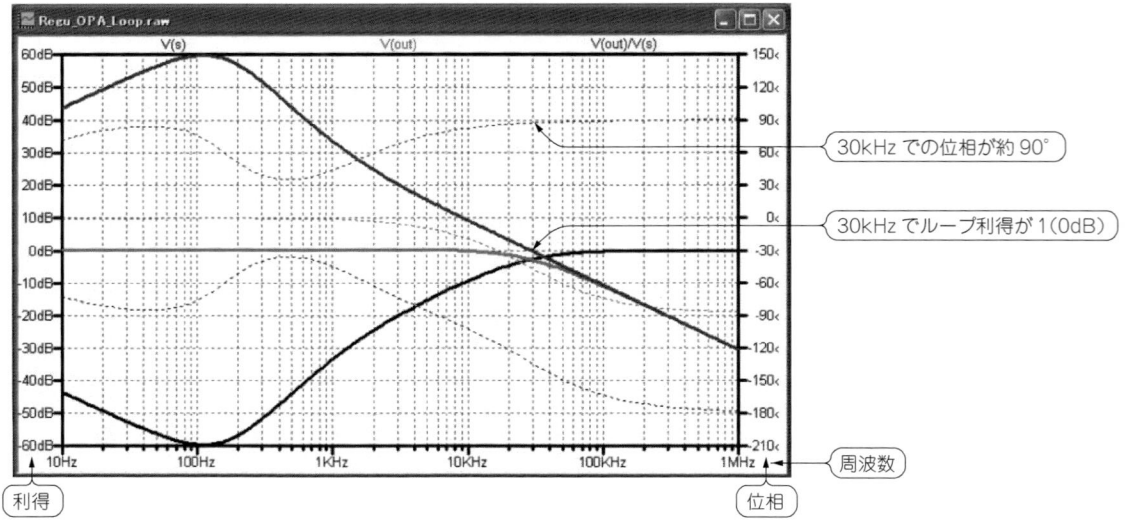

図1-15 LTspiceを使用してシリーズ・レギュレータの負帰還の安定性をシミュレーションした例

スイッチング状態でのAC解析は直接できませんが，DFT（Design For Testability）機能を備えています．このため，スイッチング状態での特定の周波数の利得・位相を求めることができます．

電子回路の独習には最適なシミュレータで，「電子回路シミュレータ LTSpice 実践入門編，CQ出版社」の付録CDに収録されています．

図1-15は，リニア・レギュレータの負帰還の安定性をシミュレーションした例です．ループ利得を求めるために挿入した信号源V2の両端の振幅比と位相差でループ利得をシミュレーションしています．シミュレーション結果から，ループ利得が1（0dB）になる周波数が30kHzで，そのときの位相が約90°で安定な負帰還であることを示しています．負帰還については，第4章で説明します．

1-5-3 SIMetrix/SIMPLIS

スイッチング・レギュレータは，電源入力周波数が50/60Hz，負帰還のループ利得が1になる周波数が数kHz程度，そして，スイッチング周波数が100kHz程度と，一つの回路で扱う時間の乖離が非常に大

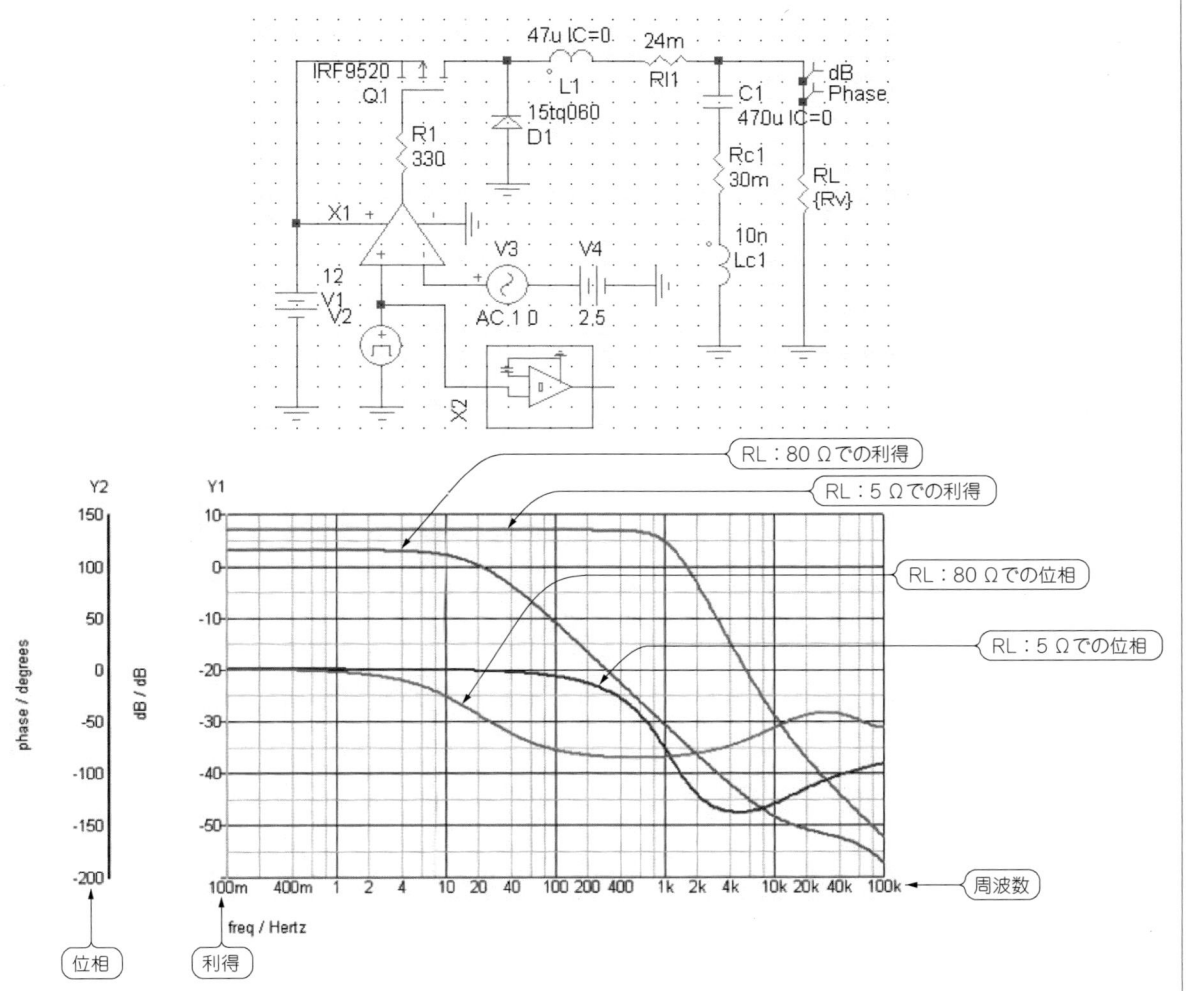

図1-16 SIMPLISを使用してスイッチング部分の利得・位相特性をシミュレーションした例
（Buck_Cont_AC_SIMPLIS，これはPSpiceやLTspiceではできないシミュレーション）

きくなります(このように速い動作と遅い動作が混在したシステムを Stiff な System と呼ぶ).

　このため,長い時間を非常に細かいステップで解析しなくてはならず,非常に長い解析時間が必要となります.したがって,シミュレータの解析時間が大きな問題になります.

　SIMetrix/SIMPLIS は,比較的解析時間が早いシミュレータで,波形の細かい応答は SIMetrix で,マクロ動作は SIMPLIS でと使い分けることができます.

　そして最大の特徴は,SIMPLIS を使用するとスイッチング状態での AC 解析が可能であり,負帰還のループ特性をシミュレーションできます.これは,PSpice や LTspice にはない最大の特徴です.

　以上のことから,SIMetrix/SIMPLIS はスイッチング・レギュレータの解析には最適なシミュレータです.本書では,SIMetrix/SIMPLIS を活用したスイッチング・レギュレータの負帰還設計を解説します.

　SIMetrix/SIMPLIS の評価版は本書の付録 CD-ROM に収録されています.また,SIMetrix 社のホームページからダウンロードできます.

　図 1-16 は,スイッチング・レギュレータの負荷抵抗を変えて,利得・位相-周波数特性の変化をシミュレーションした例です.

Column 1-1

アナログナレッジのホームページの紹介

「アナログナレッジ」で検索すると，図1-Aに示す筆者の所属するアナログナレッジのホームページにたどり着けます．

トップ・ページの左最下部に図1-Bの「お役立ち実験室」のボタンがあります．この中にRLCなどの実測データが記載されています．興味のある方はご覧ください．

図1-A　アナログナレッジのWebページ

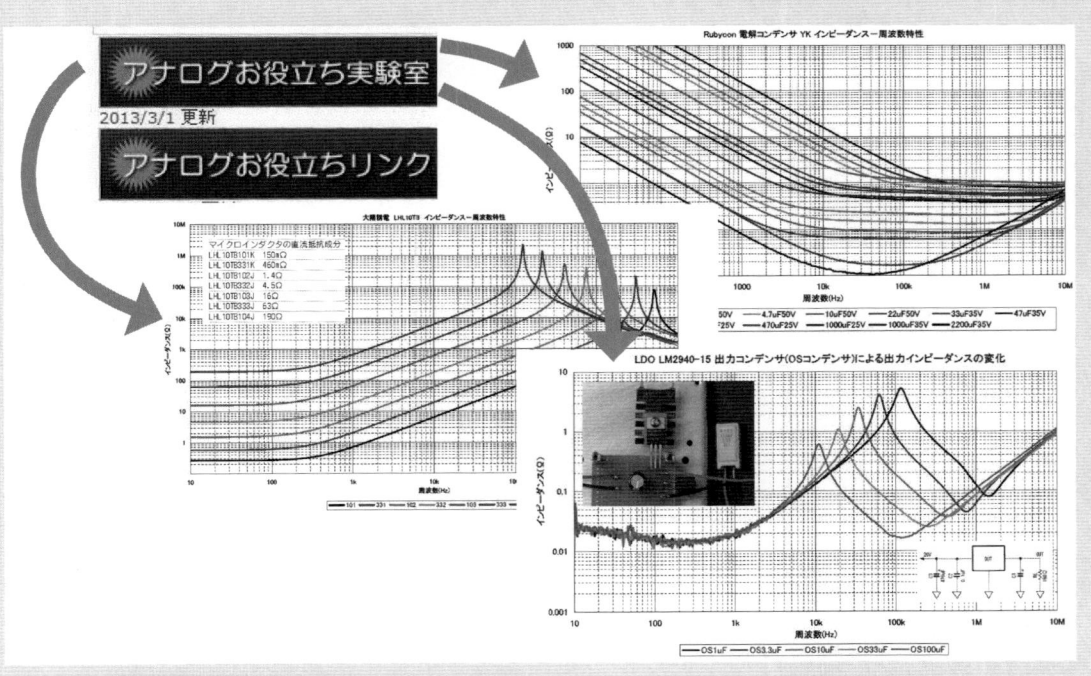

図1-B　各種実測測定データがある

第2章 スイッチング回路のシミュレーションに最適
SIMetrix/SIMPLIS の使い方

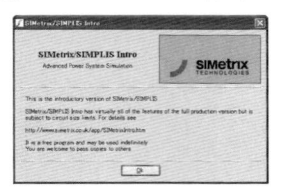

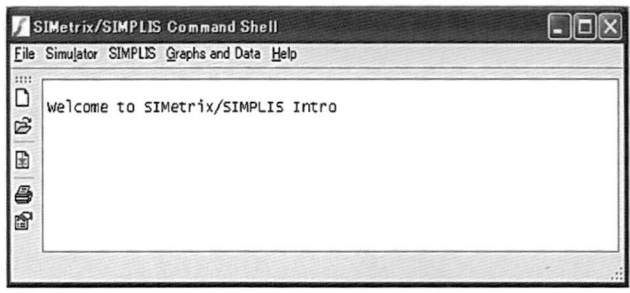

　SIMetrix/SIMPLIS は，それぞれ特徴をもった二つのシミュレーション・ツールにより構成されています．この二つのシミュレータは同じ回路図エディタを使用しているので，回路図エディタ上で切り替えて利用することができます．

　SIMPLIS はスイッチング状態の AC 解析が行えるので，スイッチング電源の負帰還回路を設計するには不可欠なシミュレータです．しかし，SIMPLIS は細かなトランジェント解析が苦手なので，スイッチング波形の細かな変化のようすをシミュレーションしたい場合は SIMetrix を使います．

　SIMetrix/SIMPLIS は，2012 年 12 月に Ver6.20 から Ver7.00 になりました．

　Ver7.00 は，マルチコアの手法を活用しているので，解析速度が速くなるなどの改善点がありますが，画面デザインや使用方法などは Ver6.20 とほとんど変わりはありません．

2-1 ── SIMetrix/SIMPLIS のスタート

　インストールが完了すると，図 2-1 (a) に示すようにスタート・メニューに「SIMetrix-SIMPLIS Intro 7.00」のメニューが追加されます．メニューをクリックすると図 2-1(b) のスタート画面が表示されます(一番最初のみ初期設定画面が開くが，すべて Yes で [OK] をクリックする)．

　図 2-1 (b) の画面で [OK] をクリックすると，図 2-1 (c) のコマンド・シェルが表示されます．

　コマンド・シェルが表示されたら，図 2-2 (a) に示すように [File] → [New Schematic] とクリックすると，図 2-2 (b) に示す空白の回路図が表示されます．主要な部品と使用頻度の高い機能は，上部のツール・バーにアイコンが配置されています．図 2-2 (b) にアイコンの概要を示します．

（a）SIMetrix/SIMPLISのアイコン

（b）SIMetrix/SIMPLISのスタート画面

（c）SIMetrix/SIMPLISのコマンド・シェル

図 2-1　SIMetrix/SIMPLIS のスタート

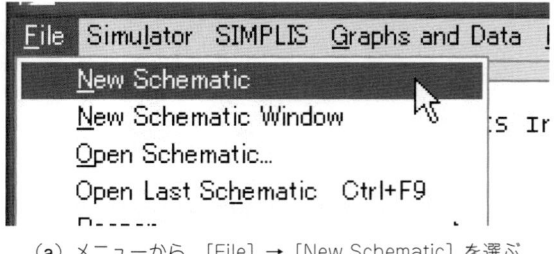

(a) メニューから，[File] → [New Schematic] を選ぶ

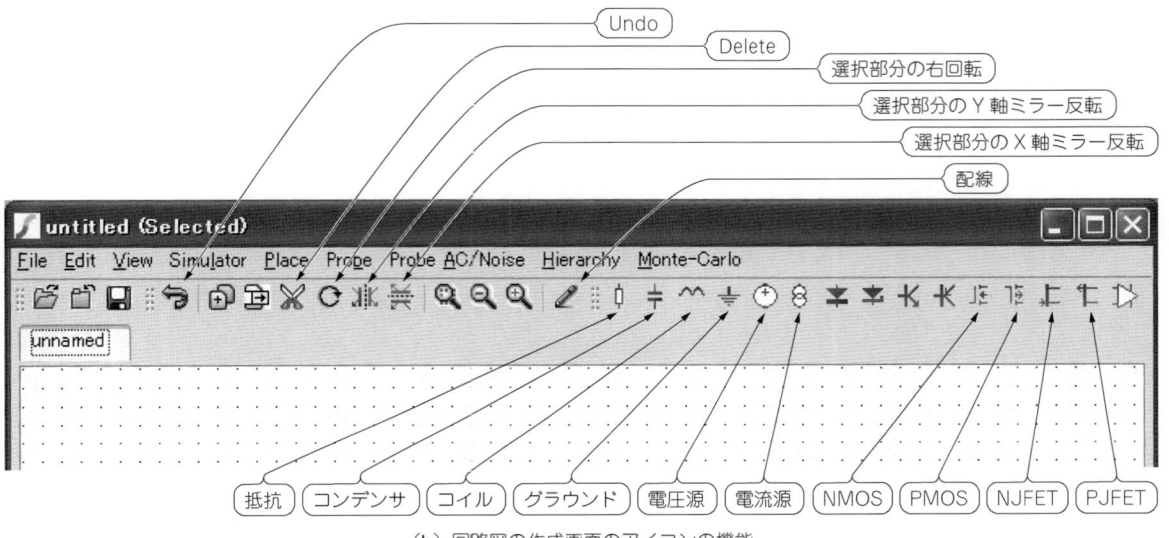

(b) 回路図の作成画面のアイコンの機能

図 2-2 新しい回路図の作成

2-2 ── SIMetrix での回路図の作成

図 2-3 に示すバック（降圧）コンバータを例題として，回路図の作成順序から解析方法までを順を追って説明します．

使用するシミュレータの指定をするため，図 2-4 のように [File] → [Select Simulator] とクリックし，[SIMetrix] にチェック・マークを付け，[OK] をクリックします．

使用頻度の高い部品は，ツール・バーにあるアイコンで取り出せますが，それ以外の部品は [Place] のコマンドをクリックして選択します．

電池のマークの電圧源は，図 2-5 に示すように [Place] → [Voltage Sources] → [Power Supply] で取り出します．配置したいところにマウスでドラッグし，左クリックすると電圧源が配置できます．

バック・コンバータでは，PWM 信号を作成するためにコンパレータを使用します．ここでは，コンパレータと MOSFET のドライブ回路を一つの OP アンプ部品で機能を果たします．

メーカ製の OP アンプ・モデルも使用できますが，評価版なのでここではノード数が少なく，重要なパラメータが個別に設定できる [Parameterised Opamp] を使います．

図 2-6 のように，[Place] → [Analog Functions] → [Parameterrised Opamp] と指定して取り出します．取り出した OP アンプを回路図に配置します．90°回転させるために OP アンプを左クリックし，青色

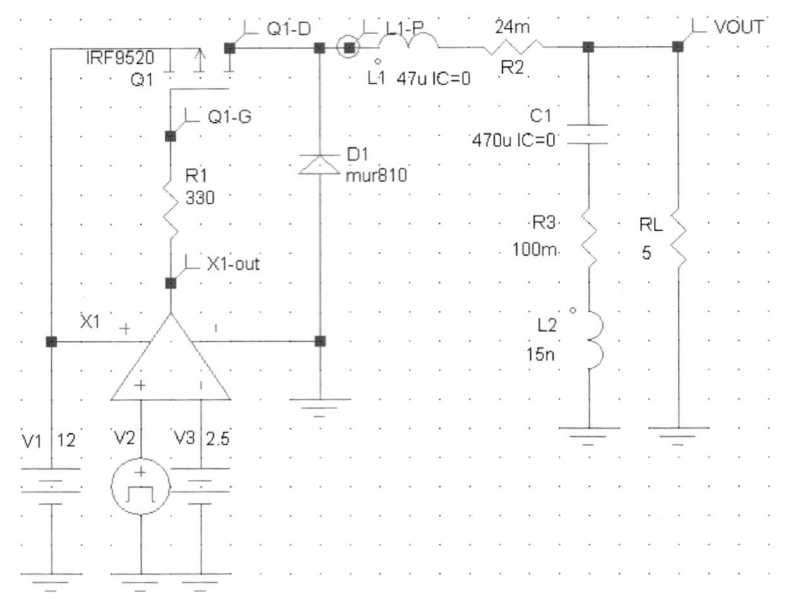

図 2-3 バック・コンバータ回路を例にして解説 [BuckConverter_SIMetrix]

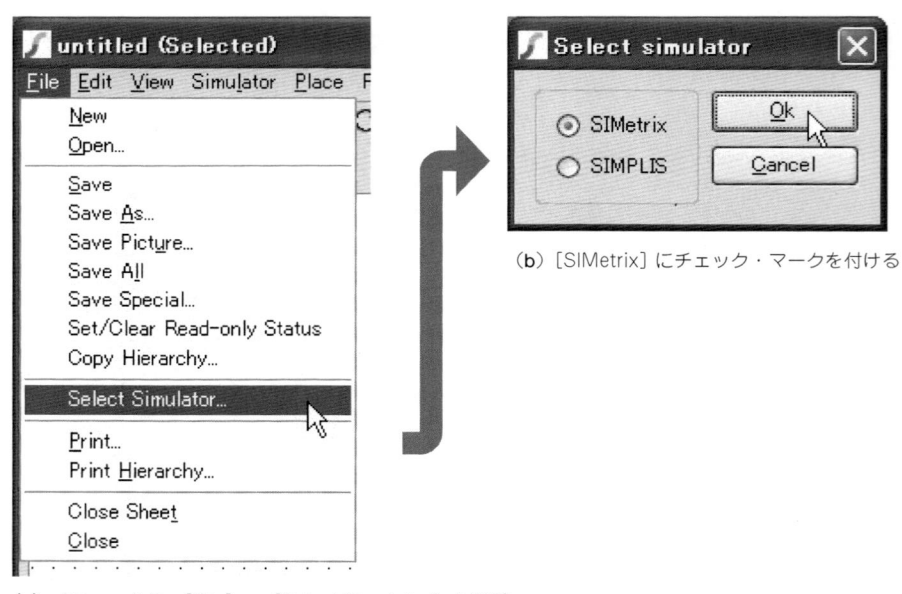

(a) メニューから，[File] → [Select Simulator] を選ぶ

(b) [SIMetrix] にチェック・マークを付ける

図 2-4 使用するシミュレータの指定

の選択状態にします．**図 2-7** に示す回転アイコンを 3 回左クリックすると，出力が上側になります．

OP アンプを選択状態のまま右クリックすると，**図 2-8** に示す設定画面が開きます．[Edit Part] を左クリックします．すると，**図 2-9** に示す OP アンプのパラメータ設定画面が開きます．

コンパレータは OP アンプに比べて裸利得は少ないのですが，*GBW*（Gain-bandwidth）は広く，スルーレート（Slew Rate）が速いので，ここでは**図 2-9** の設定にしました．

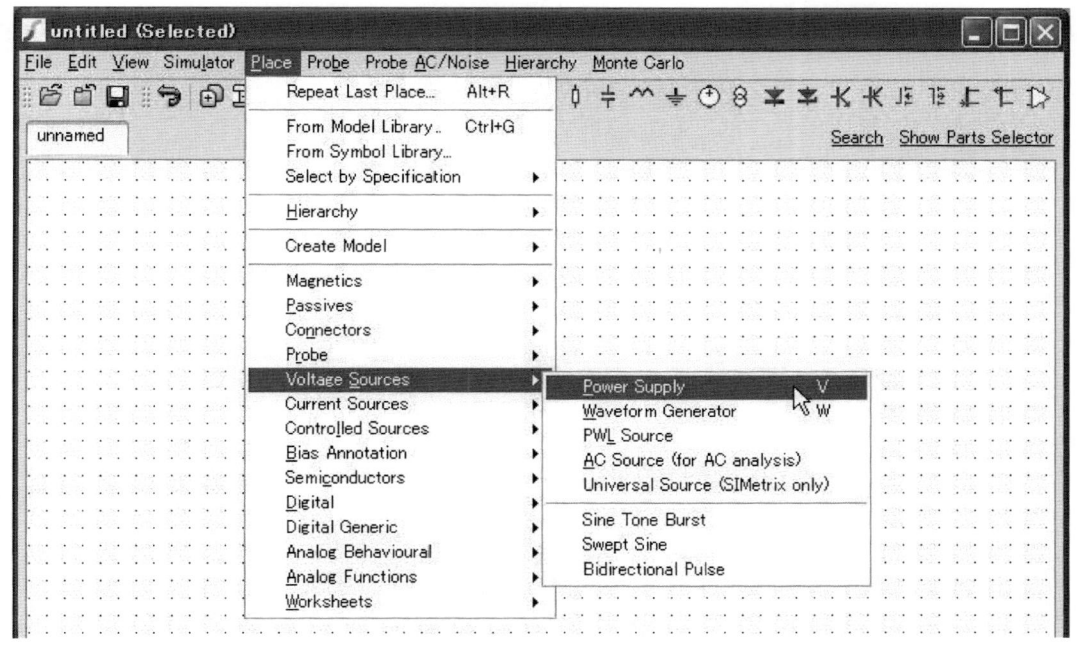

図2-5 部品はメニューの[Place]からたどって選択する

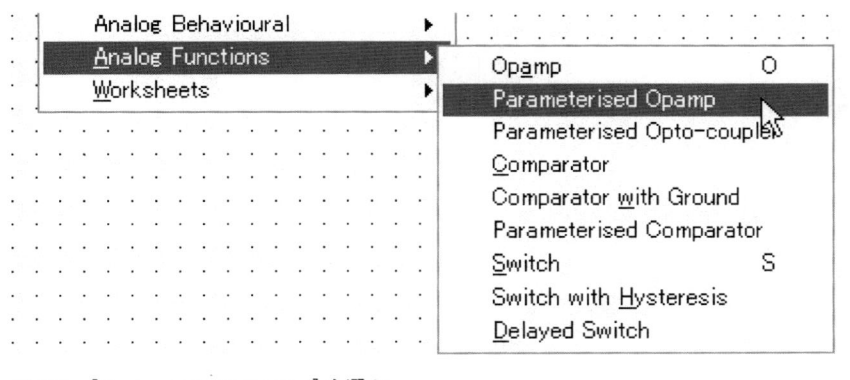

図2-6 [Parameterised Opamp]を選ぶ

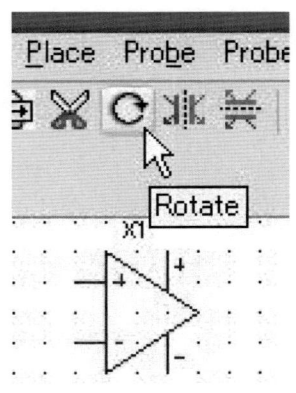

図2-7 回転のアイコンを使って部品を90°ずつ回転する

　MOSFETのドライバの出力インピーダンスは低いので，出力インピーダンスは20Ωにしました（原因不明だが10Ωで解析を実行するとエラーが発生した）．

　[Headroom Pos.]は，+電源とOPアンプの最大正出力電圧との差電圧です．Pch MOSFETを遮断状態にするには十分なドライブ電圧が必要なので，100mVに設定しました．したがって，このOPアンプの最大出力電圧は電源電圧が+12Vなので0.1V低い，+11.9Vになります．

　コンパレータでPWM変調するための信号には，三角波を使います．[Place] → [Voltage Sources] → [Waveform Generator]で波形発生器を取り出します（図2-10）．

　取り出した信号源を選択状態にして右クリックし，[Edit Part]を選択すると，図2-11に示す波形設定画面（Waveform）が開きます．Wave shapeをTriangleに，frequencyを100kHzに設定すると，自動

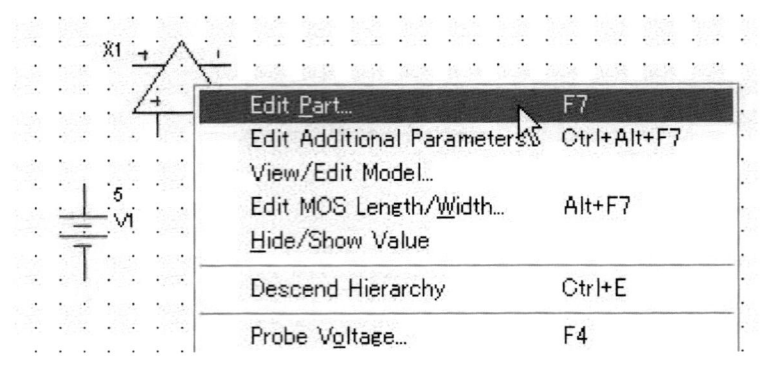

図2-8 OPアンプのパラメータ設定画面

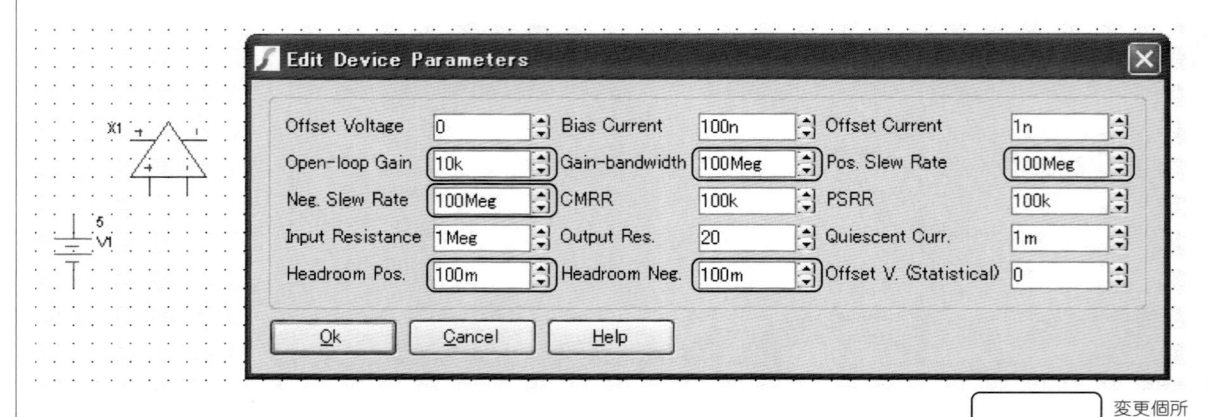

図2-9 Edit Device Parametersの設定画面でOPアンプのパラメータを変更

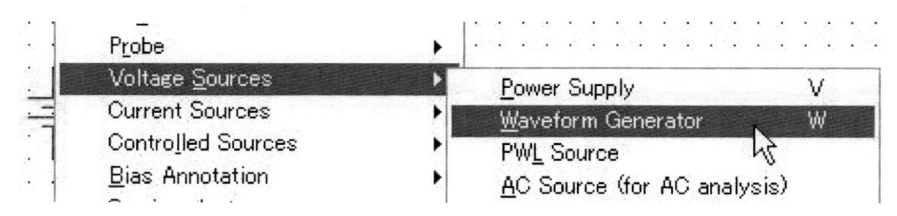

図2-10 波形発生器Waveform Generatorを選択

にPeriodが10usに設定されます．Pulseに5を設定すると，Offsetに2.5，Amplitudeに5が自動設定されます．

　抵抗は，ツールバーにあるアイコンから取り出せます．抵抗の記号は，ヨーロッパでよく使用されている箱形のシンボルです．ジグザク波形の抵抗は[Place]→[Passives]→[Resistor(Z shape)]から取り出せます．

　メニューからジグザグの抵抗を取り出すのは，ルートが深く面倒です．ショートカット・キーが「4」のキーに割り当てられているので，「4」のキーを押すと抵抗が現れます．

　配置した抵抗を選択状態にして右クリックし，[Edit Part]を選択すると，**図2-12**の定数設定画面が開きます．E系列の数値を選択して抵抗値を設定することもできますが，[Result]に直接抵抗値を書き込む

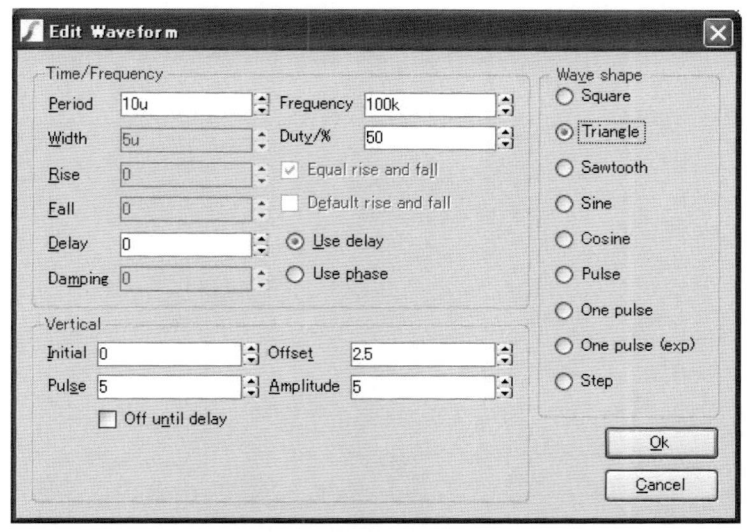

図 2-11　Waveform Generator の波形設定画面

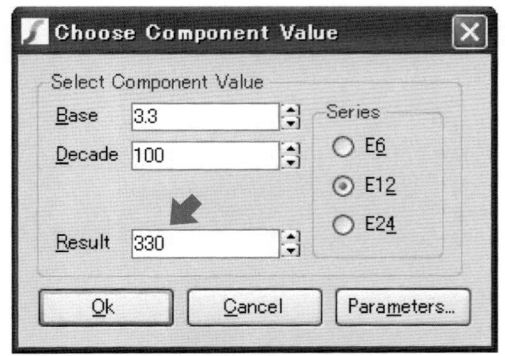

図 2-12　定数設定画面で抵抗の値を直接書き込んだ

図 2-13　Pch POWER MOSFET の選択

こともできます．

　Pch POWER MOSFET は，ツールバーにあるアイコンから直接取り出せますが，[Place]→[Semiconductors] [Pmos-3term discrete]からも取り出せます．

　取り出した PMOS を選択状態にして右クリックし，[Edit Part]を選択すると，図 2-13 に示すようにたくさんの PMOS が表示されます．その中から "IRF9520" を選択します．

　ダイオード，コイル，抵抗，コンデンサ，グラウンドを配置したら，図 2-14 (a) の [Wire Mode] のアイコンをクリックし，各パーツ間を配線します．

　配線開始個所で左クリックし，配線終了個所で右クリックします[図 2-14 (b)]．

　部品番号や定数の数字の位置が見づらいときは部品を選択状態にして右クリックし，[Move Text]→[Reference]または[Value]を選択すると，文字を見やすい位置に移動できます．

　抵抗やコンデンサの部品番号は，数字以外も使用できます．

　自分でわかりやすい番号に変更するには，部品を選択状態にして右クリックし，[+]を選択すると図 2-15 の設定画面が開くので，変更したい部品番号をダブルクリックし，図 2-15 (a) の画面を開き，番号を

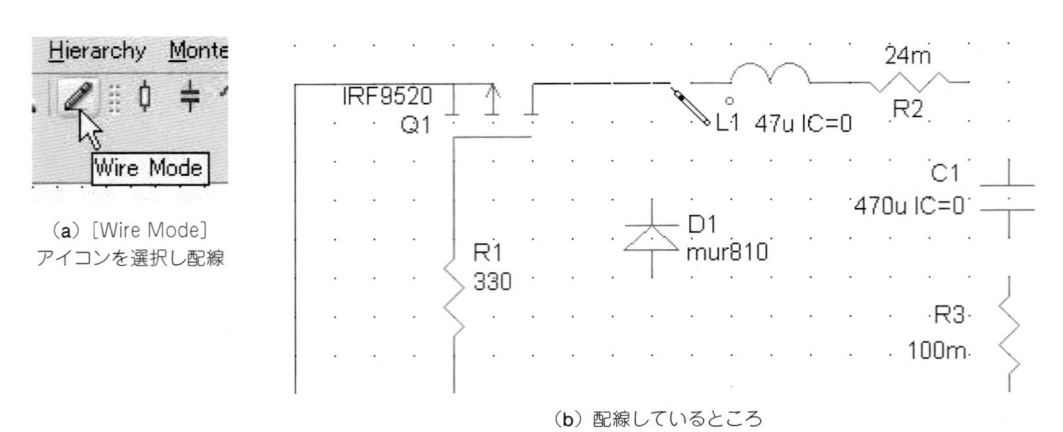

(a) [Wire Mode]アイコンを選択し配線

(b) 配線しているところ

図 2-14 部品間の配線

(a) 部品を選択し [Edit/Add Properties] を選択

(b) 部品番号を変更

図 2-15 部品の番号の変更

書き換えます．このとき部品番号の後にリターンを入れてしまうと，解析のときにエラーが発生するので注意してください．

　[Wire]モードでなくても，カーソルを部品に近づけるとペンが表示され，自動で[Wire]モードになります．これが使いにくい場合は，Command Shell で [File] → [Options] → [General] を選択すると，**図 2-16** の設定画面が開きます．[Wiring]の [Enable smart wiring]のチェック・マークを外すと，ペンの自動表示の機能が禁止されます．

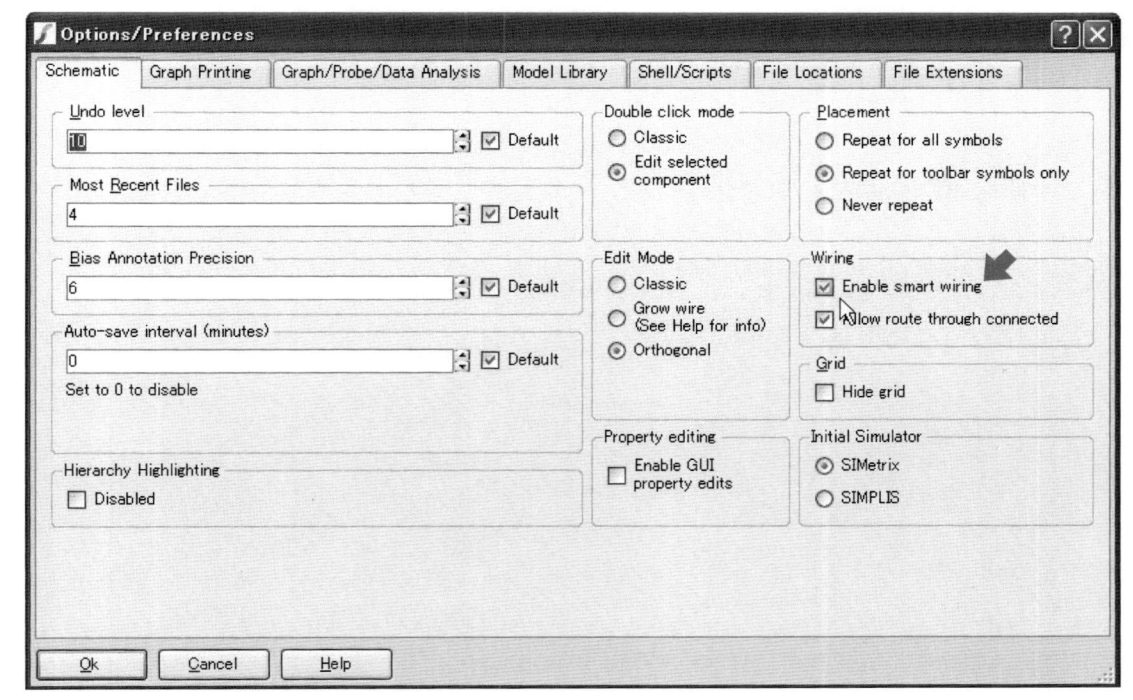

図2-16 ペンの自動表示の機能を禁止する設定

2-3 ── 解析の実行

ここでは過渡解析を行い，回路の各部分の波形を観測します．

コイルやコンデンサの初期値によって過渡応答が変わってくるので，**図2-17**と**図2-18**に示すように，コイルとコンデンサの初期値を'0'に設定します．

シミュレーションを実行する前に，波形観測したい個所にプローブを配置します．SIMetrixにはたくさんのプローブがあり，シミュレーション前に設定しておくプローブ(Fixed)のほかに，シミュレーション終了後に使用できるプローブもあります．

電圧プローブは，[Probe]→[Place Fixed Voltage Probe]から取り出します．電圧プローブのショートカット・キーは[B]，電流プローブは[U]になっています．

電流プローブは，部品と配線の境にしか配置できません．

プローブの名前は自動的に割り当てられます．自動的に割り当てられた名称ではわかりにくい場合には

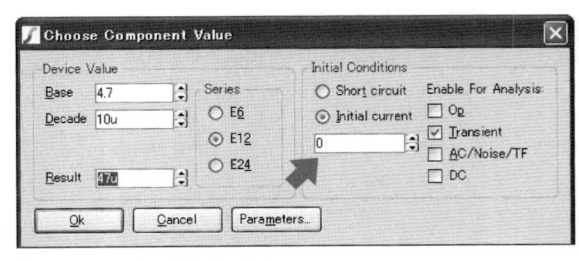

図2-17 コイルの初期設定

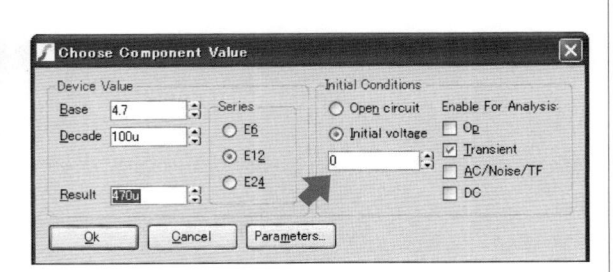

図2-18 コンデンサの初期設定

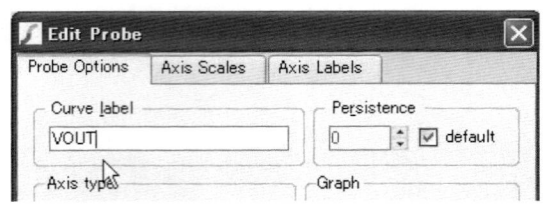

図 2-19 プローブの名前の変更

図 2-20 解析の設定画面

任意の名前に変更することができます．

　プローブを選択状態にして右クリックし，[Edit Part]を選択すると，図 2-19 に示す設定画面が開きます．[Curve label]に，任意の名前を設定します．

　[Simulator]→[Choose Analysis]を選択すると，図 2-20 に示す解析の設定画面が開きます．

　ここでは，定常状態に達した 9.98ms から 10ms の 20us の間の波形を 100ns 間隔で解析します．

　[Output all data]が選択されているとシミュレーション結果のグラフが粗くなるので，[Output at. PRINT step]を選択します．

　設定がすべて終了したら，[File]→[Save As]を選択し，ファイルに名前をつけて保存します．

　[Simulator]→[Run]を選択すると解析が実行され，解析結果の波形 図 2-21 が表示されます．

　シミュレーション結果が表示された後でグラフを追加するには，[Probe]から図 2-22 (a)に示すように必要なプローブを選択し，観測したい点にプローブを移動し[図 2-22 (b)]，左クリックすると図 2-22 (c)に示すようにグラフが追加されます．

　グラフを消去するには，グラフ名称の左のボックスにチェック・マークをつけ，[Curves]→[Delete Selected Curves]を選択して行います．

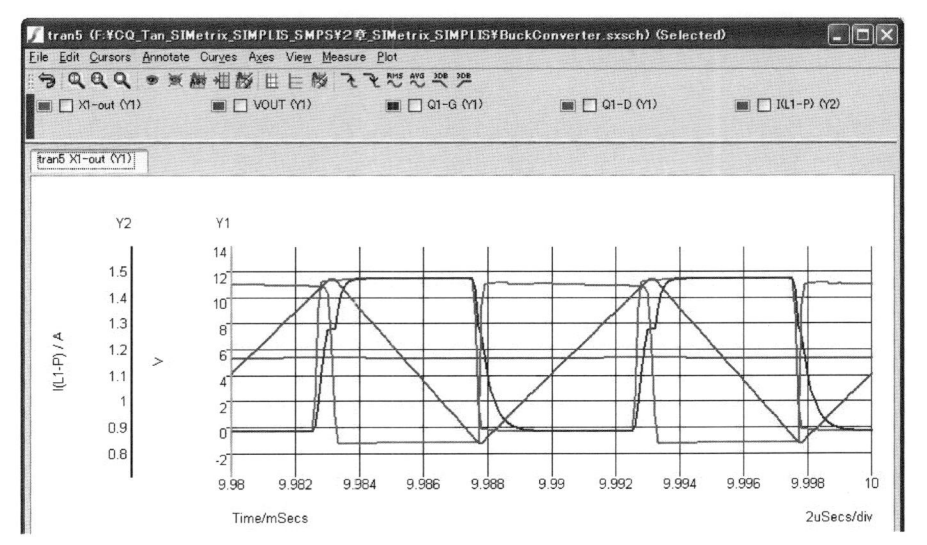

図 2-21　解析結果の波形

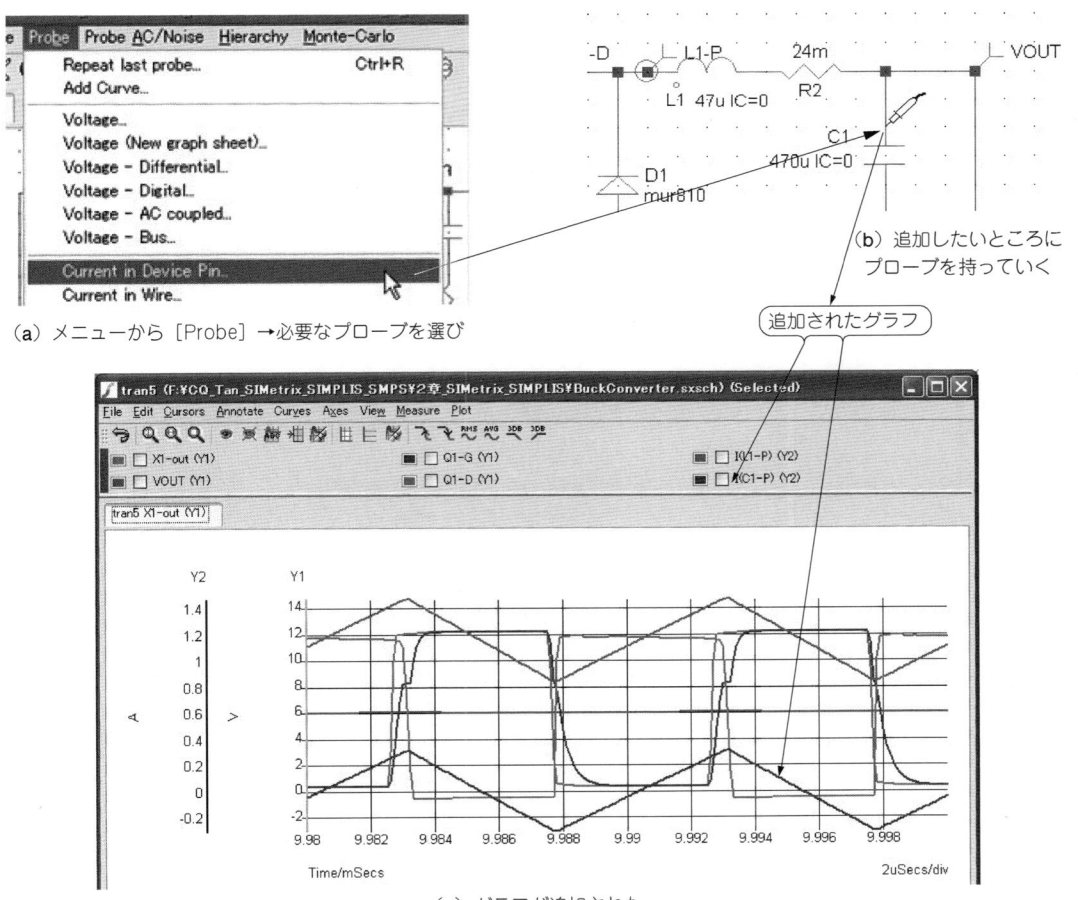

（a）メニューから［Probe］→必要なプローブを選び

（b）追加したいところにプローブを持っていく

追加されたグラフ

（c）グラフが追加された

図 2-22　プローブを選択する

2-3——解析の実行　035

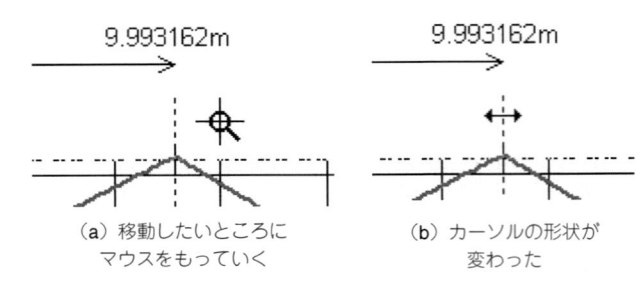

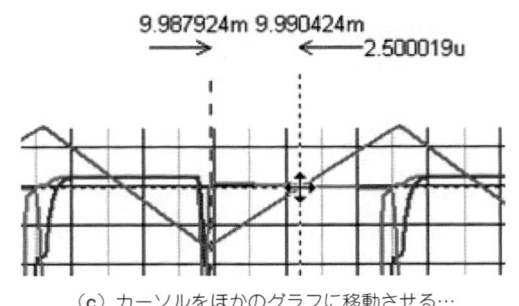

(a) 移動したいところに
マウスをもっていく

(b) カーソルの形状が
変わった

(c) カーソルをほかのグラフに移動させる…
カーソルの上にマウスのポインタを持っていく

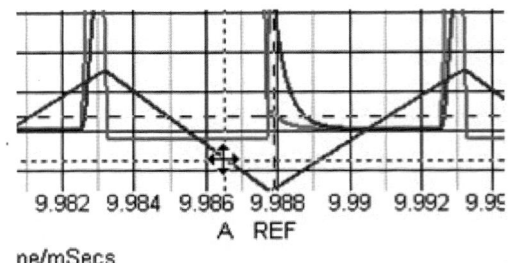

(d) カーソルをほかのグラフに移動させる…
左ドラッグしてカーソルをつまみ上げる

図 2-23　カーソルの移動

　軸の目盛りを変更するには，変更したい軸を左クリックし選択状態にして，右クリックしてから［Axes］→［Edit Axis］を選択して，軸の変更画面を表示して行います．

　カーソルの表示は，［Cursors］→［Toggle On/Off］を選択して行います．

　カーソルの移動は，移動したいカーソルにマウス表示をもっていくと，図 2-23（a）から図 2-23（b）に示すようにカーソルの形が変化するので，この状態で左ボタンを押してドラッグするとカーソルが移動します．

　カーソルをほかのグラフに移動させるには，マウスの表示をカーソルのあるグラフ上に持っていくと図 2-23（c）のように形が変化します．ここで，左ドラッグしてカーソルをつまみ上げ，カーソルを移動したいグラフの上で左クリックを離します［図 2-23（d）］．

2-4──SIMetrix の回路図を SIMPLIS の回路図に変更

　SIMetix で作成した回路図を，SIMPLIS で解析できる回路図に変更する方法を説明します．

　SIMetrix で作成したファイルを保存しておくため，回路図を別のファイル名で保存した後，図 2-24（a）に示すように［File］→［Select Simulator］で SIMPLIS を設定します．すると，図 2-24（b）に示すように，SIMPLIS では使用できない部品のシンボルが太く表示されます．

　SIMetrix と SIMPLIS では，同じ型名の半導体でもモデル・レベルが異なります．このため，太く表示された Q1，D1 はいったん消去し，SIMetrix と同様に IRF9520 と MUR810 を選び，配置します．

　SIMPLIS では，図 2-25 に示すように OP アンプ X1 のパラメータ数が増加しています．

　最大吐き出し電流 "100m"，最大吸い込み電流 "100m"，AC 出力インピーダンス "10" を設定します．AC 出力インピーダンスは，出力インピーダンスより小さな値で設定します．

　AC 出力インピーダンスのほうが大きいと，シミュレーション・エラーになります．

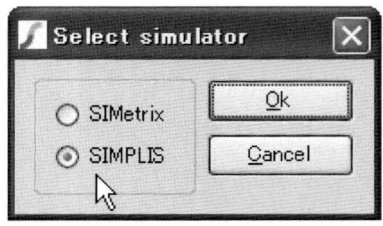

(a) [Select Simulator]でSIMPLISを指定

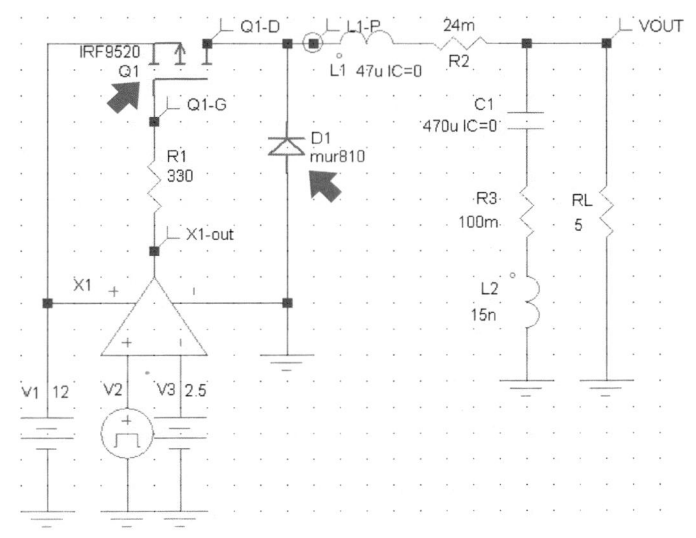

(b) SIMPLISでは使用できない部品のシンボルが太く表示される

図 2-24　SIMetrix の回路図を SIMPLIS の回路図で使うには

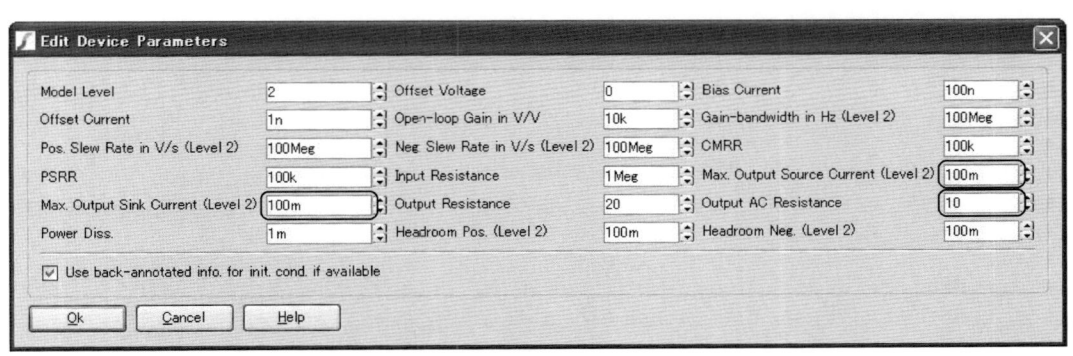

図 2-25　SIMPLIS ではデバイスのパラメータ数が違う

2-5 —— SIMPLIS で過渡解析の実行

[Simulator]→[Choose Analysis]を選択して，Transient のタブを選択し，図 2-26 に示すように過渡解析の設定を行います．設定は，9.98m から 10ms まで 1000 点の解析ポイントを指定し，[Transient]にチェック・マークをつけます．

[Simulator]→[Run]で解析を実行すると，SIMetrix よりも高速に，図 2-27 (a) に示すシミュレーション結果が表示されます．

図 2-27 (b) に示すように，Q1 のゲート電圧の立ち上がり波形を拡大してみると，ゲート・チャージの段差がなく波形の詳細なようすが示されず，SIMetrix に比べると解析結果が粗くなっています．

SIMetrix に比べ SIMPLIS は，高速でスイッチング状態での AC 解析を行うことが可能です．しかし，図 2-27 (b) に示すように，波形の細かい挙動は表示されません．したがって SIMPLIS は，規模の大きな回路の全体の動作をシミュレーションしたり，スイッチング状態での AC 解析に使用すると効果を発揮します．

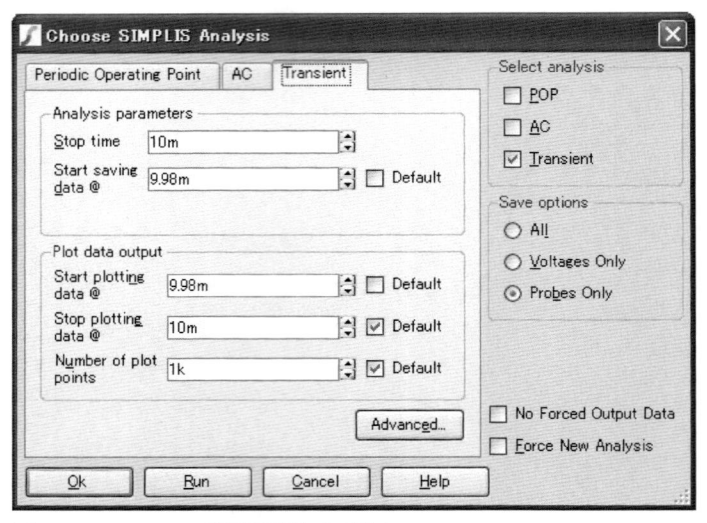

図 2-26　SIMPLIS で過渡解析をする設定

2-6──SIMPLIS で AC 解析を実行

図 2-28 は，SIMPLIS で AC 解析するためのシミュレーション回路です．V4 の交流信号から出力までの利得と位相の特性をシミュレーションします．

SIMPLIS で AC 解析するには，X2 の [POP Trigger] を回路図に配置します．

SIMPLIS では，この [POP Trigger] の周期を利用することにより，スイッチングしている状態での AC 解析が可能になります．

[Place]→[Analog Functions] から [POP Trigger] を取り出し，回路図に貼り付け，スイッチング周波数を決定している三角波に接続します．[POP Trigger] を選択状態にし，[Edit Part] をクリックして P)の設定画面を開きます（図 2-29）．V2 の三角波でトリガがかかるように [Ref. Voltage] を三角波の平均電圧の "2.5V" に設定します．

AC 解析のための信号源 V4 を [Place]→[Voltage Sources]→[AC Source (for AC Analysis)] から取り出し，V3 の直流電源に直列に挿入し，振幅を 1，位相を 0 に設定します．

図 2-30 (a)，図 2-30 (b) に示すように，[Simulator]→[Choose Analysis] から POP と AC 解析の設定を行います．

[POP Trigger] の [Max period] は，三角波の周期より少し長い 15us を設定します．

POP トリガでエラーが生じた場合，[Cycles befor launching POP] の数を増加するとエラーが回避される場合があります．

[Simulator]→[Run] またはショートカット・キーの [F9] を押して実行すると，図 2-31 の解析結果が得られます．

2-7──SIMPLIS でマルチステップ解析の実行

抵抗やコンデンサなどの値が変化したときに，特性にどのような影響があるかをシミュレーションする

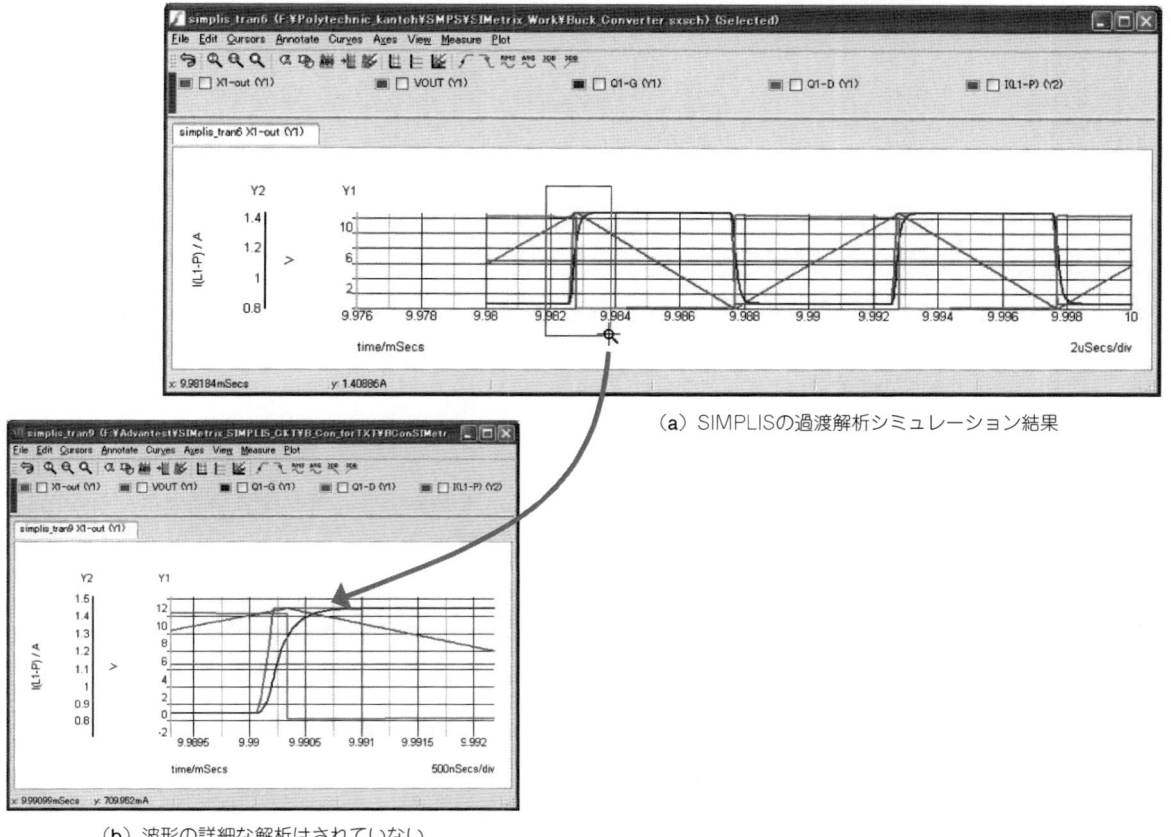

(a) SIMPLISの過渡解析シミュレーション結果

(b) 波形の詳細な解析はされていない

図 2-27　SIMPLIS で過渡解析

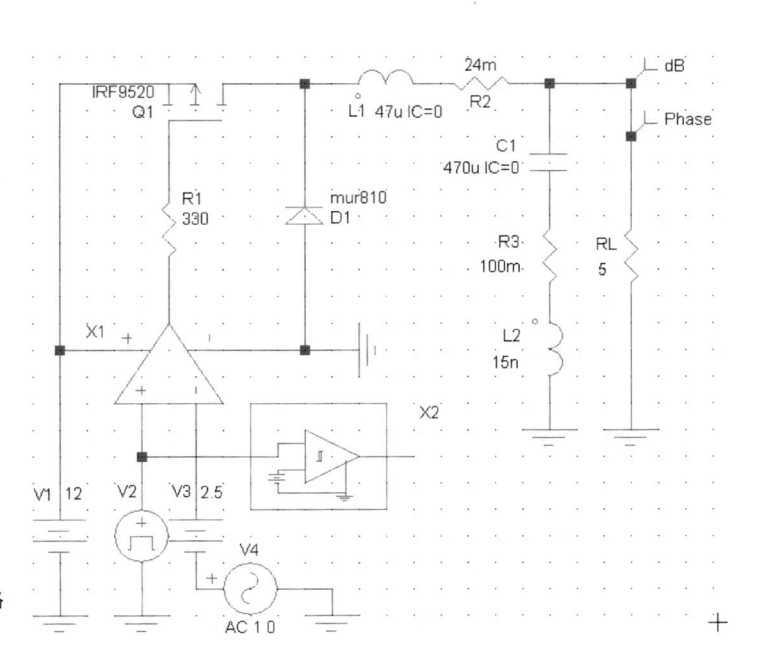

図 2-28
AC 解析するためのシミュレーション回路
[BuckConverter_AC_SIMPLIS]

2-7── SIMPLISでマルチステップ解析の実行

方法を，SIMetrix/SIMPLISではマルチステップ解析と呼んでいます（PSpiceではパラメトリック解析と呼ぶ）．

図2-32は，負荷抵抗（RL）が変化したとき，V4から出力までの利得・位相-周波数特性がどう変化するかのシミュレーション回路です．

RLの抵抗値を変化させて解析するため，パラメータを変数Rvとし，{}でくくります．[Simulator][Choose Analysis]で1Hz～100kHzの周波数範囲とPOPの設定を行います．

マルチステップの解析のため[Simulator]→[Setup Multi-step]を選び，図2-33（a）の設定画面を開きます．[Parameter name]に変数のRvを記入します．このとき{}は不要です

指定した負荷抵抗値でシミュレーションするため，[List]にチェックマークをつけ，[Define List]のボタンを押し，図2-33（b）に示すように負荷抵抗の値を書き込みます．

マルチステップ解析の実行は，[Setup Multi-step]にある[RUN]をクリックするか，[Simulator]→[Run multi-step]を選択します．

SIMPLISのマルチステップ解析では，[Simulator]→[Run]を選択するとエラーになります．SIMetrixでは，マルチステップ解析でも[Simulator]→[Run]で解析が実行されます．

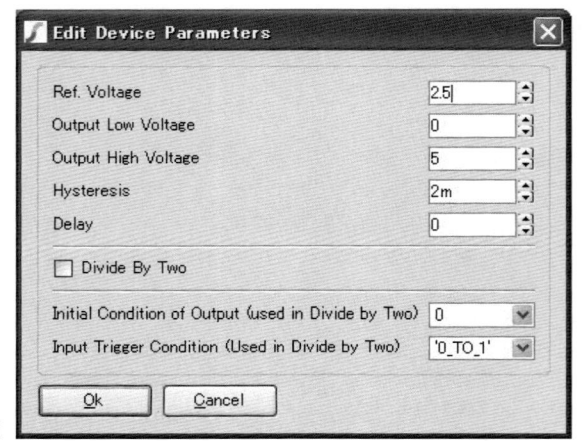

図2-29
[POP Trigger]の設定画面

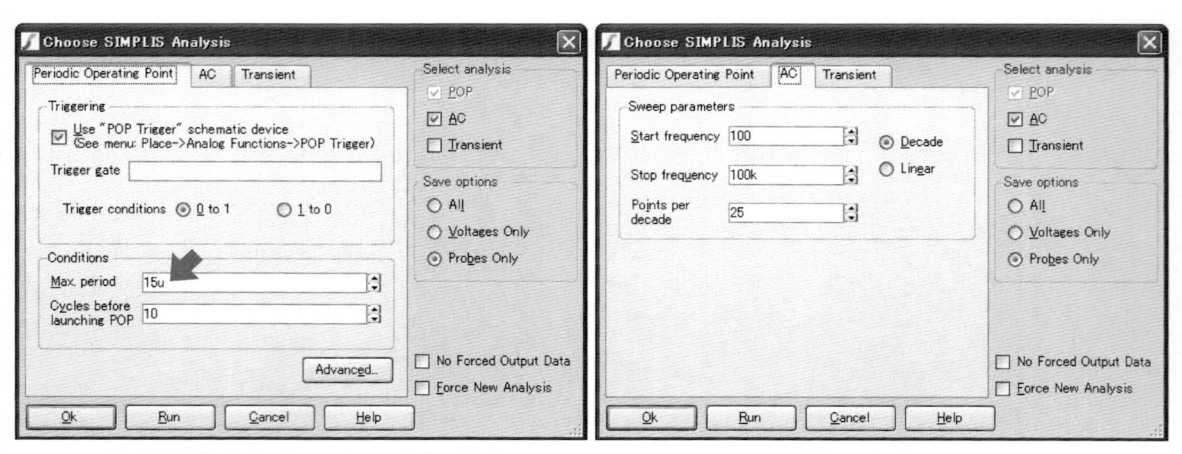

(a) POP (Periodic Operating Point) の設定　　　　　(b) AC解析の設定

図2-30　AC解析の設定

図 2-34(a)がシミュレーション結果です．利得の Y 軸の dB が log になっており，利得グラフの全体が表示されていません．しばしば，dB 軸が log になる不具合があります．リニアの目盛にするには，**図 2-34**(b)のように修正します．

図 2-35がシミュレーション結果です．負荷抵抗値により，利得・位相-周波数特性が大きく変化しているのがわかります．リニア・レギュレータと異なり，スイッチング・レギュレータでは負荷抵抗により利得・位相-周波数特性が大きく変化するため，負帰還設計が複雑になります．この点については，後の章で詳しく説明します．

マルチステップ解析をした後，名前を変更して保存した場合にマルチステップの設定が保存されない不具合らしきものがあります．

名前を変更して保存した後，再び読み出してマルチステップの設定をしてセーブすると，マルチステップの設定も保存されます．

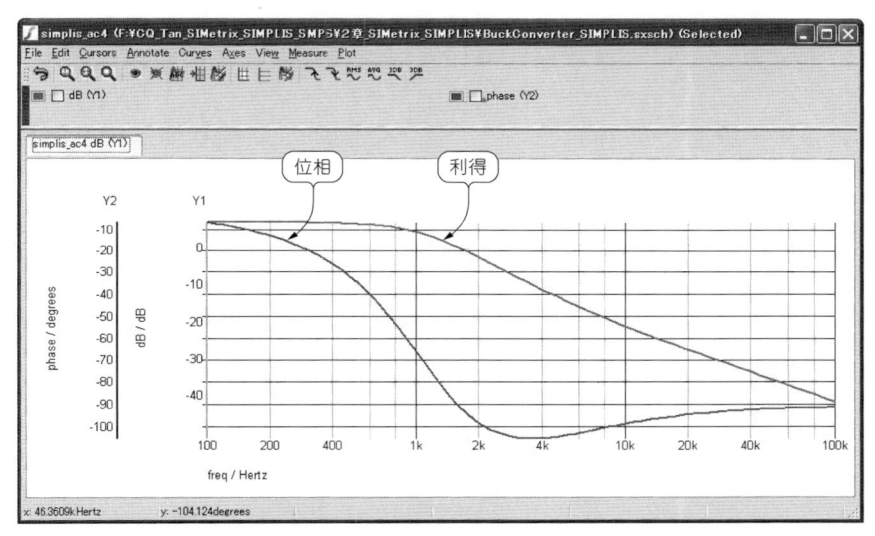

図 2-31 AC 解析のシミュレーション結果

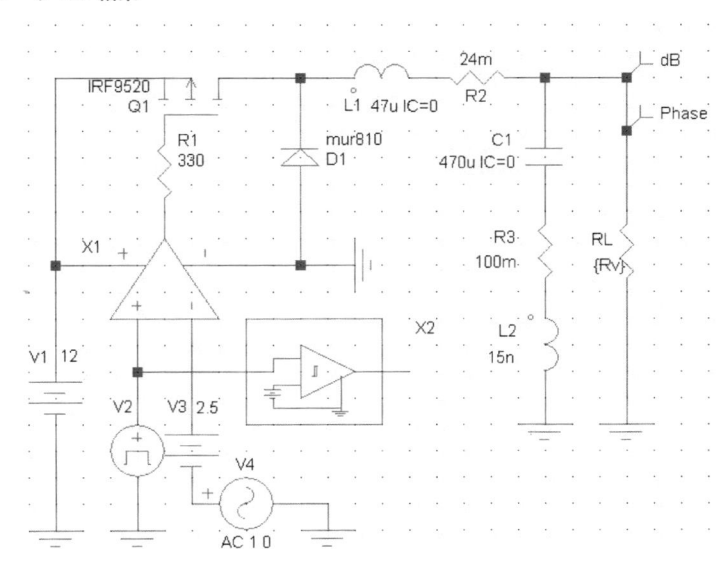

図 2-32 負荷抵抗が変化したときの利得・位相-周波数特性の変化を見るシミュレーション回路 [BuckConverter_AC_MultiStep_SIMPLIS]

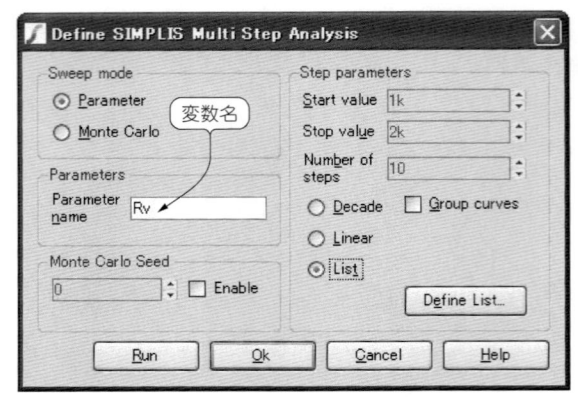

(a) マルチステップ解析の設定画面 　　　　　　　　　　(b) 変数のRvに負荷抵抗の値を書き込んだ

図 2-33　変数 Rv を変化させてマルチステップ解析

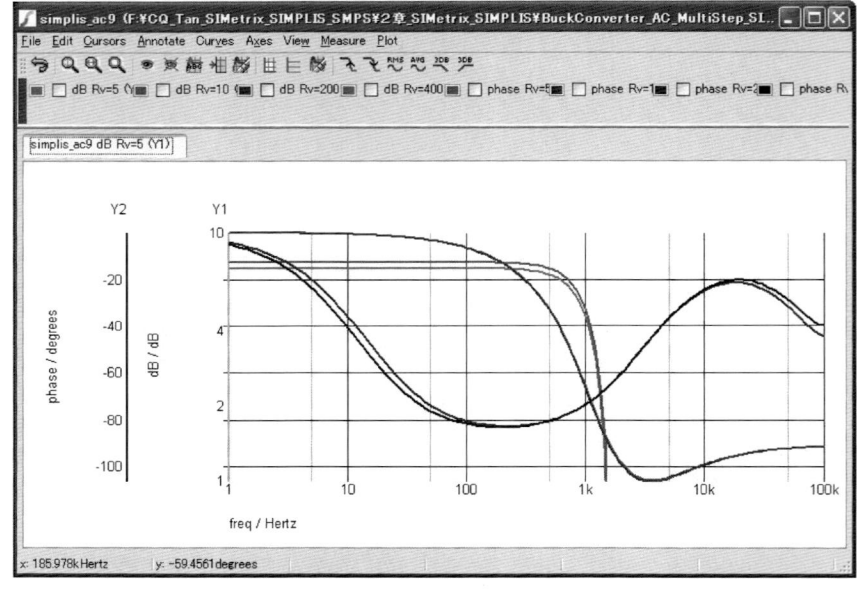

(a) マルチステップ解析のシミュレーション結果

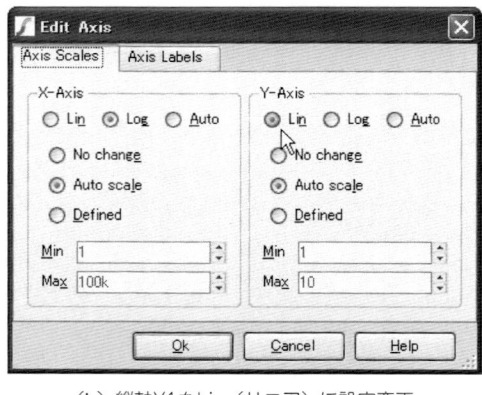

(b) 縦軸Y1をLin（リニア）に設定変更

Y1軸を左クリックし，選択状態にし右クリックして[Axes]→[Edit Axis]を選び，
図(b)の設定画面で[Y-Axis]を[Lin]に設定する．

図 2-34
マルチステップ解析を実行

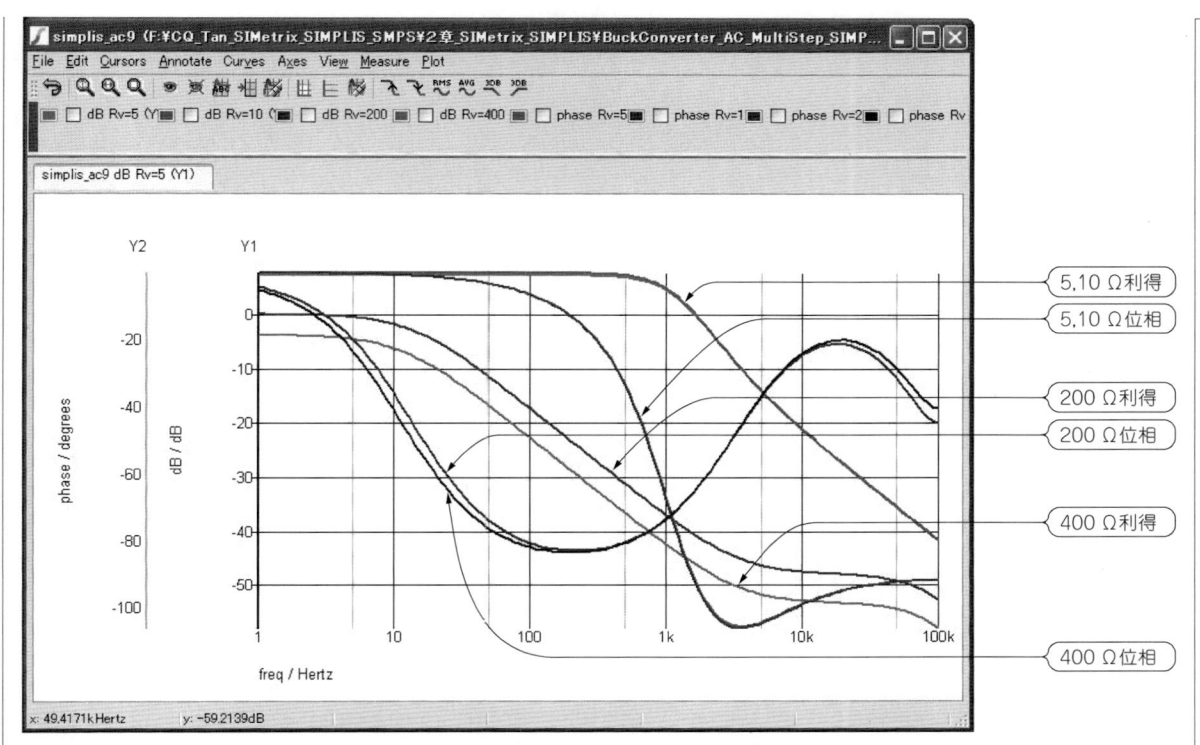

図 2-35 縦軸 Y1 をリニアに変更したマルチステップ解析のシミュレーション結果

Column 2-1

付属 CD-ROM の SPICE モデルをインストールする方法

　付属 CD-ROM の中に MOD_File のフォルダがあります．その中には，図 2-A に示すように 6 種のフォルダがあり，それぞれ SPICE で使用できる日本製半導体の MOD ファイルが入っています．これらのファイルをインストールする方法を説明します．

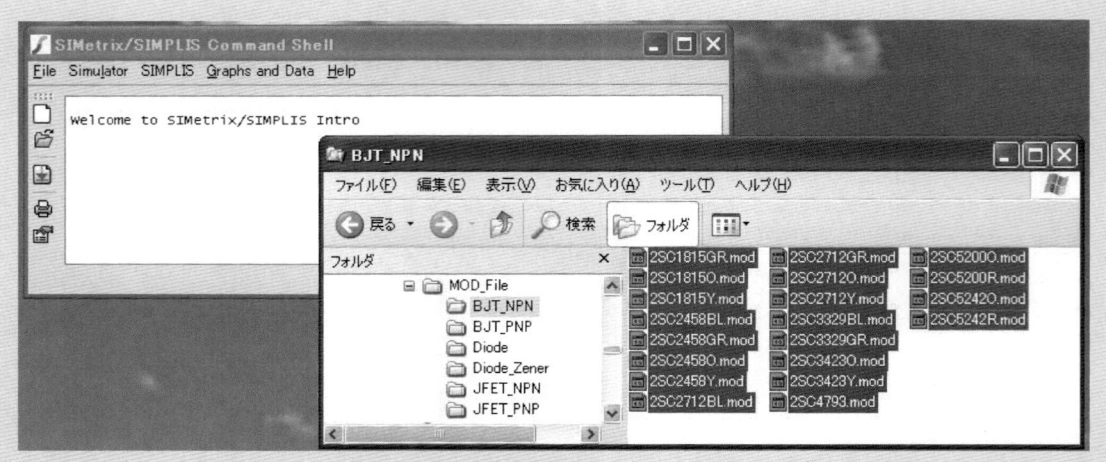

図 2-A　エクスプローラで MOD_File のフォルダ内の MOD ファイルを全部選択して，SIMetrix/SIMPLIS の Command Shell へドラッグする

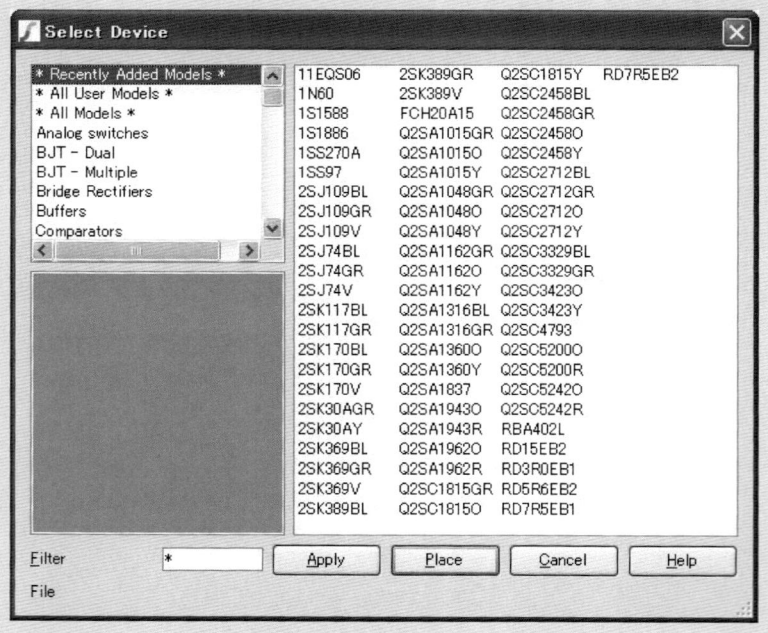

図 2-B　Recently Added Model に追加したモデル名が表示される

SIMetrix/SIMPLIS を立ち上げます．

エクスプローラで各フォルダに入っている MOD ファイルをそれぞれすべて選択し，左ドラッグしてつまみ上げ，SIMetrix/SIMPLIS のコマンド・シェルに落とし込みます．

File → New Schematic で回路図用紙を開き，Place → From Model Library で Select Device の画面を開くと，**図 2-B** のように，Recently Added Model に追加したモデル名が表示されます．

追加したモデルはそれぞれのグループに自動的に振り分けされ，**図 2-C** に示す NPN の場合は，Q2SC1815GR などの素子が入ります．

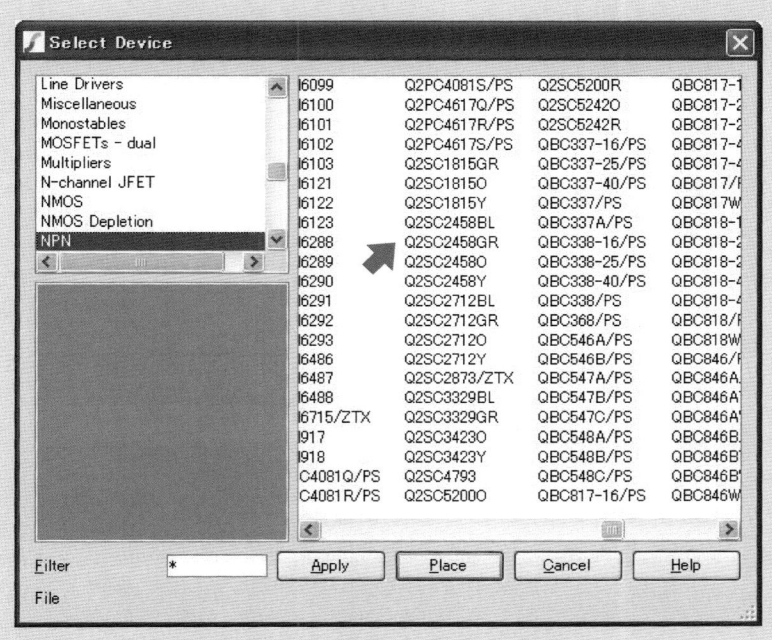

図 2-C　NPN のところにはトランジスタが振り分けられている

2-7 —— SIMPLIS でマルチステップ解析の実行

しかし，Diodeのモデルを見ると（図2-D），ツェナー・ダイオードもDiodeに振り分けされ，ツェナー・ダイオードのシンボルになっていません．

RD15EB2などのツェナー・ダイオードをツェナー・ダイオードのグループに移動するために，次の操作をします．

コマンドシェルから，File → Model Library → Asscociate Model and Symbolsを選択し，Select DevicesをDiodeに設定します．次に，移動したいRD15EB2などを個別に選択してから，Choose CategoryとDefine SymbolをZener Diodesに選びます（図2-E）．

Apply Changesのボタンを押します．

すべて移動し終えて，Select DevicesをZener Diodesに選択すると，RD15EB2などが無事移動していることが確認できます（図2-F）．

11EQS06と1SS97はSchottkey Diodeなので，同様に移動します．

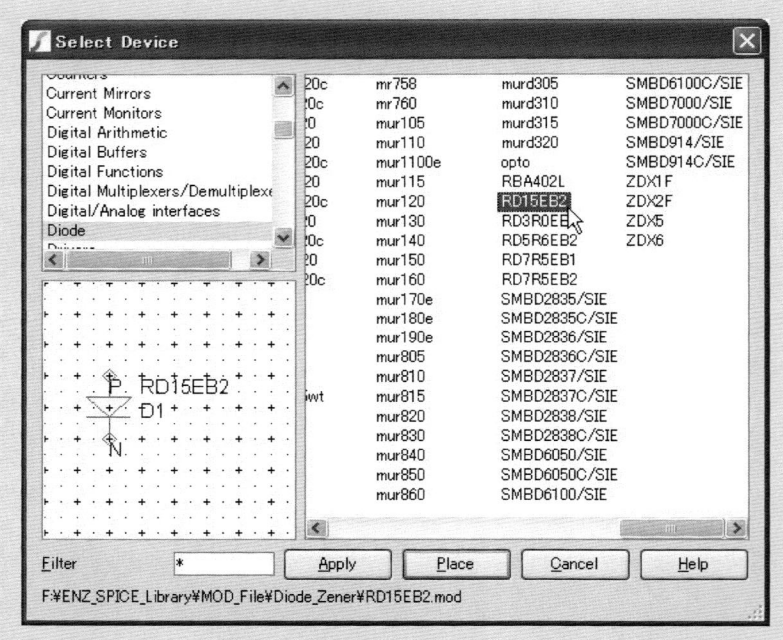

図2-D ツェナー・ダイオードもDiodeに振り分けられているので正しくない

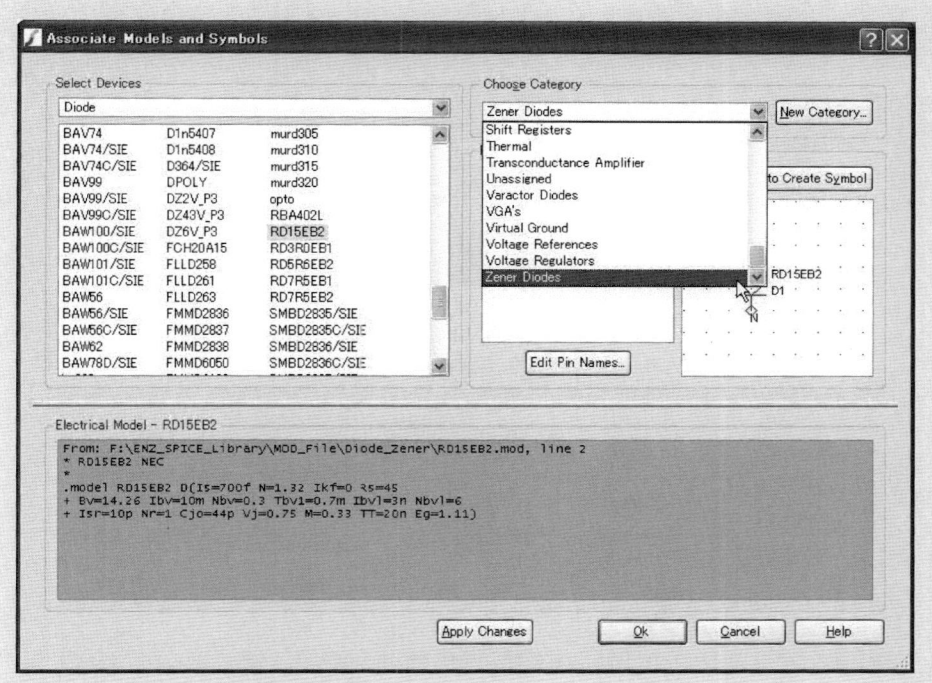

図 2-E　ツェナー・ダイオードに移動する

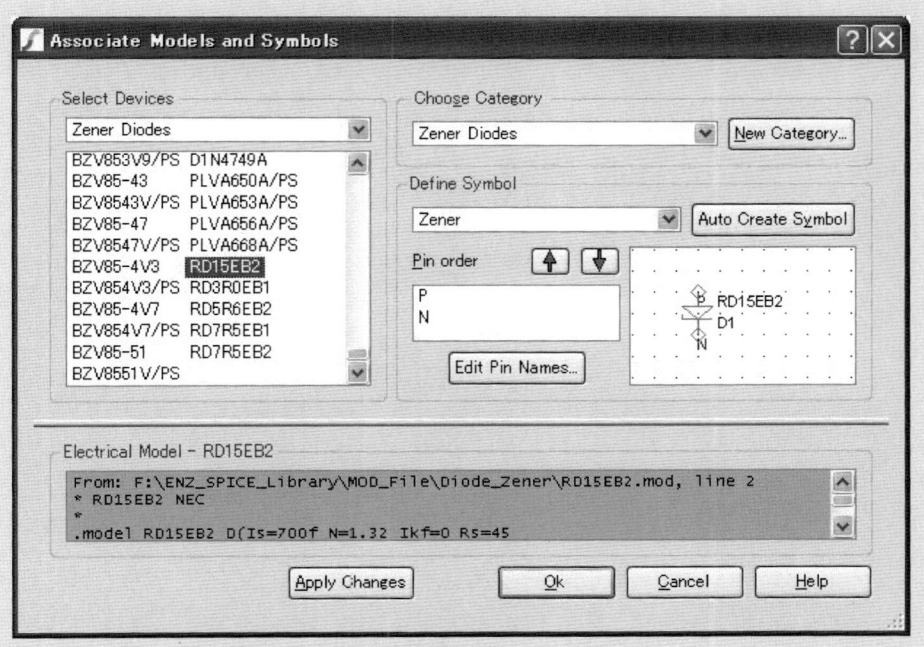

図 2-F　RD15EB2 などが Zener Diodes に移動した

第3章 とくにコイルとトランスの特性を知っておく
電源回路に使用される基本素子の特性と動作

3-1 ── コンデンサ

3-1-1 コンデンサの電圧波形と電流波形

抵抗にはエネルギーを蓄える機能がありませんが,コンデンサには電圧の形でエネルギーが蓄えられます.そして,その量は次の式で表されます.

$$U = \frac{1}{2}CV^2 \tag{3-1-1}$$

図3-1(a)に示すシミュレーション回路は,コンデンサに印加する電圧を変化させたときに流れる電流のようすをシミュレーションしたものです.コンデンサの電圧が一定速度で増加すると,コンデンサに蓄えるエネルギーを増加させるため,電圧変化の量に比例した電流がコンデンサに流れ込み,その電流値は次の式により求まります.

$$I[\text{A}] = \Delta V[\text{V/s}] \times C[\text{F}] \tag{3-1-2}$$

図3-1(b)では,立ち上がりが5V/5msの電圧変化なので,$1000[\text{V/s}] \times 1 \times 10^{-6}[\text{F}] = 1[\text{mA}]$が流れ込

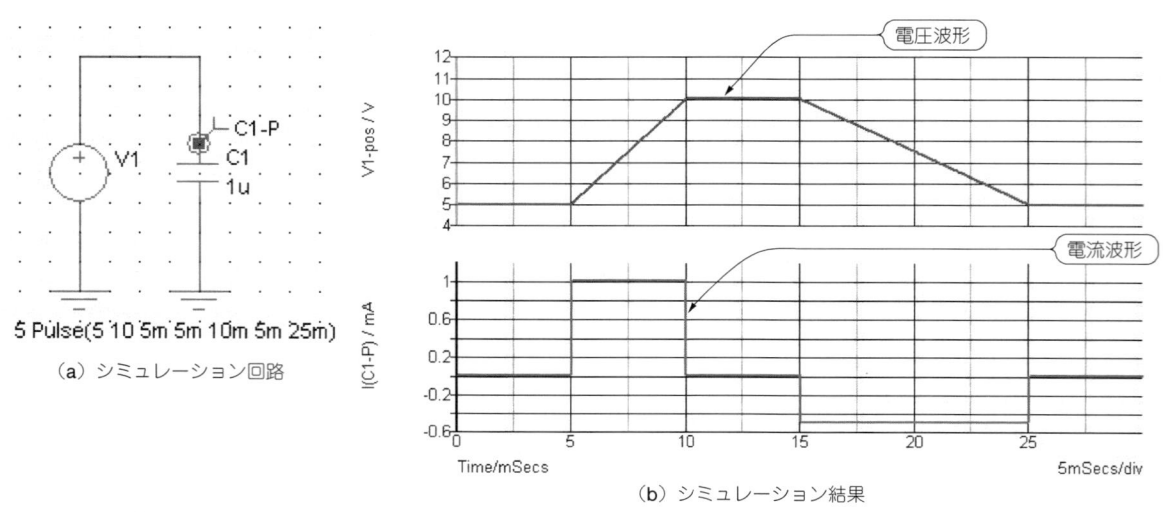

図3-1 コンデンサに電圧を印加したときに流れる電流波形[C_Charge]

み，立ち下がりが5V/10msの電圧変化なので，500[V/s]×1×10^{-6}[F]=0.5[mA]が流れ出しています．したがって，流れる電流波形は電圧波形を微分したグラフになります．

図3-2のシミュレーションに示すように，正弦波の電圧を印加すると，電流波形は電圧波形の微分値なので正弦波状に流れ，電圧波形は0°付近が一番傾斜が急で，このとき電流値が最大になります．したがって，電圧波形に対し，電流波形の位相は90°進みます．

また，電圧波形の0°付近の傾斜より，電流のピーク値は，10V × 2π × 1kHz × 1uF ≒ 62.8mAになります．

図3-1(b)に示したように，コンデンサに流れる電流の値は，電圧の変化速度に比例します．

このため，図3-3に示すように，電圧源をスイッチングしてそのままコンデンサに印加すると過大な電流が流れ，コンデンサが直ちに破壊されてしまいます．

図3-3(a)では，S1のON抵抗が1mΩ，コンデンサに含まれる直列等価抵抗R1が100mΩなので，電流値はR1による制限が支配的になっています．

スイッチング・レギュレータの出力に挿入されたコイルは，この過大電流を防ぐ役割もしています．

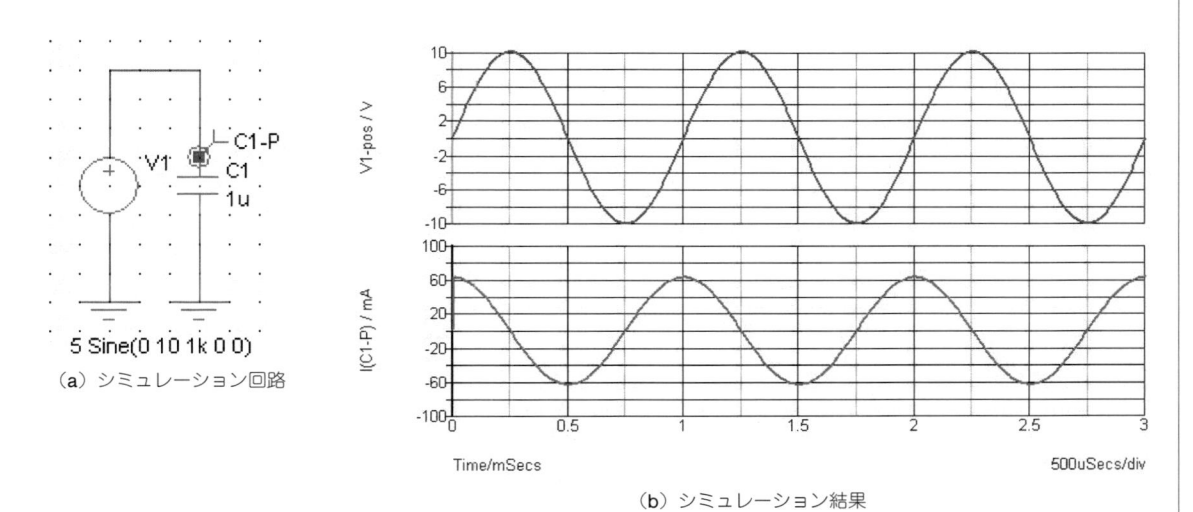

図3-2 正弦波電圧の印加 [C_Sine]

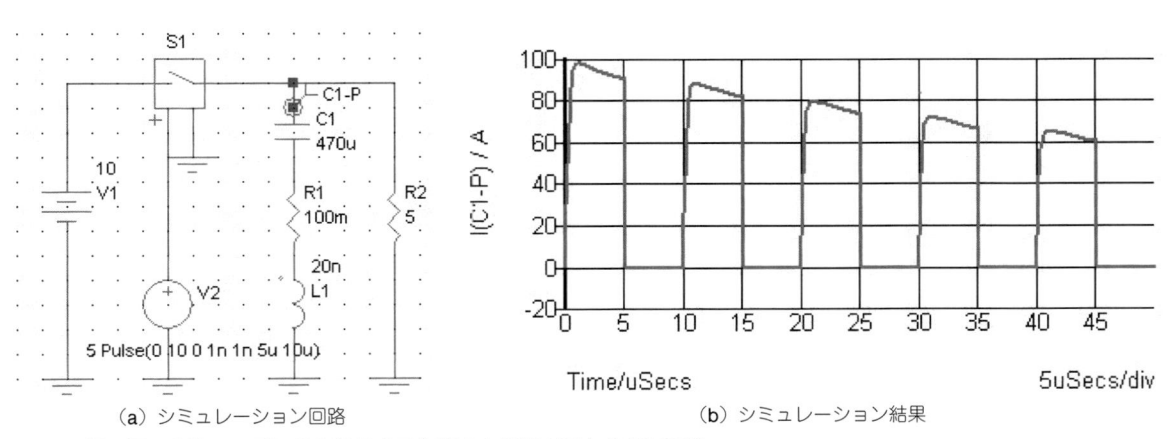

図3-3 電圧源に直接コンデンサを接続すると過大な電流が流れる [C_SW]

表 3-1 [14]　コンデンサに流せる電流

WV [V_DC]	Cap [uF]	ケース・サイズ φD×L [mm]	インピーダンス [Ωmax/100kHz] 20[℃]	インピーダンス [Ωmax/100kHz] −10[℃]	定格リプル電流 [mArms/105℃, 100kHz]	品　番
16	3,300	12.5 × 35	0.022	0.044	2,510	ELXZ160E □□ 332MK35S
	3,900	12.5 × 40	0.017	0.034	2,870	ELXZ160E □□ 392MK40S
	3,900	16 × 25	0.022	0.044	2,560	ELXZ160E □□ 392ML25S
	3,900	18 × 20	0.028	0.056	2,490	ELXZ160E □□ 392MM20S
	4,700	16 × 30	0.019	0.038	3,010	ELXZ160E □□ 472ML30S
	4,700	18 × 25	0.020	0.040	2,740	ELXZ160E □□ 472MM25S

（a）日本ケミコン…アルミ電解コンデンサLXZシリーズ

同じ耐圧・容量でもシリーズにより電流値が異なる

WV [V_DC]	Cap [uF]	ケース・サイズ φD×L [mm]	インピーダンス [Ωmax/100kHz]	定格リプル電流 [mArms/105℃, 100kHz]	品　番
16	1,000	10 × 12.5	0.20	500	ELMQ160E □□ 102MJC5S
	2,200	10 × 20	0.22	710	ELMQ160E □□ 222MJ20S
	3,300	12.5 × 25	0.24	1,170	ELMQ160E □□ 332MK25S
	4,700	16 × 25	0.26	1,500	ELMQ160E □□ 472ML25S
	6,800	16 × 25	0.30	1,600	ELMQ160E □□ 682ML25S
	10,000	16 × 35.5	0.38	1,930	ELMQ160E □□ 103MLP1S
	15,000	18 × 40	0.48	2,210	ELMQ160E □□ 153MM40S
	22,000	22 × 40	0.62	2,710	ELMQ160E □□ 223MP40S

（b）日本ケミコン…アルミ電解コンデンサKMQシリーズ

大電流に耐える

WV [V_DC]	Cap [uF]	寸法 [mm] W	寸法 [mm] H	寸法 [mm] T	寸法 [mm] F	寸法 [mm] φD	定格リプル電流 [Arms]	定格リプル電圧 [V_AC]	品　番
250	0.82	16.2	10.8	10.3	10.0	0.8	5.45	100	FTACD251V824JDLCZ0
	1.0	16.2	11.6	11.1	10.0	0.8	6.00	100	FTACD251V105JDLCZ0
	1.2	16.2	12.5	11.9	10.0	0.8	6.57	100	FTACD251V125JDLCZ0
	1.5	16.2	13.6	13.0	10.0	0.8	7.34	100	FTACD251V155JDLCZ0
	1.8	16.2	14.7	14.0	10.0	0.8	8.04	100	FTACD251V185JDLCZ0
	2.2	16.2	15.9	15.2	10.0	0.8	8.89	100	FTACD251V225JDLCZ0
	2.7	23.2	14.0	13.4	17.5	0.8	6.66	100	FTACD251V275JELHZ0
	3.3	23.2	15.2	14.5	17.5	0.8	7.36	100	FTACD251V335JELHZ0
	3.9	23.2	16.4	15.6	17.5	0.8	8.00	100	FTACD251V395JELHZ0

（c）日本ケミコン…電力用フィルム・コンデンサTACDシリーズ

　コンデンサに流すことのできる電流は個々のコンデンサにより異なり，表 3-1 に示すようにその値が規定されています．

　規定を超えた電流を流し続けると寿命が短くなり，さらには破壊します．

3-1-2　コンデンサのインピーダンスとRCローパス・フィルタ

　図 3-4 に示す RC 回路のシミュレーションは，信号周波数を 10Hz～100kHz に変化させたときの入出力電圧の比と位相を表したものです．

　コンデンサのインピーダンスは，$1/(2\pi fC)$ で決定されます．R と C のインピーダンスが等しくなる周波数を遮断周波数（f_c）と呼び，次の式から算出できます．

$$R = \frac{1}{2\pi f_c C} \text{ より } f_c = \frac{1}{2\pi RC} \quad \cdots\cdots (3\text{-}1\text{-}3)$$

　1kΩ と 159nF の遮断周波数は，ほぼ 1kHz になります．

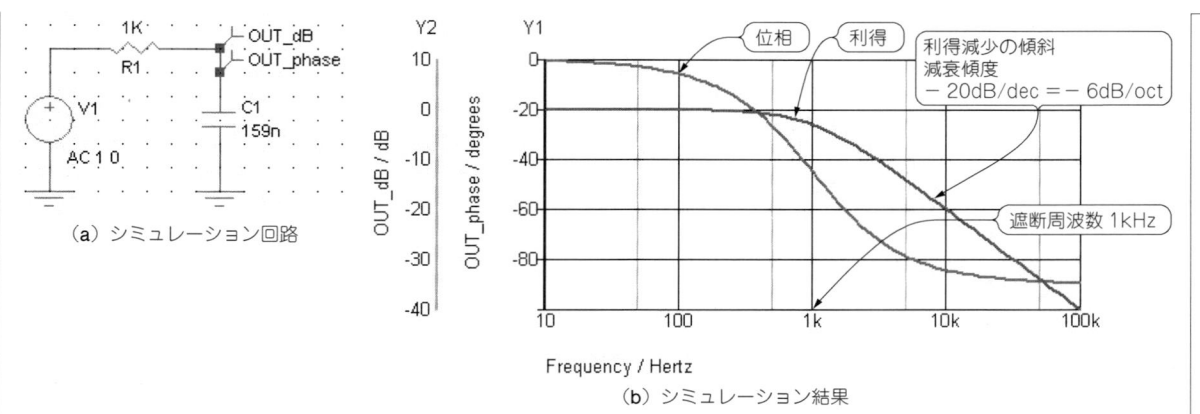

図 3-4　*RC* LPF の AC 解析 [RC_LPF_AC]

　周波数が遮断周波数よりも高くなると，コンデンサのインピーダンスが低下していくために，R1 で分圧され出力電圧が小さくなっていきます．このような周波数特性をもった回路をローパス・フィルタ (Low Pass Filter) と呼びます．

　図 3-4 (a) の回路では，利得の Y 軸を dB にすると遮断周波数以上では一定の傾きで利得が減衰していきます．図 3-4 (b) で示すように，この傾きは周波数が 10 倍になると利得が −20dB (1/10) に低下しています．この傾きを減衰傾度 −20dB/dec と呼びます．また，フィルタなどの分野では，この傾きを decade (10 倍) ではなく octave (2 倍) を用い，−6dB/oct と呼びます．

　抵抗だけの回路と異なり，抵抗とコンデンサの回路では，お互いのインピーダンスが等しくなる周波数 (図 3-4 では 1kHz) で，入出力電圧比が半分の 0.5 ではなく $1/\sqrt{2}$ (≒ −3dB) になり，位相が 45° 遅れます．これは，コンデンサの両端電圧波形とコンデンサに流れる電流波形の位相が 90° 異なることが要因です．図 3-5 は，正弦波 1kHz の信号源を *RC* LPF 回路に印加したときのシミュレーションです．

　抵抗の電圧波形と電流波形は相似で，位相のずれは生じません．そして，抵抗 R1 に流れる電流波形とコンデンサ C1 に流れる電流波形は，キルヒホッフの法則に従い同じ波形です．コンデンサの両端電圧波形に対し，コンデンサに流れる電流波形は位相が 90° 進みます．したがって，抵抗の両端波形に対し，コンデンサの両端波形は 90° 位相が遅れます．

　図 3-5 (b) の場合，1kHz では抵抗とコンデンサのインピーダンスが等しく，そして，同じ電流が流れているため，抵抗とコンデンサの電圧波形は同じ振幅になります．入力信号は，抵抗の両端波形とコンデンサの両端波形を加算した値です．信号波形がピークになる点では，抵抗とコンデンサの両端電圧は等しいので，それらの振幅は信号振幅 1V の半分の 0.5V になります．そして，信号のピーク点は抵抗の波形のピークとコンデンサの波形のピークのちょうど中間です．したがって，信号波形に対しコンデンサの波形は位相が 45° 遅れています．ピークに対し 45° 進んだ点が 0.5V なので，ピークの電圧は $1/\sqrt{2}$V ≒ 0.707V になります ($1/\sqrt{2}$ ≒ −3dB)．

　図 3-5 (c) は，信号源周波数を 500Hz に低くしたときのシミュレーション結果です．C1 のインピーダンスが大きくなったため R1 の両端電圧波形が小さく，C1 の両端電圧波形が大きくなっています．そして，R1 の両端波形と C1 の両端波形を合成した波形が信号源波形になるので，1kHz に比べて信号源波形と C1 両端波形の位相差は小さくなります．

(a) シミュレーション回路

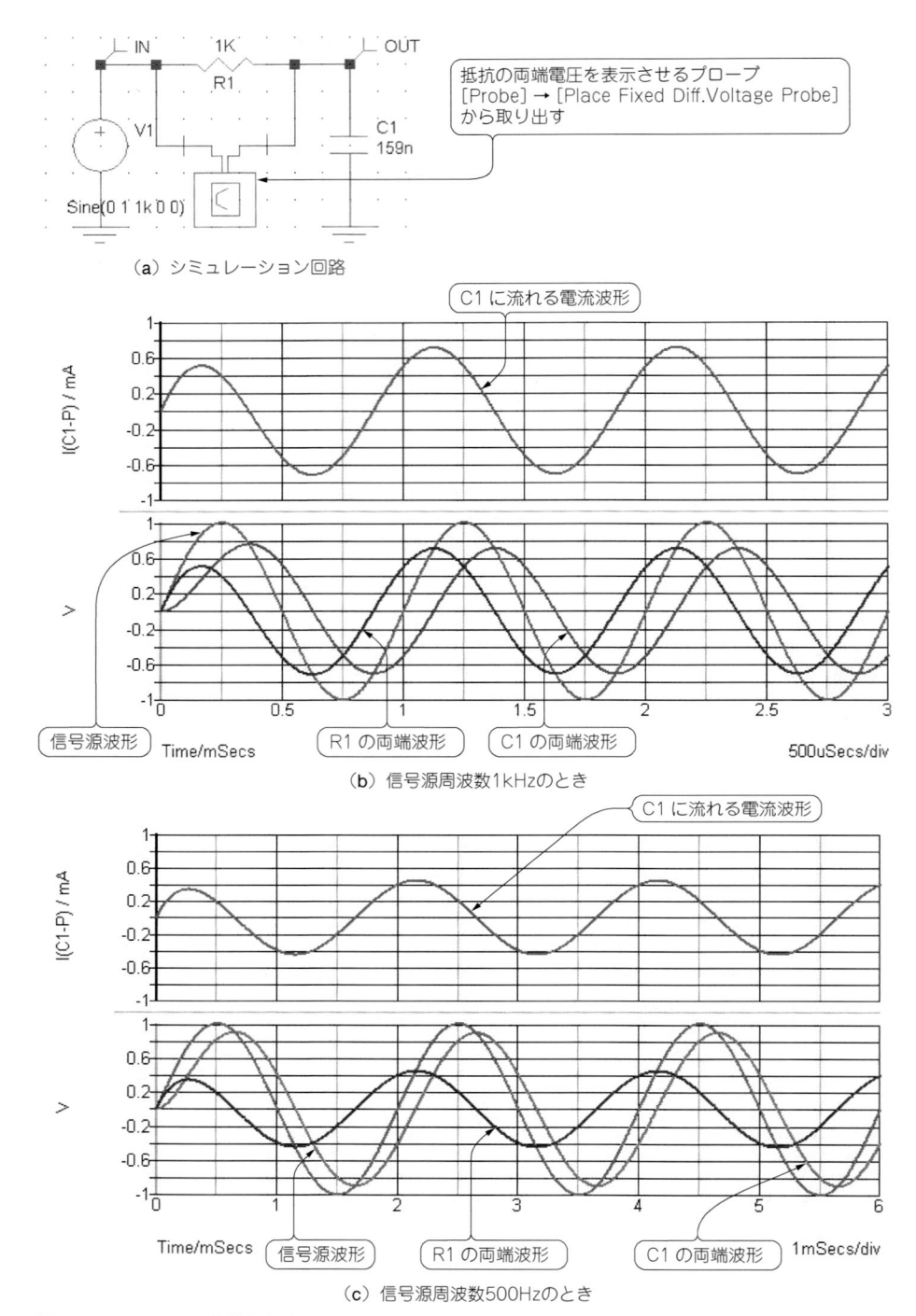

抵抗の両端電圧を表示させるプローブ
[Probe] → [Place Fixed Diff.Voltage Probe]
から取り出す

(b) 信号源周波数1kHzのとき

(c) 信号源周波数500Hzのとき

図 3-5 RC LPF の過渡解析 [RC_LPF_Tran]

図 3-5（d）は，逆に信号源周波数を 2kHz に高くしたときのシミュレーション結果です．C1 のインピーダンスが小さくなったため，R1 の両端波形は大きく，C1 の両端波形が小さくなり，1kHz に比べ信号源波形と C1 両端波形の位相差が大きくなります．

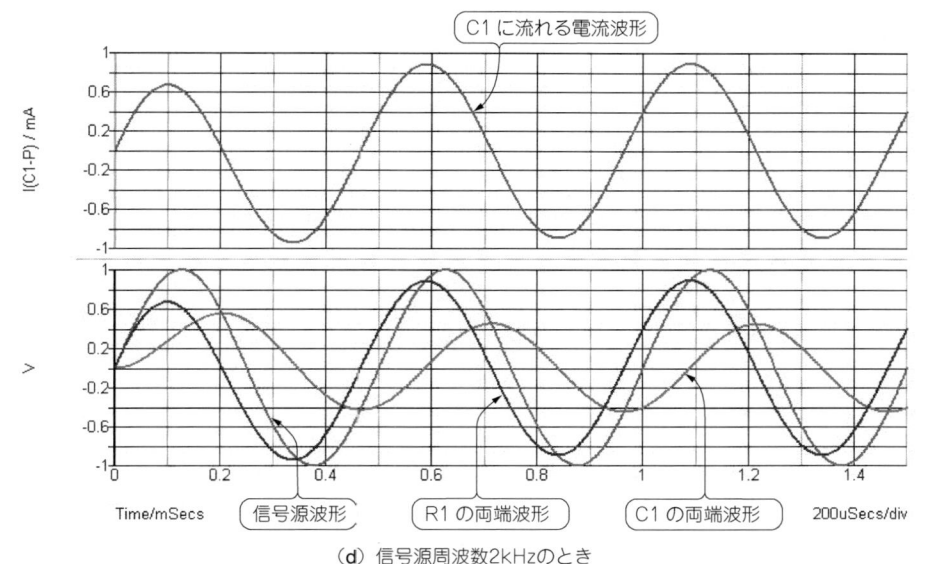

図 3-5 *RC* LPF の過渡解析 [RC_LPF_Tran]（つづき）

（d）信号源周波数2kHzのとき

3-1-3 コンデンサのインピーダンス-周波数特性と等価回路

図 3-6 は，各種コンデンサのインピーダンス-周波数特性です．コンデンサのインピーダンス Z_C は次の式から求まります．

$$Z_C = \frac{1}{2\pi f C} \quad \cdots\cdots\cdots\cdots\cdots\cdots\cdots\cdots\cdots\cdots\cdots\cdots\cdots\cdots\cdots\cdots\cdots\cdots\cdots\cdots\cdots\cdots\cdots\cdots\cdots\cdots\cdots\cdots\cdots\cdots\cdots\cdots\cdots\cdots \quad (3\text{-}1\text{-}4)$$

したがって，理想コンデンサなら周波数が高くなればいくらでもインピーダンスは低下していきます．しかし，現実のコンデンサは使用されている誘電体（絶縁物）の特性などのために，ある一定の値以下にはなりません．**図** 3-6 の 1000uF の電解コンデンサの場合は，100Hz におけるインピーダンスが 1.59 Ω で，さらに周波数が高くなるとインピーダンスが下がっていきますが，0.05 Ω 以下にはなりません．

そして，さらに周波数が高くなると 1MHz 付近から逆にインピーダンスが上がっていきます．このインピーダンスの上昇は，コンデンサの電極の構造やリード線によるインダクタンス成分が含まれているためです．

そして，周波数が極く低い領域では誘電体の漏れ電流のため，一定インピーダンス以上にはなりません．以上の動作から，現実のコンデンサは**図** 3-7 に示す等価回路で表されます．

インピーダンスが周波数に比例して上昇している高域のインピーダンスを Z_{CH} とすると，L_s の値は次の式から求まります．

$$L_S = 2\pi f \cdot Z_{CH} \quad \cdots\cdots\cdots\cdots\cdots\cdots\cdots\cdots\cdots\cdots\cdots\cdots\cdots\cdots\cdots\cdots\cdots\cdots\cdots\cdots\cdots\cdots\cdots\cdots\cdots\cdots\cdots\cdots\cdots\cdots \quad (3\text{-}1\text{-}5)$$

図 3-6 の 4.7uF のフィルム・コンデンサの場合は，650kHz 付近でディップしています．これは**図** 3-7 で表すと，C：4.7uF, R_{ss}：8mΩ, L_s：13nH になり，C と L_s で 650kHz で直列共振し，650kHz における 4.7uF のインピーダンス値 52mΩ に対し，R_{ss} が 8mΩ と小さいためです．

図 3-8 は，同じシリーズの 4.7uF から 10000uF までの電解コンデンサのインピーダンス特性です．このように，同じシリーズの電解コンデンサでは，容量が大きくなるほど直列等価抵抗の値は小さくなりま

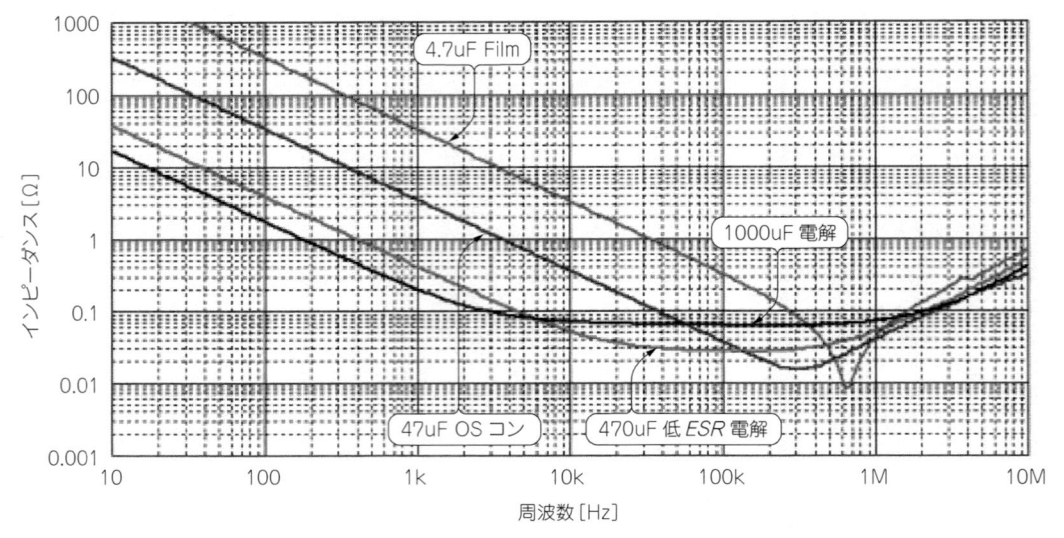

図 3-6　各種コンデンサのインピーダンス-周波数特性

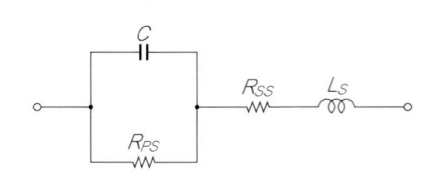

図 3-7　コンデンサの等価回路

C　：理想コンデンサ
R_{PS}：コンデンサの漏れ電流などにより生じる並列等価抵抗
R_{SS}：コンデンサの損失などにより生じる直列等価抵抗（ESR：Effective Series Resistance）
L_S　：コンデンサを形成する電極やリード線によって生じる浮遊インダクタンス（ESL：Effective Series Inductance）

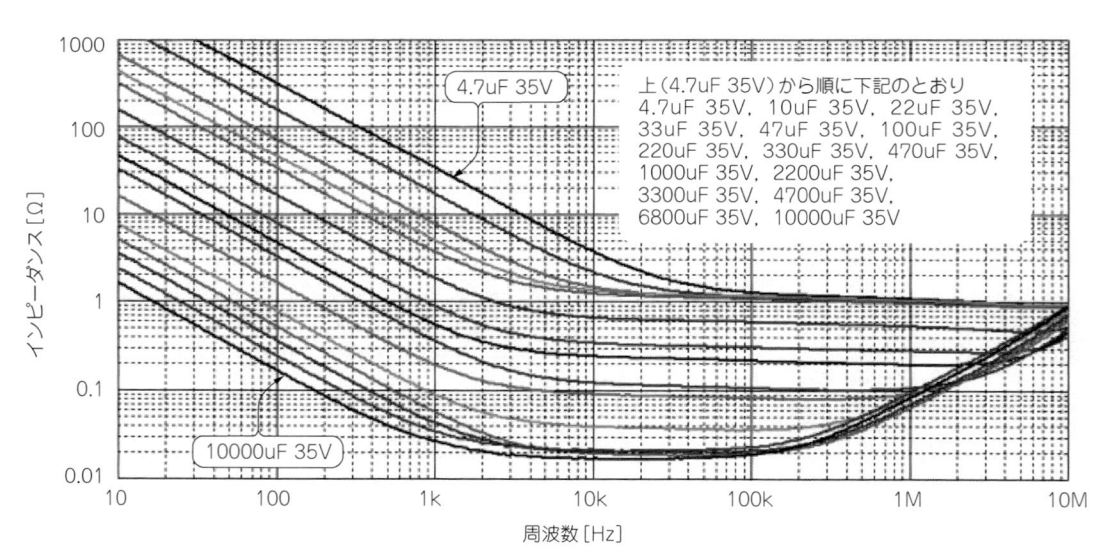

上（4.7uF 35V）から順に下記のとおり
4.7uF 35V, 10uF 35V, 22uF 35V,
33uF 35V, 47uF 35V, 100uF 35V,
220uF 35V, 330uF 35V, 470uF 35V,
1000uF 35V, 2200uF 35V,
3300uF 35V, 4700uF 35V,
6800uF 35V, 10000uF 35V

図 3-8　日本ケミコン…電解コンデンサ SMG の容量によるインピーダンス-周波数特性

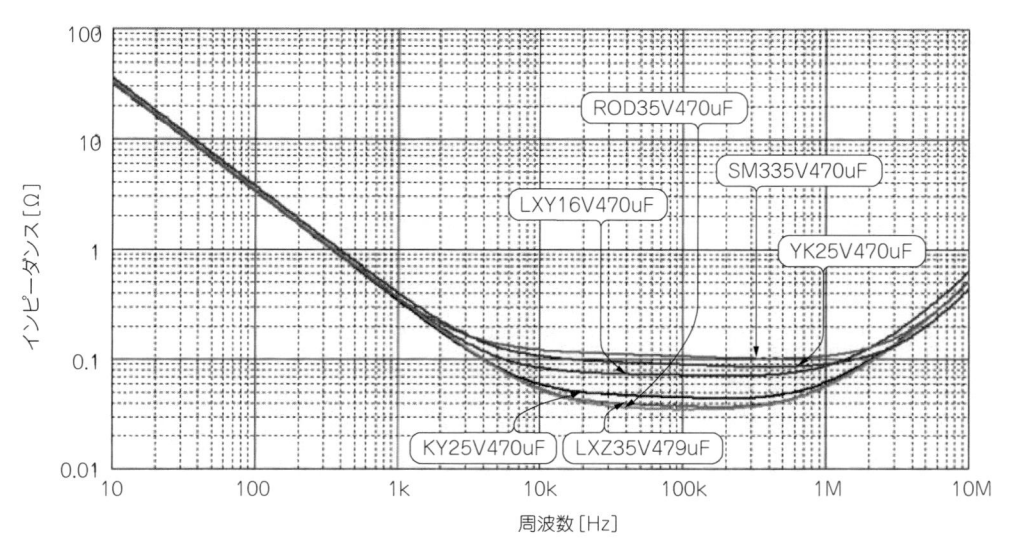

図 3-9　各種 470uF の電解コンデンサのインピーダンス-周波数特性

す．

　図 3-9 は，同じ 470uF の容量の電解コンデンサのインピーダンス特性を比べたグラフです．各社シリーズによって直列等価抵抗の値が異なっているのがわかります．電源のリプル成分（交流雑音成分）を除去するためには，直列等価抵抗が低いほどリプルも小さくなります．また，直流安定化電源の出力コンデンサの直列等価抵抗は制御の安定化に大きく影響し，ある程度大きいほうが制御設計が楽になります．

3-2──コイル

3-2-1　コイルの電流波形と電圧波形

　コイルはコンデンサとは対称的な特性をもち，コイルには電流の形でエネルギーが蓄えられます．そして，その量は次の式で表されます．

$$U = \frac{1}{2}LI^2 \quad \cdots\cdots\cdots\cdots\cdots\cdots\cdots\cdots\cdots\cdots\cdots\cdots\cdots\cdots\cdots\cdots\cdots\cdots (3\text{-}2\text{-}1)$$

　図 3-10 に示すシミュレーションは，コイルに流れる電流を変化させたときに発生する電圧をシミュレーションしたものです．コイルの電流が一定速度で増加すると一定の電圧がコイルに発生し，その量は次の式によります．

$$V[\text{V}] = \Delta I[\text{A/s}] \times L[\text{H}] \quad \cdots\cdots\cdots\cdots\cdots\cdots\cdots\cdots\cdots\cdots\cdots\cdots\cdots\cdots (3\text{-}2\text{-}2)$$

　図 3-10 (b) では，立ち上がりが 0.5A/5ms の電流変化なので，$100\,[\text{A/s}] \times 1 \times 10^{-3}\,[\text{H}] = 100\,[\text{mV}]$ の電圧が発生し，立ち下がりが $-0.5\text{A}/10\text{ms}$ の電流変化なので，$-50\,[\text{A/s}] \times 1 \times 10^{-3}\,[\text{H}] = -50\,[\text{mV}]$ の電圧が発生します．したがって，発生する電圧波形は電流波形を微分した値になります．

　図 3-11 のシミュレーションに示すように，正弦波の電流を流すと，電流を微分した正弦波の電圧が発生し，電流波形は 0°付近が一番傾斜が急なので，このとき発生する電圧値が最大になります．このため，電流波形に対し，電圧波形の位相が 90°進みます．そして，電流波形の 0°付近の傾斜より，電圧の

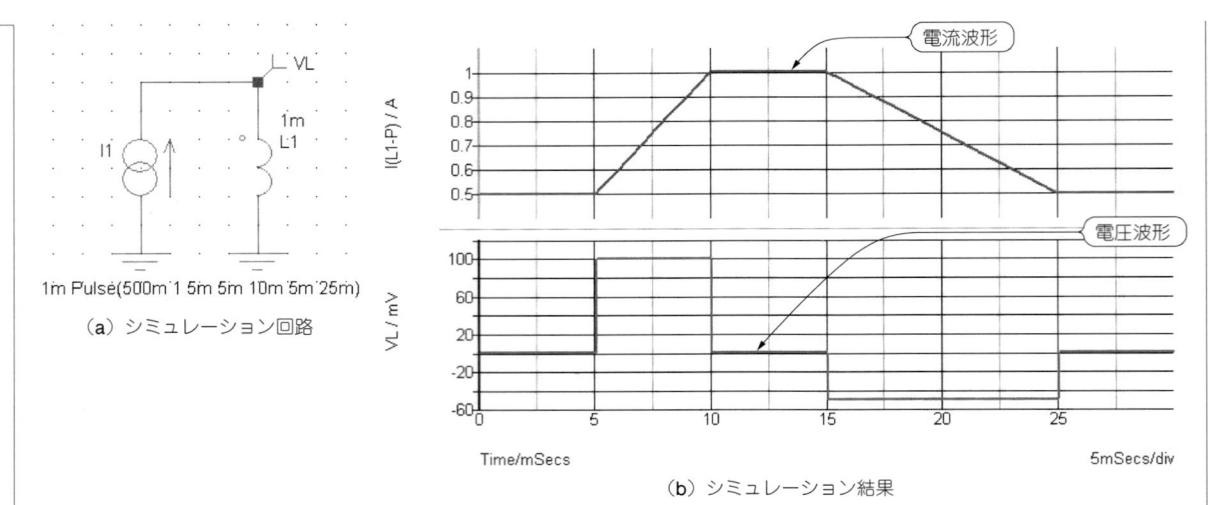

図 3-10 コイルに電流を流したときに発生する電圧波形[L_Charge]

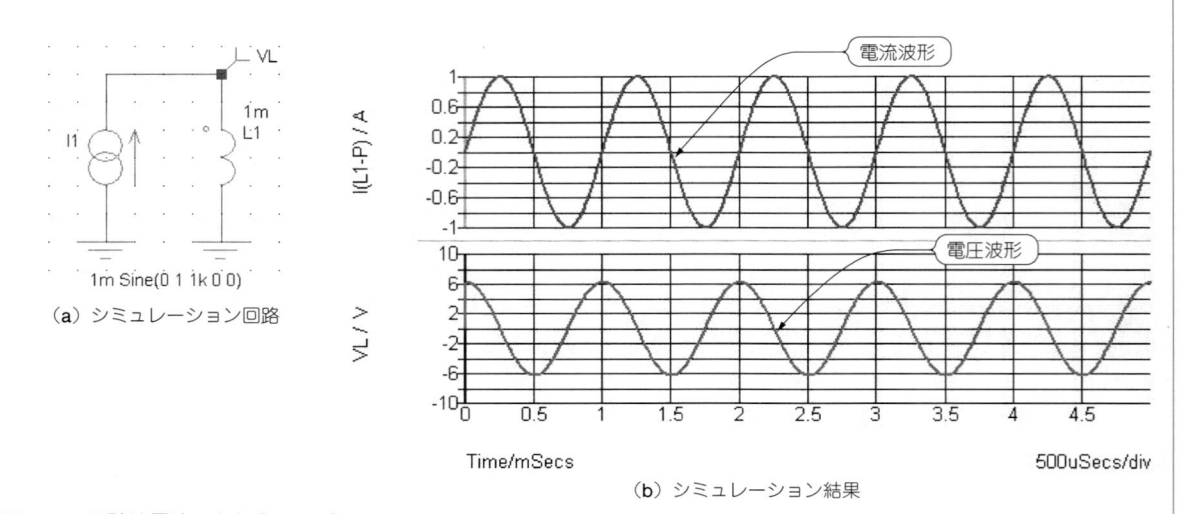

図 3-11 正弦波電流の印加[L_Sine]

ピーク値は $1A \times 2\pi \times 1kHz \times 1mH \fallingdotseq 6.28V$ になります.

　図 3-10 に示したように, コイルに発生する電圧はコイルの電流変化に比例します.

　このため, 図 3-12 に示すように, スイッチング電源を実現するためにコイルに流れる電流を断続すると, ON から OFF になった瞬間は電流の変化が極度に大きくなるため過大な負電圧が発生し, スイッチ素子などが直ちに破壊されてしまいます.

　そこで, 図 3-13 に示すようにダイオード (D1) を追加接続し, スイッチが OFF したときにはダイオードからコイルに連続して電流が流れるように回路を構成すると, 過大電圧の発生を防ぐことができます. この回路構成でスイッチの ON/OFF 比を可変すると出力電圧が変化し, スイッチング電源の原理的な動作になります.

　L1 に流れる電流の変化は, 式 (3-2-2) により印加される電圧に比例し, L1 のインダクタンスに反比例します. この電流の交流成分はコンデンサ C1 に流れ, C1 の直列等価抵抗によりリプル電圧になります.

（a）シミュレーション回路

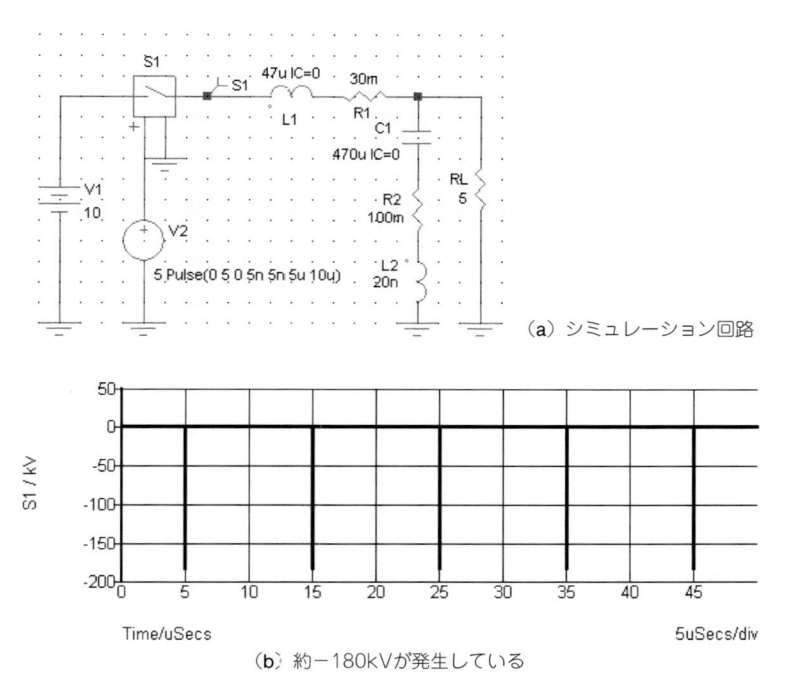

（b）約-180kVが発生している

図 3-12 コイルに流れる電流を断続する[Buck_D_Less]

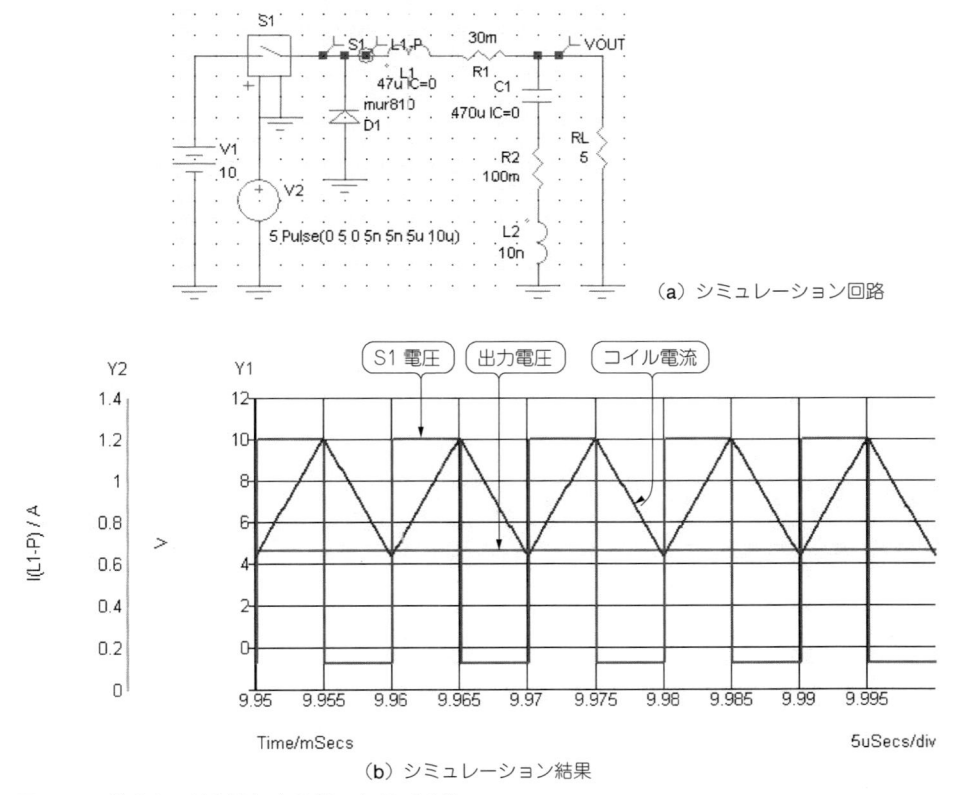

（a）シミュレーション回路

（b）シミュレーション結果

図 3-13 ダイオードを追加する[Buck_D_Add]

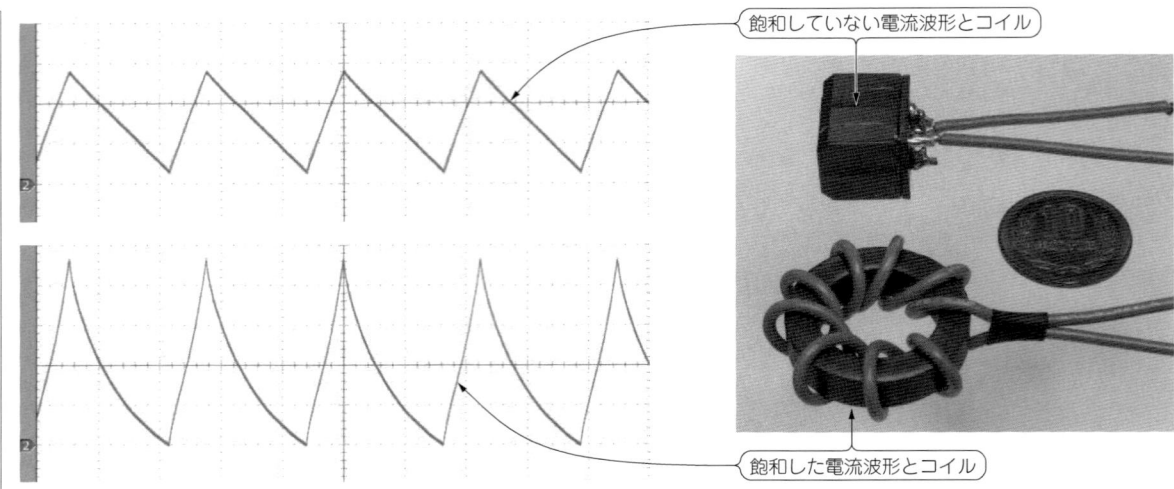

図 3-14 コイルの飽和

したがって，L1 の値が小さいと L1 の交流電流成分が大きくなり，出力のリプル電圧が大きくなります．また，コンデンサには流せる許容リプル電流があります．これらの値を超えないように L1 の値を選択します．

コイルに定格を超えた電圧を印加すると，飽和します．飽和特性は，コアの形状や材質によって異なるので，データシートによる確認が必要です．

図 3-14 に，スイッチング電源のコイルを交換し，飽和していない電流と飽和した電流波形を示します．

3-2-2　コイルのインピーダンスと RL ハイパス・フィルタ

図 3-15 に示すシミュレーションは，信号周波数を 10Hz〜100kHz に変化させたときの入出力電圧の比と位相を表したものです．

コイルのインピーダンスは，$2\pi fL$ で決定されます．R と L のインピーダンスが等しくなる周波数を遮断周波数 (f_c) と呼び，次の式から算出できます．

$$R = 2\pi f_c L \text{ より } f_c = \frac{R}{2\pi L} \quad \cdots\cdots\cdots (3\text{-}2\text{-}3)$$

周波数が遮断周波数よりも低くなるとコイルのインピーダンスが低下していくため，出力電圧が小さくなっていきます．このような周波数特性をもった回路をハイパス・フィルタ（High Pass Filter）と呼びます．また，周波数が低くなると，周波数に比例してコイルのインピーダンスが低くなっていくため，周波数が 1/10 になると利得も 1/10 になり，遮断周波数以下の領域では利得の傾斜が +20dB/dec になります．

抵抗とコンデンサの回路と同様に，抵抗とコイルの回路ではお互いのインピーダンスが等しくなる周波数（図 3-15 では 1kHz）で入出力電圧比が $1/\sqrt{2}$（≒ -3dB）になり，位相が 45° 進みます．これは，図 3-16 のシミュレーションが示すように，コイルに流れる電流波形に対しコイルの両端に発生する電圧波形の位相が 90° 進むことが要因です．

抵抗の電圧波形と電流波形は相似で，位相のずれは生じません．そして，抵抗とコイルに流れる波形はキルヒホッフの法則に従い同じ波形です．コイルに流れる電流波形に比べ，コイルの両端波形は位相が 90° 進みます．

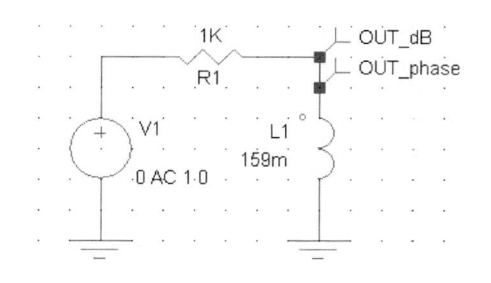

(a) シミュレーション回路

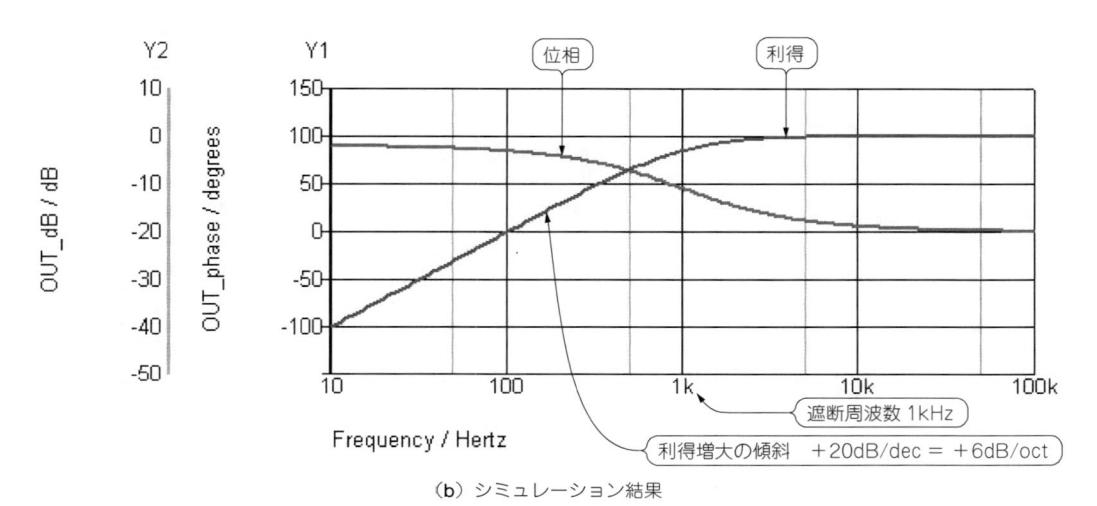

(b) シミュレーション結果

図 3-15 *RL* HPF の AC 解析 [LR_HPF_AC]

図 3-16(b) の場合，1kHz では抵抗とコンデンサの場合と同様に抵抗とコイルの両端波形の振幅が等しいため，信号波形がピークになる点では，その振幅は信号振幅 1V の半分の 0.5V になります．そして，コイルの両端電圧のピークは 1/√2 V ≒ 0.707V です（1/√2 = −3dB）．

3-2-3　コイルのインピーダンス-周波数特性と等価回路

図 3-17 は，マイクロインダクタのインピーダンス-周波数特性です．コイルのインピーダンスは，次の式から求まります．

$$Z_L = 2\pi f L \quad \cdots\cdots (3\text{-}2\text{-}4)$$

したがって，理想コイルは周波数に比例したインピーダンスをもちます．しかし，現実のコイルは銅線などの線材を巻いて製作するため，直流抵抗が存在します．また，巻き線間には浮遊容量成分が生じます．このため，図 3-17 に示すように，低域でのインピーダンスは線材の抵抗成分により平坦になります．また，浮遊容量とで並列共振が発生し，並列共振周波数よりも高域では浮遊容量の値によりインピーダンスが減少していきます．

図 3-18 がもっとも簡単なコイルの等価回路で，回路的には抵抗の等価回路と同じです．ただし，それらの値の範囲が抵抗とは異なります．

(a) シミュレーション回路

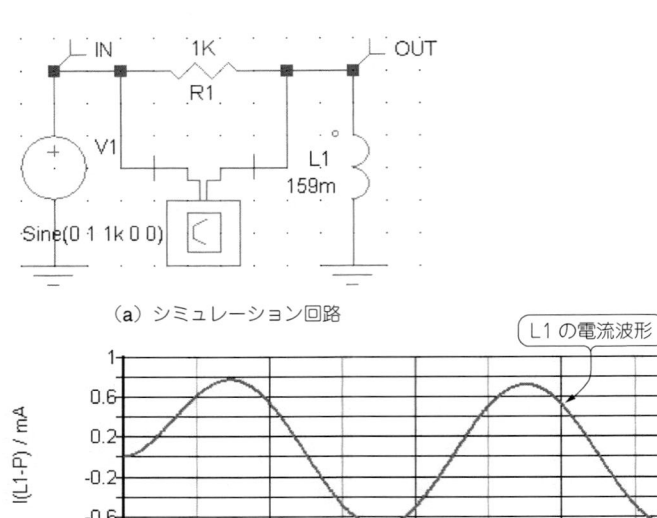

(b) 信号源周波数1kHzのとき

図 3-16 *RL* HPF の過渡解析 [LR_HPF_Tran]

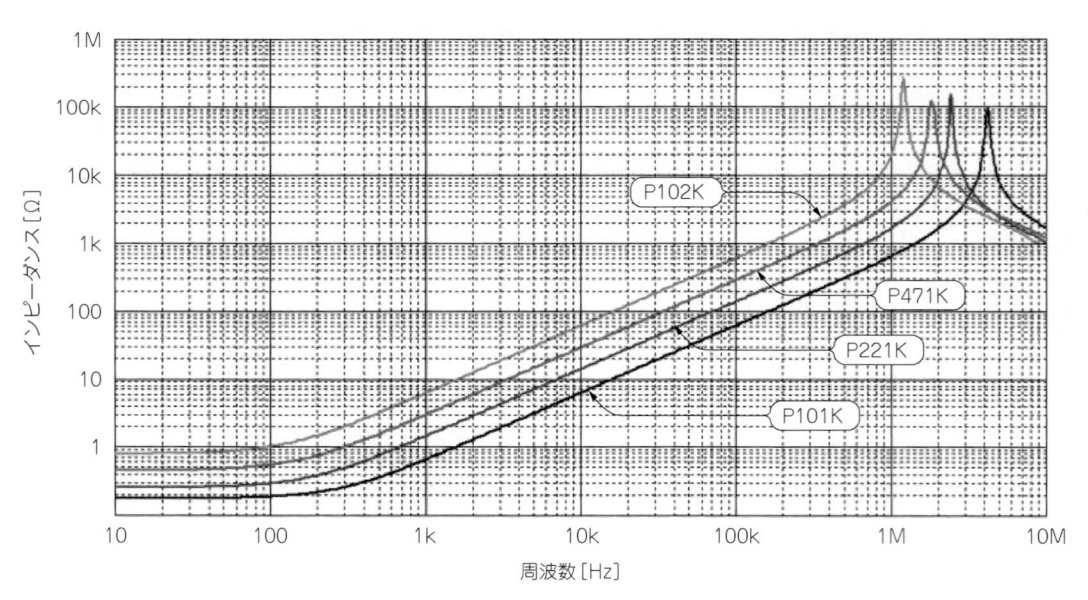

図 3-17 マイクロインダクタのインピーダンス-周波数特性（太陽誘電 LHLP/6NB シリーズ）

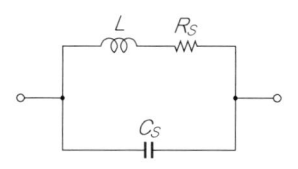

図3-18 コイルの等価回路

3-3 ── トランス

3-3-1 トランスの等価回路

トランスは，商用電源周波数の電源トランスから高周波用コイルまで使われる周波数帯により様々な種類があり，その形状もまた様々です．

図 3-19 がトランスの原理図で，1 次コイルで発生した磁束を 2 次コイルに結合させることにより，交流の電圧と電流を変換することができます．また，電気信号がいったん磁束に変換されることから，コイル間を電気的に絶縁することができます．

図 3-19 に示した入出力の電圧・電流の関係式が完全に成立するのは理想トランスの場合で，実際のトランスでは電圧が巻き線比に正確に比例するのは 2 次側が開放の場合，電流が巻き線比に正確に反比例するのは 2 次側が短絡の場合です．

図 3-20 に，トランスの基本的な等価回路を示します．トランスもコイルと同様に，巻き線抵抗や巻き線容量が存在します．そして，1 次側コイルで発生した磁束はすべて 2 次側コイルに結合することができず，一部は 2 次側コイルに結合しない磁束になります．この磁束を漏れ磁束と呼び，この磁束によって発生するインダクタンスは独立したコイルとして動作し，漏れインダクタンス（Leakage Inductance）と呼ばれます．図 3-20 に示す L_{l1}，L_{l2} が漏れインダクタンスです．

V_P：1次電圧　　V_S：2次電圧
I_P：1次電流　　I_S：2次電流
N_P：1次巻き線数　N_S：2次巻き線数　$\dfrac{N_S}{N_P}=n$：巻き数比

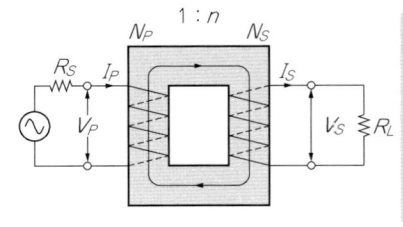

$$\dfrac{N_S}{N_P}=\dfrac{V_S}{V_P} \quad \dfrac{N_S}{N_P}=\dfrac{I_S}{I_P} \quad \cdots\cdots (1)$$

$$\dfrac{V_S}{I_P}=\dfrac{\dfrac{N_S}{N_P}V_S}{\dfrac{N_P}{N_S}I_S}=\left(\dfrac{N_S}{N_P}\right)^2\dfrac{V_S}{I_P}=n^2 R_L \quad \cdots\cdots (2)$$

図 3-19 トランスの基本動作

C_1：1次巻き線浮遊容量　　C_2：2次巻き線浮遊容量
r_1：1次巻き線抵抗　　　　r_2：2次巻き線抵抗
L_{l1}：1次巻き線漏れインダクタンス　L_{l2}：2次巻き線漏れインダクタンス
L_P：励磁インダクタンス　　R_i：鉄損

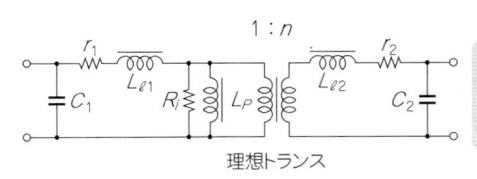

図 3-20 トランスの等価回路

図3-21は，パラメータをすべて1次側に換算した等価回路です．2次側から1次側に換算する際，電圧が$1/n$になり，電流がn倍になるため，各素子のパラメーは巻き数比の2乗で換算されます．図3-21からトランスの周波数特性を低域と高域に分け，それぞれで支配的なパラメータのみを残し，簡単な等価回路で表すと図3-22になります．

低域の遮断周波数は1次インダクタンスを大きくし，巻き線抵抗を小さくするとより低くなります．したがって，コイルの巻き数を増やすだけでは巻き線抵抗が大きくなってしまい，低域遮断周波数を低くすることができません．形状を大きくするか，より少ない巻き数で大きなインダクタンスが得られるコアを選定することになります．

高域遮断周波数は，漏れインダクタンスと巻き線容量で決定されます．したがって，高域遮断周波数を高くするには，漏れ磁束と浮遊容量ができるだけ少なくなるような巻き線構造にします．

3-3-2　トランスのモデリング

図3-23は，トランスのパラメータを計測し，モデリングするための等価回路です．

R_p, R_sは巻き線抵抗なので，ディジタル・マルチメータなどで簡単に計測できます．巻き線比は2次側を開放し，中域周波数信号を印加し，入出力電圧比から求まります．

トランスの2次側を開放（S_1オープン）にすると，励磁インダクタンスに比べ漏れインダクタンスの値は小さいので，1次側から見たインピーダンスは，C_{sp}, R_i, L_p, C_{ss}の合成インピーダンスが支配的になります．

そして，TX_1の2次側を短絡（S_1ショート）すると励磁インダクタンスL_pがほぼ短絡されるため，C_{sp}, R_p, L_lの合成インピーダンスが支配的になります．

したがって，S_1を開放・短絡したときの1次側から見たインピーダンス–周波数特性を計測すると，各

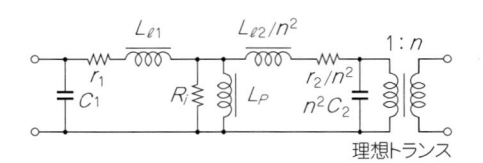

図3-21　図3-20の2次側のパラメータをすべて1次側に換算した等価回路

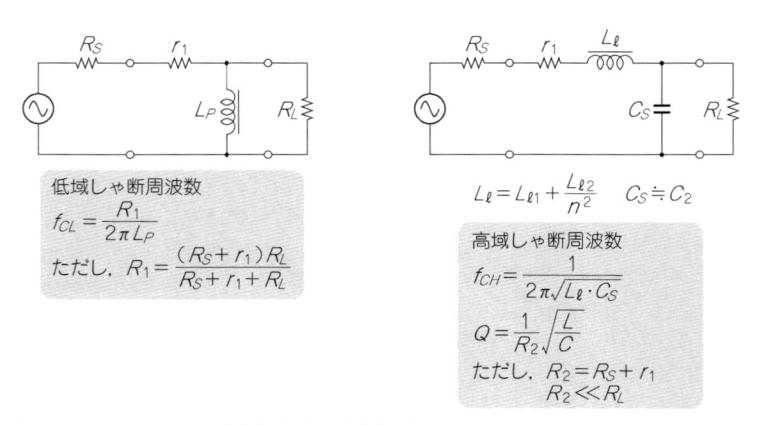

図3-22　トランスの低域と高域の等価回路

低域しゃ断周波数
$$f_{CL} = \frac{R_1}{2\pi L_P}$$
ただし，$R_1 = \frac{(R_S + r_1)R_L}{R_S + r_1 + R_L}$

$L_\ell = L_{\ell 1} + \frac{L_{\ell 2}}{n^2}$　　$C_S \fallingdotseq C_2$

高域しゃ断周波数
$$f_{CH} = \frac{1}{2\pi\sqrt{L_\ell \cdot C_S}}$$
$$Q = \frac{1}{R_2}\sqrt{\frac{L}{C}}$$
ただし，$R_2 = R_S + r_1$
　　　　$R_2 \ll R_L$

パラメータの値が求まります．

　SPICEのトランス・モデルは，漏れインダクタンスの代わりに結合係数 (K) で設定します．結合係数は1次と2次間の磁束の結合の割合なので，漏れインダクタンスと結合係数の関係は次の式になり，図3-24 の等価回路になります．

$$L_l = L_p(1-K) \quad\cdots\cdots\cdots\cdots\cdots\cdots\cdots\cdots\cdots\cdots\cdots\cdots\cdots\cdots\cdots\cdots\cdots\cdots\cdots \text{(3-3-1)}$$

　現実のトランスを計測して得られるのは1次側から見たインピーダンス-周波数特性なので，図3-25 に示す回路から2次側短絡時に1次側から見たインダクタンス成分を L_{pss} とすると，次の式から結合係数が得られます．

$$L_{pss} = L_p(1-K) + \frac{L_p \cdot K \cdot L_p(1-K)}{L_p \cdot K + L_p(1-K)} \text{ より } L_{pss} = L_p(1-K^2) \quad\cdots\cdots\cdots \text{(3-3-2)}$$

$$K = \sqrt{1 - \frac{L_{pss}}{L_p}} \quad\cdots\cdots\cdots\cdots\cdots\cdots\cdots\cdots\cdots\cdots\cdots\cdots\cdots\cdots\cdots\cdots\cdots\cdots \text{(3-3-3)}$$

　図3-26 に，トヨデン HTR2005 の巻き線の構成と各端子の直流抵抗および巻き線比を示します．HTR2005 では端子電圧表示に対し，巻き線比が1割程度大きくなっています．これは定格電流を流したときに巻き線抵抗による電圧降下を考慮し，巻き線比を設計しているためです．

　図3-27 は，FRA (Frequency Response Analyzer) で計測したトヨデンの HTR2005 のインピーダンス特性です．

　L_p は，低域遮断周波数に影響するパラメータです．2次開放のグラフの低い周波数ではインダクタンスが支配的で +20dB/dec の傾きになっていて，20Hz のインピーダンスは約 180Ω です．したがって，$L = R/(2\pi f)$ の式より，$L_p ≒ 1.4H$ になります．

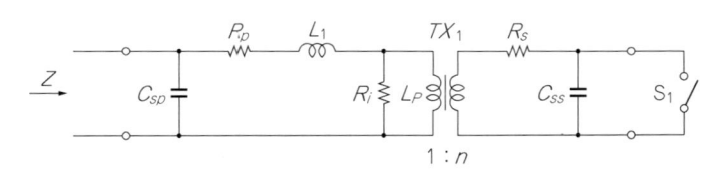

図3-23　計測とモデリングのための等価回路

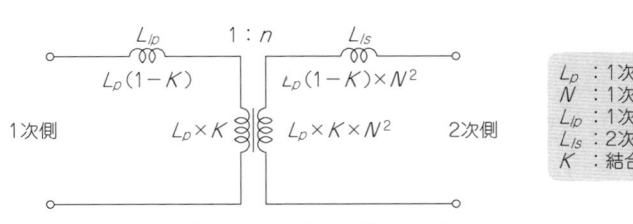

図3-24　漏れインダクタンスと結合係数の関係

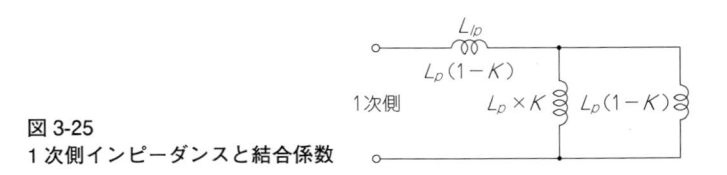

L_p：1次インピーダンス
N：1次2次巻き数比
L_{lp}：1次側漏れインダクタンス
L_{ls}：2次側漏れインダクタンス
K：結合係数

図3-25
1次側インピーダンスと結合係数

L_l は，2次短絡のグラフから +20dB/dec の 10kHz の点が約 630Ω なので，$L_l ≒ 10mH$ になります．

浮遊容量は分布定数として存在するため，集中定数としてモデリングすることが難しくなります．

2次開放のグラフの 20kHz 以上のインピーダンスは容量性で，C_{sp} と C_{ss} の影響が支配的と考えられます．60kHz のインピーダンス 10kΩ から容量を求めると，約 265pF になります．計測器による容量分の 40pF を引くと，225pF になります．

少々強引ですが，巻き線容量が巻き数に比例すると考えると $C_{ss} = C_{sp} × 0.466$，そして C_{ss} を 1 次側換算にすると，巻き線比の 2 乗になります．したがって，

$C_{sp} + (C_{sp} × 0.466) × 0.466^2 = 225pF$ より $C_{sp} ≒ 204pF$，$C_{ss} ≒ 95pF$ が得られます．

3-3-3　SIMetrixでトランスをシミュレーションする

SIMetrix には，飽和現象のない理想トランス・モデルと飽和状態もシミュレーションできる飽和トランスの二つのモデルが用意されています．

理想トランスの場合は，[Place] → [Magnetics] → [Ideal Transformer] を選ぶと，図 3-28 の設定画面が開きます．

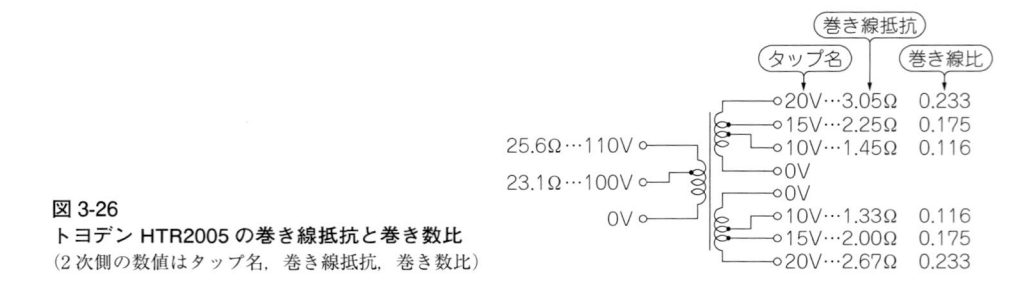

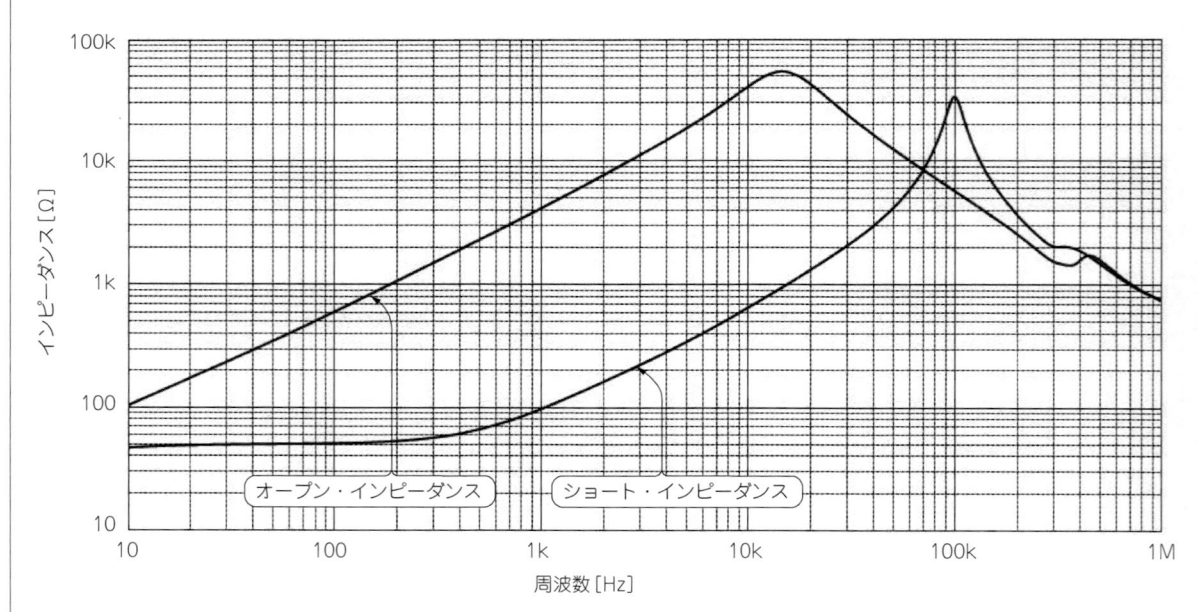

図 3-26
トヨデン HTR2005 の巻き線抵抗と巻き数比
（2次側の数値はタップ名，巻き線抵抗，巻き数比）

図 3-27　FRA で計測したトヨデンの HTR2005 のインピーダンス特性（実測値）
2次側がオープンとショートのときの1次側から計測したグラフ．

各設定は，下記の機能になっています．
◆Configuration：トランスの1次と2次の巻き線構成を設定する．
　この設定により Define windings の Select winding の構成が自動作成されます．
◆Define windings：1次の巻き P1 に対する各巻き線の巻き数比を設定する．
　1次巻き線が2回路，2次巻き線が3回路の場合は，Select winding に図3-28 が設定されます．
Select winding で指定した巻き線の1次の巻き P1 に対する巻き線比を，Ratio to primary 1 の欄に設定します．
◆Inductance and coupling：1次巻き線 P1 のインダクタンスと結合係数を設定する．
　1次と1次の間，2次と2次の間，そして1次と2次の間の結合係数が設定できます．
　HTR2005 の1次インダクタンスは 1.4H，2次側を短絡して1次側から計測した漏れインダクタンスは 10mH，したがって結合係数 K は式 (3-3-3) に従い次のようになります．

$$K = \sqrt{1 - \frac{10\text{mH}}{1.4\text{H}}} \fallingdotseq 0.9964$$

図3-29 の設定による TX1 を使って作成したのが，図3-30 (a) のシミュレーションです．負荷抵抗 R5 の値を 100，1k，10k，100kΩ に変え，マルチステップ解析しています．

図3-30 (b) のシミュレーション結果と図3-31 の実測値を比べると，負荷抵抗値が大きいときの高域遮断周波数でのピークに乖離がありますが，ほかはほぼ同じ結果が得られています．ピークの乖離は，コア損失が周波数によって異なることが原因と考えられます．

3-3-4　トランスの非直線性と飽和

商用周波数の電源トランスは，ケイ素鋼板や方向性ケイ素鋼板をコアに使用し，少ない巻き数で大きなインダクタンスが得られるように工夫されています．同じ巻き数でも，コアの透磁率 μ が大きいほど大きなインダクタンスが得られます．

図3-32 は，トランスの印加電圧，励磁電流とコアに生じる磁束の関係を表したもので，B-H カーブと呼ばれています．

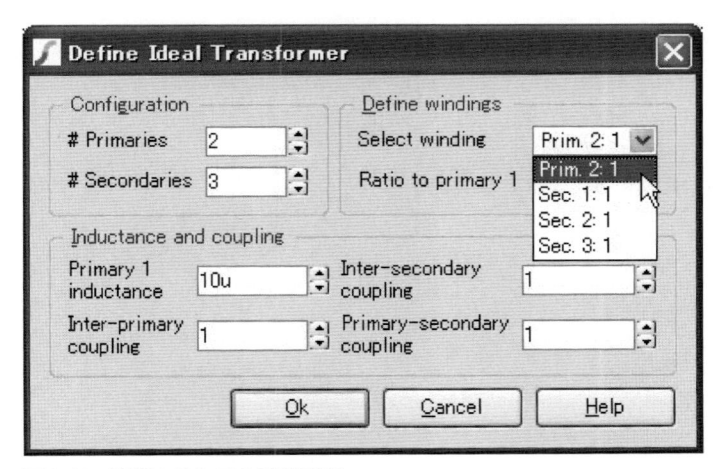

図3-28　理想トランスの設定画面

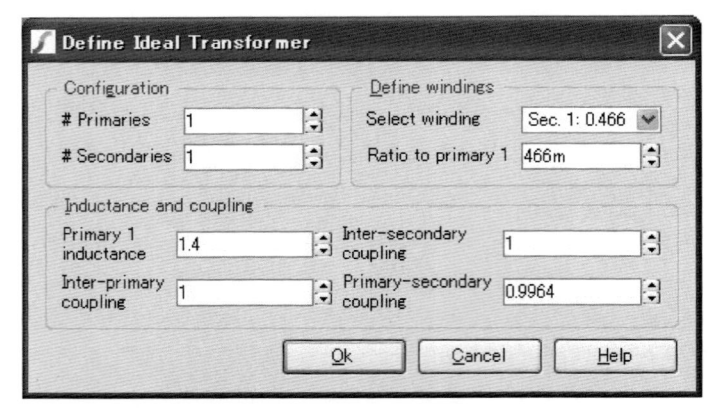

図 3-29 HTR2005 のパラメータ設定値

(a) シミュレーション回路

(b) シミュレーション結果

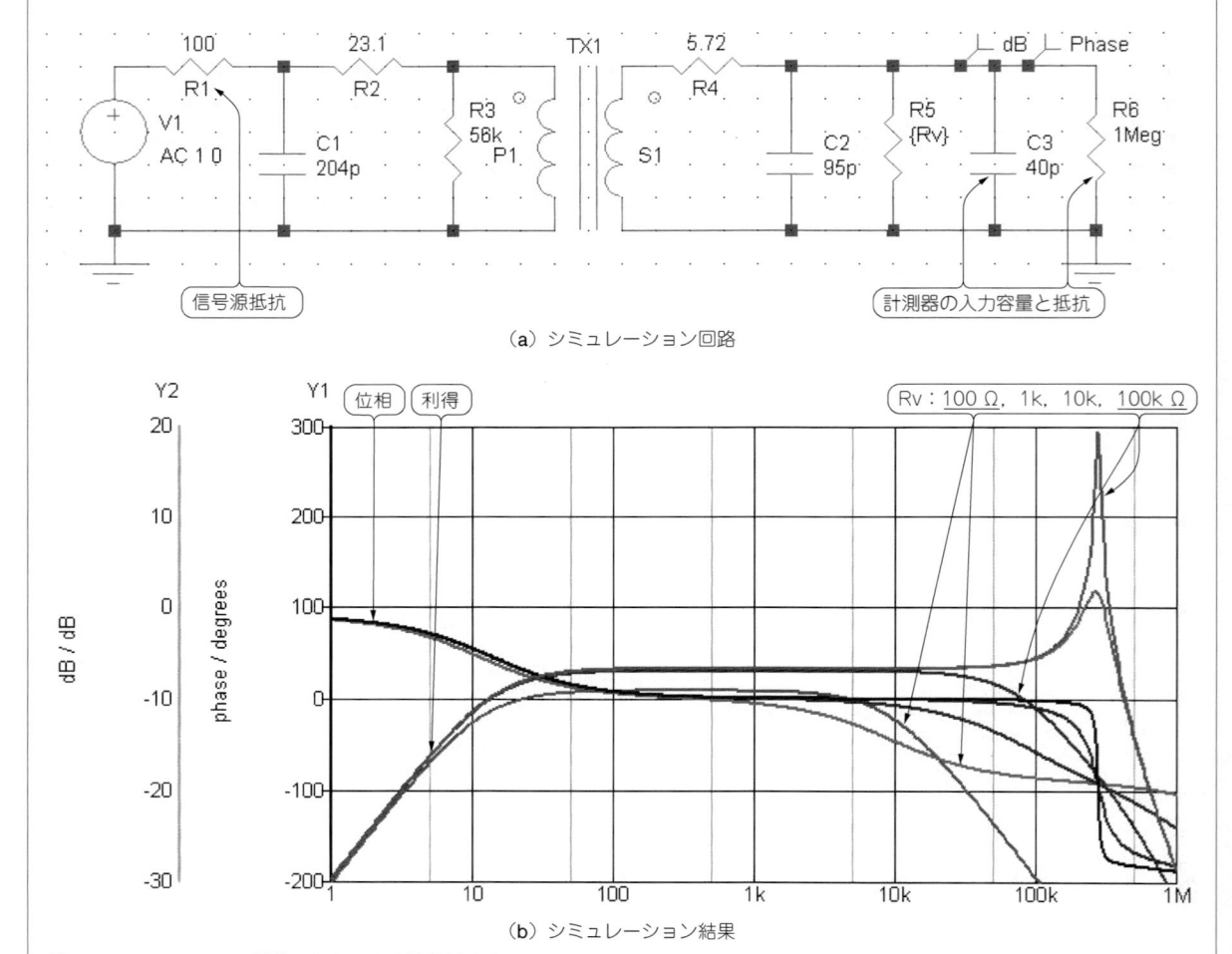

図 3-30 HTR2005 の利得・位相-周波数特性シミュレーション [HTR2005_AC]

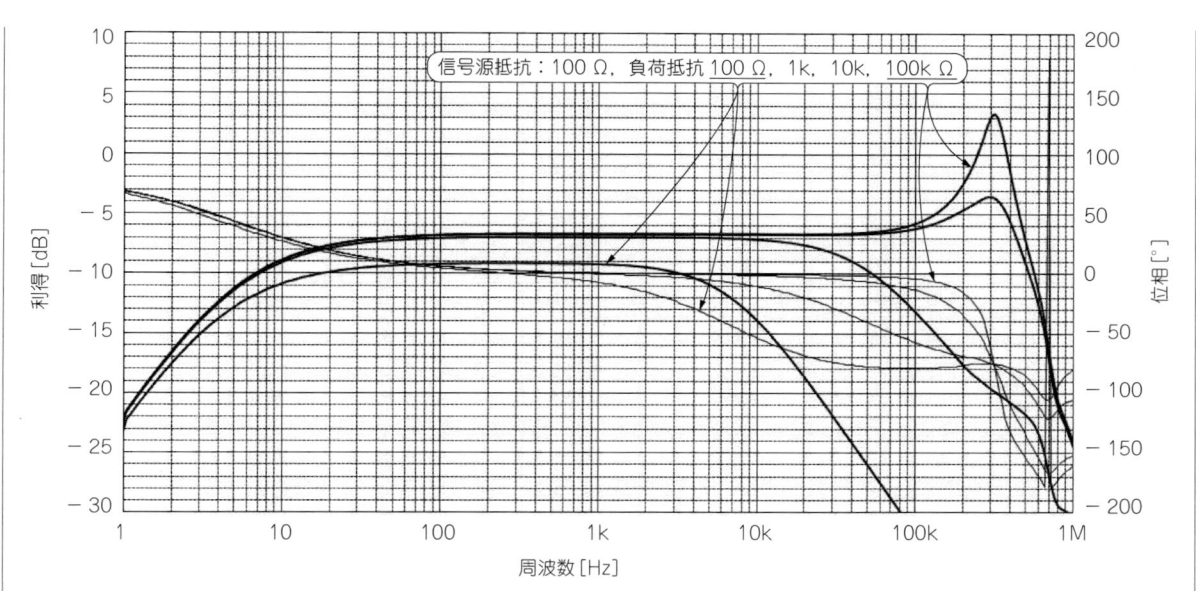

図 3-31 HTR2005 の利得・位相-周波数特性（実測値）

　このB-Hカーブの傾きが透磁率μで，磁気飽和特性とヒステリシスをもっています．
　図 3-33 は，HTR2005 を無負荷の状態で 1 次電圧をスライダックで可変し，電圧波形と電流波形を観測したものです．印加電圧が定格電圧を超えるとコアが飽和状態になり，急激に励磁電流が増加しています．
　図 3-32 (b) に示すように，トランスに印加される電圧に対し，発生する磁束は 90°遅れています．したがって，磁束が最大になる点は印加電圧が 180°または 360°になる点です．
　電源が 180°で切断され，0°で（または 0°で切断され 180°で）再投入されると，トランスには切断されたときの磁束が記憶されているため，さらに磁束を増加させようとします．すると磁気飽和が起こり，トランスのインダクタンスがゼロになり，巻き線の抵抗成分だけが残ります．この結果，過大な突入電流が流れてしまいます．
　図 3-34 は，トヨデンの HT1812 を使用した電源回路です．HT1812 の 1 次側巻き線の直流抵抗は約 14 Ωでした．**図 3-35** が，この電源回路に流れた突入電流の波形です．
　トランスだけで，整流回路を接続せずに突入電流を観測したのが，**図 3-35 (a), (b)** です．
　図 3-35 (a) は 180°で電源が切断され，180°で投入された場合です．この場合，突入電流は現れず，励磁電流がわずかにマイナス側にだけ流れています．このマイナス側の偏りは，トランスの偏磁特性か，商用電源の直流残存分によるものです．
　図 3-35 (b) は 180°で電源が切断され，0°で投入された場合です．180°でコアの磁束が最大になり，0°投入でさらに磁束を増加させようとしたためコアが飽和し，7.5A ピークという大きな突入電流が発生しています．巻き線抵抗が 14 Ωでピーク電圧が 141V ならば，約 10A のピークになるはずですが，商用電源のピーク波形がなまっていることと，巻き線以外のインピーダンスが影響して 7.5A という結果になっているようです．いずれにしても，トランスの 1 次側巻き線抵抗で突入電流はほぼ決定されることになります．
　トランスに整流回路と抵抗負荷を接続し，突入電流を観測したのが**図 3-35 (c), (d)** です．
　図 3-35 (c) は 0°で電源が切断され，0°で投入された場合です．平滑回路のコンデンサを充電するため

最初は約 2.2A ピークの負荷電流が流れますが，約 1A ピークの負荷電流で平衡状態に達しています．

図 3-35 (d) は 180°で電源が切断され，0°で投入された場合です．半周器にピークが二つ観測され，負荷電流と磁気飽和のための電流であることがわかります．そして，磁気飽和のための電流は次第に小さく

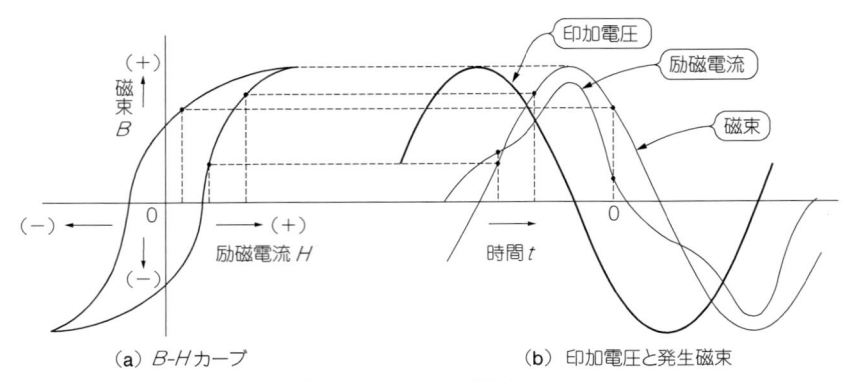

(a) B-Hカーブ　　　　　　(b) 印加電圧と発生磁束

図 3-32　トランスの B-H カーブと印加電圧，励磁電流

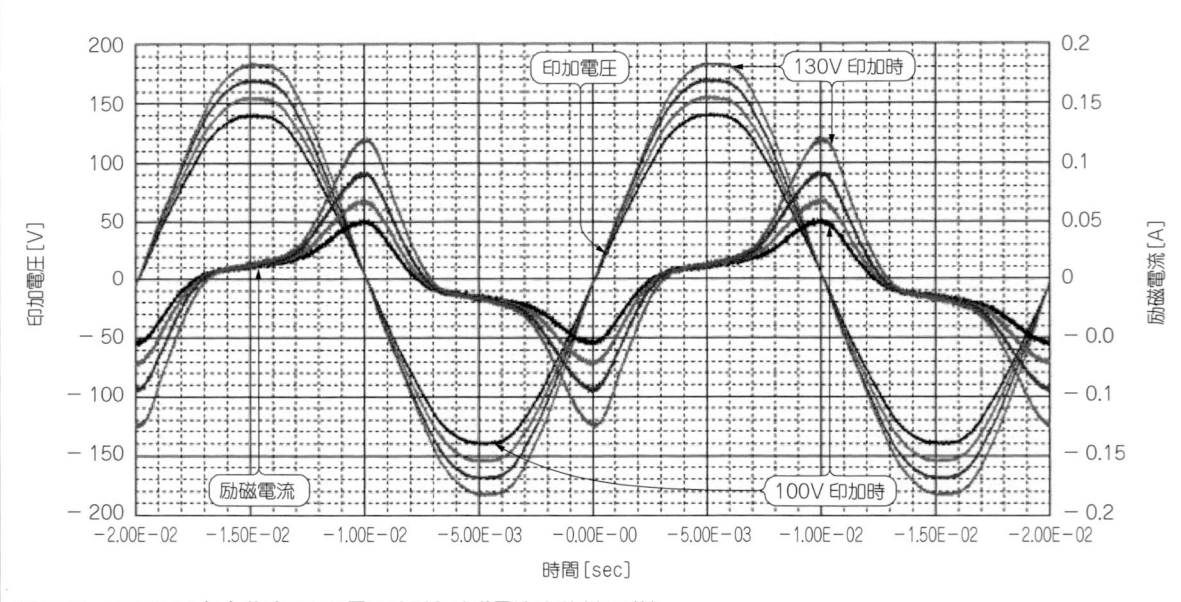

図 3-33　HTR2005 無負荷時の印加電圧波形と励磁電流波形（実測値）

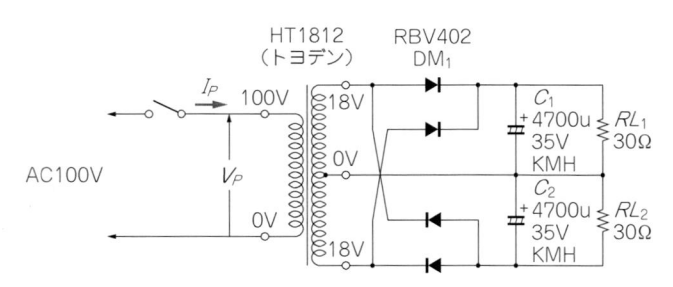

図 3-34　電源の突入電流を計測するための回路

なって消えていきます．図3-35(d)は，平滑回路のコンデンサの充電電流により電源投入時のピーク電流の幅が図3-35(b)よりも広く，突入電流の面積が一番広くなっています．

以上のように，突入電流は電源トランスの磁気飽和により，非常に大きな値となります．そして，この突入電流は電源投入のタイミングによって異なり，180°切断，0°投入（または0°切断，180°投入）のタイミングで計測しないとその最大値がわかりません．

3-3-5　トランスの安全性

トランスには，表3-2に示すJIS C5310で決められた最高使用電圧により，1次-2次巻線間，巻線-コア間，巻き線-シールド間の耐電圧が規定されています．

AC100V用のトランスでは，耐圧 $1000V_{rms}$，50/60Hz，1分間という条件で異常のないことを試験しなくてはなりません．また，AC100V/200V両用のトランスでは，$1500V_{rms}$ の耐電圧が必要になります．

トランスは，巻き線やコアの損失により発熱します．このため，JIS C5310には表3-3に示すトランス内部の許容最高温度が規定されています．

内部温度を計測するには，無負荷状態での巻き線の抵抗を計測し，最大負荷状態で内部が一定温度になった後，配線を外し，素早く巻き線の抵抗を計測し，巻き線の温度係数から内部の温度上昇を算出する方法などがあります．

また，トランスに使用する巻き線や絶縁シートには，許容最高温度において十分安全が確保される材料を使用します．

3-4 ── ヒューズ

ヒューズは，万一の故障のさいに，発火などが機器内部で発生しないように挿入します．また，消費電

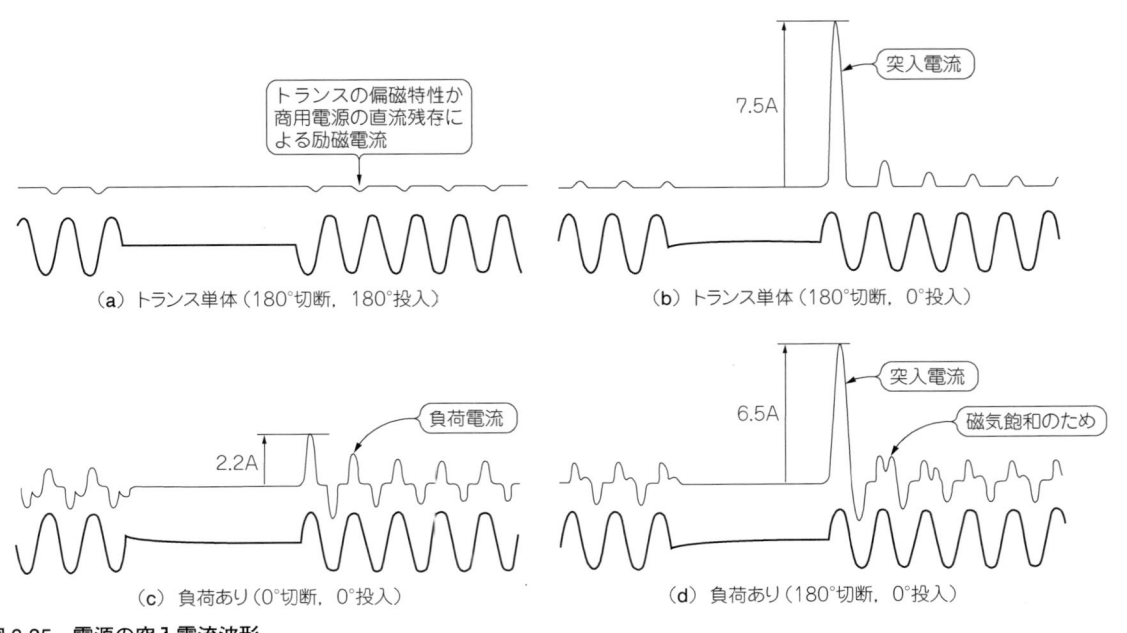

図3-35　電源の突入電流波形

表3-2 JIS C5310によるトランスの耐電圧

最高使用電圧	耐電圧
30V以下	500V
30Vを超え115V以下	1000V
115Vを超え250V以下	1500V
250Vを超えるもの	最高使用電圧×2 + 1000V

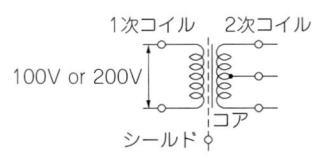

表3-3 JIS C5310によるトランスの許容最高温度

絶縁の種類	許容最高温度［℃］
A種	100
E種	115
B種	120
F種	140
H種	165

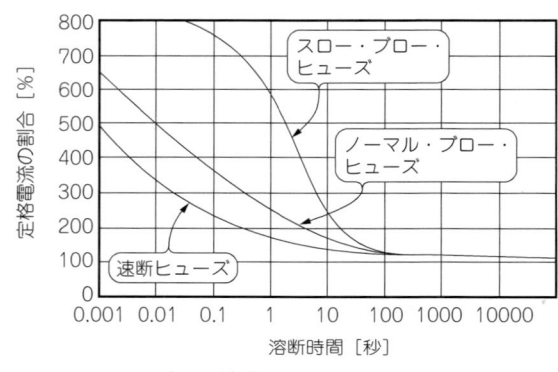

図3-36 ヒューズの切断時間による種類

図3-37 ヒューズの溶断特性の幅

力が非常に大きな機器では，故障によってライン電圧に影響を与えてしまい，工場内が停電するといった事故にもつながります．

当然のことながら，ヒューズは機器の最大消費電流では切断せず，機器の故障時の電流で切断する容量のものを選ぶことになります．

ヒューズには，図3-36に示すように，溶断時間の違いにより，速動溶断型（速断），普通溶断型（ノーマル・ブロー），タイム・ラグ溶断型（スロー・ブロー）の3種類があります．JISでは，溶断特性が表3-4に示すように規定されています．また，ヒューズの溶断特性には幅があり，図3-37に一例を示します．

故障時の電流を推定することはなかなか難しいことですが，一般的には電源トランスの2次側，各端子間をそれぞれ個別に短絡し，一番小さい1次側電流を故障電流とします．

2次巻き線がたくさんある電源トランスの場合，小容量の巻き線を短絡しても定格電流以上にならない場合があります．このような場合には，その巻き線のみ2次側にヒューズを入れるか，電源トランスの巻き線に温度ヒューズ（図3-38）を挿入し，電源トランスの温度上昇で異常を検知し，温度ヒューズを切断させます．

商用周波数の電源トランスを使用した小型機器の場合，消費電流に比べて突入電流が大きいので，一般的には突入電流でヒューズが切れないようにスロー・ブロー・ヒューズ（タイムラグ・ヒューズ）が使用

表 3-4　ヒューズの溶断特性

JIS記号	定格電流に対する割り合いと溶断までの時間			備考
	通電容量	溶断電流	溶断時間	
NN	130%	200%	30秒以内	普通溶断型
NM	110%	135%	1時間以内	
		200%	2分以内	
NR	130%	160%	1時間以内	
		200%	2分以内	
		2000%	0.01秒以上	
TS	110%	135%	1時間以内	タイム・ラグ溶断型
		300%	3秒以上	
TL		135%	1時間以内	
		300%	6秒以上	
SL		135%	1時間以内	速動溶断型
		250%	1秒以上	
SH		135%	6分以内	
		200%	0.5秒以内	

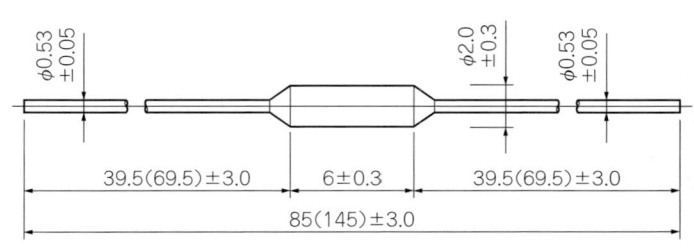

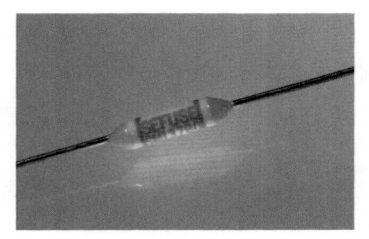

図 3-38 [15]　NEC SCHOTT 社の温度ヒューズ

されることが多いようです．スロー・ブロー・ヒューズには，定格電流値の前に"T"の文字が刻印されています．

第4章 シミュレータの使い方や出力の読み方もマスタしよう
負帰還を理解するための基礎知識

4-1——デシベル

　負帰還を設計するために欠かせない単位がdB（デシベル）です．
　dBのB（ベル）は，電話を発明した グラハム・ベルの名前から由来する単位です（人名から由来する単位は大文字で書き表します）．B（ベル）は，基準となる量に対する比を常用対数で表したものです．したがって，基準量をR，比較したい量をAとすると，X[B]は次の式から求まります．

$$X[\text{B}] = \log_{10} \frac{A}{R} \quad\cdots\cdots (4\text{-}1\text{-}1)$$

　B（ベル）で表した量を10倍にしたものがdBデシベルです．この単位は，音量や電力量などのエネルギーを比で表すのに使用されます．10dB（デシベル）が1B（ベル）です．電子回路では，Bの単位は使わずdBが使用されます．エンジニア間では，dBを「デービー」あるいは「デシ」と呼んだりします．
　例えば，基準電力R[W]に対する，比較したい量をA[W]とすると，X[dB]は次の式から求まります．

$$X[\text{dB}] = 10\log_{10} \frac{A}{R} \quad\cdots\cdots (4\text{-}1\text{-}2)$$

　1Ωの抵抗の消費電力が1Wの場合，電圧と電流は1V，1Aです．この電力が10倍になると，次の式より10dBになります．

$$10\log_{10} \frac{10\text{W}}{1\text{W}} = 10\text{dB} \quad\cdots\cdots (4\text{-}1\text{-}3)$$

　負荷抵抗が変化しないとすると，電力を10倍にするには電力は電圧×電流なので，印加電圧は　10倍

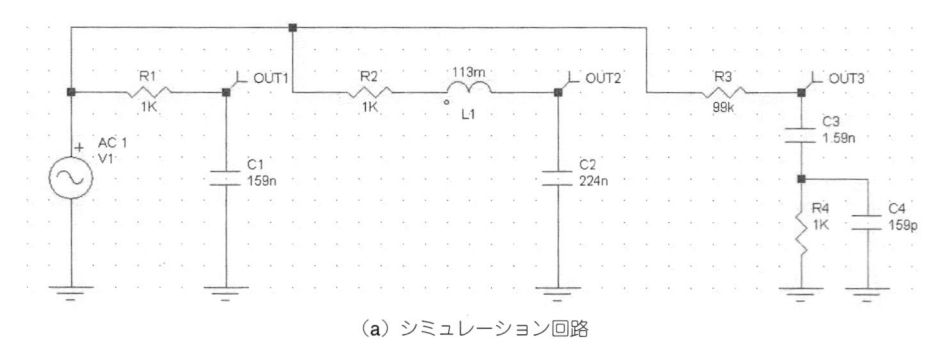

(a) シミュレーション回路

図4-1　利得-周波数特性をリニア目盛りとdB目盛りで比較する [dB_Lin_Lin, dB_Lin_dB]

にすればよいことになります．したがって，電圧や電流の場合は 10 倍になったときが10dBになるので，電圧や電流の比を dB で表すと，

$$X[\mathrm{dB}] = 20\log_{10}\frac{A[\mathrm{V}]}{R[\mathrm{V}]} \quad\quad\quad\quad\quad (4\text{-}1\text{-}4)$$

になり，電圧が10倍になると20dBになります（負荷抵抗が同じで，電圧が10倍になると電力は100倍）．

一般的な増幅器などの場合，その利得（Gain：ゲイン）は入出力の電圧比で表すので，100倍では40dBの利得ということになります．

慣れないと，初めは面倒に感じるdBですが，次に示す便利なことがあり，負帰還の理解には欠かせません．

▶ 乗算が加算になる……10倍×1000倍=10000倍……20dB + 60dB = 80dB
▶ 少ない桁数で大きな量を表せる……1,000,000倍……120dB
▶ 広範囲の量を一つのグラフで表せる
▶ 一般的な RLC 回路の減衰特性グラフが直線になる
▶ 音に対する人間の耳の感度など，人間の感覚量は刺激量の対数に比例するので，感覚値の評価単位として適している

4-2 — 利得−周波数特性をリニア目盛りと dB 目盛りで比較する

図4-1は，RLC回路の利得-周波数特性をリニア目盛り図（b）と dB 目盛り図（c）で比較したものです．SIMetrixの場合，AC解析でリニア電圧目盛を表示させるには［Probe］→［Place Fixed Voltage Probe］を選択します．プローブを回路図に配置したらプローブを選択状態にしてラベル名と［Analyses］の項目の［AC sweep］にチェック・マークを付けます．最初のグラフ表示では対数目盛が表示されます．［Edit Axis］で［Y-Axis］を［Lin］に設定すると，Y軸がリニア目盛りになります．

AC解析でdB目盛りにするには，［Probe AC/Noise］→［Fixed dB Probe］を使用します．

1kHz 以下の変動が少ない周波数範囲では，リニア目盛りのほうが変化のようすがよくわかります．逆に，100kHzでの減衰量を見るには，リニア目盛りでは無理です．dB目盛りでは，OUT1では−40dB（1/100），OUT2では−80dB（1/10000），OUT3では約−37dB（約1/70.8）であることが読み取れ，各回路の高域減衰特性の違いがdBグラフで明確にわかります．

1kHz以上の減衰域では，dB目盛りの場合は直線的に変化しているのに対し，リニア目盛りではうねりをもった特性なので，手書きでは表しづらい曲線です．

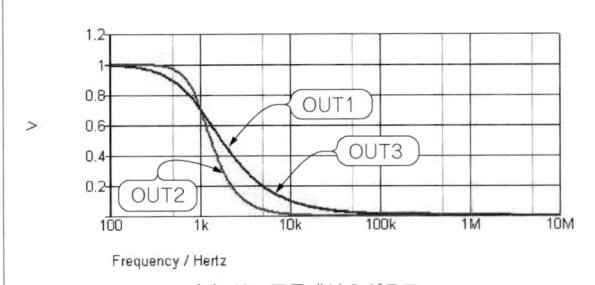

（b）リニア目盛りのグラフ
（c）dB目盛りのグラフ

図4-1 利得-周波数特性をリニア目盛りとdB目盛りで比較する（つづき）

OUT1 では，10kHz から 100kHz の周波数が 10 倍（1decade）になる間に，利得が −20dB から −40dB になって 1/10 に減衰しています．この減衰の度合い（減衰傾度）を −20dB/dec または −6dB/oct と呼びます（oct：octave 鍵盤で 8 度音程，周波数では 2 倍）．

OUT2 では，−40dB/dec または −12dB/oct になっています．

dB 目盛りでは OUT1，OUT2 では周波数に逆比例して利得が直線的に減衰しているのに対し，OUT3 は 100kHz から 1MHz の間で利得がいったん平坦になりかけ，また，減衰するといううねりがあることが dB 目盛りでわかります．

4-3──ボーデ線図と利得合成

図 4-2 (b)，(c) に示すように，X 軸を周波数軸（対数）とし，回路の利得と位相が変化するようすを 1 枚のグラフに表したものを，ボーデ線図（ボード線図ともいう：Bode plot）と呼びます．このとき利得は dB で表し，位相は度（degree）で表します．ボーデ線図は，負帰還の普及に貢献した Hendrik W. Bode にちなんだ名前です．

G1 の減衰傾度が −20dB/dec で，P1 の位相が 90° 遅れ，G2 の減衰傾度が −40dB/dec で P2 の位相が 180° 遅れていることがわかります．G3 では，利得が平坦になった周波数で P3 の位相が一度戻っています．

dB 目盛りによる利得の傾きと位相遅れには一定の規則があり，後の項で説明します．

負帰還では，利得と位相の関係により回路が安定になったり不安定になったりするため，ボーデ線図により安定度を判別することができます．詳しくは，後の項で説明します．

図 4-3 は，二つの増幅器の利得・位相-周波数を合成するためのシミュレーションです．図 4-3 (a) に示すように，SIMetrix では 2 点間のボード線図を表示するためのプローブが用意されており，［Probe AC/Noise］→［Bode Plot Probe］から取り出せます．

図 4-3 (a) の 1st Amp は，図 4-3 (b) に示すように直流利得が 50dB（316 倍）で 100Hz から −20dB/dec で減衰していきます．2nd Amp は，図 4-3 (c) に示すように直流利得が 20dB（10 倍）で 1kHz から −20dB/dec で減衰し，10kHz で平坦に戻り，再び 100kHz から −20dB/dec で減衰していきます．そして，図 4-3(d) が二つの増幅器を合成した特性です．

増幅器の利得を合成する場合，シミュレーションで示したように利得や位相の特性がなめらかな曲線を描き，計算しづらいものです．このため，利得を直線の組み合わせとして考えると利得の変曲点が明確になります．利得を直線の組み合わせで描いたものを，漸近線による利得特性と言います．

図 4-4 に，図 4-3 の利得合成を漸近線で描いたものを示します．

二つの増幅器の利得合成を dB で考えると利得が加算になり，減衰傾度が直線になるため合成特性が簡単に求められます．直流では，50dB + 20dB = 70dB の利得です．100Hz から −20dB/dec で減衰し，1kHz からは −40dB/dec で減衰し，10kHz からは −20dB/dec の減衰傾度に戻り，100kHz からは再び −40dB/dec で減衰するということになります．

このように，利得を漸近線による dB で表すと利得の合成が簡単な加算で行え，減衰傾度が直線になることから，利得の合成が非常にわかりやすくなります．

合成利得が 0dB になる点は，減衰傾度が −20dB/dec になる中心（約 30kHz）になっています．負帰還の設計では，合成後の利得特性が 0dB をよぎる周波数で減衰傾度を −20dB/dec にするには 1st Amp の特性，または 2nd Amp の特性をどう設計するかという，逆なことが課題になり，dB の漸近線で利得を描

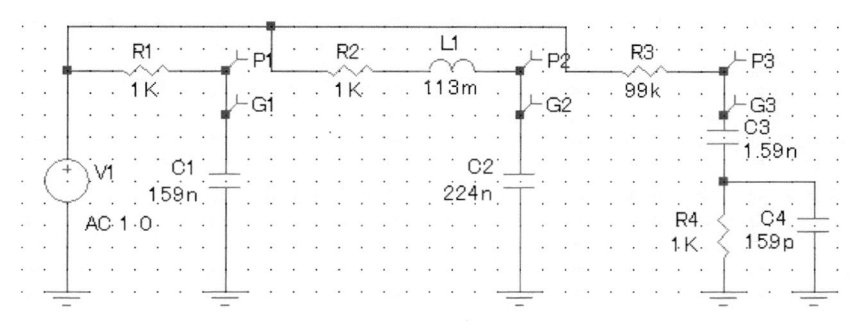

(a) SIMetrixによるシミュレーション回路

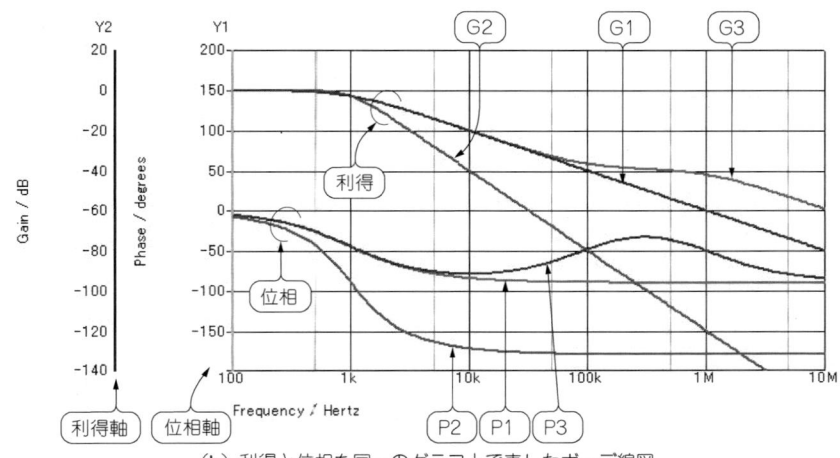

(b) 利得と位相を同一のグラフ上で表したボーデ線図

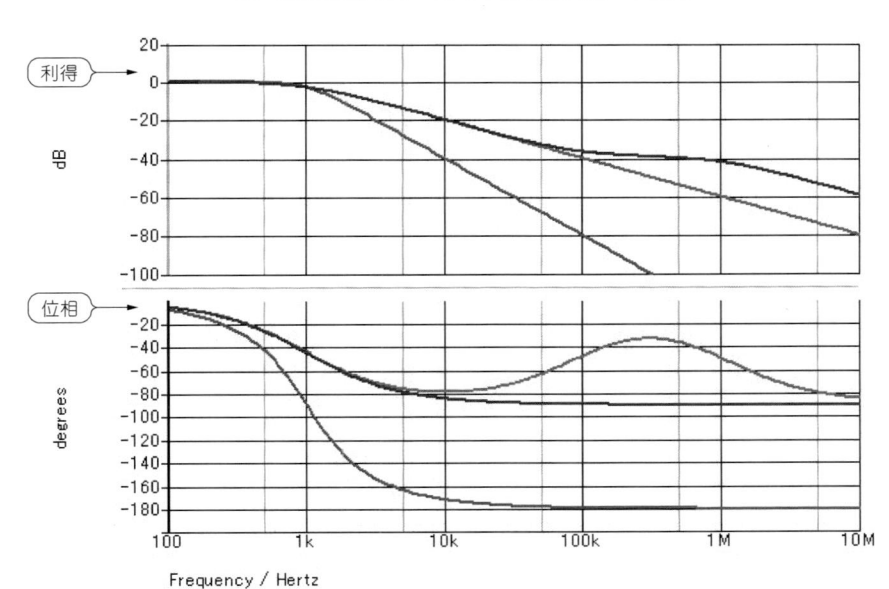

(c) 利得と位相を別のグラフ上で表したボーデ線図

図 4-2　SIMetrix によるボーデ線図の表示 [dB_Bode]

(a) SIMetrixによるシミュレーション回路

(b) 1st Ampのボード線図

(c) 2nd Ampのボード線図

(d) Totalのボード線図

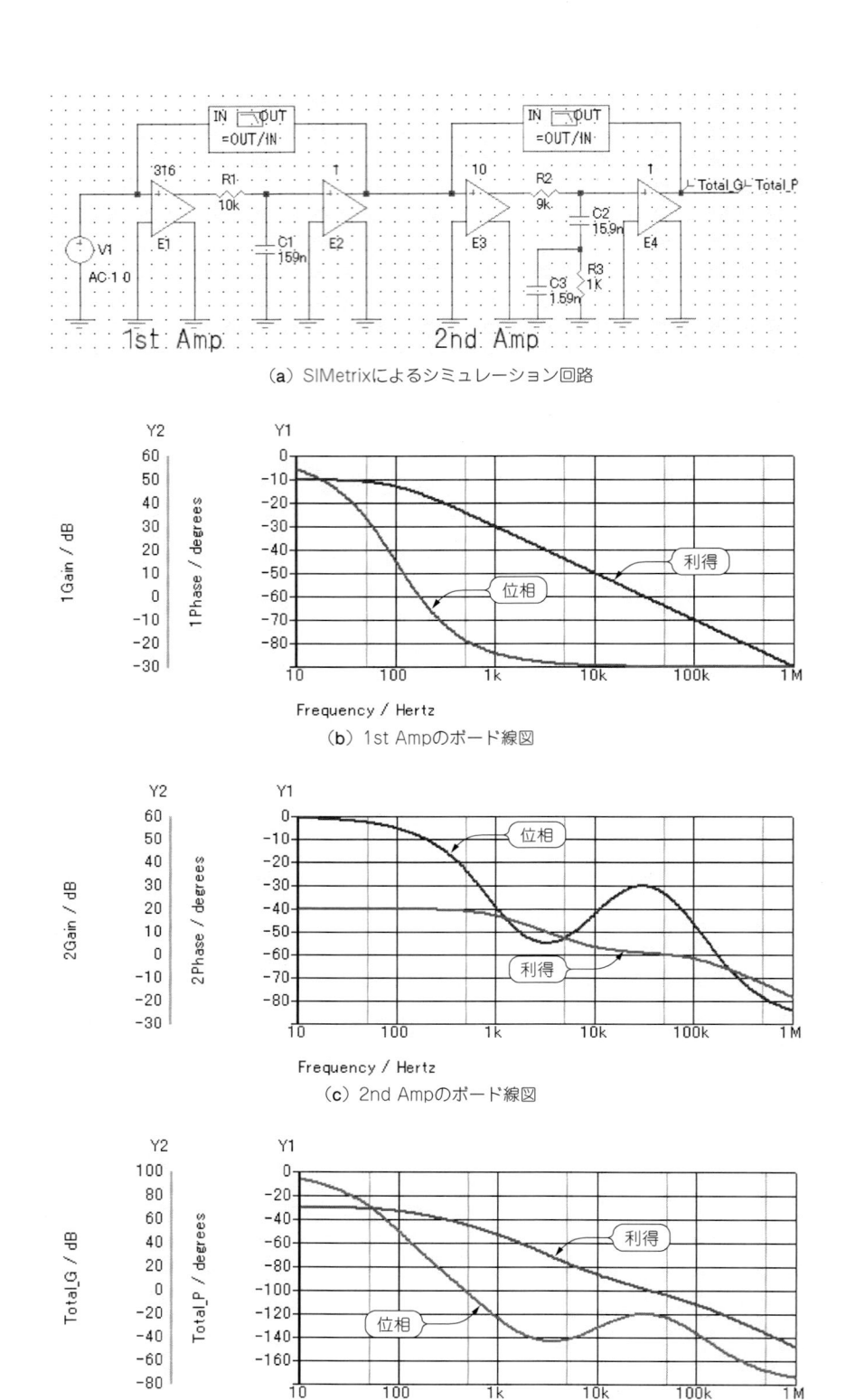

図4-3　増幅器の利得・位相-周波数を合成するシミュレーション［Synthesis］

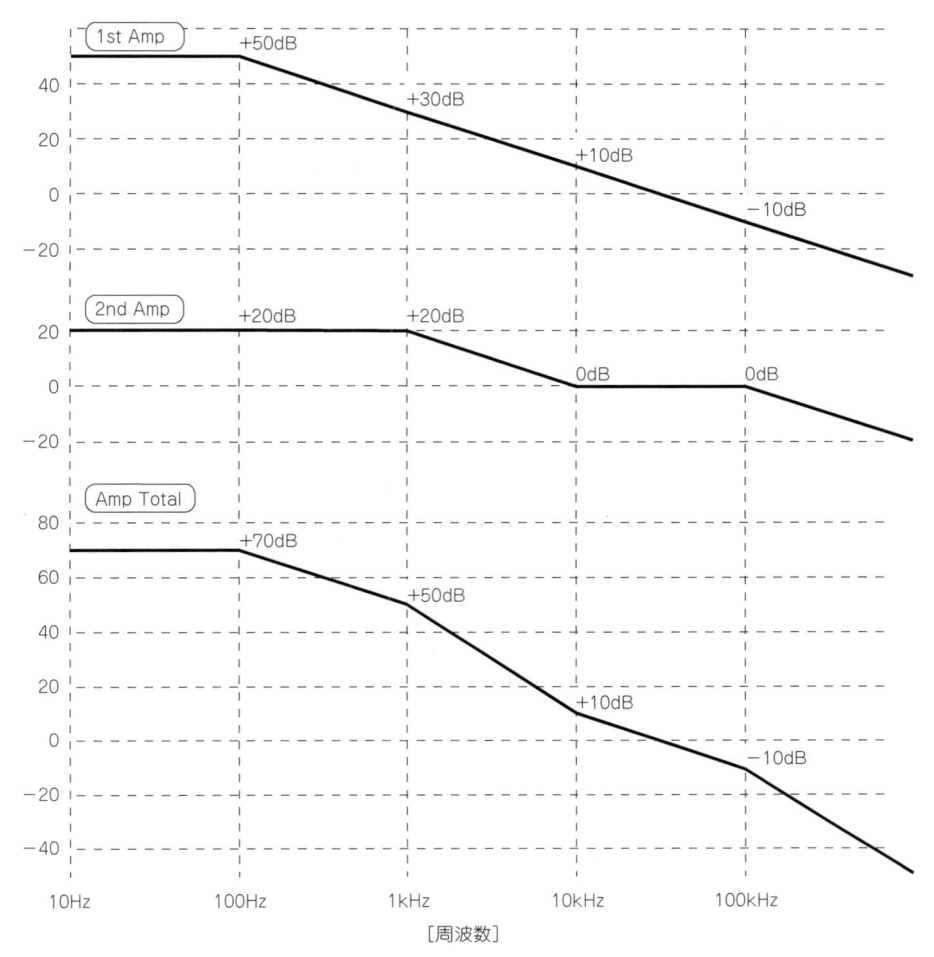

図 4-4 漸近線による利得の合成

き，設計を進めます．詳しくは，後の項で説明します．

4-4 — 利得・位相−周波数特性

4-4-1 *RLC*回路のLPF特性

図 4-5 に示す *RLC* による回路は，高域で利得が減衰する LPF (Low Pass Filter) です．CKT1 と CKT2 は低域の利得が 1 で，まったく同じ利得・位相-周波数特性になります．そして，CKT3 と CKT4 は平坦部の利得が抵抗により分圧され −20dB になっていますが，CKT1，CKT2 と形はまったく同じです．そして，位相-周波数特性は，四つの回路とも同じ特性になります．

それぞれの高域遮断周波数は次の式から求まり，高域遮断周波数での位相遅れは −45°です．

$$\text{CKT1} \quad f_C = \frac{1}{2\pi R_1 \cdot C_1} \quad \cdots\cdots\cdots\cdots\cdots\cdots (4\text{-}4\text{-}1)$$

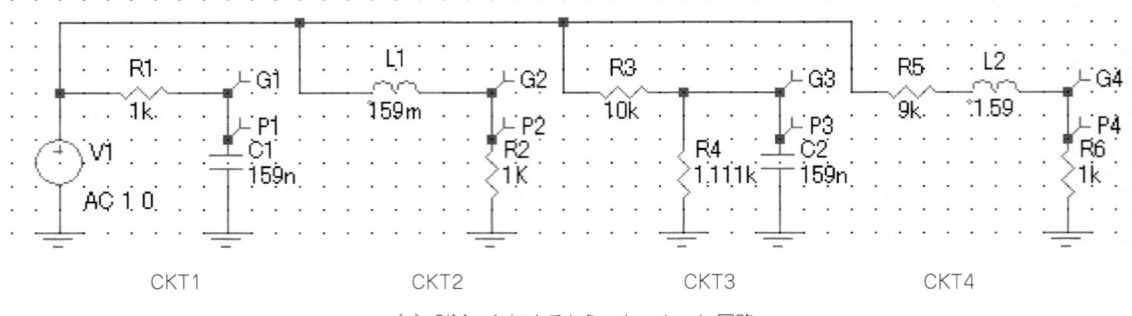

(a) SIMetrixによるシミュレーション回路

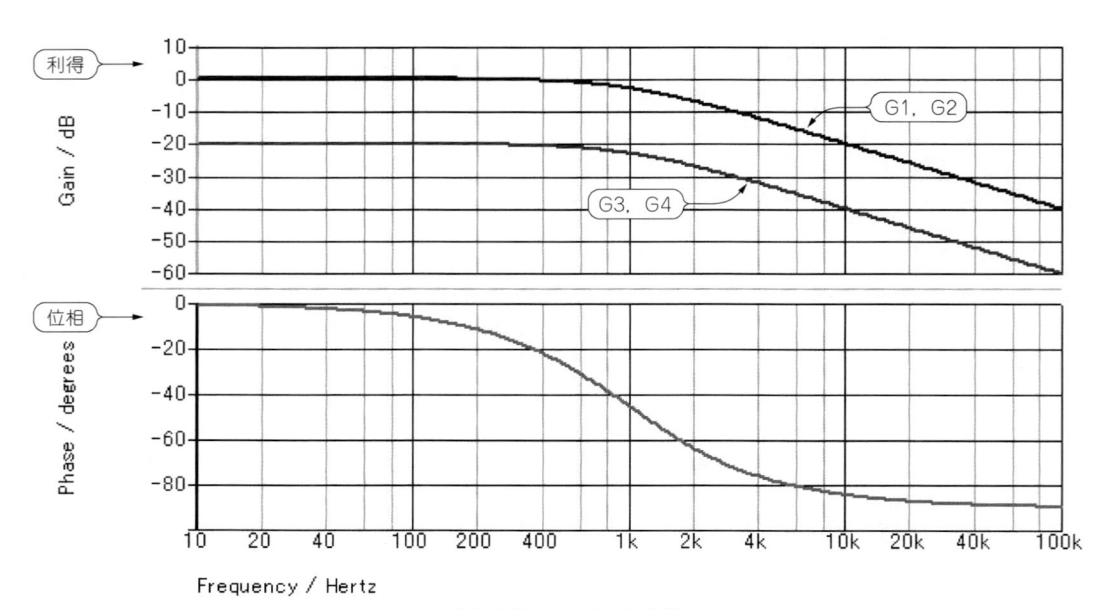

(b) シミュレーション結果

図 4-5　*RLC* による LPF [RLC_LPF]

$$\text{CKT2} \quad f_C = \frac{R_2}{2\pi L_1} \quad \cdots\cdots\cdots\cdots\cdots\cdots\cdots\cdots\cdots\cdots\cdots\cdots\cdots\cdots\cdots\cdots\cdots\cdots\cdots\cdots\cdots\cdots\cdots\cdots \quad (4\text{-}4\text{-}2)$$

$$\text{CKT3} \quad f_C = \frac{1}{2\pi (R_3//R_4)\cdot C_2} \quad (\text{// は並列接続を表す}) \quad \text{※} \; R_3//R_4 = \frac{R_3 \times R_4}{R_3 + R_4} \quad \cdots\cdots\cdots \quad (4\text{-}4\text{-}3)$$

$$\text{CKT4} \quad f_C = \frac{R_5 + R_6}{2\pi L_2} \quad \cdots\cdots\cdots\cdots\cdots\cdots\cdots\cdots\cdots\cdots\cdots\cdots\cdots\cdots\cdots\cdots\cdots\cdots\cdots\cdots\cdots\cdots\cdots \quad (4\text{-}4\text{-}4)$$

4-4-2　*RLC* 回路の HPF 特性

図 4-6 に示す *RLC* による回路は，低域で利得が減衰する HPF（High Pass Filter）です．CKT1 と CKT2 は高域の利得が 1 で，まったく同じ利得・位相-周波数特性になります．そして，CKT3 と CKT4 は平坦部の利得が抵抗により分圧され −20dB になっていますが，CKT1，CKT2 と形はまったく同じです．そして，位相-周波数特性は，四つの回路とも同じ特性になります．

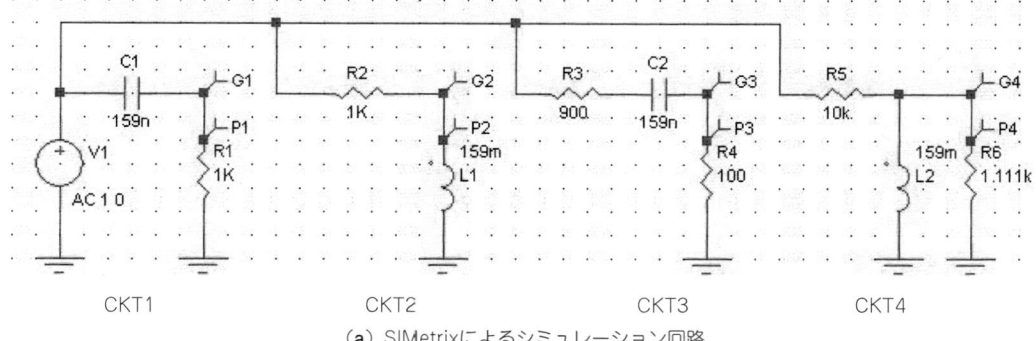

(a) SIMetrixによるシミュレーション回路

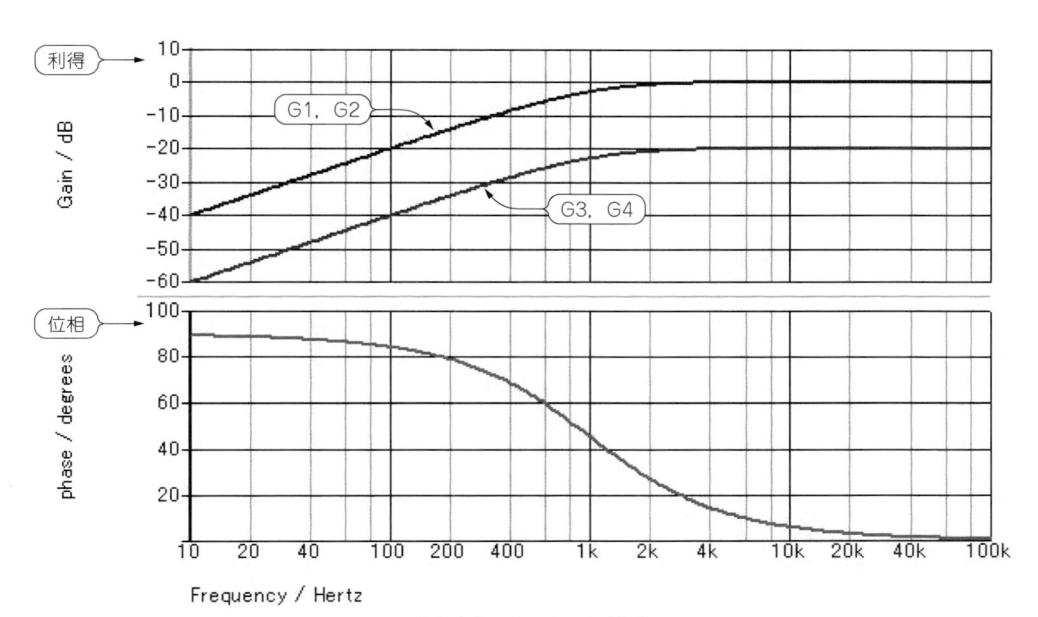

(b) シミュレーション結果

図 4-6　*RLC* による HPF [RLC_HPF]

それぞれの低域遮断周波数は次の式から求まり，低域遮断周波数での位相は 45°進みます．

$$\text{CKT1} \quad f_C = \frac{1}{2\pi R_1 \cdot C_1} \quad \cdots\cdots\cdots\cdots\cdots\cdots\cdots\cdots\cdots\cdots\cdots\cdots\cdots\cdots\cdots\cdots\cdots\cdots\cdots\cdots \text{(4-4-5)}$$

$$\text{CKT2} \quad f_C = \frac{R_2}{2\pi L_1} \quad \cdots\cdots\cdots\cdots\cdots\cdots\cdots\cdots\cdots\cdots\cdots\cdots\cdots\cdots\cdots\cdots\cdots\cdots\cdots\cdots\cdots\cdots\cdots \text{(4-4-6)}$$

$$\text{CKT3} \quad f_C = \frac{1}{2\pi (R_3+R_4) \cdot C_2} \quad \cdots\cdots\cdots\cdots\cdots\cdots\cdots\cdots\cdots\cdots\cdots\cdots\cdots\cdots\cdots\cdots \text{(4-4-7)}$$

$$\text{CKT4} \quad f_C = \frac{R_5//R_6}{2\pi L_2} \quad (// は並列接続を表す) \quad \cdots\cdots\cdots\cdots\cdots\cdots\cdots\cdots\cdots\cdots\cdots\cdots \text{(4-4-8)}$$

4-4-3　*RLC* 回路の LPF ステップ特性

図 4-7 に示す *RLC* による回路は，高域で減衰した特性が再び平坦になる LPF 回路です．利得が階段状

になることからステップ特性と呼ばれます．そして，特徴的なのは遅れた位相が高域で0°に向かって再び戻ることです．

この位相が戻る特性は負帰還の位相補正回路によく用いられ，負帰還にとっては重要な特性です．

二つの回路の高域遮断周波数は，次の式から求まります．

$$\text{CKT1} \quad f_C = \frac{1}{2\pi(R_1+R_2) \cdot C_1} \quad \cdots \quad (4\text{-}4\text{-}9)$$

$$\text{CKT2} \quad f_C = \frac{R_3//R_4}{2\pi L_1} \quad \cdots \quad (4\text{-}4\text{-}10)$$

高域で再び平坦になり始める変曲点を零と呼び，次の式から求まります．

$$\text{CKT1} \quad f_Z = \frac{1}{2\pi R_2 \cdot C_1} \quad \cdots \quad (4\text{-}4\text{-}11)$$

$$\text{CKT2} \quad f_Z = \frac{R_3}{2\pi L_1} \quad \cdots \quad (4\text{-}4\text{-}12)$$

位相が一番遅れる周波数は f_C と f_Z の幾何平均の周波数なので，次の式から求まります．

$$f_{MD} = \sqrt{f_C \times f_Z} \quad \cdots \quad (4\text{-}4\text{-}13)$$

f_C と f_Z の比が大きいほど位相の遅れが大きくなり，90°に近づきます．

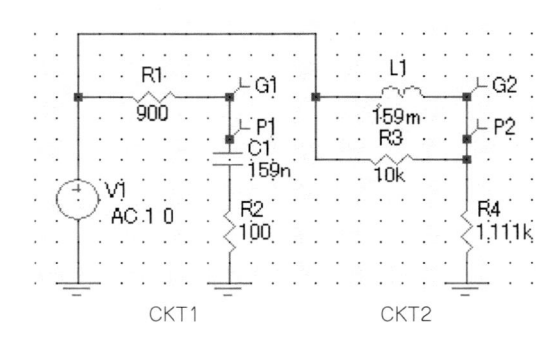

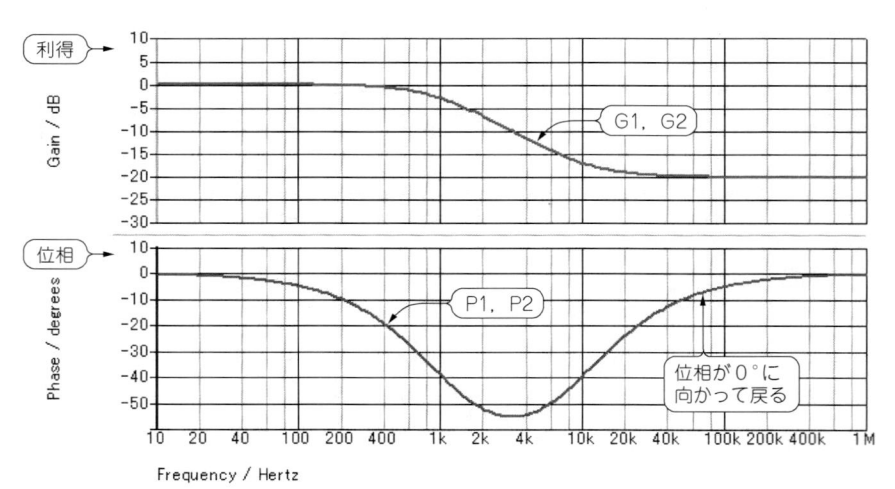

図4-7 *RLC* による LPF ステップ特性 [RLC_LPF_Step]

4-4-4　*RLC* 回路の HPF ステップ特性

図 4-8 に示す RLC による回路は，高域で減衰した特性が再び平坦になる HPF 回路です．進んだ位相が低域で 0° に向かって再び戻ります．

二つの回路の低域遮断周波数は，次の式から求まります．

CKT1　$f_C = \dfrac{1}{2\pi(R_1//R_2)\cdot C_1}$ ……………………………………………………………… (4-4-14)

CKT2　$f_C = \dfrac{R_3 + R_4}{2\pi L_1}$ ……………………………………………………………………… (4-4-15)

低域で再び平坦になり始める変曲点を零と呼び，次の式から求まります

CKT1　$f_Z = \dfrac{1}{2\pi R_1 \cdot C_1}$ …………………………………………………………………… (4-4-16)

CKT2　$f_Z = \dfrac{R_4}{2\pi L_1}$ ……………………………………………………………………………… (4-4-17)

位相が一番進む周波数は f_C と f_Z の幾何平均の周波数なので，式 (4-4-13) と同じになります．

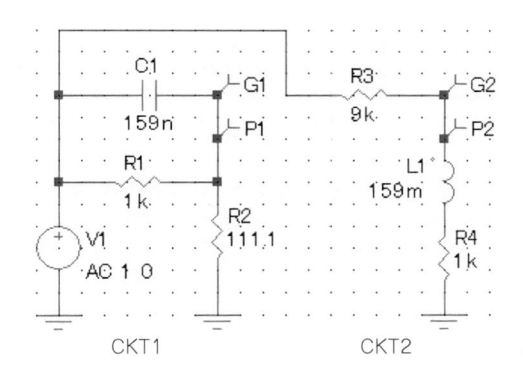

（a）SIMetrix によるシミュレーション回路

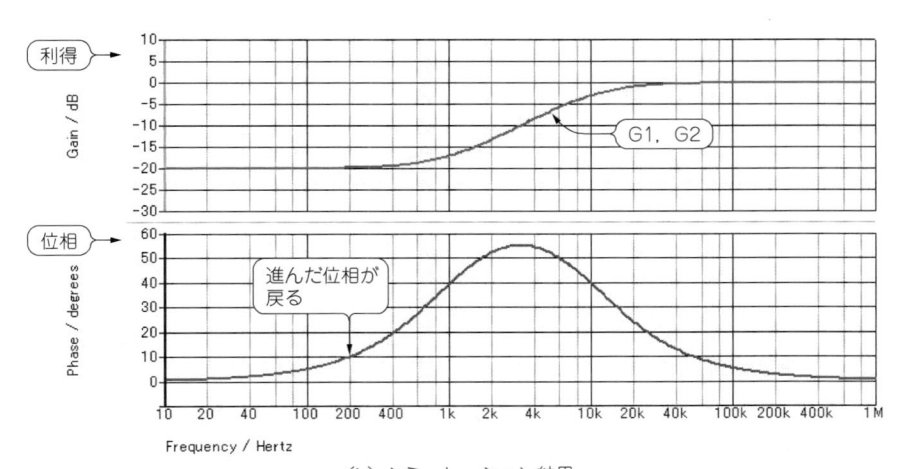

（b）シミュレーション結果

図 4-8　*RLC* による HPF ステップ特性 [RLC_HPF_Step]

4-4-5　2次のLPFとHPF

図4-9のCKT1はLとCが1個ずつ含まれ，遮断周波数以上では周波数が10倍になると利得が1/100になる利得傾斜−40dB/decの特性をもちます．そして，高域では位相遅れが180°に向かっていきます．この特性を数式で表すと，2次の項をもつことから2次のLPF特性と呼ばれます．

図4-9のCKT2は2次のHPF特性で，遮断領域の利得傾斜が+40dB/decで，低域では位相進みが180°に向かっていきます．

二つの回路の遮断周波数はそれぞれのLとCで決定され，次の式から求まります．

$$f_C = \frac{1}{2\pi\sqrt{L \times C}} \quad \cdots\cdots\cdots (4\text{-}4\text{-}18)$$

4-4-6　利得傾斜と位相の関係

4-4-1～4-4-5項で見てきたように，利得・位相−周波数特性の利得傾斜と位相には一定の関係があり，まとめると次のようになります．

- ▶ 利得が平坦な領域では，位相は0°に向かう
- ▶ 利得が−20dB/decの傾きでは，位相は−90°に向かう
- ▶ 利得が+20dB/decの傾きでは，位相は+90°に向かう

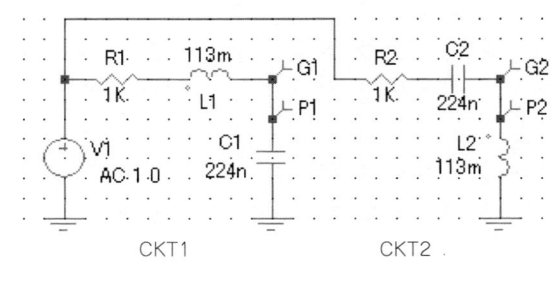

(a) SIMetrixによるシミュレーション回路

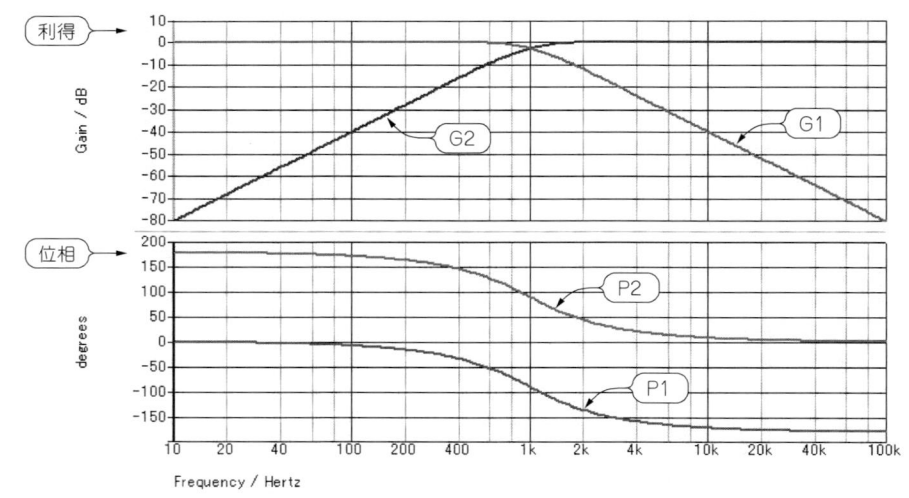

(b) シミュレーション結果

図4-9　2次のLPFとHPF [RLC_2nd_LPF_HPF]

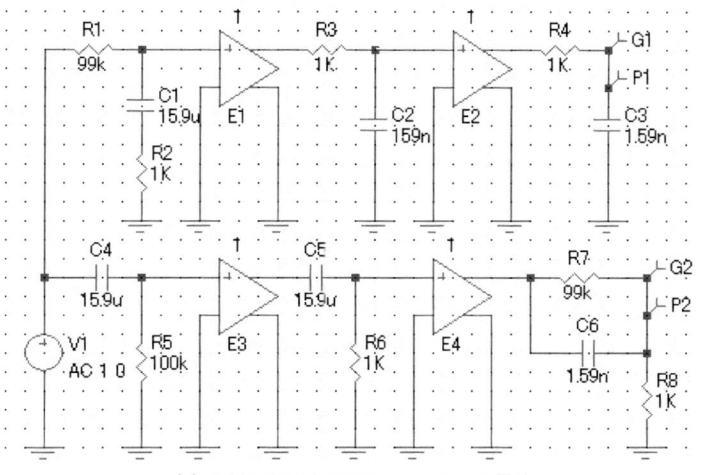

(a) SIMetrixによるシミュレーション回路

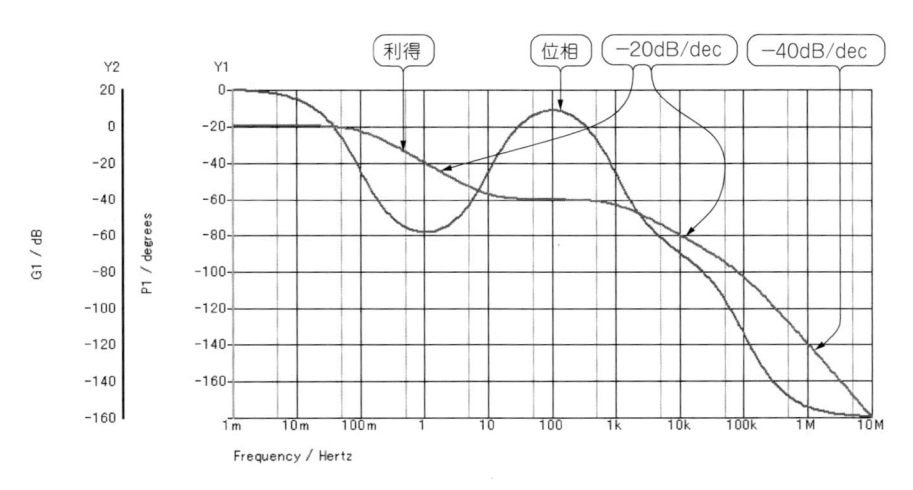

(b) LPFの利得・位相-周波数特性

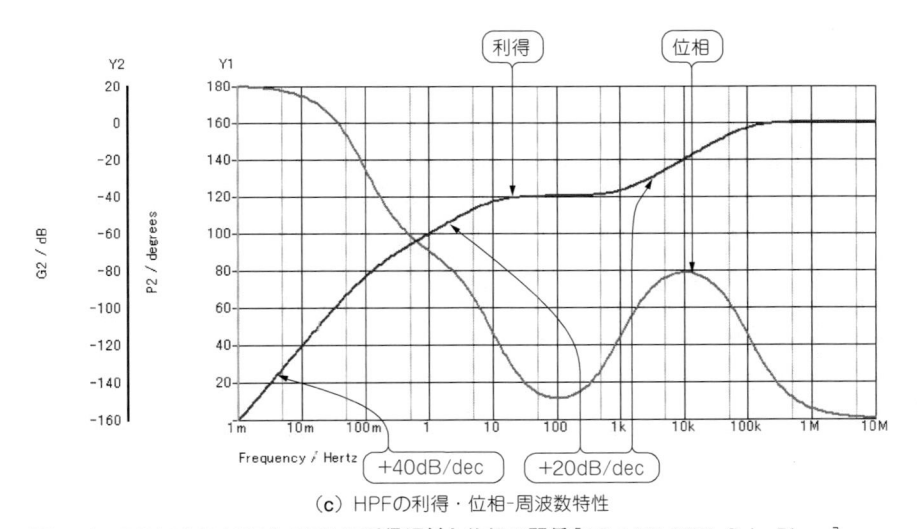

(c) HPFの利得・位相-周波数特性

図 4-10　RC による LPF と HPF の利得傾斜と位相の関係 [RC_LPF_HPF_Gain_Phase]

▶ 利得が−40dB/dec の傾きでは，位相は−180°に向かう
▶ 利得が+40dB/dec の傾きでは，位相は+180°に向かう

図 4-10 のシミュレーションは，上記の関係を示したものです．図 4-10 (b) では，100Hz 付近で利得が平坦になっており，位相が約 10°の遅れになっています．変曲点が 10Hz と 1kHz で 100 倍離れています．この二つの変曲点の比が大きくなると，さらに 0°に近づきます．

4-4-7 利得の傾斜と位相の関係が特異な場合

電子回路では，利得の傾きと位相の関係がすべて 4-4-6 項で説明したようになるわけではなく，例外も存在します．以下に，三つの例外を示します．

図 4-11 は，1m の同軸ケーブルを使用したときの受信端での利得・位相-周波数特性です．

特性インピーダンス 50Ω の同軸ケーブル 1m では，信号が伝達するのに約 4.7ns の時間が必要です．したがって，周波数が高くなると信号の減衰はわずかですが，信号の伝達遅れが生じるために，周波数に比例した位相遅れが生じます．このため，図 4-11 (b) に示したように減衰傾度がほぼ平坦でも周波数に比例した位相遅れが生じます．

利得が減衰せず位相のみが遅れるため，高周波では負帰還が非常に難しくなります．

図 4-12 は，オールパス・フィルタ（All Pass Filter）と呼ばれる OP アンプ回路です．利得は 0dB 一定で位相だけが遅れ，直流では位相遅れ 0°，R1・C1 の時定数 1kHz で位相遅れが 90°，高域では位相遅れ 180°に近づいていきます．パルス波形の成形や一定の帯域で 90°の位相差を保った二つの信号を生成するときなどに使用されます．

図 4-13 は，ブースト・コンバータと呼ばれるスイッチング電源の制御部の利得・位相-周波数特性（V2

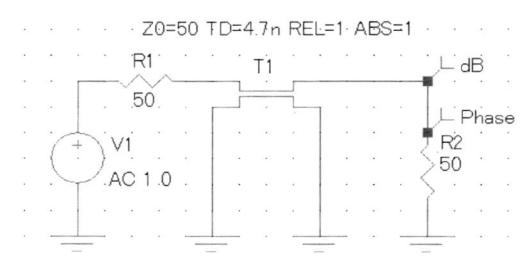

(a) SIMetrix によるシミュレーション回路

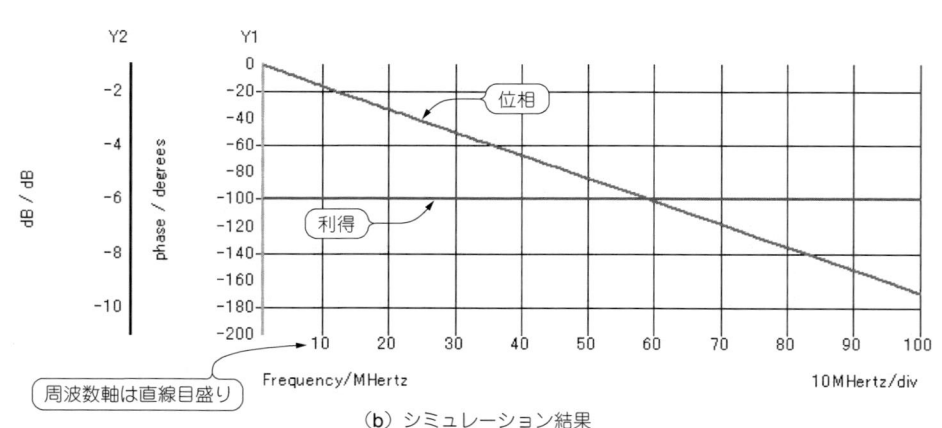

(b) シミュレーション結果

図 4-11 伝送線路の利得・位相-周波数特性 [Gain_Phase_Line]

から出力まで）です．約300Hzから3kHz程度までは，利得傾斜が−40dB/decなので位相が180°程度遅れています．そして，3kHz以上では利得傾斜が−20dB/decとなだらかになっているのに位相遅れが90°に戻らず，さらに位相が遅れていきます．

ブースト・コンバータでは，S1がONしているときにL1にエネルギーが蓄えられ，S1がOFFしたときにエネルギーが放出され，出力電圧になります．このため，電力の伝達に時間遅れが発生し，利得が変化しないのに位相だけが遅れる，過剰位相系（無駄時間）が発生します．この現象は，S平面の右半分に位置することからRHP（Right Half-Plane Zero）と呼ばれます．この現象のため，ブースト・コンバータでは高い周波数まで負帰還をかけることが難しくなります．

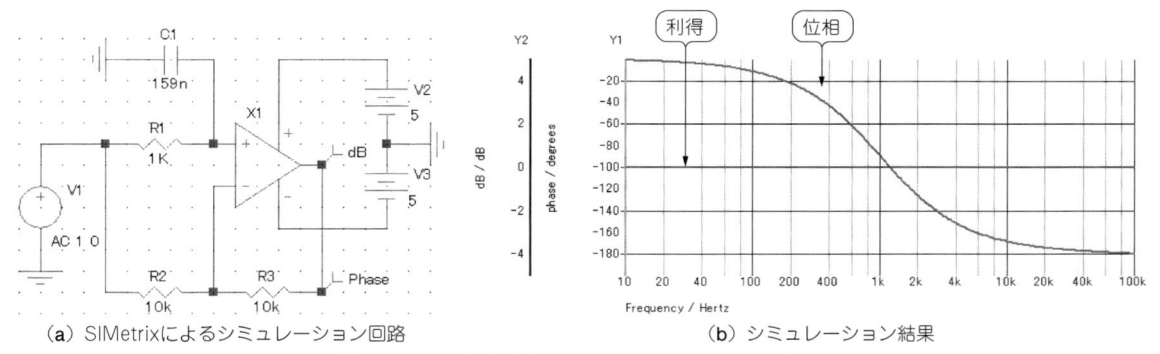

(a) SIMetrixによるシミュレーション回路

(b) シミュレーション結果

図4-12 オールパス・フィルタの利得・位相-周波数特性 [Gain_Phase_AllPassFilter]

(a) SIMPLISによるシミュレーション回路

(b) シミュレーション結果

利得傾斜が−40dB/decから−20dB/decに変化しているのに位相が−90°に戻らない

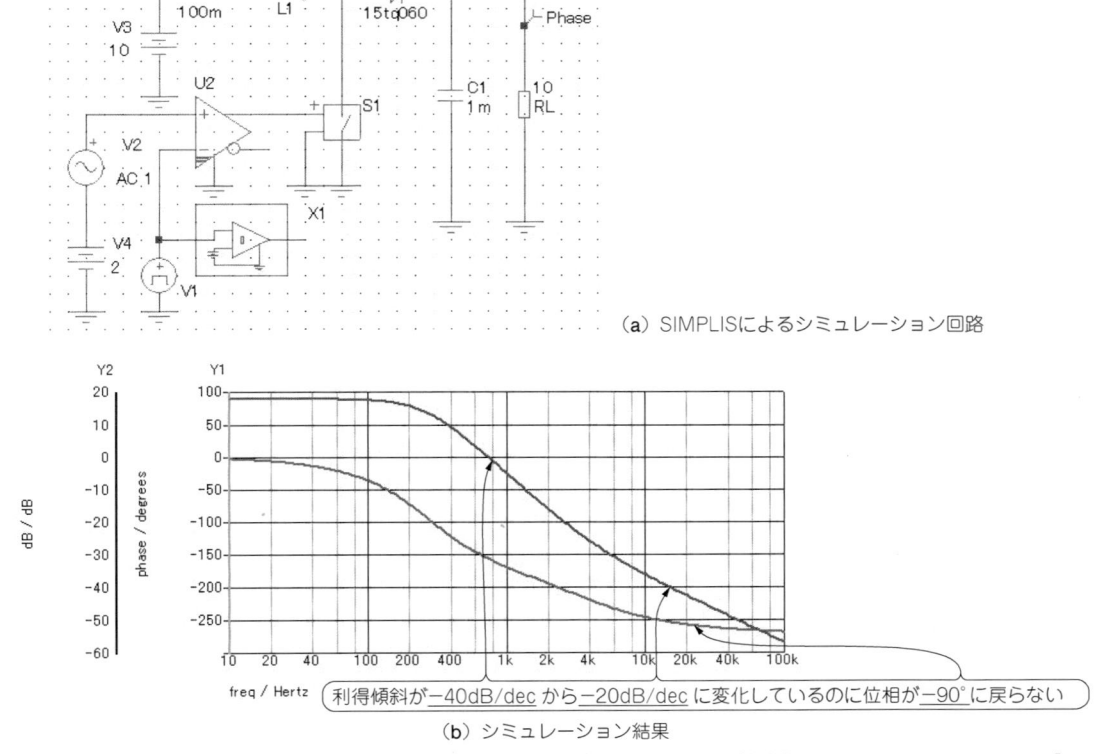

図4-13 ブースト・コンバータ方式のスイッチング電源の利得・位相-周波数特性 [Gain_Phase_BoostConverter]

第5章　$A_o \cdot \beta = 1$ になる点が非常に重要
負帰還の動作と設計

5-1──負帰還の動作

　真空管やトランジスタ，FETなどの能動素子は，入力信号を増幅することができます．しかし，これらの素子はきわめて直線性が悪く，そのままではひずみが多くて実用的な増幅器を実現できません．この直線性の悪いこれらの素子を使用して，直線性に優れたひずみの少ない増幅器を実現する手法に負帰還（Negative Feedback）があります．

　負帰還は，ハロルド・S・ブラック氏によって1927年にひずみの少ない電話用の増幅器を実現する手法として発明されました．現在，負帰還は増幅器のみならず，アナログやディジタルを問わずに様々なシステムで使用されています．

　図5-1に示すように，負帰還は増幅器の出力をβ回路を通して入力に戻します．そして，入力信号との差を増幅することにより，出力波形を入力波形により忠実に増幅する手法です．

　図5-1をOPアンプ使用した非反転増幅器で実現すると，図5-2になります．図5-2ではβ回路は抵抗R_1，R_2で構成される分圧器になっており，式(5-1-1)に示すように$\beta < 1$です．

　OPアンプの±入力間の電位差e_dは，負帰還のメカニズムによる入力電圧から出力電圧をベータ回路で分圧した電圧を引いたもので，式(5-1-2)が成立します．

　OPアンプは±入力の電位差を増幅して出力するので，式(5-1-3)が成立します．式(5-1-2)と式(5-1-3)からe_dを消去すると式(5-1-4)が得られ，出力電圧e_{out}で整理すると式(5-1-5)が得られます．したがって，図5-2の電圧利得は式(5-1-6)になります．

　一般的なOPアンプでは裸利得A_oが非常に大きく，$A_o \cdot \beta \gg 1$になります．したがって，式(5-1-6)の分母の（1＋）が省略できると分母と分子のA_oが約分され，式(5-1-7)の非常に簡単な式になります．

　OPアンプ内部で使用されているトランジスタやFETは，直線性が悪いためひずみの発生が大きく，また，温度変化による利得変動が大きいといった欠点があります．このような欠点をもったA_oに対し

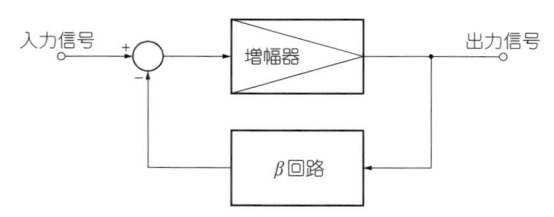

図5-1　負帰還のブロック図

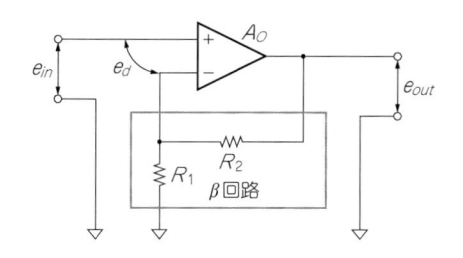

e_{in} : 入力電圧
e_d : OPアンプの±入力間電圧
e_{out} : 出力電圧
A_o : 増幅器の裸利得（開ループ利得）
β : β回路の利得（帰還率）
$$\beta = \frac{R_1}{R_1 + R_2} \quad \cdots\cdots\cdots\cdots (5\text{-}1\text{-}1)$$
A_c : 仕上がり利得（閉ループ利得）
$1 + A_o \cdot \beta$: 負帰還量
$A_o \cdot \beta$: ループ利得

$$e_d = e_{in} - \beta \cdot e_{out} \quad \cdots\cdots (5\text{-}1\text{-}2)$$
$$e_d \cdot A_o = e_{out} \quad \cdots\cdots\cdots\cdots (5\text{-}1\text{-}3)$$

上2式より，

$$(e_{in} - \beta\, e_{out}) = \frac{e_{out}}{A_o} \quad \cdots\cdots (5\text{-}1\text{-}4)$$

整理すると，

$$e_{out} = \frac{A_o}{1 + A_o \cdot \beta} \times e_{in} \quad \cdots\cdots (5\text{-}1\text{-}5)$$

したがって，**図5-2**の回路の利得は，

$$A_c = \frac{A_o}{1 + A_o \cdot \beta} \quad \cdots\cdots\cdots\cdots (5\text{-}1\text{-}6)$$

そして，

$$A_o \cdot \beta \gg 1 \quad \text{ならば} \quad e_{out} \fallingdotseq \frac{e_{in}}{\beta} \quad \cdots (5\text{-}1\text{-}7)$$

図5-2 OPアンプによる負帰還回路

て，βは通常抵抗で構成されます．抵抗は両端電圧が変化しても抵抗値が変化せず直線性の非常によい素子です．また，抵抗値も温度変化による変動が少なく，金属被膜抵抗などでは数十ppm程度の値です．

したがって，負帰還を施すことにより不安定で特性の悪いA_oが消え，安定で直線性の良い抵抗によって利得が決定されることになるので，ひずみの少ない安定な増幅器が実現します．ただし，$A_o \cdot \beta \gg 1$という条件が必要です．

図5-3は，[Place]→[Analog Functions]から[Parameterised Opamp]を取り出し，[Open-loop Gain]を100k，[Gain-bandwidth]を10MHzに設定したOPアンプのシミュレーションです．

R1：1k，R2：99kなので$\beta = 0.01$になります．裸利得が100k倍なので，周波数1Hzにおける値を式(5-1-6)に当てはめると，

$$A_c = \frac{100000}{1 + 100000 \times 0.01} = \frac{100000}{1 + 1000} \fallingdotseq 99.9001$$

になり，βの逆数100倍に対し0.1%の誤差です．

周波数10kHzではA_oが1000倍なので，その値を式(5-1-6)に当てはめると，

$$A_c = \frac{1000}{1 + 1000 \times 0.01} = \frac{1000}{1 + 10} \fallingdotseq 90.909$$

になり，$A_o \cdot \beta$が10と小さくなるため誤差が約10%に増大します．

周波数100kHzではA_oが100倍なので，$A_o \cdot \beta$が1になります．したがって，式(5-1-6)より仕上がり

(a) シミュレーション回路
[Open_Close_Gain]

(b) シミュレーション結果

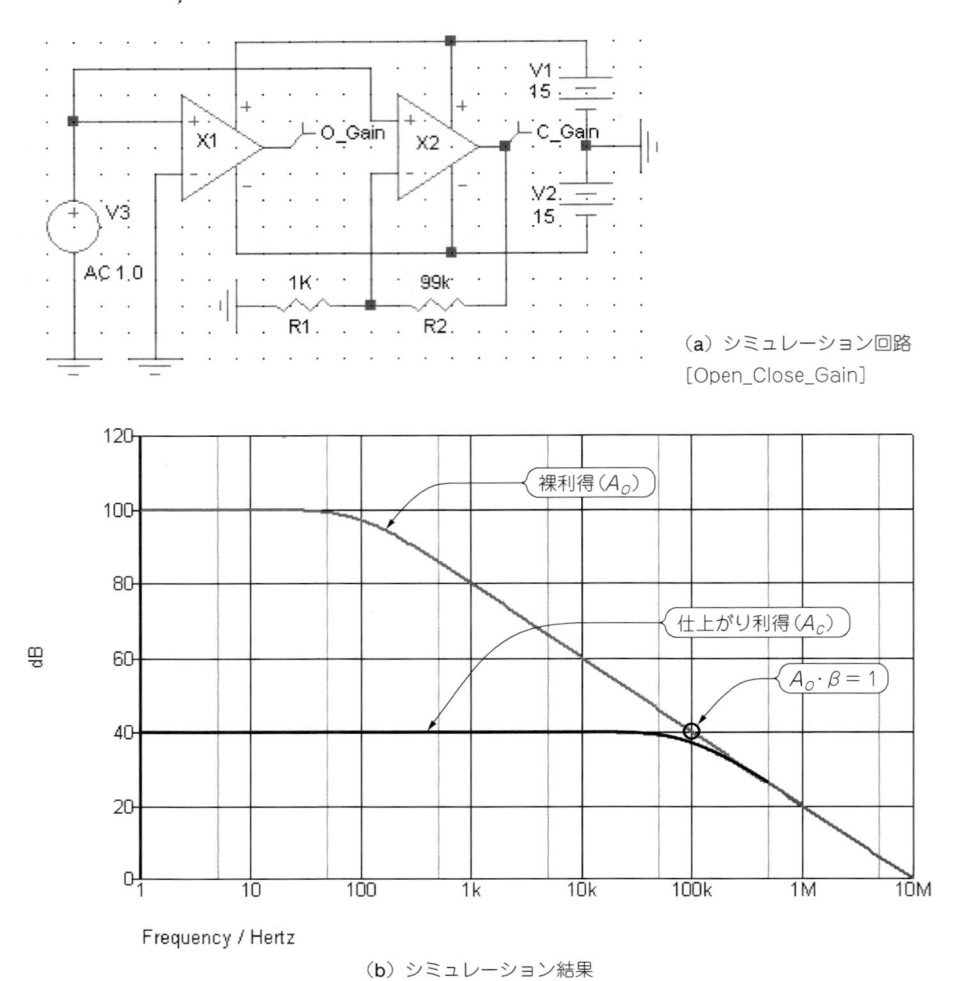

図 5-3　OP アンプの裸利得 (A_o) と仕上がり利得 (A_c) のシミュレーション

利得が50倍（約34dB）になるはずですが，図5-3 (b) では約37dBになっています．これは位相の遅れ（90°）が関係しているためです．

図5-4は，ループ利得 $A_o \cdot \beta$ のシミュレーションです．図5-3のOPアンプ出力からR2に接続されている結線を切断し，R2に信号を加えています（実際のOPアンプでは，入力オフセット電圧のためにOPアンプ出力が飽和して正常動作できない）．したがって，β 回路とOPアンプが縦続接続され，利得が $A_o \cdot \beta$ になります．

100kHzでの利得が100倍なので，100kHzで $A_o \cdot \beta$ が0dB（1倍）になっています．後の項で説明しますが，負帰還ではこの $A_o \cdot \beta =1$ になる点が非常に重要になります．

5-2　安定な負帰還を実現するために

高利得の増幅器を実現するには，複数の半導体や抵抗，コンデンサが必要になります．このため，増幅器の内部には利得-周波数特性を悪化させる複数の要因（時定数）が含まれることになります．図5-5は，

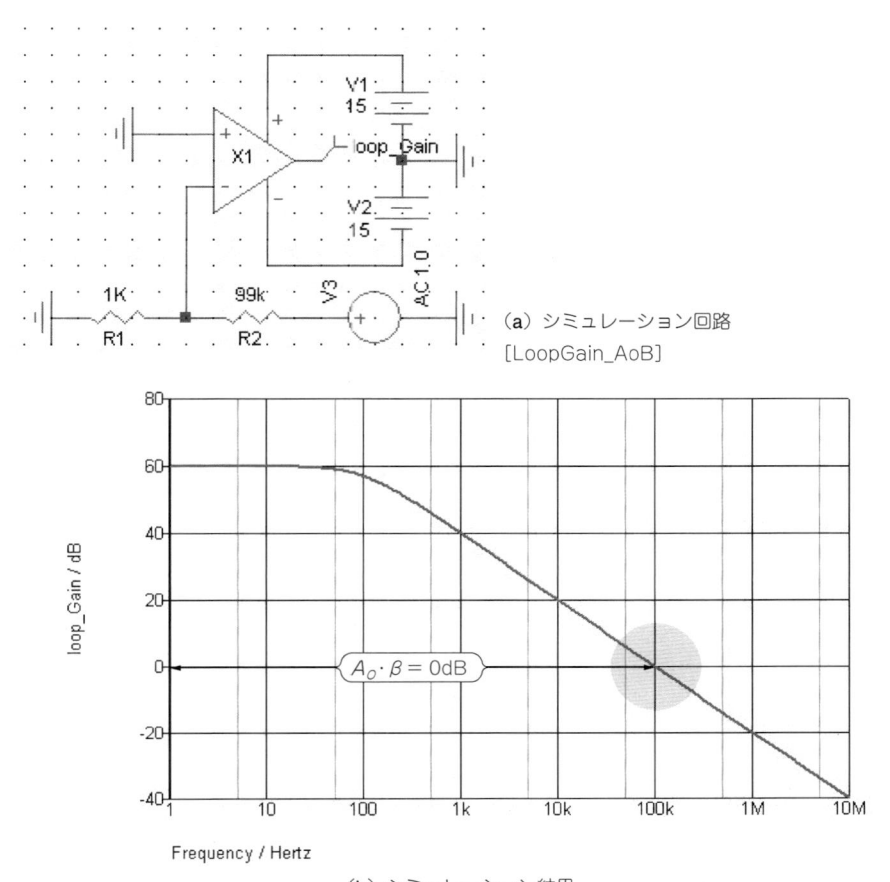

(a) シミュレーション回路
[LoopGain_AoB]

(b) シミュレーション結果

図 5-4　ループ利得 $A_o \cdot \beta$ のシミュレーション

この時定数が二つ含まれている増幅器のモデルです.

E1 から E6 は電圧制御電圧源（記号 E）と呼ばれる SPICE モデルで，入力電圧を設定倍して電圧出力します．入力インピーダンスは無限大，出力インピーダンスは 0 で入出力が絶縁されています．［Place］→［Controlled Sources］から取り出します．E1 と E4 の利得が 100,000 倍で，ほかはすべて利得 1 です．E1 ～ E3 の回路には負帰還はなく，E4 ～ E6 の回路では利得を 10 倍に設定した負帰還を施しています．

R1・C1 と R3・C3 の時定数が 100Hz です．R2・C2，R4・C4 の時定数は C2，C4 を 100n，1n，10p（時定数 1k，100k，10MHz）に切り換えて，マルチステップ解析しています．

図 5-5（b）の仕上がり利得（A_c）を見ると，R4・C4 の時定数が 10MHz の場合は平坦な利得特性になっていますが，100k と 1k の時定数では高域遮断周波数付近に大きなピークが生じています．

これは，A_o が利得だけではなく位相が含まれていることが原因です．負帰還の利得を表す式（5-1-6）の $A_o \cdot \beta$ は，利得と位相の二つの要素が含まれる複素数になっています．したがって，$A_o \cdot \beta$ が −1 になることもあります．式（5-1-6）で $A_o \cdot \beta$ が −1 になると分母が 0 になり利得が無限大，すなわち発振器になってしまいます．

$A_o \cdot \beta$ が −1 になるのは，設定利得と A_o の値が一致する周波数（$|A_o \cdot \beta| = 1$）で，位相が 180° 遅れた場合です．図 5-5 では設定利得が 10 倍なので，図 5-5（c）で A_o の値が 10 倍になった周波数における位相

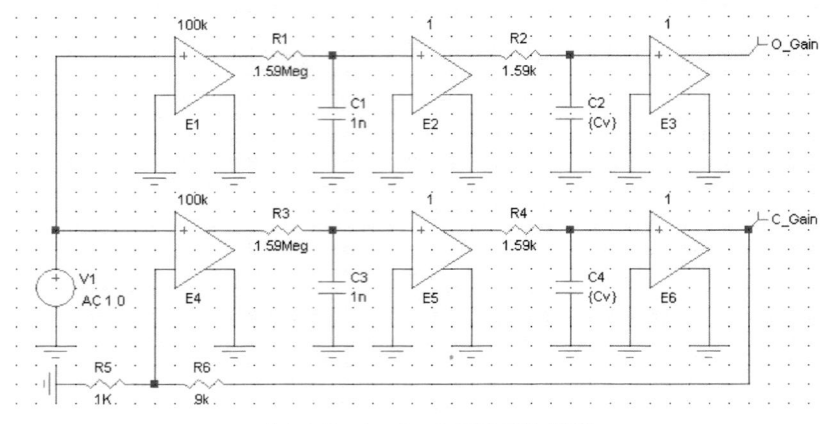

(a) シミュレーション回路 [2P_NFB]

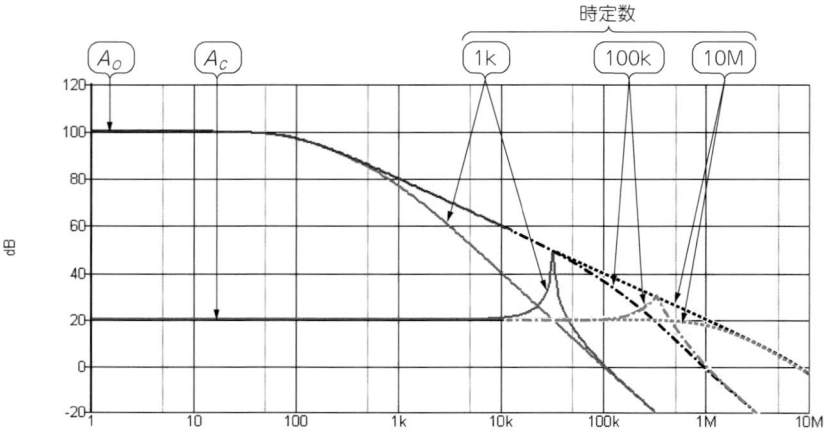

(b) シミュレーション結果（縦軸利得）

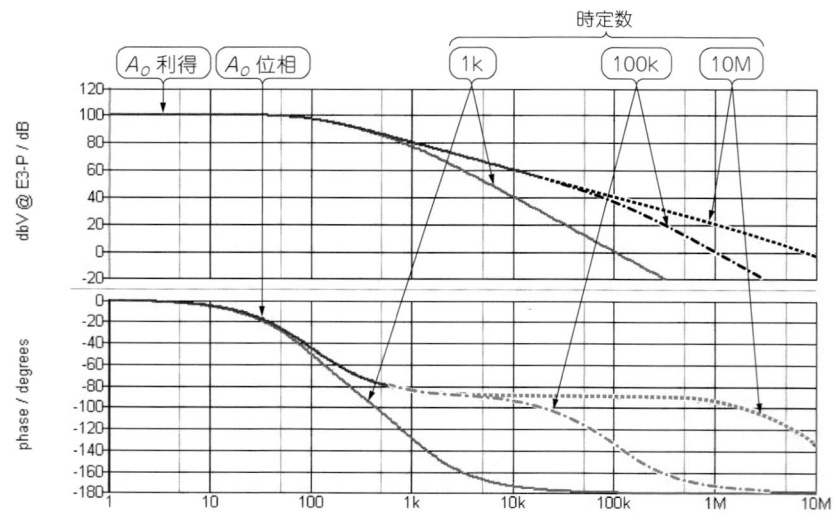

(c) シミュレーション結果（縦軸位相）

図 5-5　二つの時定数が含まれる場合の負帰還

第 5 章——負帰還の動作と設計

を見てみると，R4・C4の時定数が10MHzではA_oが10倍になる周波数が約1MHzでそのときの位相遅れが約96°，100kHzの時定数では，約310kHzで162°の位相遅れ，1kHzの時定数では，約31kHzで178°の位相遅れになっています．そして，1kHzの時定数のときが一番高域利得のピークが大きくなっています．

このように，$A_o \cdot \beta$が1になる周波数において位相が180°遅れに近づくと，式 (5-1-6) の分母が0に近づくため，高域利得に大きなピークが現れることになります．

図 5-6 は，$A_o \cdot \beta$が1になる周波数において位相がどの程度180°遅れに近づくと，利得にピークが現れるかを理解するための平面図です．$A_o \cdot \beta$は，利得と位相という二つのディメンジョンをもつので，ベクトル平面で表されます．X軸が実数軸で，Y軸が虚数軸です．ある周波数で$A_o \cdot \beta$がK点にあると，このベクトルの長さが利得になり，実数軸からの角度が位相になります．

したがって，**図** 5-5(a) の下側の負帰還回路では，周波数1HzではA_oの位相はほとんど遅れておらず，ループ利得$A_o \cdot \beta$は 80dB (10000 倍) です．したがって，実数軸のかなり右の10000の所にあります．そして，周波数が高くなっていくと利得が低下し，位相が遅れていきます．

$A_o \cdot \beta$が1になる周波数になると，**図** 5-6 のE点 (0, 0) を中心とした半径1の円Hの円周上にきます．このとき位相が90°遅れていれば，円Hと虚数軸が交わる下の点になり，180°遅れていればFの点になり，Fの点は発振器に変身する点です．

負帰還の利得を表す式 (5-1-6) の分母が1以下になると，A_oがさらに大きくなってしまう正帰還ということになります．分母の値が1になるのは，点F (−1, 0) を中心とした半径1の円Iの円周上です．したがって，円Iの内側が正帰還の領域といえます．

$A_o \cdot \beta$が1になる周波数で円Iの内側に入るかどうかの境界が点Cです．点E，C，Fを頂点とした三角形の辺はすべて長さが1です．したがって，三角形ECFは正三角形です．正三角形の内角は60°，外角は 120°です．

以上のことにより，負帰還を施す場合，$A_o \cdot \beta$が1になる周波数でA_oの位相が120°以上遅れると利得の高域にピークが現れることがわかります．

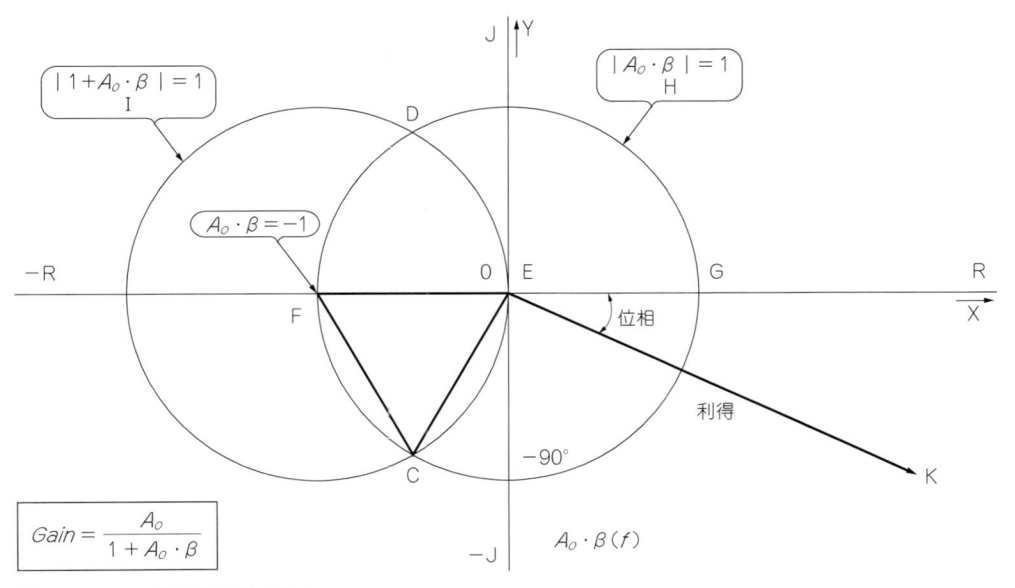

図 5-6　$A_o \cdot \beta$を複素平面で表す

(a) 位相余裕90°のときの周波数特性　　　　　　　　　　(b) 位相余裕90°のときの方形波応答波形

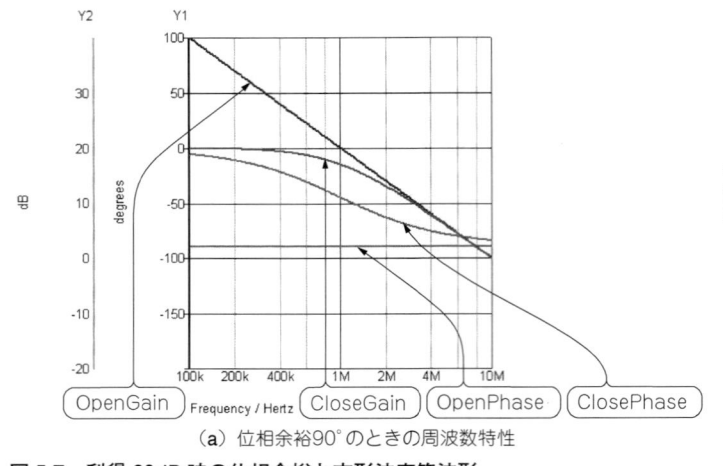

図 5-7　利得 20dB 時の位相余裕と方形波応答波形

(a) 位相余裕60°のときの周波数特性　　　　　　　　　　(b) 位相余裕60°のときの方形波応答波形

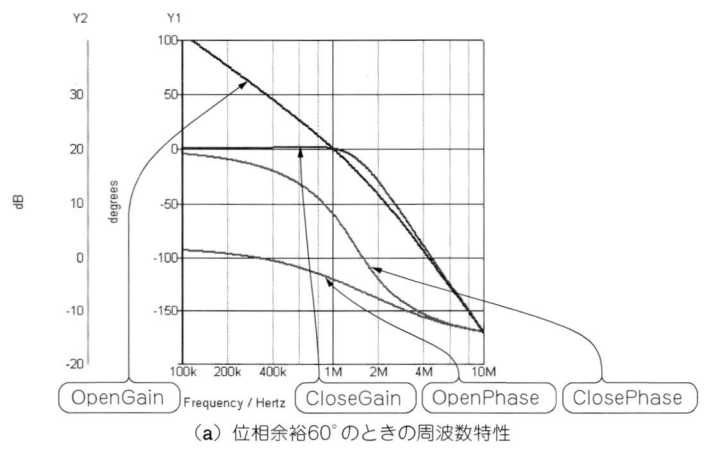

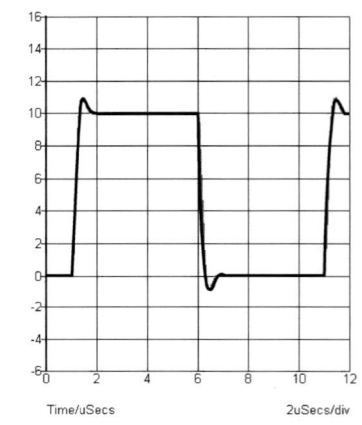

図 5-8　利得 20dB 時の位相余裕と方形波応答波形

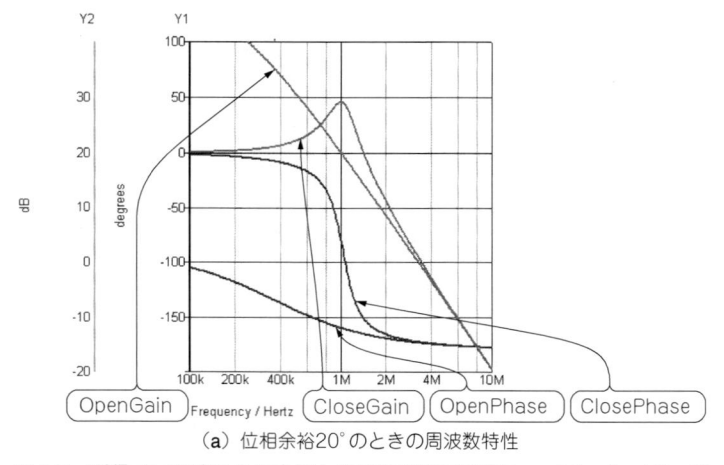

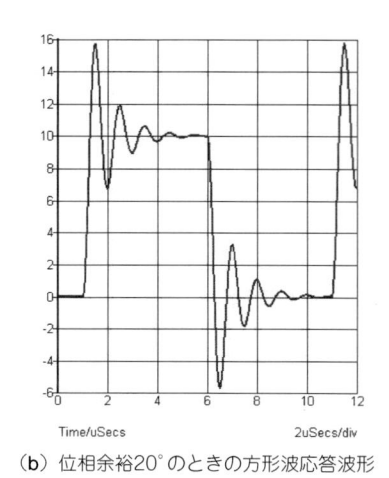

(a) 位相余裕20°のときの周波数特性　　　　　　　　　　(b) 位相余裕20°のときの方形波応答波形

図 5-9　利得 20dB 時の位相余裕と方形波応答波形［Phase_Margin_AC, Phase_Margin_Tran］

負帰還の安定性を数値で表すために，$|A_o \cdot \beta|=1$ の周波数で発振する位相遅れ 180°に対して，裸位相が何度余裕があるかを「位相余裕」として表します．したがって，

　位相余裕 = 180° − ($|A_o \cdot \beta|=1$ となる周波数での裸位相遅れ)

また，裸位相遅れが 180°のときに発振してしまう $A_o \cdot \beta = 1 (0\text{dB})$ に対して，何 dB 余裕があるかを「利得余裕」として表します．したがって，

　利得余裕 = ($|A_o \cdot \beta|=1$ のときの裸利得) − (裸位相遅れが 180°のときの裸利得)

図 5-7〜**図** 5-9 は，利得を 10 倍 (20dB) に設定し，1MHz で $|A_o \cdot \beta|=1$，位相余裕を 90°，60°，20°に定数を設定したときの，利得・位相-周波数特性と方形波応答波形です．

図 5-7 の位相余裕 90°では利得特性に持ち上がりがなく，$|A_o \cdot \beta|=1$ の周波数で仕上がり利得が設定値 20dB に対し約 −3dB 低下しています．そして，方形波応答にはオーバシュートがまったくなく素直な形になっています．

図 5-8 の位相余裕 60°では，利得特性ピークがなく，ほぼ平坦な特性になっています (詳しく観測すると 600kHz 付近に 0.3dB 程度の持ち上がりがある)．$|A_o \cdot \beta|=1$ の周波数では仕上がり利得が設定利得と同じ 20dB になっています．しかし，方形波応答に 10% 程度のオーバシュートが見られます．

図 5-9 の位相余裕 20°では，$|A_o \cdot \beta|=1$ の周波数で利得特性に 10dB ほどのピークが発生しています．そして，方形波応答に大きなリンギングが発生し，増幅器が不安定なことを示しています．

5-3 ── 四つの負帰還方式と入出力インピーダンス

負帰還は，裸利得が減少する代わりに利得の安定やひずみの減少，利得-周波数特性の改善が得られます．また，負帰還を施すことにより，入出力インピーダンスを改善することもできます．負帰還には 5-3-1〜5-3-4 項に説明する 4 種類の方式があり，入出力インピーダンスの変化が異なります．

図 5-10 は，この項で使用する OP アンプの設定パラメータです．GBW：1MHz，直流利得：100dB，入力抵抗：1MΩ，出力抵抗：100Ωに設定しました．したがって，**図** 5-11 (a) のように，利得を 40dB (100 倍) に設定するとループ利得が 1 ($A_o \cdot \beta = 1$) になる周波数が 10kHz になり，1kHz でのループ利得は 10 倍，100Hz では 100 倍，直流では 1000 倍になります．

図 5-10　設定した OP アンプのパラメータ

(a) シミュレーション回路 [NFB_V_AoB]

(b) シミュレーション結果

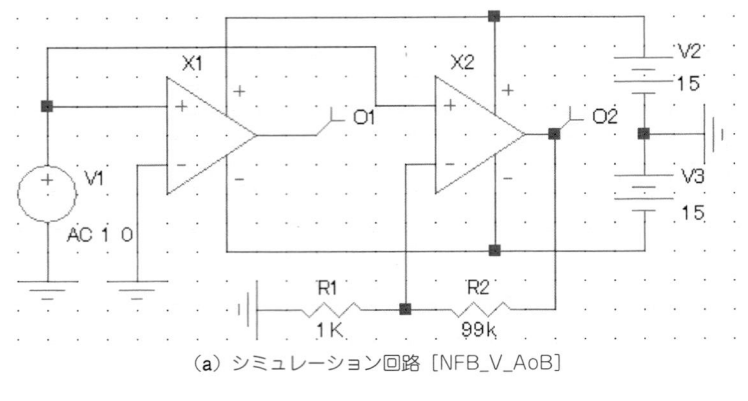

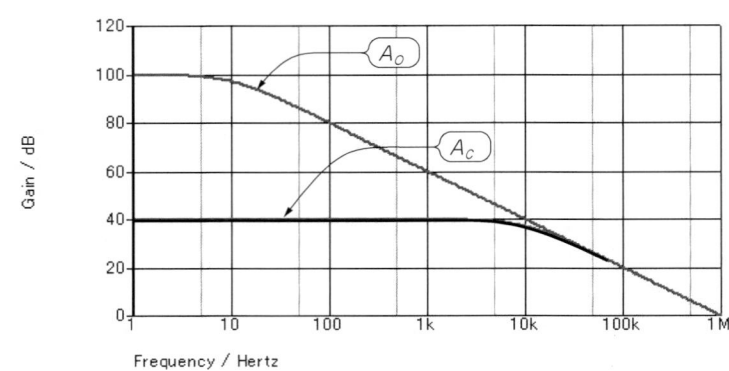

図5-11 図5-10のOPアンプを使用した利得100の増幅器の裸利得と仕上がり利得

5-3-1 電圧帰還・直列注入方式

図5-12は，電圧帰還・直列注入方式の負帰還です．出力電圧をβ回路を通し，入力信号に直列に注入しています．実際の回路では，一般的な非反転増幅器に相当します．

U_1の裸利得が大きいとU_1の±入力の電位差は出力電圧の裸利得分の1になり，微少電圧になります．したがって，±入力間に電位差がないため入力信号による電流が流れず，入力インピーダンスが非常に高くなります．

図5-13は，入力インピーダンスを求めるためのシミュレーションです．入力に一定電流を流し込むので，発生した電圧が入力インピーダンスとなります．AC解析は回路動作を線形としてシミュレーションするため，飽和状態にはなりません．基準として1Aを流しているので，1V発生したときに1Ωと換算できます．0dBが1Vに相当します．

したがって，1Hzでは1GΩ，100Hzでは100MΩ，1kHzでは10MΩになります．裸の入力インピーダンス1MΩが各周波数のループ利得だけ大きくなり，負帰還の効果が示されています．

図5-14は，出力インピーダンスを求めるためのシミュレーションです．出力に1Aを注入し，発生した電圧を出力インピーダンスとしています．

1Hzでは0.1Ω，100Hzでは1Ω，1kHzでは10Ωとなっています．裸の出力インピーダンスが100Ωなので，出力インピーダンスがループ利得の量にしたがって小さくなっています．電圧出力増幅器として

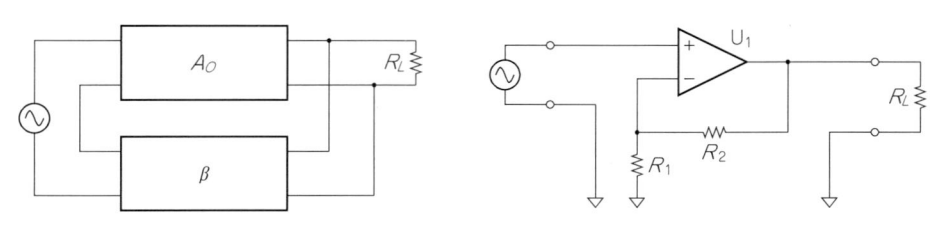

図 5-12　電圧帰還・直列注入…出力インピーダンスが減少し入力インピーダンスが増大

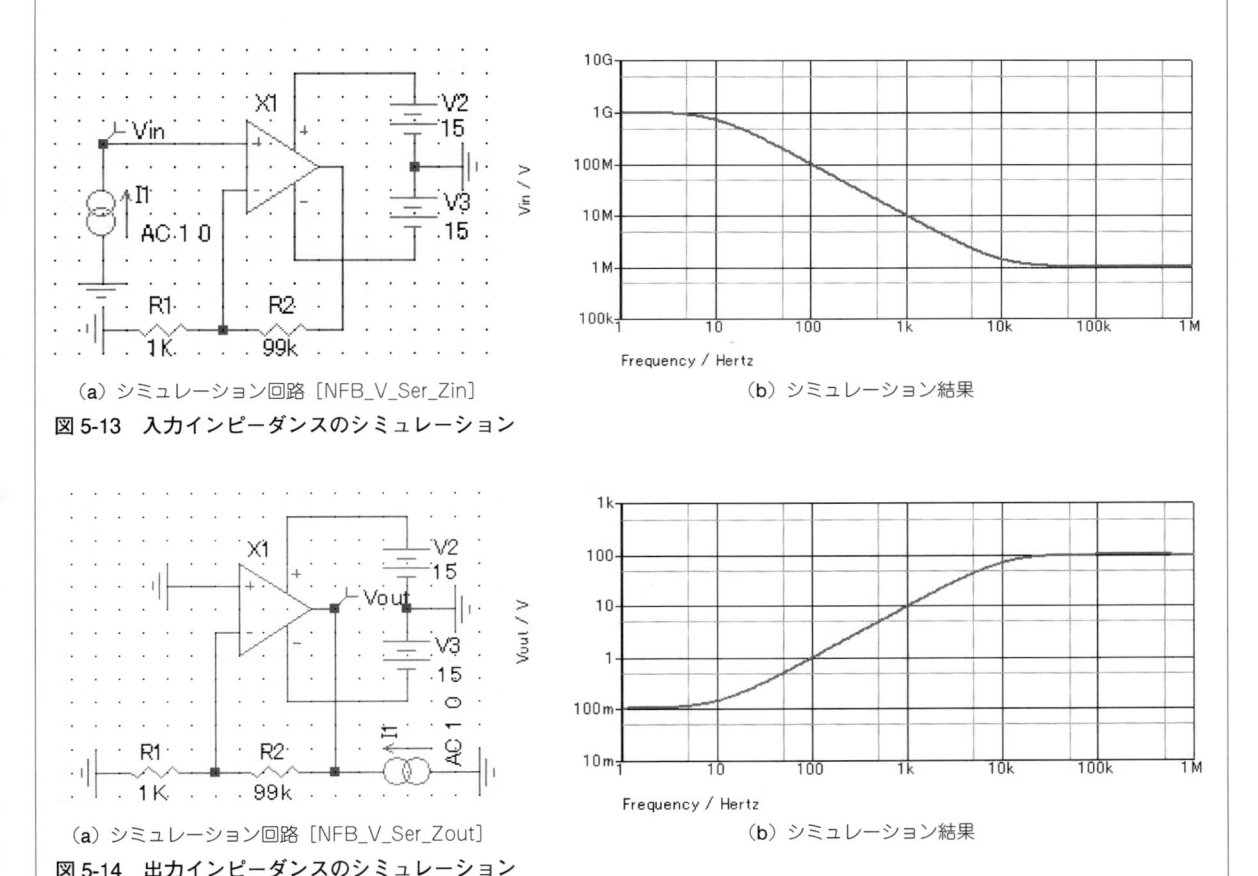

(a) シミュレーション回路 [NFB_V_Ser_Zin]　　　　(b) シミュレーション結果

図 5-13　入力インピーダンスのシミュレーション

(a) シミュレーション回路 [NFB_V_Ser_Zout]　　　(b) シミュレーション結果

図 5-14　出力インピーダンスのシミュレーション

は，出力インピーダンスが小さいほど，負荷抵抗の変動による出力電圧の変動が小さくなります．したがって，電圧出力増幅器として，出力インピーダンスがループ利得だけ，より理想的になっていることになります．

5-3-2　電圧帰還・並列注入方式

図 5-15 は，電圧帰還・並列注入方式の負帰還です．出力電圧を β 回路を通し，入力信号に並列に注入しています．実際の回路では，一般的な反転増幅器に相当します．

U_1 の裸利得が大きいと，U_1 の±入力間電位差は入力電圧に比べて微少な値となります．＋入力端子がグラウンド電位のため，－入力もグラウンド電位に近づき，入力インピーダンスが R_1 の値になります．

図 5-16 が，入力インピーダンスのシミュレーションです．ループ利得が 1 以上になる 10kHz 以下で

5-3──四つの負帰還方式と入出力インピーダンス

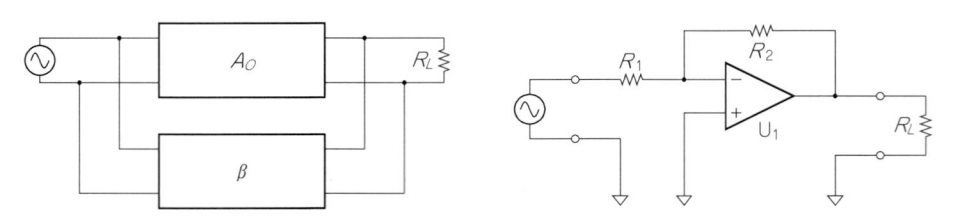

図 5-15 電圧帰還・並列注入…出力インピーダンスが減少し入力インピーダンス R_1 に接近

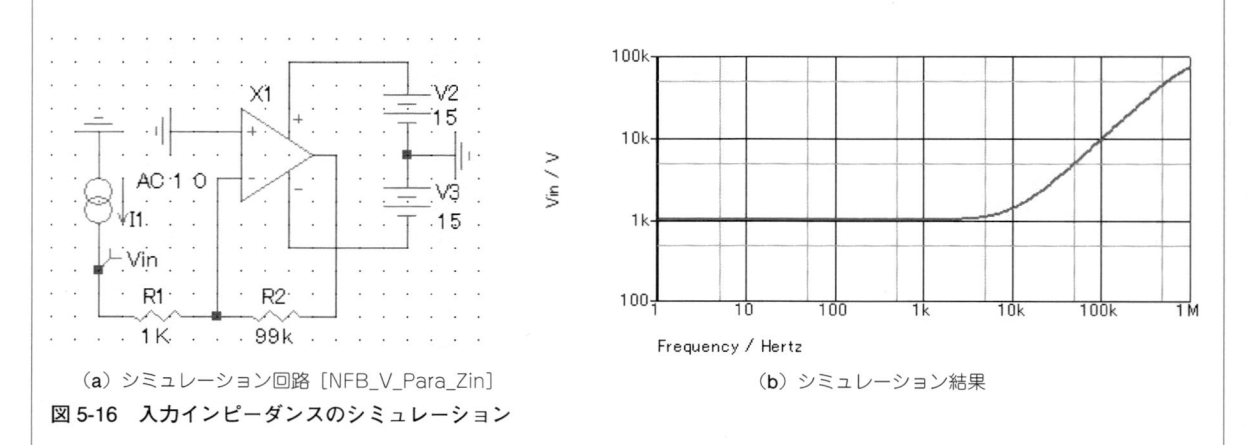

(a) シミュレーション回路 [NFB_V_Para_Zin]　　(b) シミュレーション結果

図 5-16 入力インピーダンスのシミュレーション

は，入力インピーダンスが R1 の値 1kΩ に近づいています．

5-3-3　電流帰還・直列注入方式

図 5-17 は，電流帰還・直列注入方式の負帰還です．出力電流を β 回路を通し，入力信号に直列に注入しています．実際の回路では，負荷に流れた電流を抵抗や DC-CT（直流電流トランス）などで電圧に変換して入力に戻します．

入力インピーダンスは，電圧帰還・直列注入と同様に，ループ利得分入力インピーダンスが大きくなります．

図 5-18 は，出力インピーダンスのシミュレーションです．H1 は，電流制御電圧源と呼ばれる SPICE の部品です．入力に流れる電流を電圧に変換して出力します．入出力インピーダンスは 0Ω です．H1 では利得が 1 に設定してあるので，1A が 1V に変換されます．

ループ利得（$A_o \cdot \beta$）がわかりづらいので，順を追って求めてみます．＋入力に 1mV を入力し，−入力に 1mV が戻ってきたときのループ利得が 1 です．−入力が 1mV のとき，H1 出力は 10mV です．H1 出力が 10mV のとき，H1 の入力電流は 10mA です．X1 の裸出力インピーダンスは 100Ω です．100Ω に 10mA が流れる電圧は，X1 の内部出力電圧が 1V のときです．＋入力が 1mV で X1 内部出力電圧が 1V になるのは裸利得が 1000 倍，すなわち，1kHz のときです．したがって，1kHz でループ利得が 1 になり，1kHz 以下では周波数に反比例してループ利得が増大します．

裸出力インピーダンスが 100Ω で，100Hz におけるループ利得が 10 倍，そして，100Hz における出力インピーダンスが 1kΩ と，裸出力インピーダンスがループ利得倍されていることがわかります．

このように出力電流の値を帰還すると，裸出力インピーダンスがループ利得の量に比例して増大します．定電流源では，出力インピーダンスが大きいほど負荷インピーダンスの影響を受けにくく，より理想

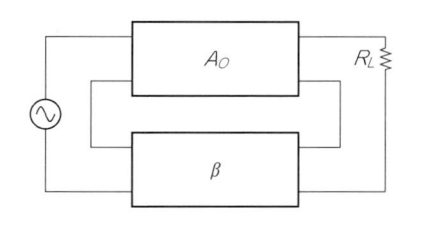

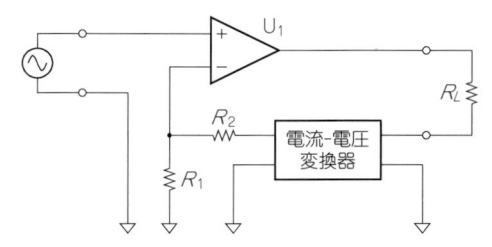

図 5-17 電流帰還・直列注入…出力インピーダンスが増大し入力インピーダンスが増大

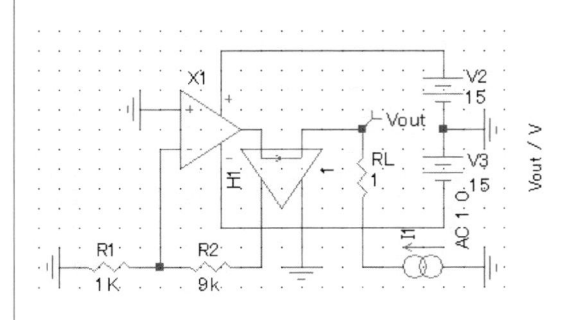

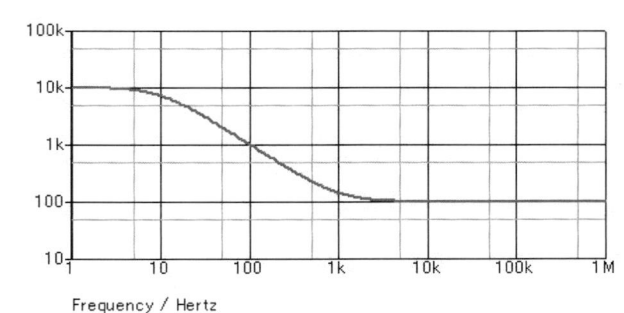

(a) シミュレーション回路 [NFB_I_Ser_Zout]　　　(b) シミュレーション結果

図 5-18 出力インピーダンスのシミュレーション

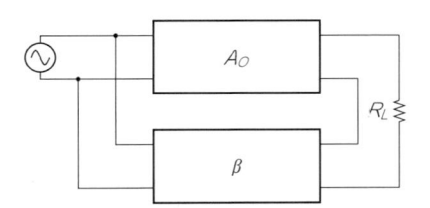

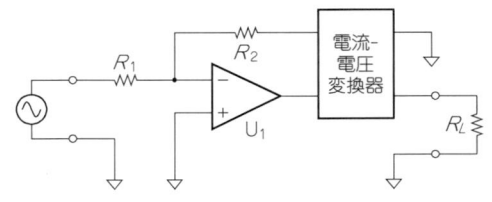

図 5-19 電流帰還・並列注入…出力インピーダンスが増大し入力インピーダンス R_1 に接近

的になります．したがって，電流帰還するとループ利得分，理想的な定電流出力アンプに近づくことになります．

5-3-4　電流帰還・並列注入方式

図 5-19 は，電流帰還・並列注入方式の負帰還です．

入力インピーダンスは，電圧帰還・並列注入と同様に，R1 の値に近づきます．

出力インピーダンスは，電流帰還・直列注入と同様に，裸出力インピーダンスがループ利得分増大します．

5-4　電源回路の負帰還

図 5-20 (a) は，シリーズ・レギュレータの原理を示す回路です．電圧変動のある V_1 を入力し，直列制御素子である Tr_1 のコレクタ-エミッタ間の電圧を自動制御して，安定した一定電圧を出力します．U_1

(a) 原理図

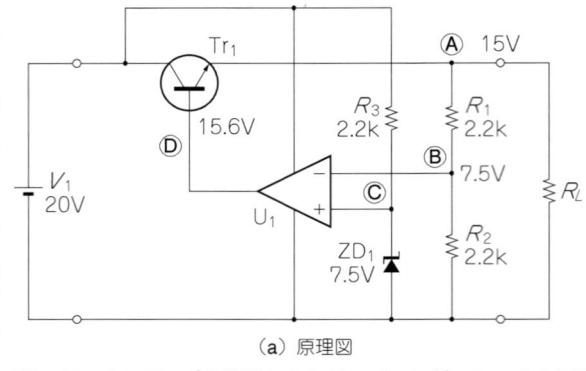

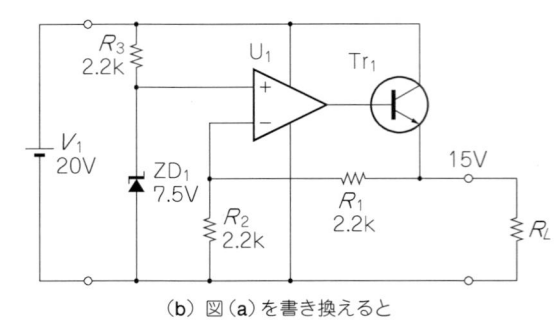

(b) 図(a)を書き換えると

図 5-20　OP アンプを使用したシリーズ・レギュレータの原理図

は，A 点の出力電圧を監視して，Tr_1 を制御する誤差増幅器として動作します．

　図 5-20 (a) のⒸ点は，ツェナー・ダイオードにより 7.5V の一定電圧になっています．そして，Ⓐ点の出力電圧が 15V のときには U_1 の入力インピーダンスが $R_1//R_2$ よりも十分大きいため，Ⓑ点はⒸ点の電圧とほぼ等しい 7.5V になります．この回路は，出力電圧 15V で安定します．

　いま入力電圧 V_1 が上昇したり，負荷抵抗 R_L の値が大きくなる（負荷が軽く）とⒶ点の出力電圧が上昇し，Ⓑ点も比例して上昇します．するとⒷ点がⒸ点よりも電圧が高くなり U_1 の出力電圧Ⓓ点の電圧が下がり，Ⓐ点の出力電圧が上昇するのを防ぎます．

　逆に V_1 が下降したり，負荷が重くなるとⒶ点の出力電圧が下降し，Ⓑ点も比例して下降してⒸ点よりも電圧が下がります．するとⒹ点の電圧が上がり，出力電圧が下降するのを防ぎます．したがって，この回路は出力電圧 15V で安定します．

　図 5-20 (b) は，図 5-20 (a) を書き換えただけでまったく同じ回路です．図 5-20 (b) からわかるように，レギュレータはツェナー・ダイオードの一定電圧を非反転増幅器で増幅している回路であることがわかります．したがって，ツェナー・ダイオードの電圧を V_{ref} とすると，出力電圧 V_o は次の式で求まります．

$$V_o = V_{ref} \times \left(\frac{R_1 + R_2}{R_2} \right)$$

　図 5-20 (b) からわかるように，シリーズ・レギュレータは負帰還を利用して出力電圧を一定に制御しています．図 5-20 (b) では U_1 の裸利得が大きいので，出力電圧は ZD_1 の電圧と R_1，R_2 で出力電圧が決定されます．また，ループ利得が大きいほど出力インピーダンスが小さくなり，負荷変動に対する出力電圧の変動（ロード・レギュレーション）が改善されます．

　このように，シリーズ・レギュレータでは負帰還が使用されているので，ループ利得 ($A_o \cdot \beta$) が 1 になる周波数で位相遅れが 120°以上になると，動作が不安定になる危険があります．

　図 5-20 (b) では，Tr_1 はエミッタ・フォロアなので，比較的高い周波数まで位相遅れが発生せず，図 5-20 (b) を一般的な OP アンプで実現しても不安定になることはまずありません．

　図 5-21 (a) は，より高性能なシリーズ・レギュレータの回路です．図 5-20 (b) では，ループ利得が 1 以下になる比較的高い周波数では，出力インピーダンスが大きくなってしまいます．このため，図 5-21 (a) では C_5 を挿入して，高域の出力インピーダンスを低く抑えています．また，図 5-20 (b) では，不慮の事故で出力が短絡されてしまうと過大電流が流れ，Tr_1 などが破壊する危険があります．このため，図 5-21 (a) では R_4，R_3，C_2，Tr_3 で保護回路を構成し，一定値以上の過大電流が流れないようにしています．ま

(a) 回路図

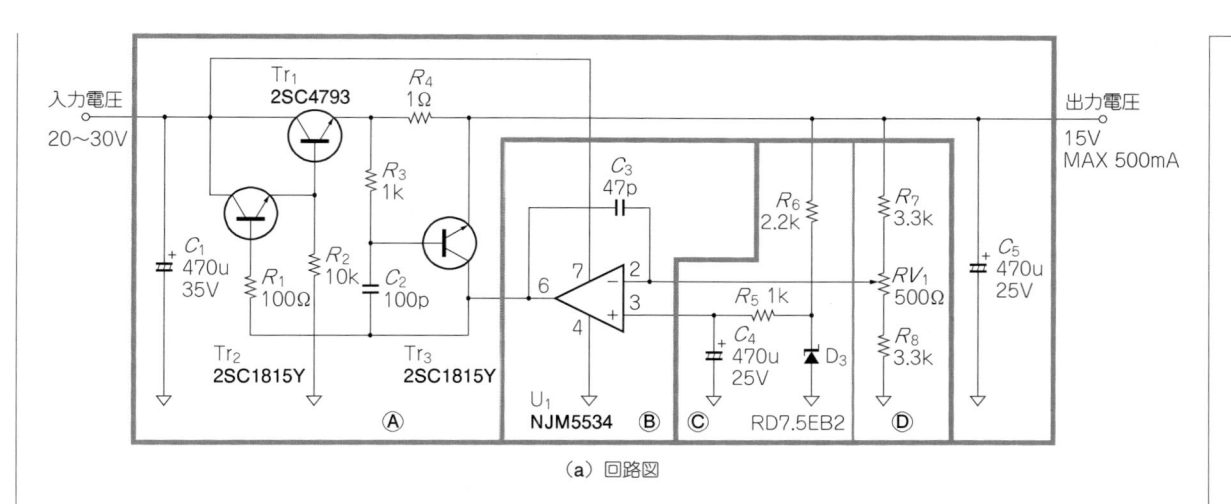

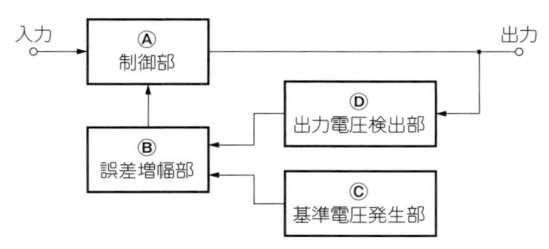

(b) 図(a)をブロック図で表す

図 5-21 実用的な出力電圧 15V シリーズ・レギュレータ

た，出力電流が大きくなり，Tr_1 のベース電流を U_1 で駆動できなくなるのを避けるために，Tr_2 を挿入しています．C_4，R_5 は，ツェナー・ダイオードから発生する雑音を除去しています．

図 5-21(a)を負帰還回路としてみると，U_1 の OP アンプで位相が 90°遅れます．そして，R_4 と C_5 で LPF が構成され，高域遮断周波数は約 340Hz です．高域遮断周波数で位相が 45°遅れ，さらに高い周波数では 90°遅れに近づいていきます．したがって，U_1 の位相遅れ 90°と合わせて位相遅れが 180°になる危険があります．

図 5-21(b)は，**図 5-21**(a)をブロック図で表したものです．このブロック図で安定な負帰還を実現するためには，Ⓓ→Ⓑ→Ⓐのループ利得が 1 になる周波数で，安定な位相余裕を確保できるように負帰還を設計しなくてはなりません．

レギュレータにはリニア方式だけでなくスイッチング方式もあり，Ⓐの制御部の利得・位相-周波数特性は様々です．Ⓓ→Ⓑ→Ⓐのループ利得が安定になるためには，Ⓑの誤差増幅器の周波数特性を工夫する必要があります．この工夫が本書の主題で，負帰還の位相補正と呼ばれています．

図 5-21(a)では，C_5 に含まれる直列等価抵抗のために位相補正が簡単になり，C_3 を挿入することで安定な負帰還を実現できます．

5-5──誤差増幅器の設計

リニア電源やスイッチング電源では，出力電圧の交流成分を除去するために，出力にコンデンサやコイ

ルが挿入され，LPF特性になり位相遅れが生じます．

　負帰還が安定に動作するためには，制御部と誤差増幅部，そして出力電圧検出部で構成されるループ特性の位相余裕を確保しなくてはなりません．このため，制御部の利得・位相-周波数特性に合わせて誤差増幅器を設計し，位相余裕を確保します．

　つまり，ループ利得が1になる周波数における位相遅れが120°程度以内になるように（位相余裕が60°程度以上確保できるように），誤差増幅器の利得・位相-周波数特性を設計します．

　4-4-6項で説明したように，利得傾斜と位相には下記に示す一定の関係があります．そしてどんな回路でも，高域では周波数は違っても利得は減少していきます．

- ▶利得傾斜が平坦 ……………………… 位相 0°に向かう
- ▶利得傾斜が -20dB/dec ……………… 位相遅れ 90°に向かう
- ▶利得傾斜が -40dB/dec ……………… 位相遅れ 180°に向かう

したがって，ループ利得が1になる周波数で位相遅れを120°程度以内にするためには，ループ利得が1になるときのループ利得の傾斜が -20dB/oct に近づくように周波数特性を設計する必要があります．

　リニア方式のレギュレータもスイッチング方式のレギュレータも，基本構成は図5-21（b）に示すように負帰還が施され，出力電圧検出部-誤差増幅部-制御部の三つがループになります．そして，このループの利得が1になる周波数で位相余裕を確保するために，ループ利得が1になる周波数におけるループ利得の傾きを -20dB/dec に近づけることになります．レギュレータの構成方法により，誤差増幅部を除いた制御部と出力電圧検出部の合成周波数特性は様々です．したがって，この合成特性に合わせて誤差増幅部を設計することになります．

　レギュレータでは，出力電圧検出部も含めた制御部の利得特性のループ利得を1にする周波数付近の利得傾斜を大きく分類すると，図5-22に示す3種になります．したがって，誤差増幅部の周波数特性もこの3種に合わせた特性にする必要があり，誤差増幅部の周波数特性の種類も図5-22に示すタイプⅠ，Ⅱ，Ⅲの3種になります．

　利得傾斜の -20dB/dec の領域が広いほど，90°遅れに近づきます．したがって，制御部の位相遅れの程度にしたがって誤差増幅器の利得漸近線の変曲点位置を設定することになります．例えば，誤差増幅器タイプⅡの場合，ループ利得を1にしたい周波数における制御部の位相遅れが大きいほど，平坦部の領域を広く取らなくてはなりません．

5-5-1　制御部の特性がステップLPF特性の場合

　図5-21（a）に示したように，一般的なシリーズ・レギュレータでは高域の出力インピーダンスを低く保つために，出力に電解コンデンサ C_5 を挿入します．

　電解コンデンサは図5-23（a）に示す周波数特性をもち，簡単な等価回路で表すと図5-23（b）になります．図5-23（a）を見ると10kHz以下ではコンデンサ成分が支配的になり $C = 1/(2\pi \cdot f \cdot Z_c)$ の式で容量が求まります．100Hzで3.5Ωとすると，約455uFになります．10kHz～1MHzでは，直列等価抵抗（ESR：Effective Series Resistance）が支配的で0.1Ωです．1MHz以上では，コイル成分（ESL：Effective Series Inductance）が支配的で $L = ZL/(2\pi \cdot f)$ の式でインダクタンスが求まります．10MHzで0.4Ωとすると約6.4nHになります．

　実際には，電解コンデンサのインダクタンス成分は実装状態で大きく変化し，リード線1cmで10nH程度のインダクタンスが生じます．

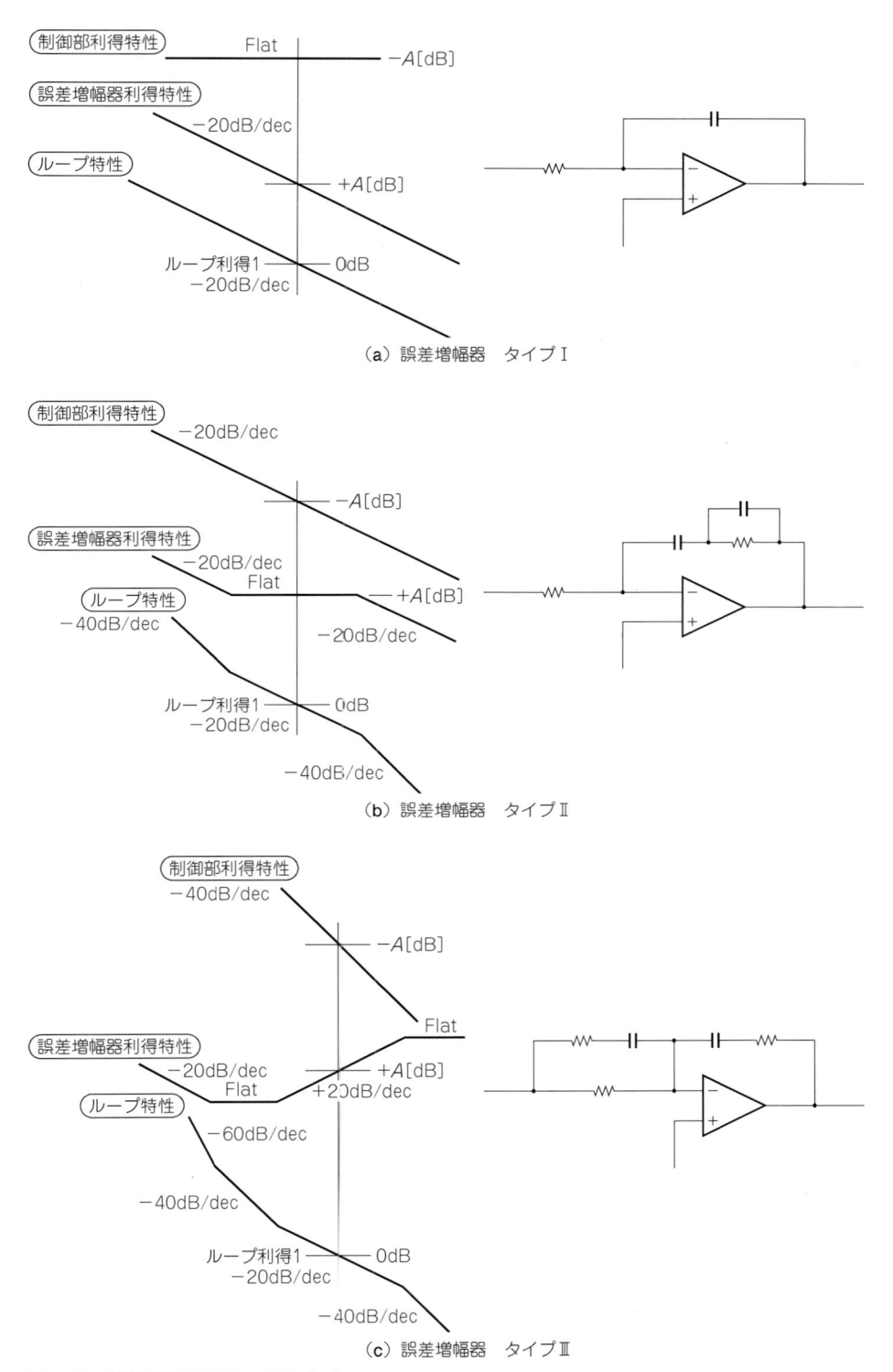

図 5-22　**誤差増幅器の三つのタイプ**

(a) 誤差増幅器　タイプ I

(b) 誤差増幅器　タイプ II

(c) 誤差増幅器　タイプ III

(a) 470uF

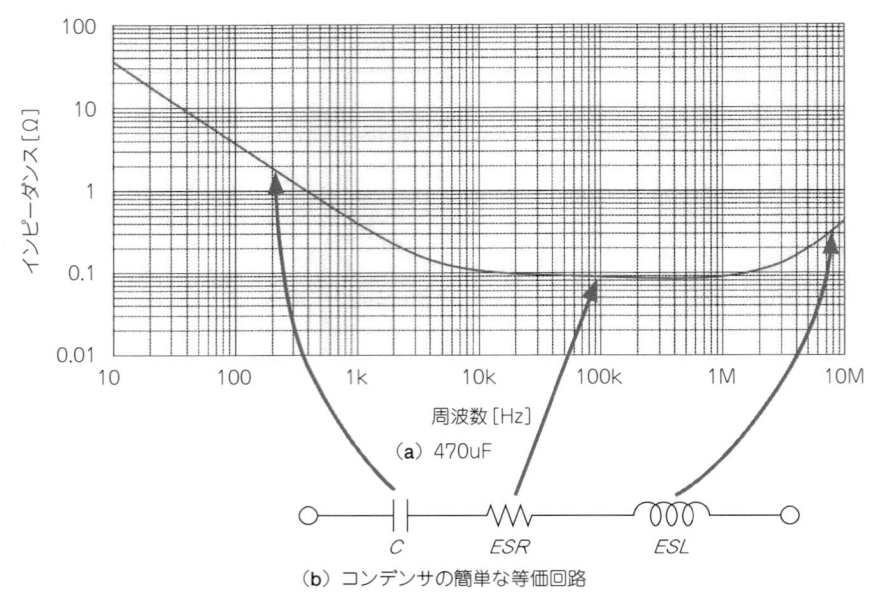

(b) コンデンサの簡単な等価回路

図 5-23　電解コンデンサのインピーダンス-周波数特性

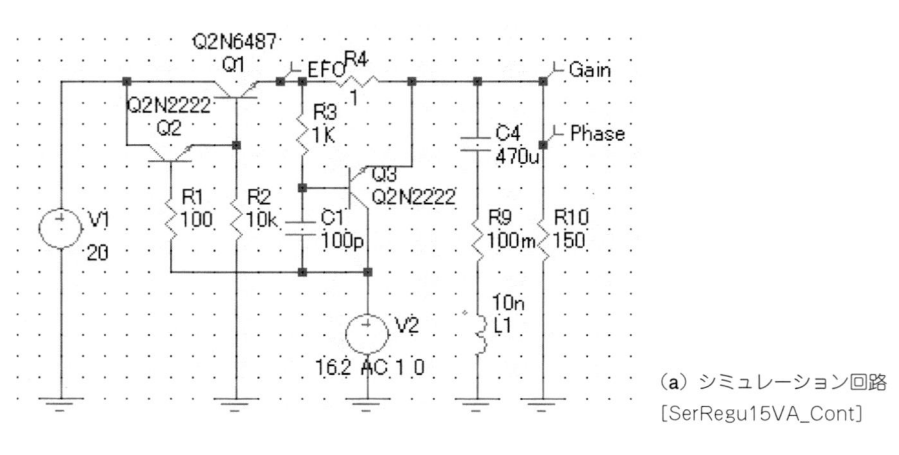

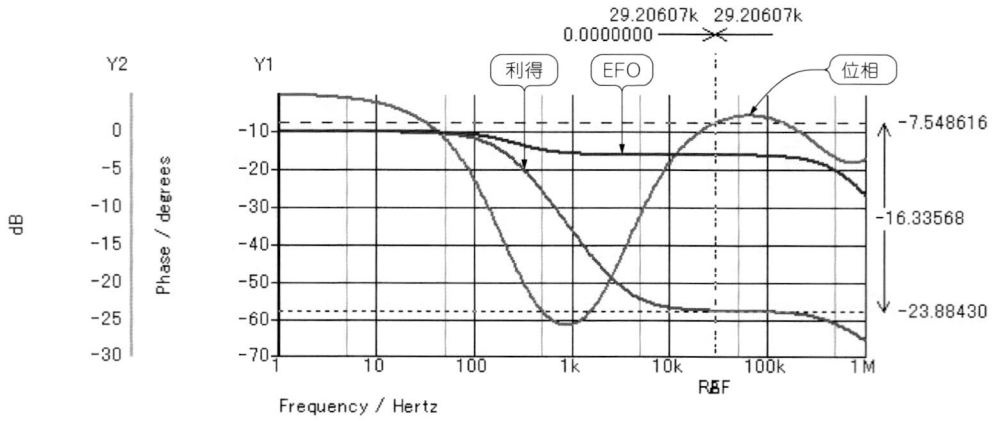

(a) シミュレーション回路
[SerRegu15VA_Cont]

(b) シミュレーション結果

図 5-24　シリーズ・レギュレータ制御部の利得・位相-周波数特性

図 5-24 (a) は，シリーズ・レギュレータの制御部のみの利得・位相-周波数特性です．出力コンデンサには，等価回路の ESR と ESL を挿入しています．

Q1 の出力抵抗と R4，そして C4，R9 の影響が支配的になり，図 5-24 (b) に示すステップ状の LPF 特性になります．10kHz 以上で利得が平坦になるため，位相が 0° に向かって戻って行きます．

30kHz では利得が約 −24dB（約 0.063 倍），位相遅れが約 7.5° です．したがって，30kHz でループ利得を 1 にするならば，誤差増幅器は位相が 90° 遅れた −20dB/dec の利得傾斜をもつタイプ I 特性で安定な負帰還が実現できます．そして，出力電圧検出部も含めた誤差増幅器の 30kHz での利得が +24dB（約 15.9 倍）になればよいことになります．

ループ利得が 1 になる周波数が高いほど負帰還量が増え，出力インピーダンスが減少するなど特性が向

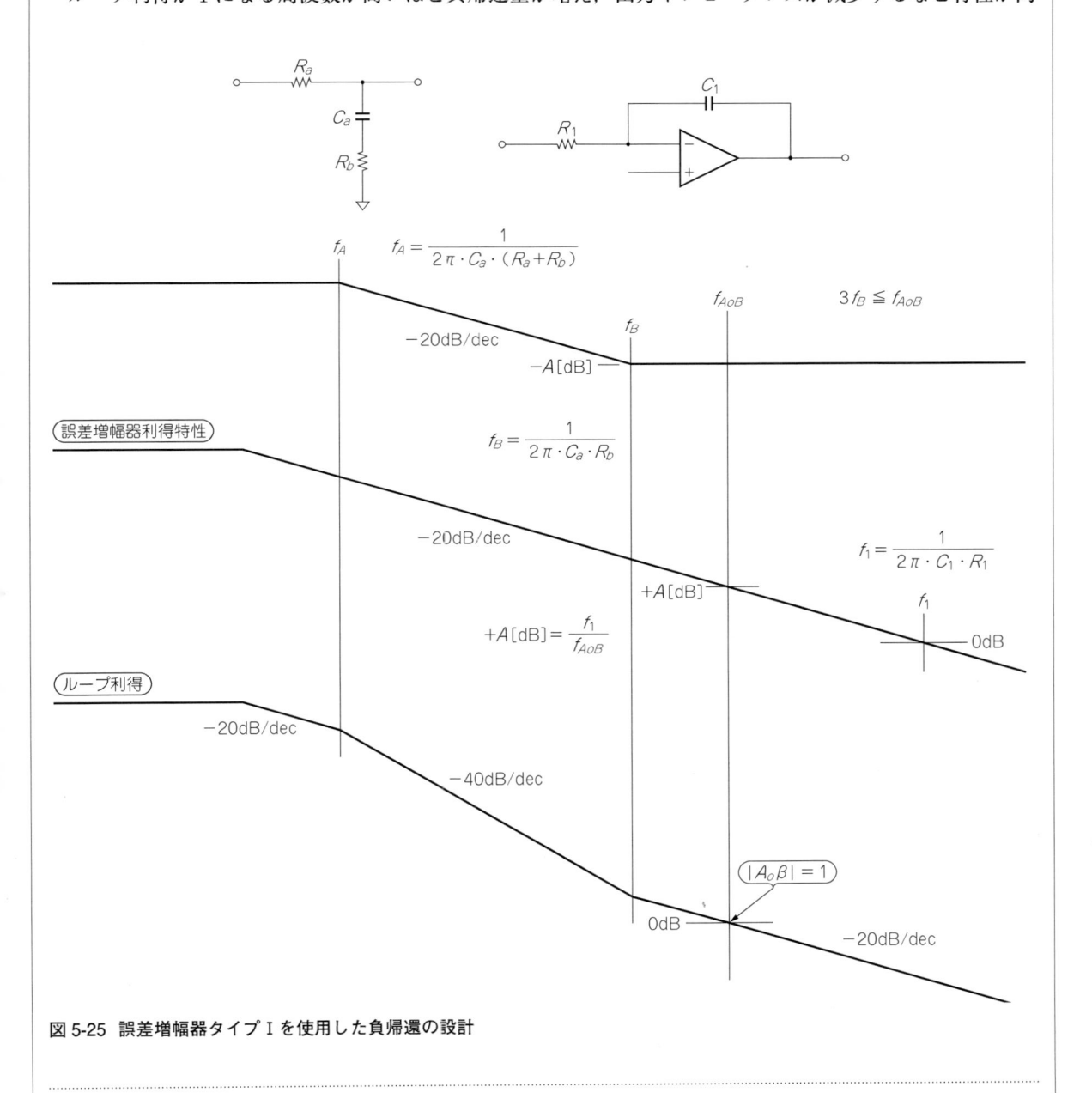

図 5-25 誤差増幅器タイプ I を使用した負帰還の設計

上します．しかし，あまり高くなると誤差増幅器に GBW の大きな OP アンプが必要になったり，わずかな浮遊インダクタンスでも特性に大きく影響して安定動作が難しくなります．レギュレータでは，ループ利得が 1 になる周波数を数十 kHz 程度以下にするのが一般的です．

図 5-25 に，ここで使用する誤差増幅器タイプ I を用いた負帰還設計のための利得の漸近線を示します．

図 5-26 は，OP アンプを用いた積分器です．R_1 と C_1 で決定される遮断周波数が GBW に比べて十分低いときは，C_1，R_1 のみで利得が 0dB になる周波数を求めます．遮断周波数が GBW に近いときには GBW の影響が出るため，式 (5-5-1) により補正容量 C_c を求め，式 (5-5-2) にしたがって，遮断周波数を計算します．

図 5-27(a) は，出力電圧検出部を含めた誤差増幅器です．図 5-27(b) の定数で決定された利得特性が，R_1 と R_2 で分圧された形になります．

図 5-28(a) は，図 5-27(a) の R_1 が省略された回路です．図 5-28(b) のように考えて定数を求めます．また，図 5-28(c) のように，裸利得が R_1 と R_2 で分圧された（したがって，直流利得と GBW が分圧される）

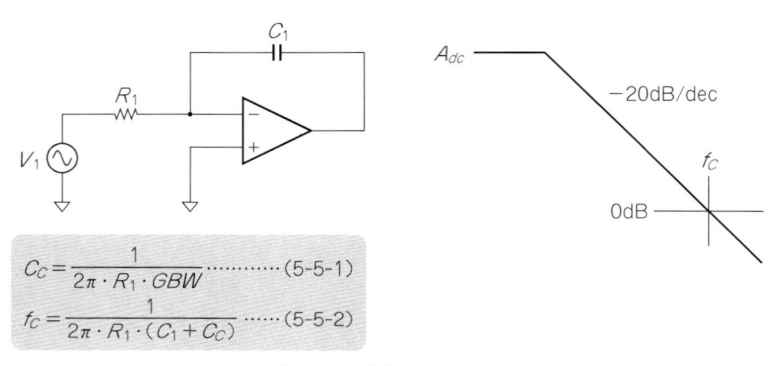

$$C_C = \frac{1}{2\pi \cdot R_1 \cdot GBW} \quad \cdots\cdots (5\text{-}5\text{-}1)$$

$$f_C = \frac{1}{2\pi \cdot R_1 \cdot (C_1 + C_C)} \quad \cdots\cdots (5\text{-}5\text{-}2)$$

図 5-26 OP アンプを用いた積分器の特性

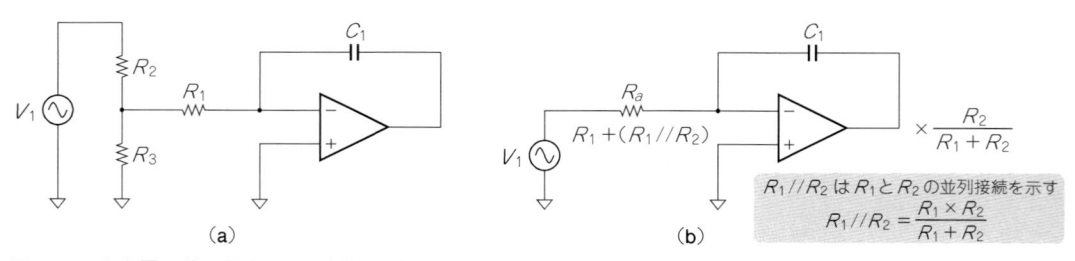

図 5-27 出力電圧検出部を含めた抵抗 3 本による誤差増幅器

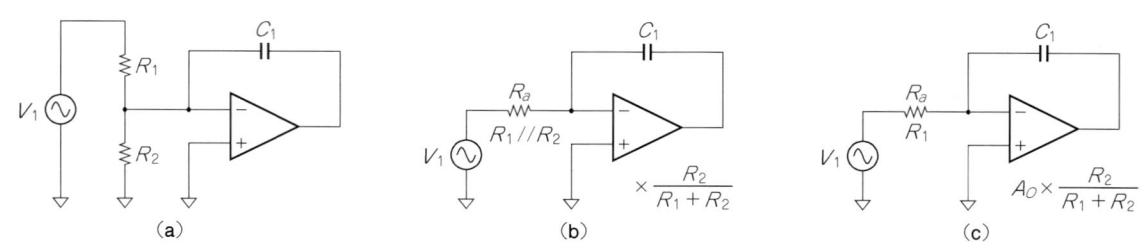

図 5-28 出力電圧検出部を含めた抵抗 2 本による誤差増幅器

OPアンプを使ったR_1とC_1の積分器と考えることもでき，このほうが少し計算が簡単になります．

図5-29(a)は，約30kHzでループ利得を1に設計したシリーズ・レギュレータのループ特性のシミュレーションです．X1は直流利得が100k, GBWが10MHzに設定しています．

ループ利得を求めるために，V2の交流電圧信号をX1の出力に挿入しています．V2の+端子から出た信号はR1 → Q2 → Q1 → R4 → R7と通過してX1で増幅されて出力に現れ，一巡します．したがって，V2の+端子からX1の出力までの利得特性がループ利得($A_o・β$)になります．そして，負帰還なので回路にまったく位相遅れがなければ位相が180°になり，発振してしまう180°まで位相が遅れると0°として表示されます．したがって，図5-29(b)の位相の軸は，位相余裕の値として見られます．

図5-29(a)のV2の下にある部品は，Bode Plot Probeで[Probe AC/Noise]から取り出します．INに接続された点からOUTに接続された点までの利得と位相を表示します．

図5-29(b)の結果をみると，約33kHzでループ利得が0dB(1)になり，そのときの位相が83°です．したがって，位相余裕60°を十分満足しており，安定であることがわかります．

(a) シミュレーション回路 [SerRegu15VA_Loop]

(b) シミュレーション結果

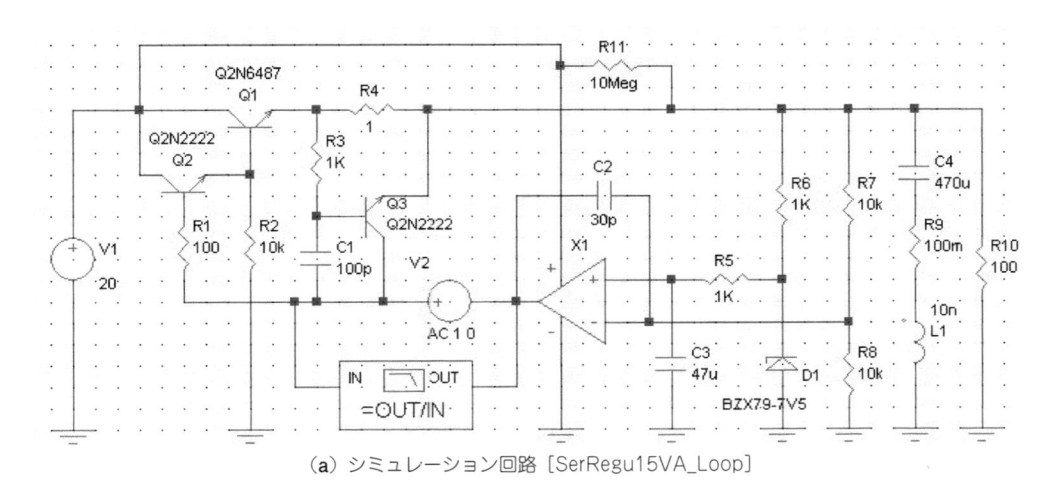

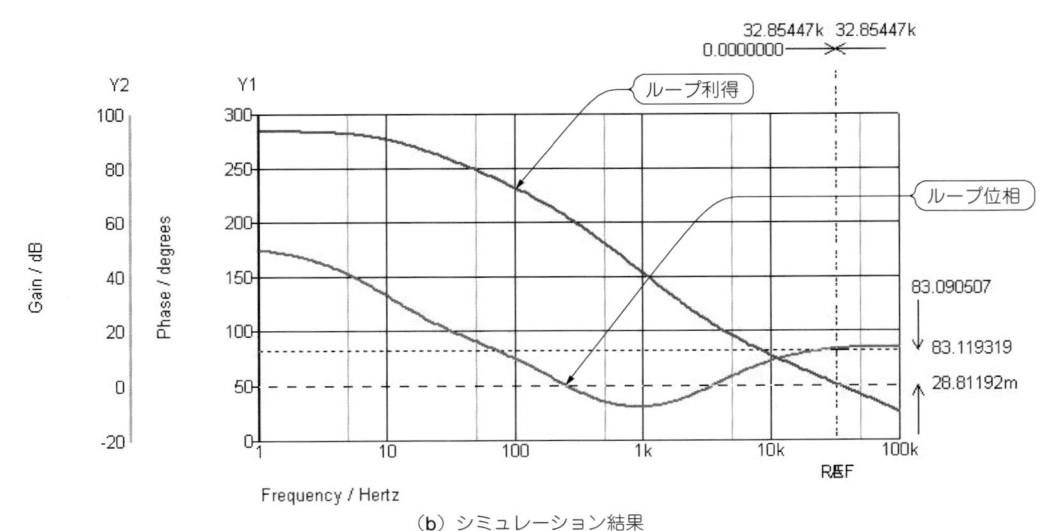

図5-29 シリーズ・レギュレータのループ特性シミュレーション

5-5-2 制御部の特性が1次LPF特性の場合

電解コンデンサは，電解液が蒸発するので寿命のある部品です．このため，高信頼性を求められる電子機器のなかには，電解コンデンサを使用できない場合があります．

図5-30(a)は，出力コンデンサに47uFの積層セラミック・コンデンサを使用したシリーズ・レギュレータで，制御部の利得・位相-周波数特性を求めるシミュレーションを行ったものです．OS-CON（パナソニック）などの直列等価抵抗値の低いコンデンサも，この特性に近くなります．

100kHz以上になると位相が戻ってきていますが，100kHz以上でループ利得を1にすると利得の減衰が大きく，誤差増幅器のGBWが足りなくなります．また，レギュレータはインピーダンスが非常に低い部分が含まれるため，100kHz程度以上ではプリント・パターンなどの浮遊インダクタンス成分による影響が大きくなり，モデリングが難しくなります．

ここでは，30kHz付近を狙ってループ利得が1になるように負帰還を設計しています．30kHz付近で

(a) シミュレーション回路 [SerRegu15V_Cont]

(b) シミュレーション結果

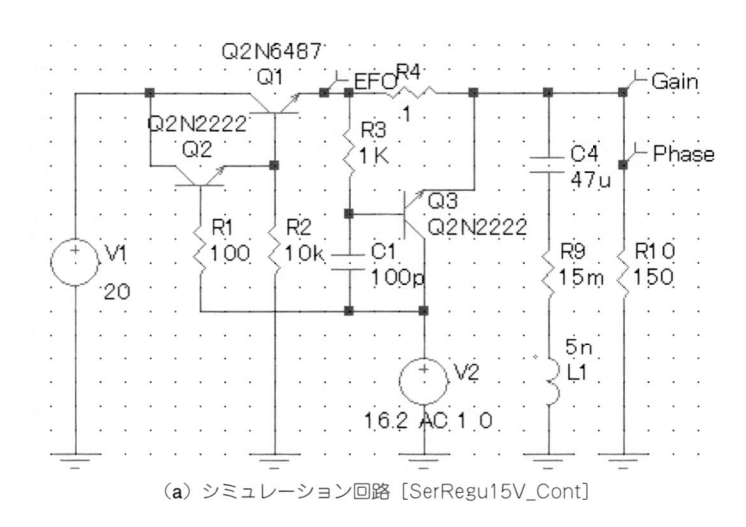

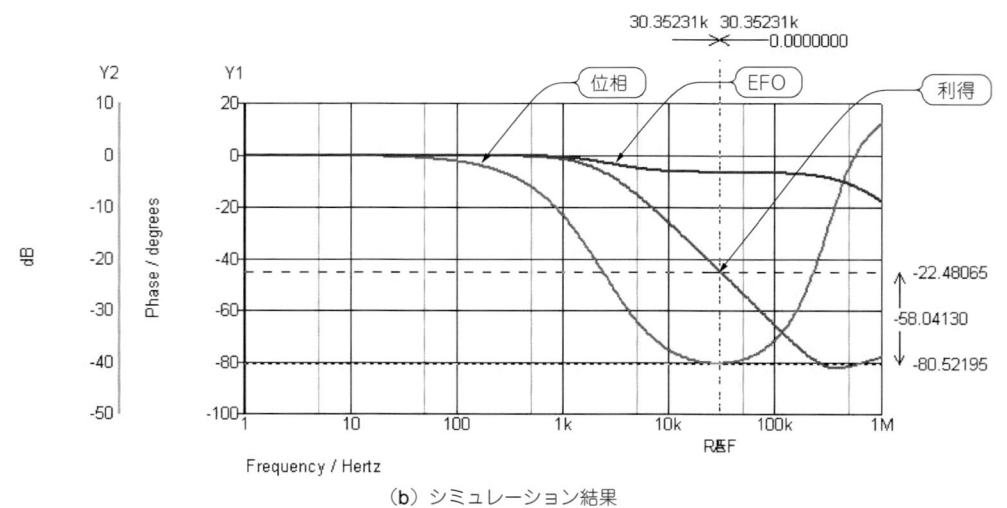

図5-30 制御部が1次LPF特性のシリーズ・レギュレータ

は位相が90°近く遅れているので，誤差増幅器における位相遅れは許されません．そこで，誤差増幅器の30kHz付近の利得を平坦にして位相を戻します．

図5-31に，ここで使用する誤差増幅器タイプIIを用いた負帰還を設計するための利得の漸近線を示します．

図5-30(b)の30kHzでの利得が−22.4dB(0.075)です．そこで，図5-32(a)として平坦部の利得が+22.5dB(13.3倍)になるように，R7：10k，R11：130kとしました．図5-31におけるf_1を10kHzにするとR11：130kなので，C2：120pFになります．

図5-32(b)のシミュレーション結果をみると，約33kHzでループ利得が1になり，位相余裕が約78°

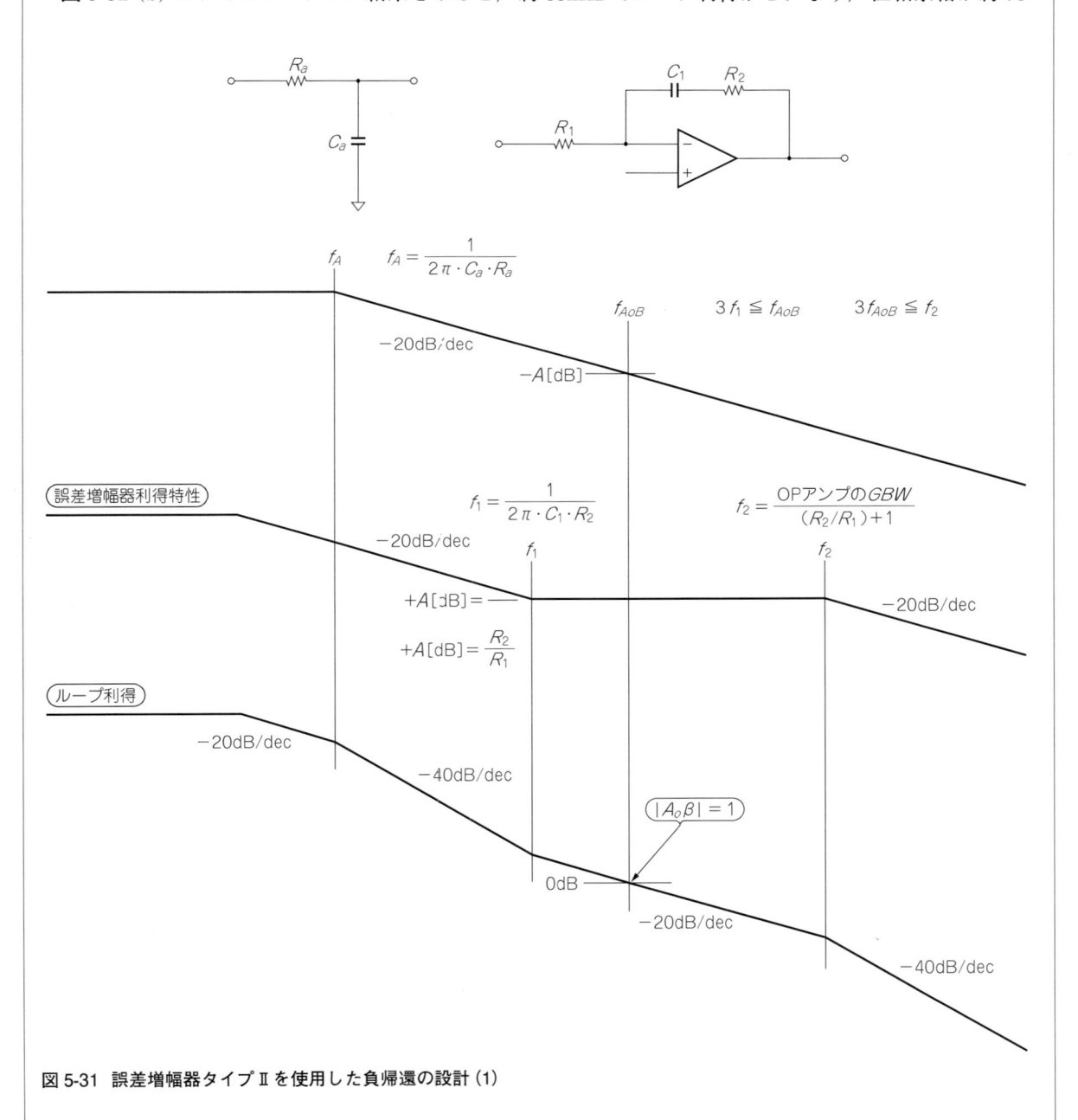

図5-31 誤差増幅器タイプIIを使用した負帰還の設計(1)

(a) シミュレーション回路 [SerRegu15VB_Loop_A]

(b) シミュレーション結果

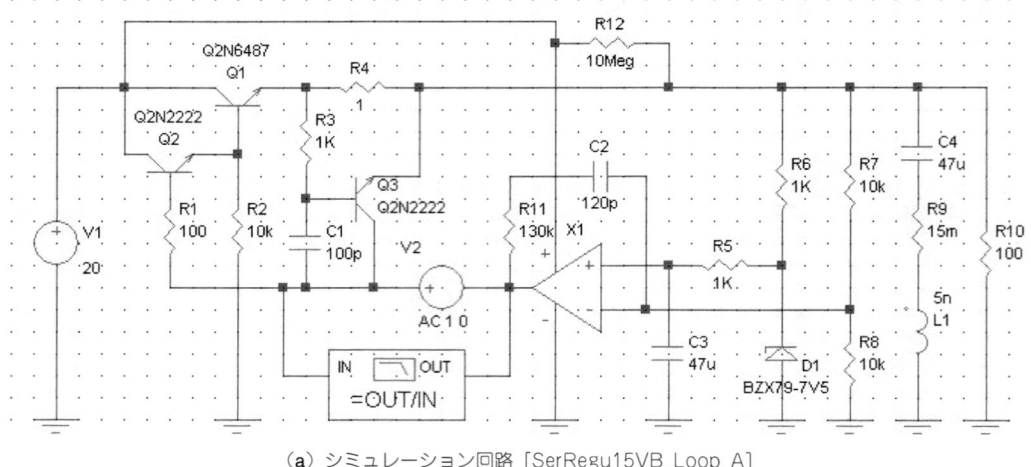

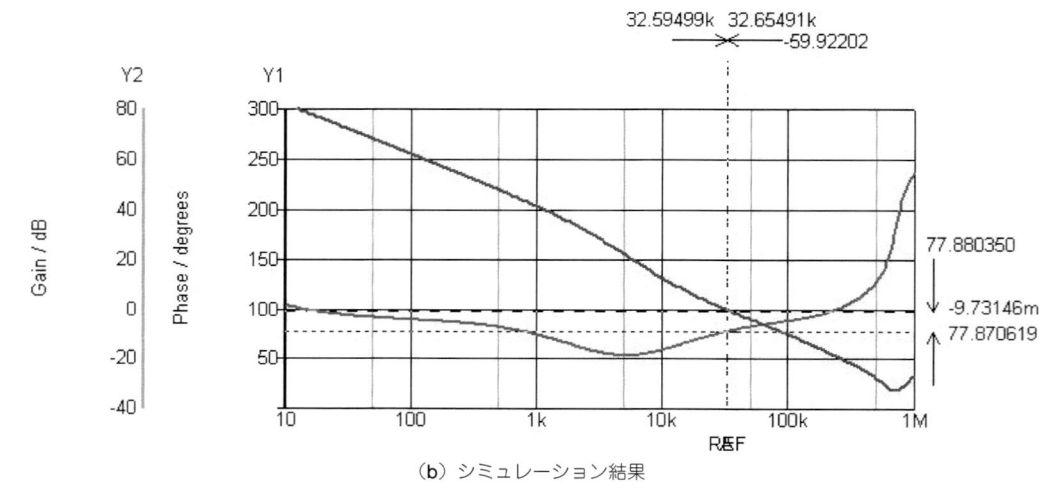

図 5-32 制御部が 1 次 LPF 特性のシリーズ・レギュレータのループ特性

で安定な特性を示しています．

R12 は，出力スタートのための抵抗です．シミュレーションでは必要ですが，実際の回路では不要です．

5-5-3 制御部の特性が 2 次から 1 次 LPF 特性になる場合

スイッチング・レギュレータでは通常出力部分にコイルとコンデンサが挿入され，利得傾斜が -40dB/dec になり，位相が 180°近く遅れます．しかし，一般的な電解コンデンサを用いるとその ESR の影響で，図 5-33 に示すように高域では利得傾斜が -20dB/dec に近づき，位相が 90°遅れに戻ります．したがって，誤差増幅器タイプ II を使用して -20dB/dec の傾斜の部分でループ利得を 1 にすれば，安定な負帰還が実現できます．

図 5-34 に，ここで使用する誤差増幅器タイプ II を用いた負帰還設計のための利得の漸近線を示します．

図 5-35(a)は，約 20kHz でループ利得を 1 に設計した Buck コンバータのループ特性のシミュレーションです．V2 は PWM 変調のための三角波で，周波数 100kHz 振幅 0.6V に設定しています．X1 はコンパ

(a) シミュレーション回路 [BuckCon5VA_Cont]

(b) シミュレーション結果

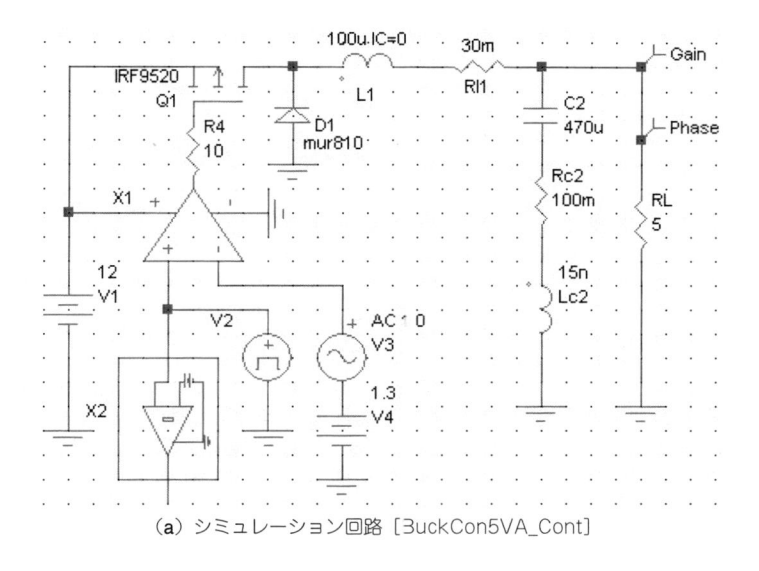

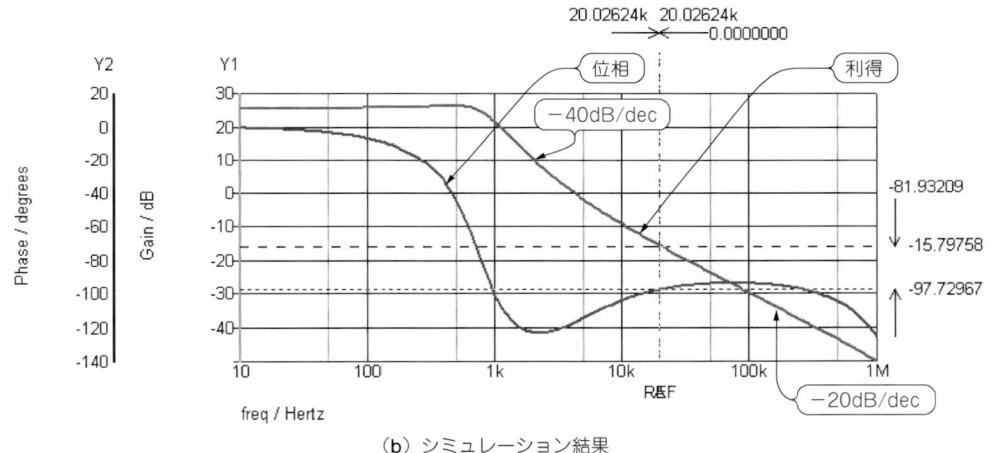

図 5-33 制御部が 2 次から 1 次 LPF 特性になる Buck コンバータの制御部の特性

レータです．X3 は，直流利得を 100k，GBW を 3MHz に設定した OP アンプです．

通常，X1，X3 の部分は，スイッチング・レギュレータ専用の 1 チップ IC になっています．実際に計測器を使用してループ特性を計測する場合，X3 の出力部分に信号が注入できません．このため，図 5-35 (a) に示すように，出力と出力電圧を検出する抵抗との間に信号を注入し，ループ利得を計測します．

図 5-33 (b) より 20kHz での利得が約 −15.8dB（0.162 倍）なので，図 5-35 (a) の X3 の誤差増幅器の平坦な部分の利得を R3/R1 で +15.8dB（6.2 倍）に設定しています．

図 5-35 (b) の結果を見ると，約 18kHz でループ利得が 0dB になり，そのときの位相が 64°と安定な値になっています．

5-5-4 制御部の特性に過剰位相系が発生し高域の利得が上昇する場合

スイッチング・レギュレータには，様々な方式があります．図 5-36 (a) に示すのは，電流モードの Boost コンバータと呼ばれる方式で，入力電圧よりも高い出力電圧を取り出すことができます．図 5-36

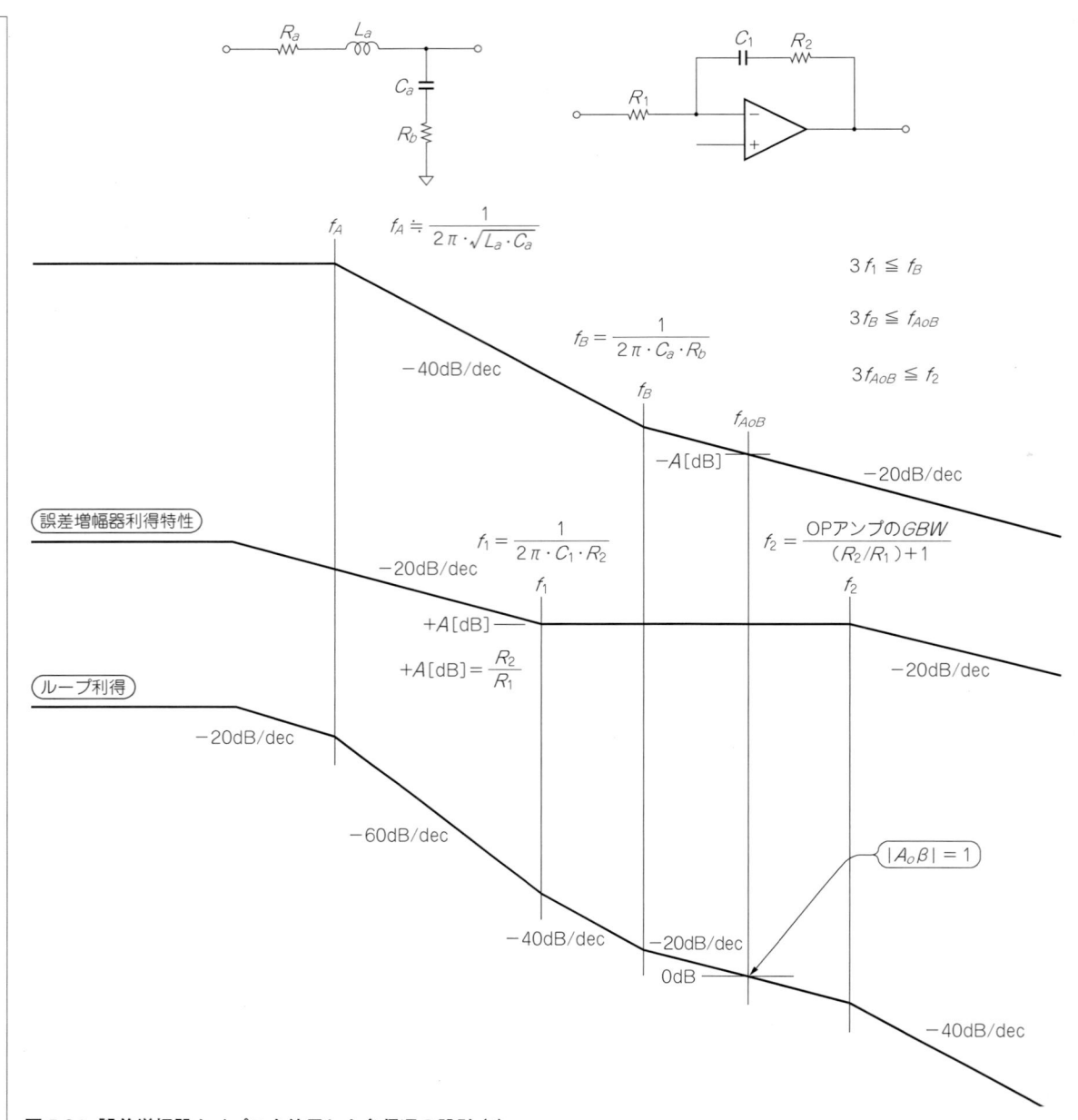

図 5-34 誤差増幅器タイプⅡを使用した負帰還の設計 (2)

(a) では，Q1 が ON すると L1 に電流が流れ，L1 にエネルギーが蓄積されます．そして，Q1 が OFF すると L1 に蓄えられたエネルギーと入力電圧が加算され出力に現れます．このエネルギーを蓄え，次のタイミングで放出するという動作のため時間遅れが生じ，振幅が減衰しないのに位相だけが遅れるという現象が生じます．この特性を過剰位相系とか無駄時間と呼びます．したがって，フライバック・コンバータなども同様な特性をもちます．

　図 5-36 (a) は，L1 と C11 の二つがあっても 2 次特性にならず，図 5-36 (b) に示すように，数十 Hz から 10kHz 程度まで 1 次特性で減衰傾度が $-20\mathrm{dB/dec}$ で位相遅れが 90° までになります．これは，R10 で

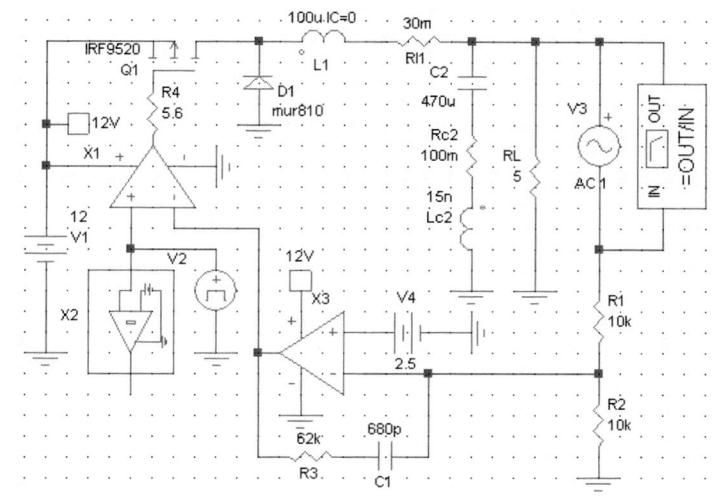

(a) シミュレーション回路 ［BuckCon5VA_Loop］

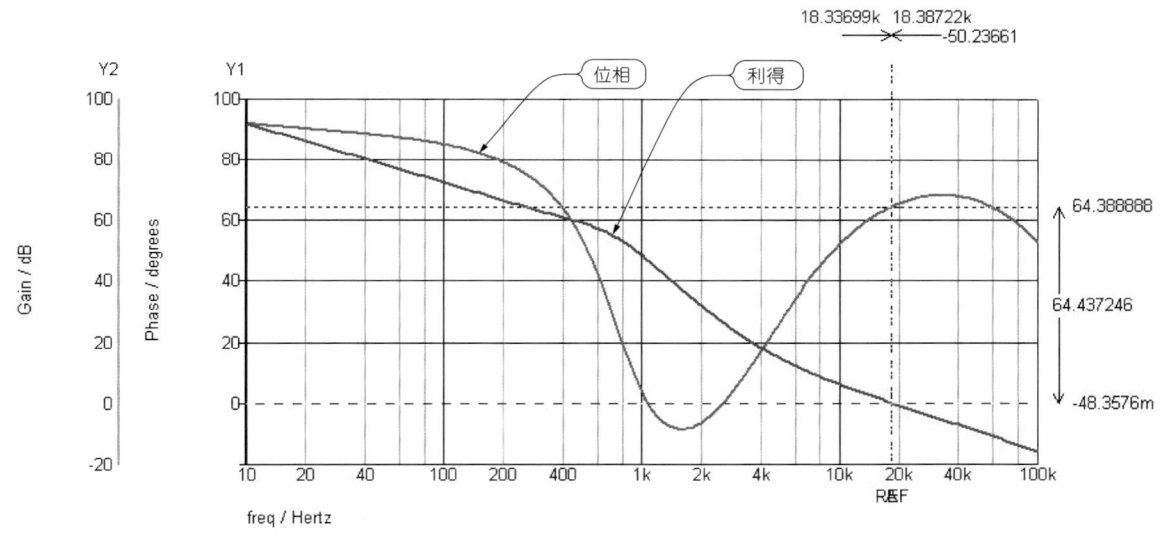

(b) シミュレーション結果

図 5-35 制御部が 2 次から 1 次 LPF 特性になる Buck コンバータのループ特性

発生したピーク電圧（したがって，L1 に流れるピーク電流）が誤差増幅器の出力に比例する，電流モードと呼ばれる制御をしているためです．そして，10kHz 以上では利得が上昇しているにもかかわらず位相遅れが生じています．

ループ利得が 1 になった周波数よりも高域で再びループ利得が 1 に近づくと利得余裕がなくなり，負帰還が不安定になり，再びループ利得が 1 になると発振してしまいます．

図 5-37 に，ここで使用する誤差増幅器タイプⅡを用いた負帰還設計のための利得の漸近線を示します．

図 5-36(b) に示す特性をもった制御部の場合，**図 5-37** に示すように誤差増幅器に C_2 を追加し，f_2 以上を積極的に減衰させ，再びループ利得が 1 に近づかないようにします．

図 5-38(a) では，ループ利得が 1 になる周波数を約 1kHz，**図 5-37** の f_2 が約 3kHz になるように設計し

5-5 —— 誤差増幅器の設計

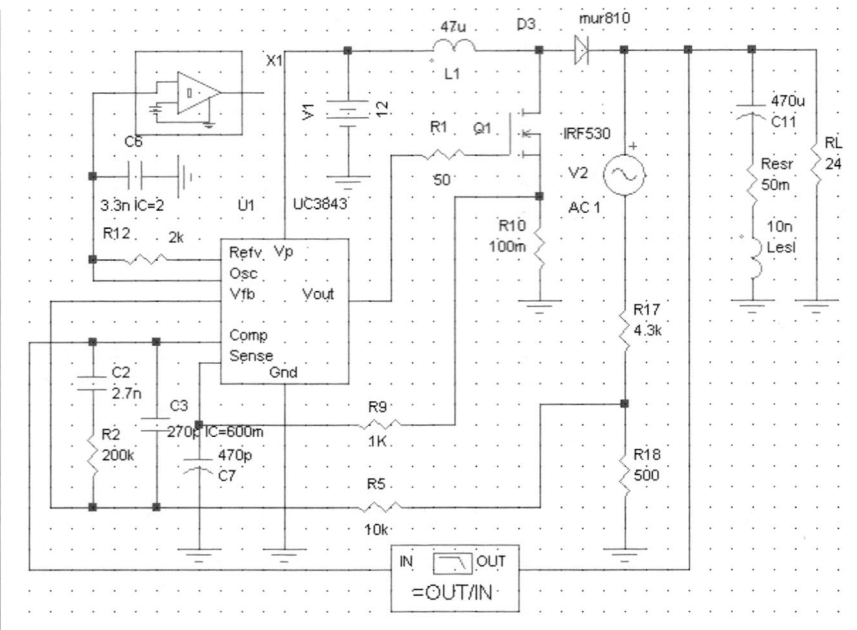

(a) シミュレーション回路［BoostCon24V_Cont］

(b) シミュレーション結果

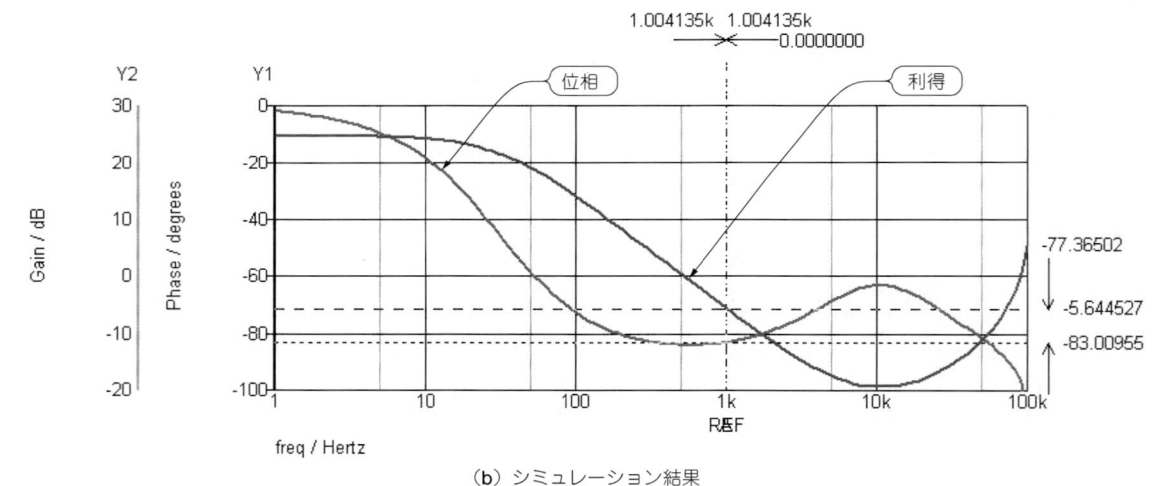

図 5-36　過剰位相系をもつ Boost コンバータの制御部の特性

ました．

　図 5-38 (b) の結果を見ると，約 950Hz でループ利得が 1 になり，位相余裕が約 63°で安定な値になっています．そして，10kHz 付近からの利得上昇が抑えられています．

5-5-5　制御部の特性が 2 次 LPF 特性になる場合

　図 5-39 (a) は図 5-33 (a) と同じ Buck コンバータですが，高信頼性が必要なため出力のコンデンサが積層セラミックになっています．このため，容量が比較的小さく ESR も小さくなっています．このため，図 5-39 (b) に示すように制御部の特性が ESR による位相の戻りが発生せず，−180°に近い値になってし

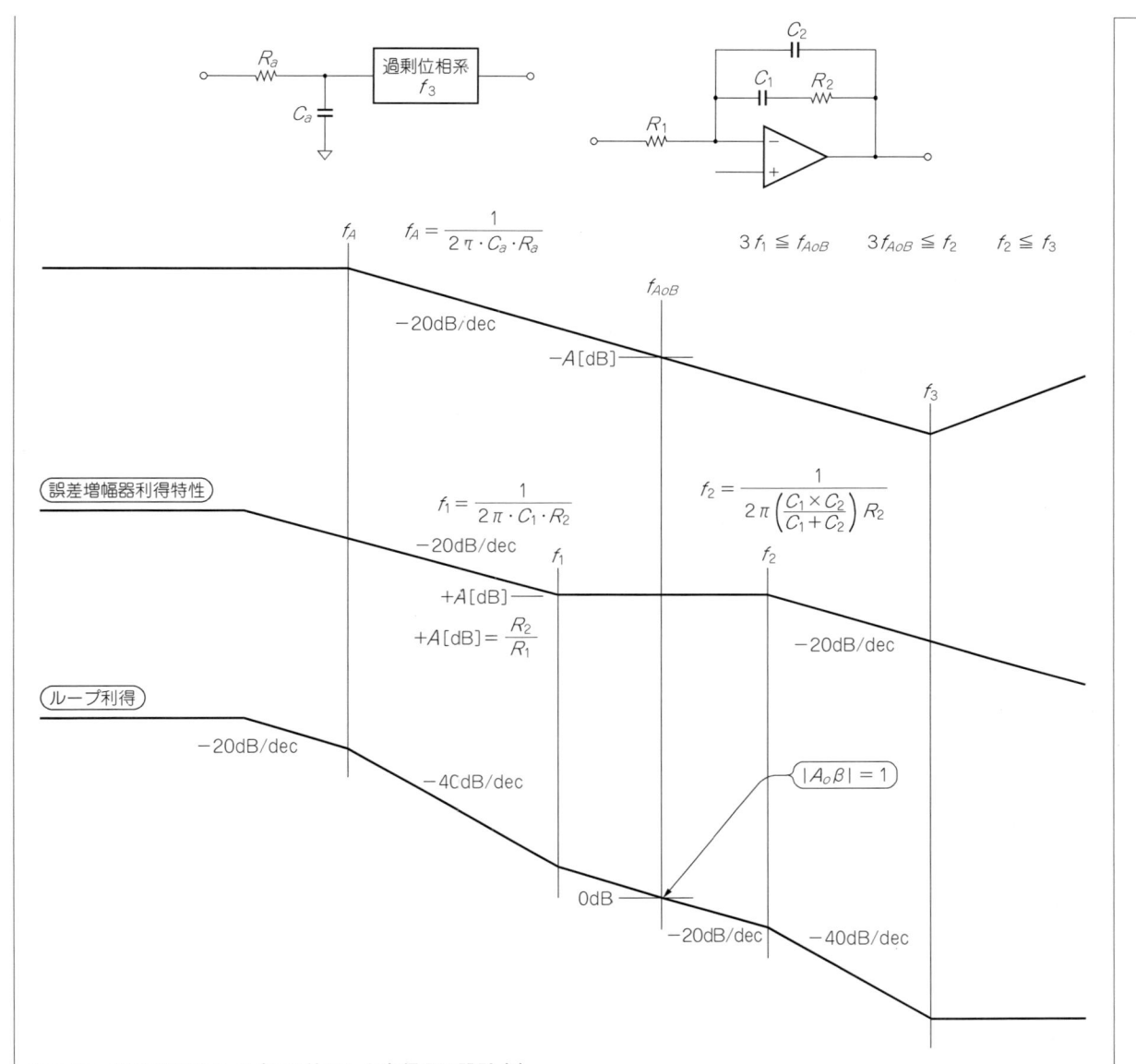

図 5-37 誤差増幅器タイプⅡを使用した負帰還の設計 (3)

まっています.したがって,誤差増幅器には位相遅れが許されず,逆にループ利得を1にする周波数で60°程度の位相進みを実現しなくてはなりません.

図 5-40 に,ここで使用する誤差増幅器タイプⅢを用いた負帰還設計のための利得の漸近線を示します.f_2 から f_3 にかけて誤差増幅器の利得が上昇していくため,位相進みの特性になります.$f_3/f_{A_oB} = f_{A_oB}/f_2$ のとき,f_{A_oB} でもっとも位相が進みます.したがって,f_{A_oB} でループ利得が1になるように設計します.

図 5-41 (a) は,20kHz でループ利得が1になるように設計しています.そして,20kHz における位相遅れが多いので,**図** 5-40 における f_2, f_{A_oB}, f_3 を $4f_2 = f_{A_oB}$, $4f_{A_oB} = f_3$ にしています.

したがって,f_2:5kHz,f_{A_oB}:20kHz,f_3:80kHz になります.

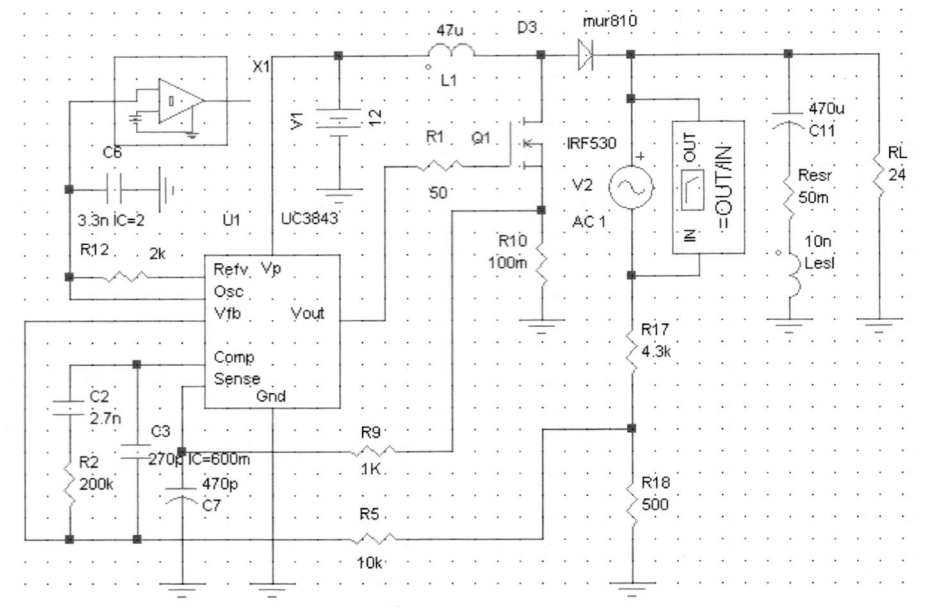

(a) シミュレーション回路 [BoostCon24V_Loop]

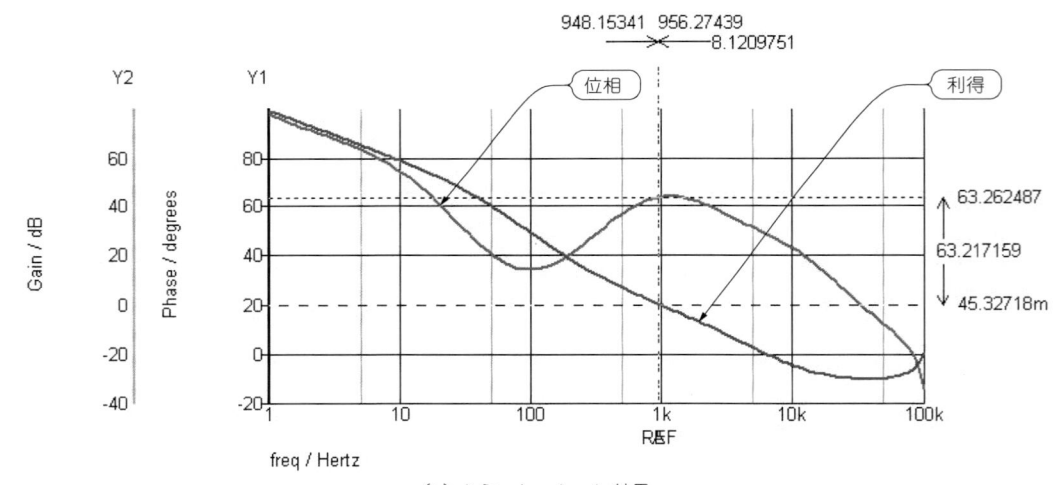

(b) シミュレーション結果

図 5-38 過剰位相系をもつ Boost コンバータのループ特性

　図 5-41 (b) の結果を見ると，約 19.5kHz でループ利得が 1 になり，位相余裕が約 65°で安定な値が得られています．

5-6 ── gm アンプ

　スイッチング・レギュレータ用 IC に内蔵されている誤差増幅器は，一般的には図 5-42 (a) に示すように OP アンプと同様な電圧入力-電圧出力増幅器です．しかし，スイッチング・レギュレータ IC の中には，図 5-42 (b)，(c) に示すように，誤差増幅器が gm アンプと呼ばれる電圧入力-電流出力の増幅器が内

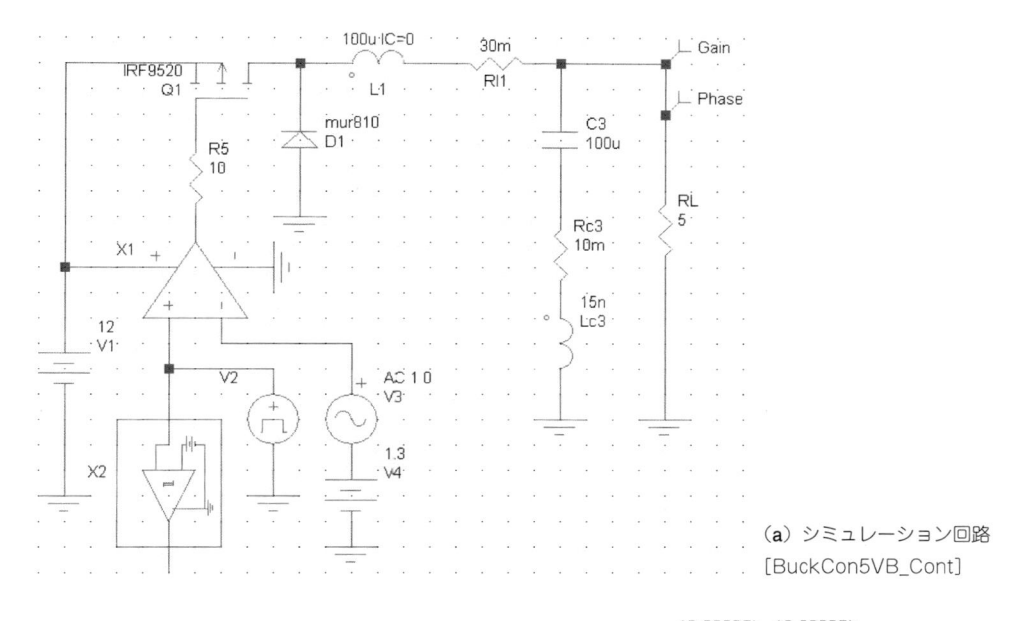

(a) シミュレーション回路
[BuckCon5VB_Cont]

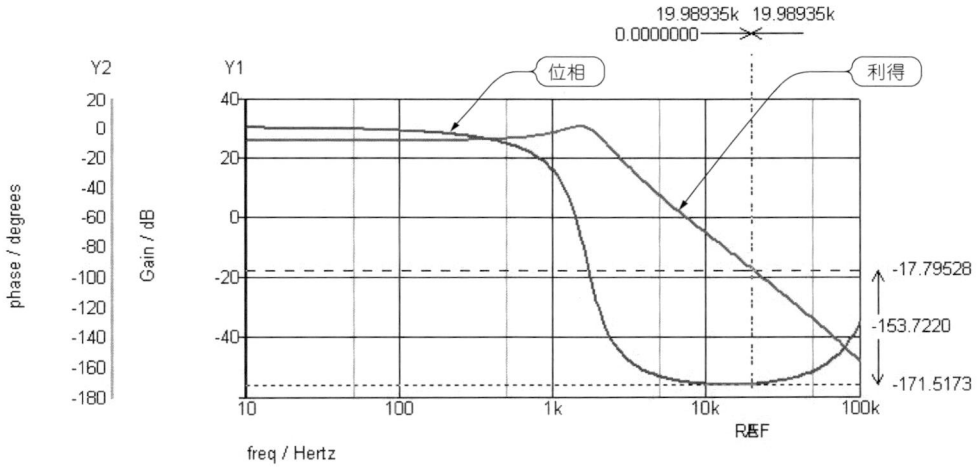

(b) シミュレーション結果

図 5-39 制御部が 2 次の LPF 特性になる Buck コンバータの制御部の特性

蔵されているものがあります．

5-6-1 電圧出力と電流出力

　信号源には，**図** 5-43 に示すように電圧源と電流源があります．電圧源の等価回路は，出力抵抗が直列に入り，負荷抵抗とで電圧が分圧されます．したがって，出力抵抗が小さいほうがより理想的です．これに対し，電流源の等価回路は出力抵抗が並列に入り，電流が負荷抵抗と出力抵抗に分流されます．したがって，出力抵抗が高いほうがより理想的になります．

　図 5-44 (a)，(b) に示すように，増幅器にも電圧出力増幅器と電流出力増幅器があります．

　スイッチング・レギュレータ用 IC に内蔵された gm アンプは，図 5-44 (b) に示した電圧入力-電流出力増幅器にあたります．そして，gm アンプの出力は電圧入力のコンパレータに接続されます．したがっ

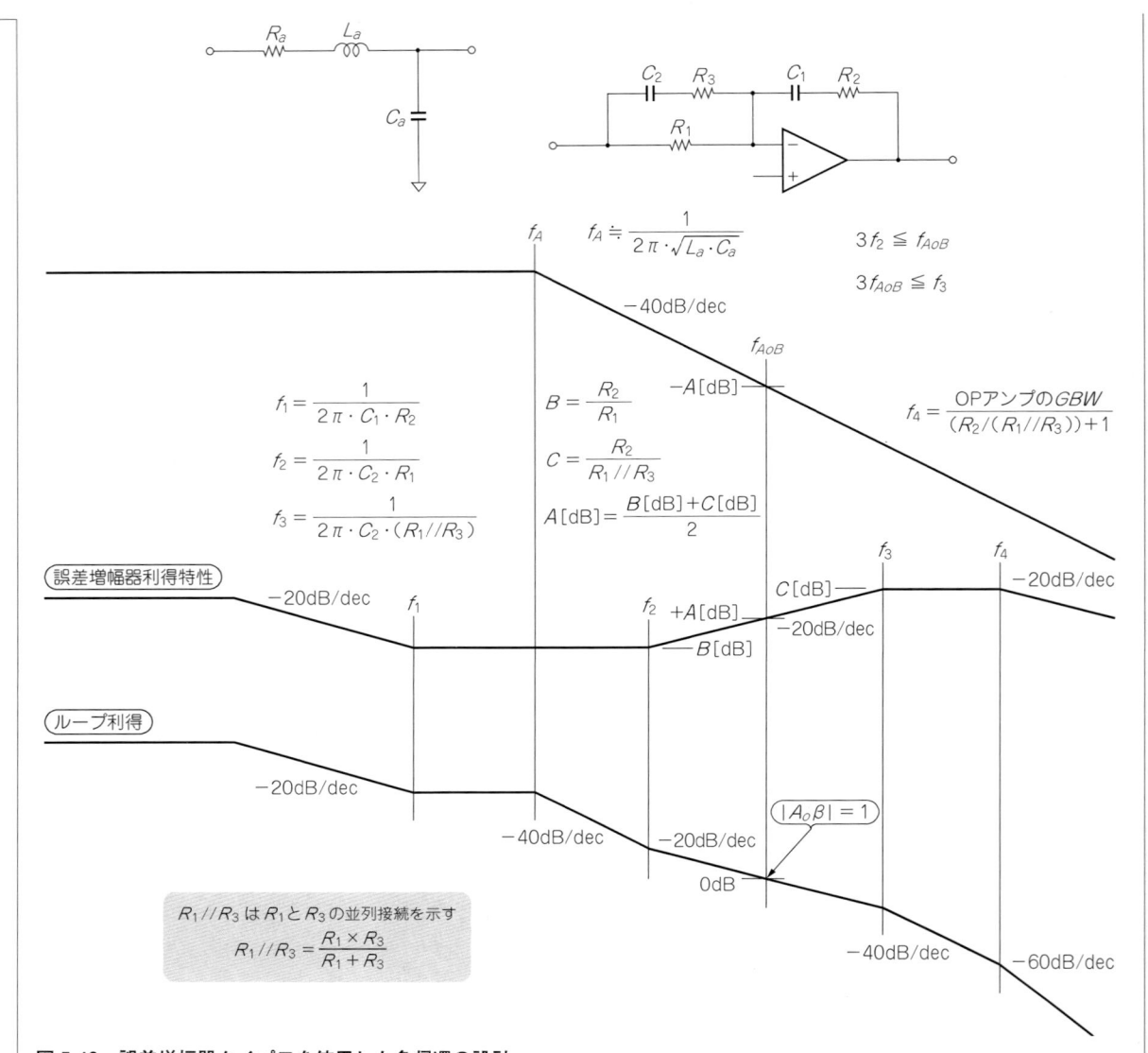

図5-40 誤差増幅器タイプⅢを使用した負帰還の設計

$$f_A \approx \frac{1}{2\pi \cdot \sqrt{L_a \cdot C_a}}$$

$$3f_2 \leq f_{AoB}$$
$$3f_{AoB} \leq f_3$$

$$f_1 = \frac{1}{2\pi \cdot C_1 \cdot R_2}$$
$$f_2 = \frac{1}{2\pi \cdot C_2 \cdot R_1}$$
$$f_3 = \frac{1}{2\pi \cdot C_2 \cdot (R_1//R_3)}$$

$$B = \frac{R_2}{R_1}$$
$$C = \frac{R_2}{R_1//R_3}$$
$$A[\mathrm{dB}] = \frac{B[\mathrm{dB}] + C[\mathrm{dB}]}{2}$$

$$f_4 = \frac{\text{OPアンプの}GBW}{(R_2/(R_1//R_3))+1}$$

$R_1//R_3$ は R_1 と R_3 の並列接続を示す
$$R_1//R_3 = \frac{R_1 \times R_3}{R_1 + R_3}$$

て，gmアンプの出力電圧が利得特性を決定することになります．式(5-6-8)に示すように，gmアンプの電圧出力はgm×負荷抵抗になるので，スイッチング・レギュレータ用ICの場合，外付けされた負荷抵抗により電圧利得が決定されることになります．

5-6-2 gmアンプの周波数特性

図5-45(a)の上側の回路は，UC3842の誤差増幅器をモデルしています．E1の利得31600が直流利得90dB，そして，R1，C1のLPF(f_c：31.7Hz)により高域利得が低下し，1MHzで利得0dBになります．

図5-45(a)の下側の回路は，NCP3011の誤差増幅器をモデルしています．G1のコンダクタンスが1.33mSなので，1Vの入力電圧で1.33mAの出力電流になります．RL ≫ R3なのでRLを無視すると，1.33mAが10MΩに流れると13,300Vの電圧になります．したがって，直流利得は13,300倍（約82.5dB）

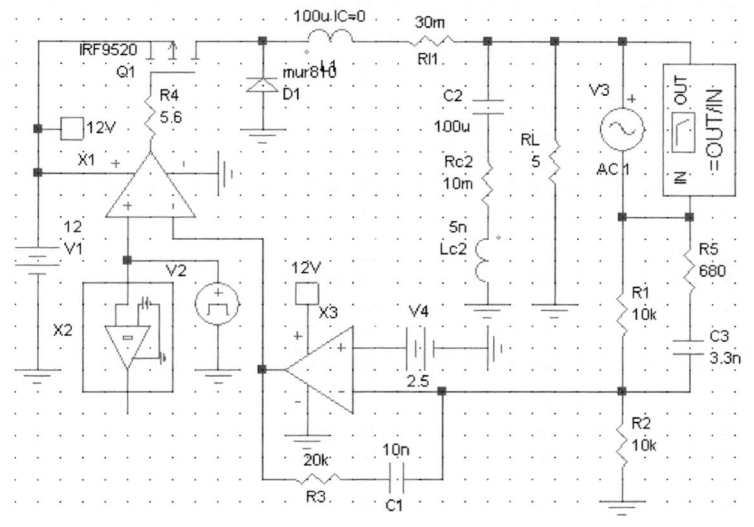

(a) シミュレーション回路 [BuckCon5VB_Loop]

(b) シミュレーション結果

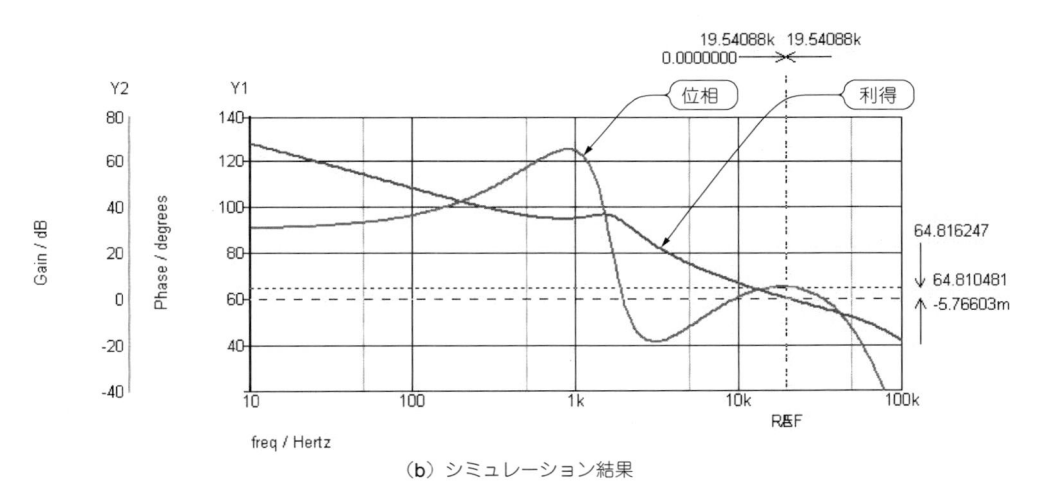

図 5-41 制御部が 2 次の LPF 特性になる Buck コンバータのループ特性

になります.

　周波数が上昇すると C2 のインピーダンスが下がり，R4 と同じインピーダンスになる周波数は約 159Hz です．したがって，159Hz で利得が−3dB 低下し，さらに高い周波数では−20dB/dec の減衰傾度になります．

　このように，gm アンプの電圧利得は「gm ×負荷インピーダンス」になり，出力とグラウンド間に接続する CR により任意の周波数特性を実現できます．

5-6-3　gm アンプの利得の漸近線

　図 5-46 と**図** 5-47 に，電圧出力増幅器と gm アンプを使用した誤差増幅器の利得の漸近線を示します．いずれもタイプⅡ，タイプⅢの誤差増幅器を実現できますが，gm アンプの場合，タイプⅢの誤差増幅器を設計すると R_2 と R_3 で分圧した分だけ直流利得が下がり，直流でのループ利得が減る分，直流出力イン

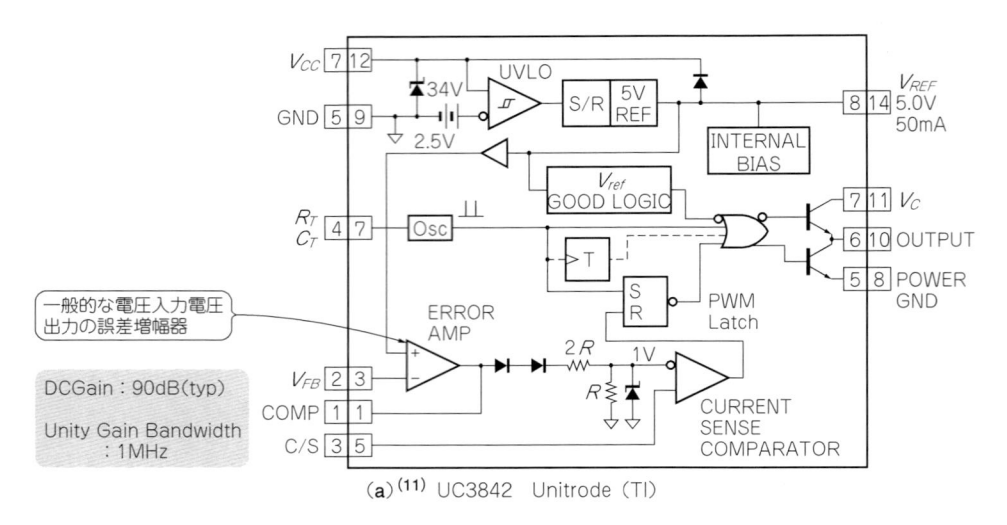

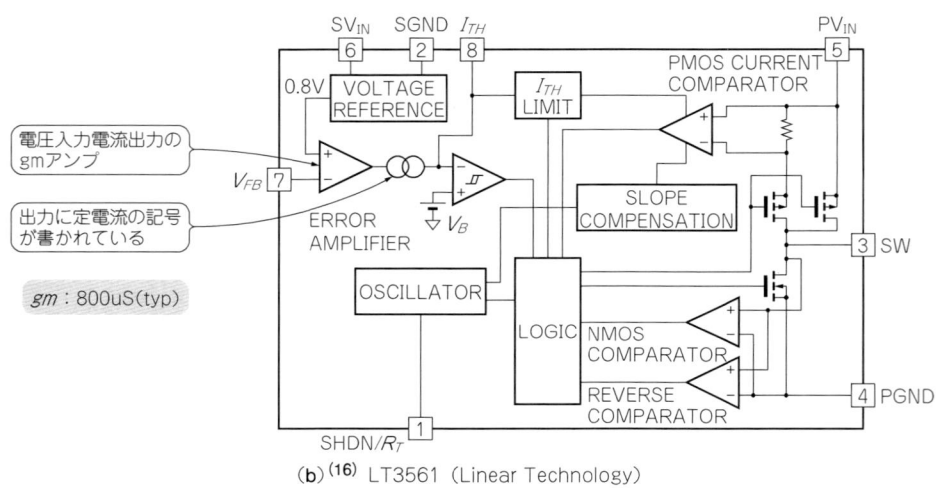

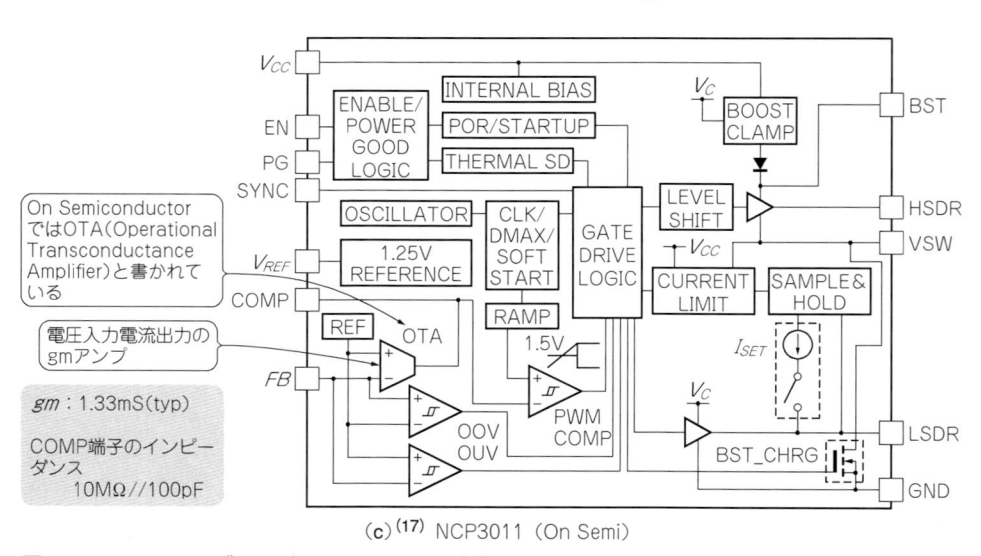

図 5-42 スイッチング・レギュレータ用 IC に内蔵されている誤差増幅器

(a)⁽¹¹⁾ UC3842 Unitrode（TI）

一般的な電圧入力電圧出力の誤差増幅器
DCGain：90dB(typ)
Unity Gain Bandwidth：1MHz

(b)⁽¹⁶⁾ LT3561（Linear Technology）

電圧入力電流出力の gm アンプ
出力に定電流の記号が書かれている
gm：800uS(typ)

(c)⁽¹⁷⁾ NCP3011（On Semi）

On Semiconductor では OTA（Operational Transconductance Amplifier）と書かれている
電圧入力電流出力の gm アンプ
gm：1.33mS(typ)
COMP 端子のインピーダンス 10MΩ//100pF

第 5 章──負帰還の動作と設計

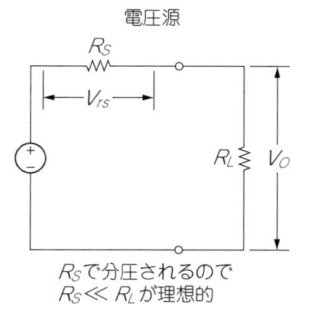

図 5-43 電圧源と電流源

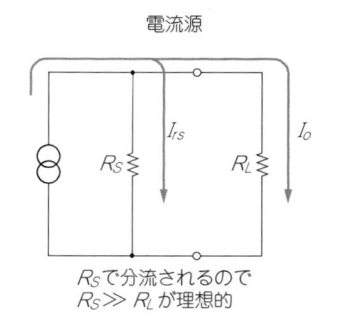

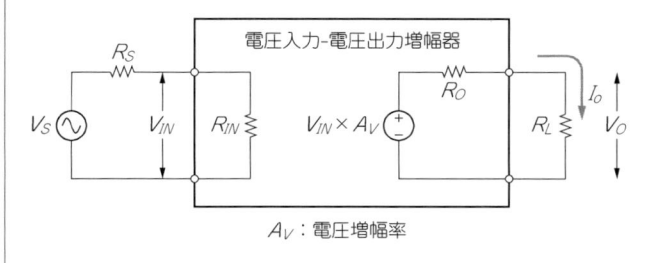

R_Sで分圧されるので
$R_S \ll R_L$が理想的

R_Sで分流されるので
$R_S \gg R_L$が理想的

$$V_O = V_{in} \times A_V \times \frac{R_L}{R_O + R_L} \quad \text{(5-6-1)}$$

$$I_O = \frac{V_{in} \times A_V}{R_O + R_L} \quad \text{(5-6-2)}$$

$R_O \ll R_L$ ならば,

$$V_O \fallingdotseq V_{in} \times A_V \quad \text{(5-6-3)}$$

$$I_O \fallingdotseq \frac{V_{in} \times A_V}{R_L} \quad \text{(5-6-4)}$$

A_V:電圧増幅率

(a) 電圧入力-電圧出力増幅器

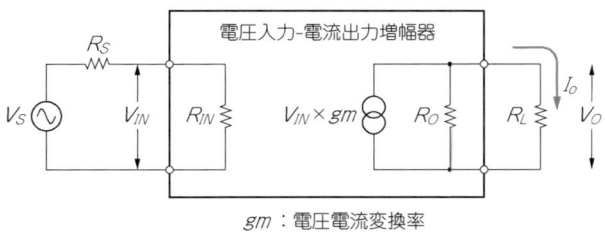

$$I_O = V_{in} \times gm \times \frac{R_O}{R_O + R_L} \quad \text{(5-6-5)}$$

$$V_O = V_{in} \times gm \times \frac{R_O \times R_L}{R_O + R_L} \quad \text{(5-6-6)}$$

$R_O \gg R_L$ ならば,

$$I_O \fallingdotseq V_{in} \times gm \quad \text{(5-6-7)}$$

$$V_O \fallingdotseq V_{in} \times gm \times R_L \quad \text{(5-6-8)}$$

gm:電圧電流変換率

(b) 電圧入力-電流出力増幅器

図 5-44 増幅器にも電圧出力と電流出力がある

ピーダンスが増加してしまいます.ただし,gmアンプが使われているICは,ほとんどタイプⅡで十分間に合うようです.

図5-46に示したように,電圧出力増幅器の場合,周波数補正用のCRをOPアンプのサミング・ポイントに接続しなくてはなりません.ところがサミング・ポイントは,外来雑音に非常にセンシティブな個所で,パターンを極短くしなくてはなりません.この点,**図5-47**に示したgmアンプの場合は,出力とグラウンドとの間にCRを接続すればよいので,プリント基板の設計が若干楽になります.

5-6-4 gmアンプで誤差増幅器を設計する

図5-48(a)は,UC3842の誤差増幅器とNCP3011の誤差増幅器を使って,平坦部利得20dB,平坦開始周波数1kHzの特性を実現した回路です.Lap1は,位相を反転させるために挿入しています.

E1の電圧制御電圧源とG1の電圧制御電流源は,[Place]→[Controlled Sources]から取り出します.

UC3842では平坦部の利得が10倍なので,R7/R6=10から,R6:10kとするとR7:100kになり,

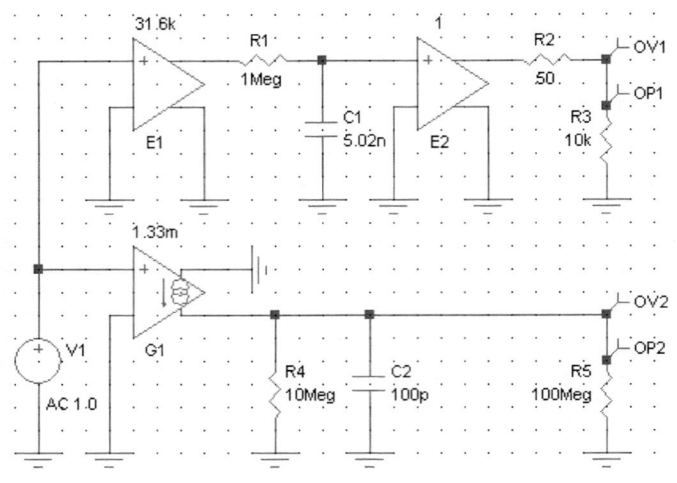

(a) シミュレーション回路 [gm_V_ErrAmp_NoComp]

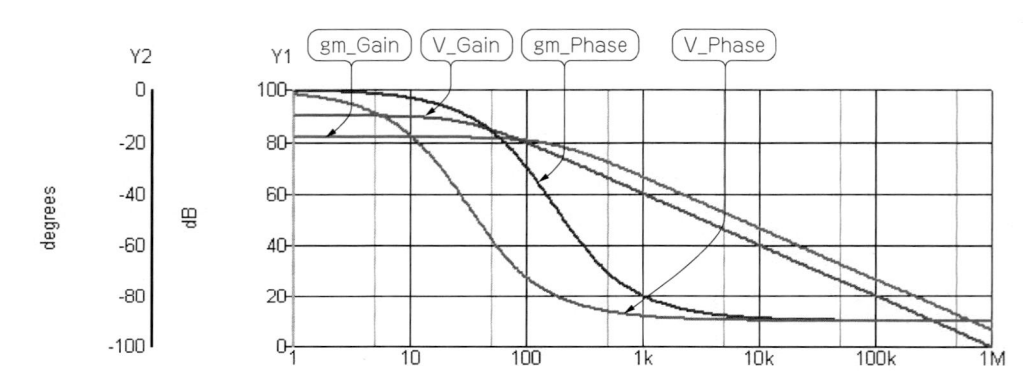

(b) シミュレーション結果

図 5-45 位相補正なしの周波数特性のシミュレーション

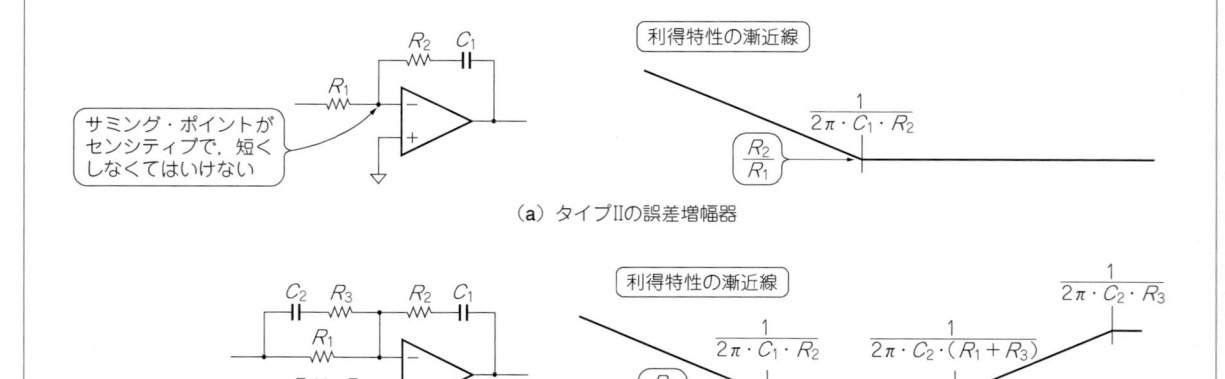

(a) タイプIIの誤差増幅器

(b) タイプIIIの誤差増幅器

図 5-46 電圧出力増幅器を使用した誤差増幅器の利得の漸近線

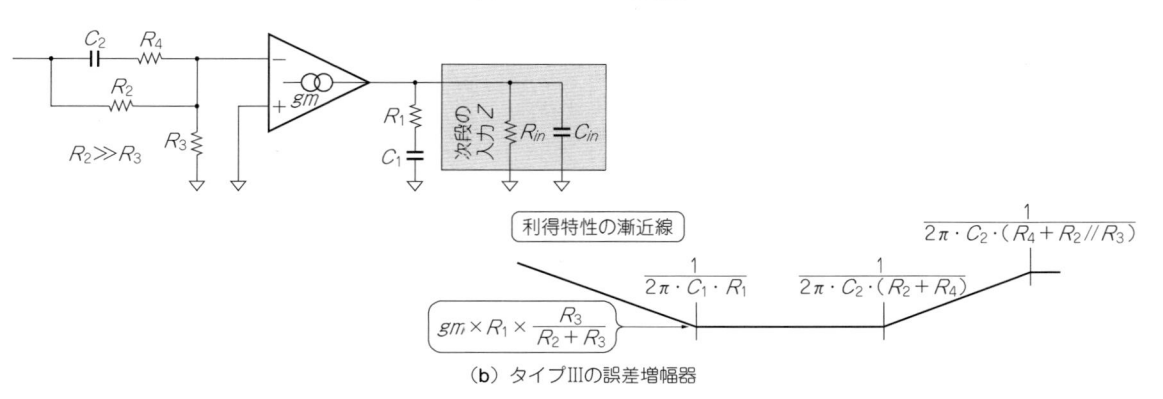

図 5-47　gm アンプを使用した誤差増幅器の利得の漸近線

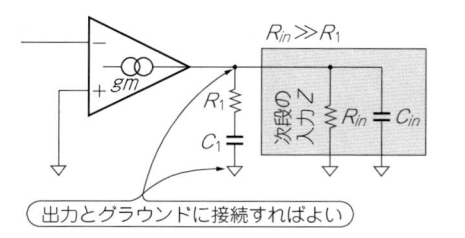

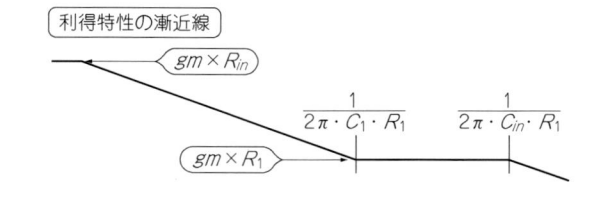

周波数 1kHz から　　$C3 = \dfrac{1}{2\pi \cdot 1\text{kHz} \cdot R7} \fallingdotseq 1.59\text{nF}$

NCP3011 では平坦部の利得が 10 倍なので，R5=10 倍 /1.33mS ≒ 7.52kΩ になり，

周波数 1kHz から　　$C4 = \dfrac{1}{2\pi \cdot 1\text{kHz} \cdot R5} \fallingdotseq 21.2\text{nF}$

図 5-48（b）の結果をみると，二つの回路とも 1kHz から利得が平坦になり始め，10kHz で 20dB の平坦な利得が実現されています．

UC3842 の電圧出力増幅器のほうが 100kHz 以上で利得が減衰するのは，使用している OP アンプの *GBW* のためです．NCP3011 の gm アンプの高域利得が減衰していくのは，負荷になるコンパレータの入力容量 C2 の影響です．

レギュレータ IC のなかには，この C2 の値が記載されていないものもあるようです．また，*gm* も実際には周波数特性をもちます．これらの値が明確でないと，誤差増幅器の高域特性は推測で設計することになり，不安が残ります．実際には，試作品のループ特性を実測し，その結果から再設計して最適値を見つけることになります．

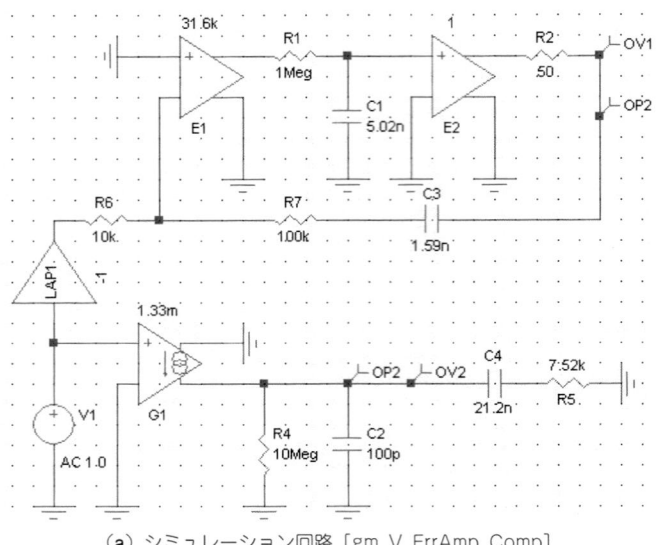

(a) シミュレーション回路 [gm_V_ErrAmp_Comp]

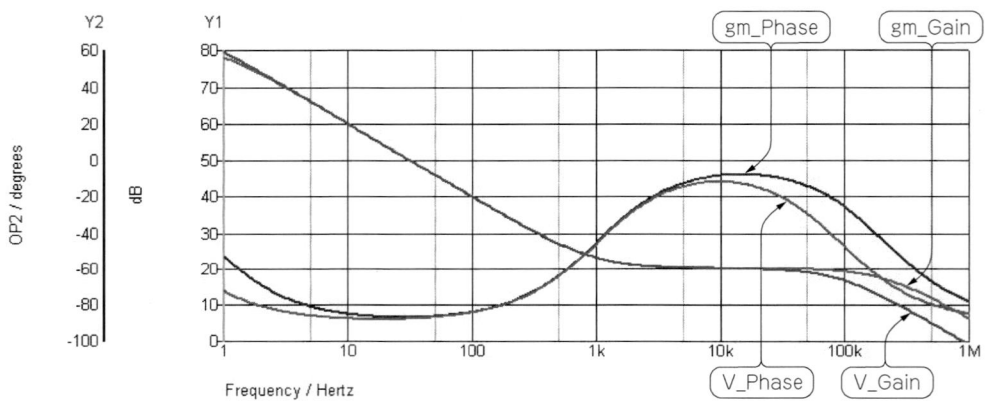

(b) 電圧出力増幅器もgmアンプも同じ特性になっている

図 5-48 位相補正したときの周波数特性のシミュレーション

Column 5-1
負帰還技術に貢献された人々

負帰還は**表5-A**に示すように1927年ハロルド・S・ブラック氏により発明されました.そして,負帰還技術はベル研のヘンドリック・W・ボーデ氏により理論が完成され,世界中に普及していきました.

日本では北野進氏や斉藤彰英氏らの著作により負帰還技術が紹介され,オーディオ同好者にまでその技術内容が知られるようになりました.

北野進氏はこれらの功績により昭和57年科学技術長官賞,昭和58年黄綬褒章,平成7年勲五等瑞宝章を受章されました.そして,平成25年4月11日に88歳にて惜しまれながら永眠なされました.

表5-A 負帰還技術の歴史

年	内容
1927年	ハロルド・S・ブラック氏がウエスタンエレクトリック社への通勤途中のフェリーの船上で負帰還のアイデアを考えつく
1932年	フランスのド・ベルシーゼ氏がPLL回路を発明する
1934年	ハロルド・S・ブラック氏がベル研のBell System Technical Journal誌の1934年1月号に「安定化負帰還増幅器」の論文を発表する
1938年	G・A・フィリブリックが演算増幅器(OPアンプ)を発明する
1938年	ベル研のヘンドリック・W・ボーデ氏が負帰還に関する講習会のテキストを書き始める
1939年	ベル研でボーデ氏による負帰還の時間外講習会が行われる
1945年	ボーデ氏による「Network Analysis and Feedback Amplifier Design」が刊行される
1947年	MITのRadiation Laboratory Series 25巻としてジェイムス,ニコルス,フィリップスの共著「Theory of Servomechanisms」が刊行される
1955年	北野進氏がラジオ技術誌に負帰還理論の連載を始める
1955年	ボーデ氏の著書が喜安善市氏により「回路網と帰還の理論」として翻訳される
1957年	北野進氏による「電蓄の回路設計と製作」がラジオ技術社から発行される
1959年	斉藤彰英氏による「負帰還増幅器」が発行される
1959年	北野進氏により(株)エヌエフ回路設計ブロックが創立される
1971年	金井元氏(エヌエフ回路設計ブロック常務,当時)が電子技術誌に負帰還の解説を主題とした「トランジスタ回路設計演習」の連載を開始する
1974年	上記の連載記事が「トランジスタ回路設計」として日刊工業新聞社から刊行される

第6章　整流・平滑，負帰還，ループ特性，ロード・レギュレーションと出力インピーダンス，過渡応答，雑音，熱
リニア電源の設計

6-1 — 整流・平滑回路

　商用周波数のトランスを使用するリニア電源では**図 6-1**，**写真 6-1** に示すように商用電源をトランスで降圧した後，整流した後，平滑して直流電圧に変換します．

　整流・平滑回路は回路こそ簡単ですが，非線形要素がたくさん含まれ，数式によって直流出力電圧やリプル電圧などの値を算出するのが非常に難しい回路です．以前は**図 6-2** の O. H. Schade 氏の作成したグラフを頼りに，これらの値を算出し，部品の定数を求めていました．しかし，現在では回路シミュレータが手軽に使用できるようになったため，シミュレーションにより各パラメータの最適値が簡単に求められます．

　整流・平滑回路での重要なパラメータは，得られる直流出力電圧とリプル電圧の大きさです．これらの値を左右するのは，主に電源トランスの巻き線比，巻き線抵抗および平滑コンデンサの容量です．

　3-3-2項で説明したように，電源トランスに表示されている出力電圧の値は定格負荷を接続したときの交流電圧の値で，表示された入出力電圧比とトランスの巻き線比は等しくありません．したがって，シミュレーションするためにはトランスの巻き線比と巻き線抵抗の値をあらかじめ計測する必要があります．トランスのデータシートにこれらの値が記載されているとよいのですが，現在のところ記載されたト

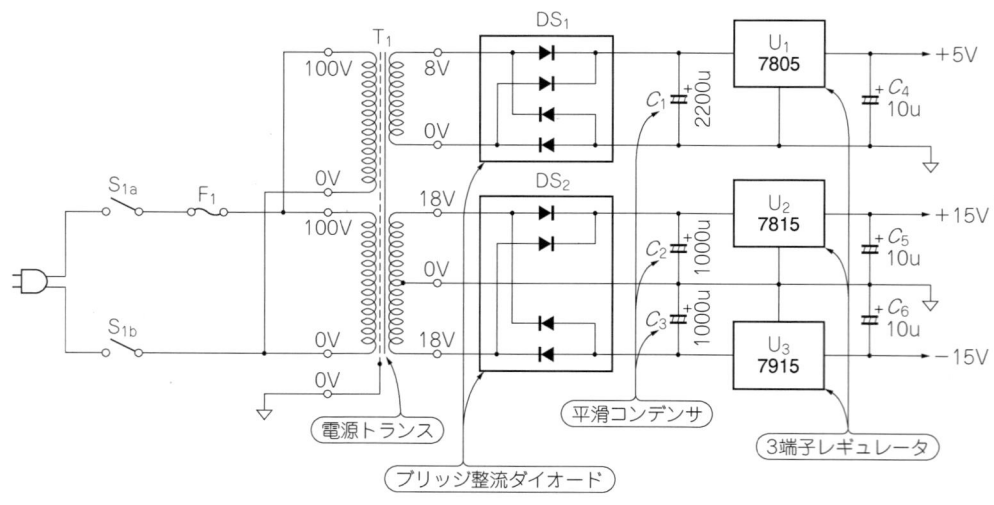

図 6-1　一般的なリニア電源回路

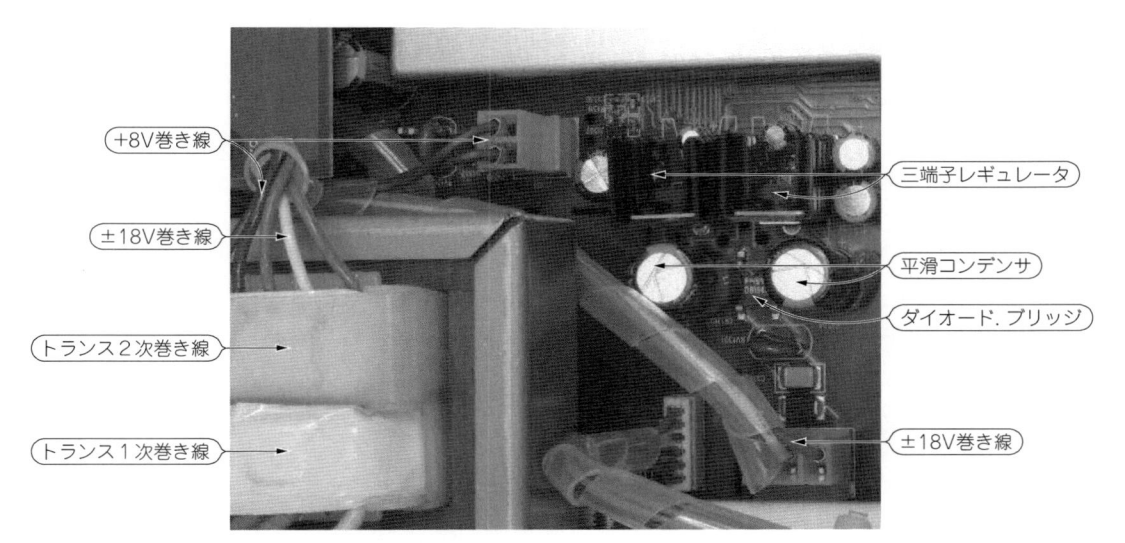

写真6-1 電源トランスと整流・平滑回路付近のようす

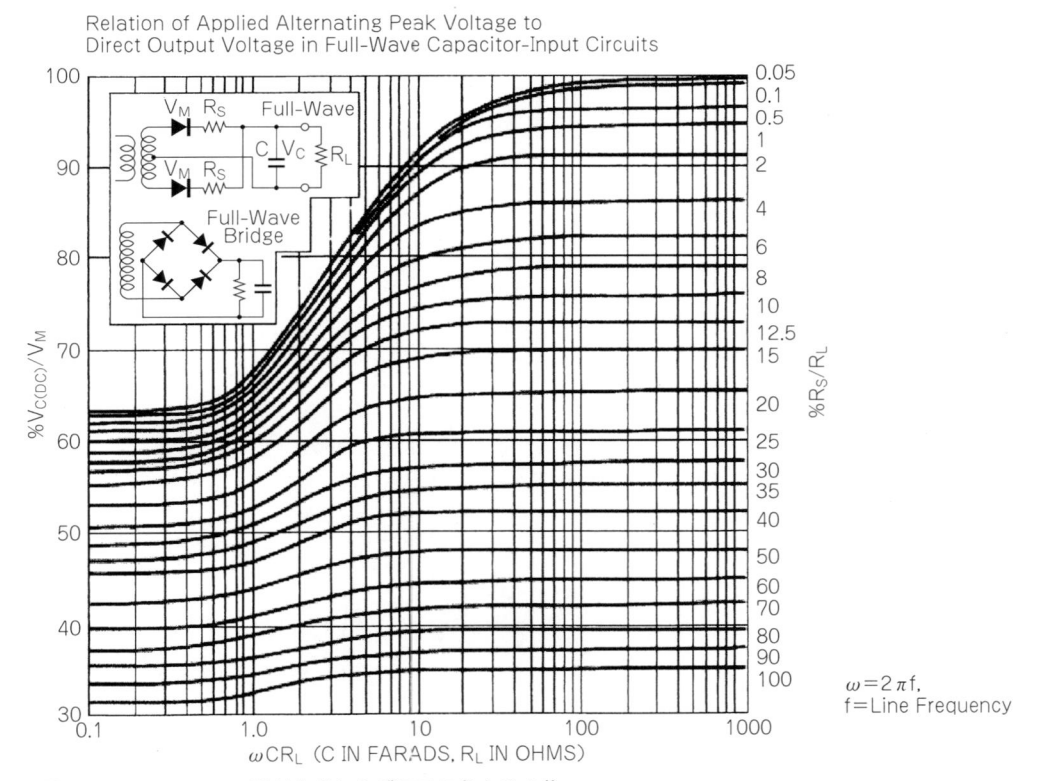

図6-2 O. H. Schade 氏が作成したグラフのうちの1枚

ランスは見当たりません.

　一般的に，1次と2次の巻き数比に比べると定格負荷時の2次電圧は10%程度少な目になります．正確な巻線比は無負荷時の1次と2次の電圧を計測して求めます．

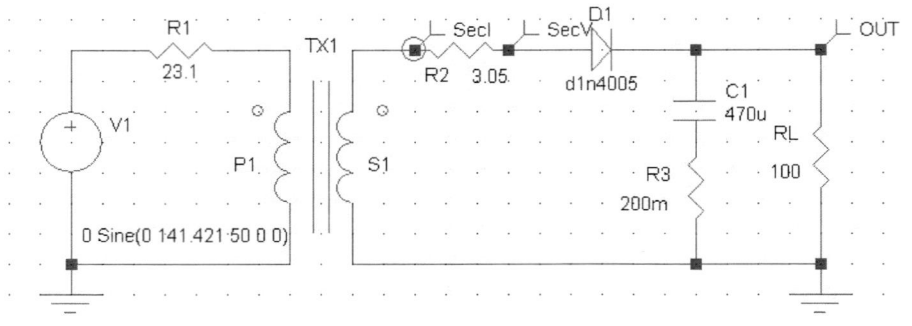

（a）シミュレーション回路［HalfRect_1］

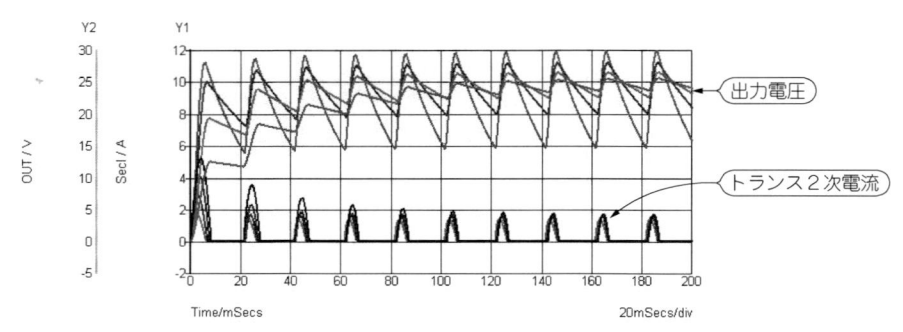

(b) 電源投入時のシミュレーション・グラフ（C1：220u，470u，1000u，2200uF）［HalfRect_1］

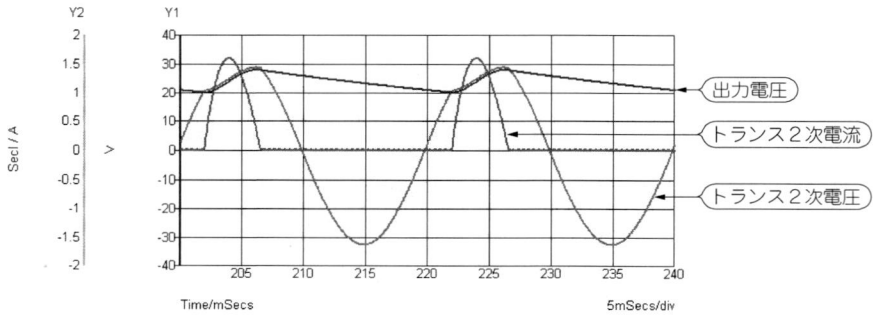

(c) 定常時のシミュレーション・グラフ（C1：470uF）［HalfRect_2］

２次電流が片方向にしか流れないので、１次電流波形は交流波形になるため、毎周期無駄な飽和電流が流れている

(d) 定常時の実測波形（C1：470uF）

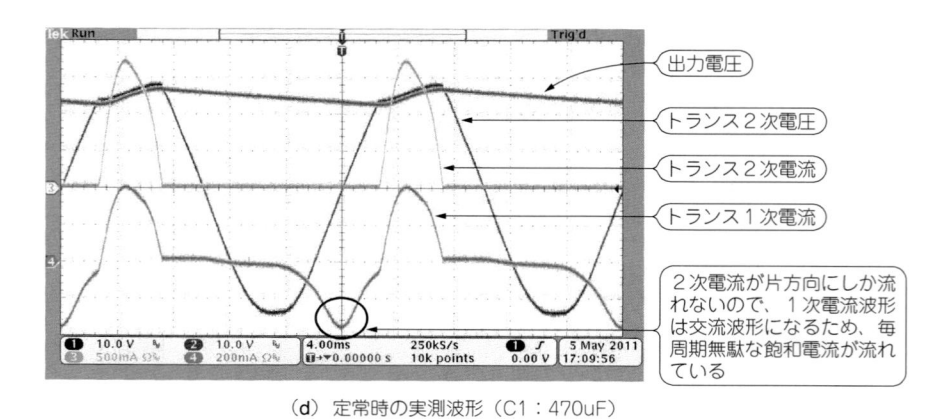

図6-3　半波整流回路のシミュレーション

巻き線抵抗は，商用周波数のトランスの場合は周波数が低いので直流での値で事足ります．またリーケージ・インダクタンス（結合係数）や浮遊容量は，周波数が低いため考慮しなくてもシミュレーション値と実測値がよく一致します．したがって，50/60Hzの電源トランスのシミュレーションでは，結合係数を1に設定しておけば事足ります．

　平滑回路に使用する電解コンデンサには，流すことのできるリプル電流の許容値があります．許容値を超えて使用すると電解コンデンサの寿命が短くなり，最悪破壊してしまいます．試作後の変更は大変なので，シミュレーションであらかじめ確認しておくことが大切です．

6-1-1　半波整流回路

　半波整流回路は，部品点数が少ないことだけが長所です．図6-3に，3-3-2項で説明したトヨデンのHTR2005を使用した半波整流回路のシミュレーションを示します．図6-3（b）は平滑コンデンサの値を変えてマルチステップ解析します．コンデンサの容量が大きくなると，リプル電圧の値が小さくなっていきます．図6-3（c）は安定した後のコンデンサが470uFのときの波形で，図6-3（d）が同じ条件での実測値です．実測値ではAC100Vのピークが少しクリップしているために，トランス2次に流れる電流波形が若干違っています．しかし，直流電圧やリプル波形の大きさはほぼ同じ値になっています．

　図6-3（d）に示すように，トランスの2次側コイルの電流は片方向しか流れません．しかし，トランスの1次側コイルの電流は交流になる必要があり，波形の正負の面積が等しくなくてはなりません．このため毎周期トランスが飽和し，図6-3（d）に示すように無駄な飽和電流が流れます．したがって，効率が悪く，数W以下の小電力のときにしか使用されません．

　飽和電流が流れ，電源系統に悪影響を与えることから，IEC 61000-3-2では半波整流方式が禁止されています．しかし，相当するJISの規則ではこの項目が削除されているようです．

　ダイオードの逆耐圧は，無負荷時の2次ピーク電圧の2倍が必要です．

6-1-2　両波整流回路

　図6-4（a）に示すように，両波整流回路ではトランスが2巻き線必要になります．したがって，片極性の電源の場合，ブリッジ回路にくらべてトランスが高価になります．しかし，ブリッジ回路では電流のループにダイオードが2個挿入され，ダイオード順方向電圧の2倍の電圧が損失になります．両波整流回路はダイオード1個分ですむので，数V以下の大電流整流回路ではブリッジ整流回路に比べ高効率になります．

　ダイオードの逆耐圧は，無負荷時の2次ピーク電圧の2倍が必要です．

6-1-3　ブリッジ整流回路

　ブリッジ整流回路はトランスが1巻線ですむので，両波整流回路にくらべてトランスの効率が良く安価になります．

　ただし，図6-5（a）で電流が流れる経路をみるとR2が＋に触れた場合，電流はD1を通り負荷抵抗に流れた後D4を通ります．このように，ダイオード2本を経由して電流が流れるため，ダイオードの順方向電圧の2倍の電圧が損失になります．図6-4（c）と図6-5（c）を比べると，トランス2次電圧と出力電圧との差が図6-5（c）のほうが大きくなっています．このため，数V以下の大電流整流回路では，両波整流のほうが効率が良くなります．

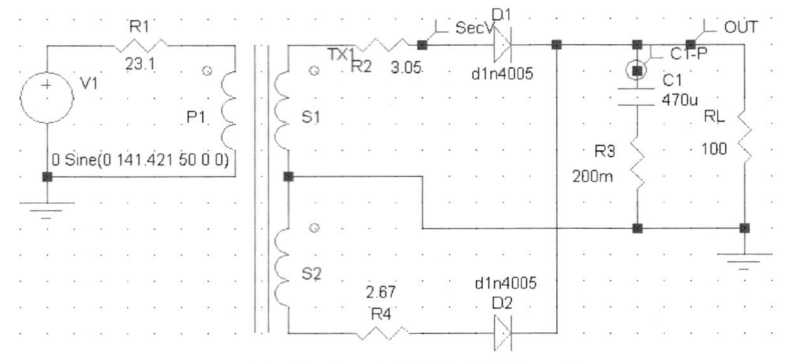

(a) シミュレーション回路 [FullRect_1]

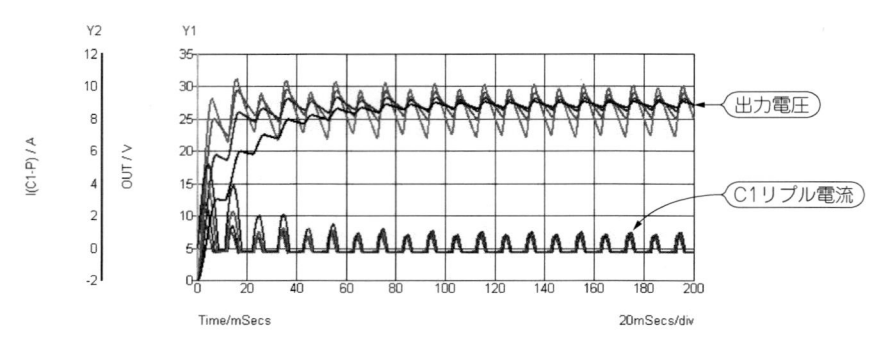

(b) 電源投入時のシミュレーション・グラフ（C1：220u，470u，1000u，2200uF）[FullRect_1]

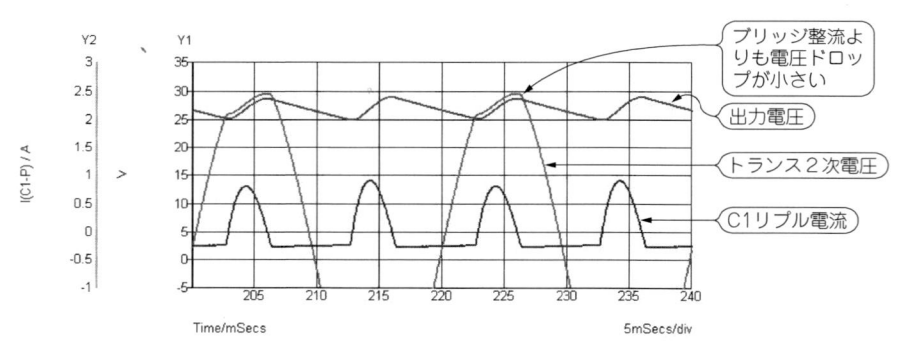

(c) 定常時のシミュレーション・グラフ（C1：470uF）[FullRect_2]

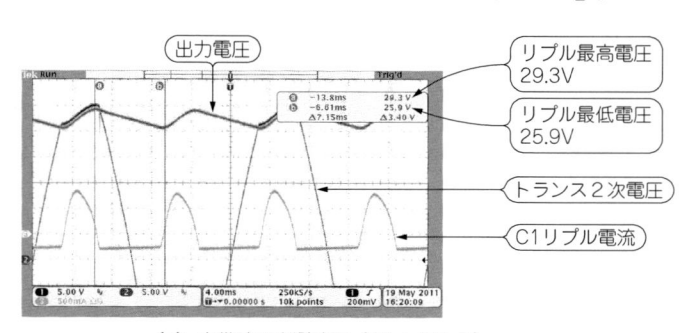

(d) 定常時の実測波形（C1：470uF）

図6-4 両波整流回路のシミュレーション

(a) シミュレーション回路 [BridgeRect_1]

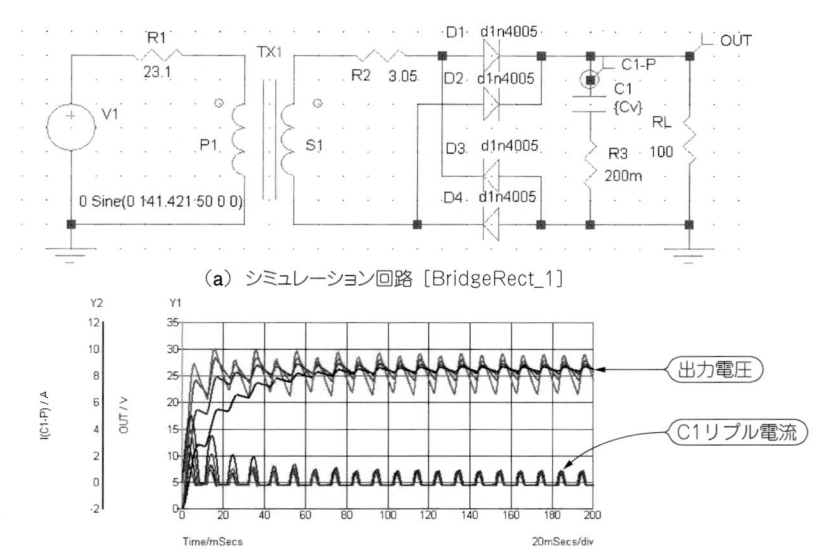

(b) 電源投入時のシミュレーション・グラフ（C1：220u，470u，1000u，2200uF）[BridgeRect_1]

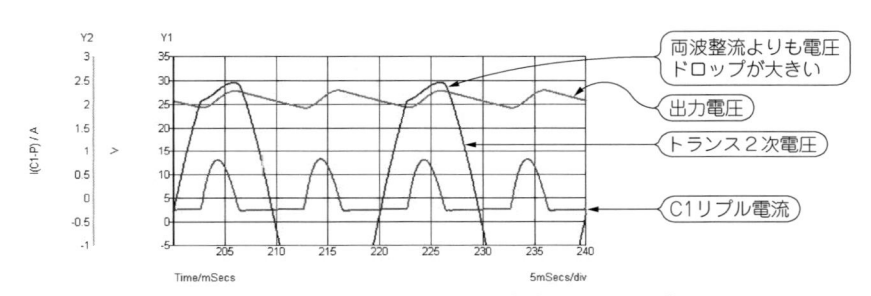

(c) 定常時のシミュレーション・グラフ（C1：470uF）[BridgeRect_2]

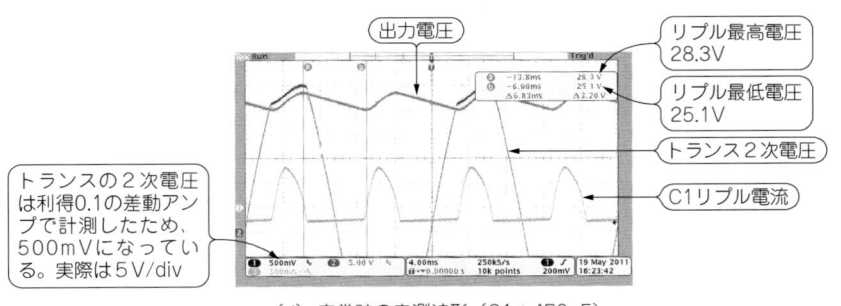

(d) 定常時の実測波形（C1：470uF）

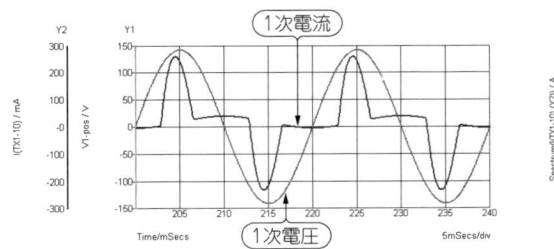

トランスの2次電圧は利得0.1の差動アンプで計測したため、500mVになっている。実際は5V/div

リプル最高電圧 28.3V
リプル最低電圧 25.1V

(e) トランスの1次電圧と1次電流のシミュレーション結果

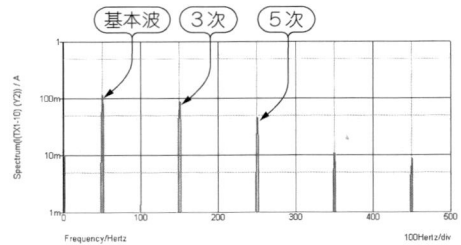

(f) トランス1次電流のFFT解析結果 [BridgeRect_3]

図6-5　ブリッジ整流回路のシミュレーション

6-1 —— 整流・平滑回路　129

ダイオードの逆耐圧は，無負荷時の2次ピーク電圧ですみます．

6-1-4　高調波電流

図6-5(e)は，図6-5(a)の1次側の電圧と電流です（実際のトランスでは非線形要素があるためもう少し複雑な波形になる）．整流ダイオードに電流が流れるのは，出力直流電圧よりもトランスの巻き線電圧がダイオードの順方向電圧だけ高くなったときだけです．このため，1次電流が連続して流れず，1次電圧のピーク付近しか流れません．電流が流れている区間の広さを流通角と呼んでいます．このため電流波形には高調波が多く含まれ，高調波電流と呼び，電力効率が悪く，送配電系統に悪影響を与えます．

図6-5(f)は200ms～1secの間を過渡解析し，1次電流の高調波スペクトルを表示したものです．50Hzの基本波に対し3，5，7，9次の奇数次高調波が多く含まれているのがわかります．

FFTの表示は過渡解析のグラフが表示された後，FFTしたいグラフの名前にチェック・マークを付け，［Plot］→［Plot Fourier of Selected Curve］を選択します．

この高調波の含有率はIEC 61000-3-2やJIS C61000-3-2で規制されており，製品の種類によっては一定値以下にしなくてはなりません．この高調波を低減するには，整流ダイオードとコンデンサの間にチョーク・コイルを挿入し，チョーク・インプット方式の整流回路にします．ただしチョーク・コイルが大きく，高価になるため，あまり用いられていません．

一般的には，高調波電流を低減するためにアクティブ・フィルタと呼ばれる力率改善回路（PFC：Power Facter Correction）が用いられています．PFCにはスイッチングのBoostコンバータを使った方式が一般的です．

6-2──シリーズ・レギュレータの基本設計と評価

6-2-1　実験用4出力低雑音電源

図6-6に示すのは，電子回路の実験などに用いる±15Vと±5Vの4出力をもった低雑音の直流電源です．三端子レギュレータを使用すれば簡単に製作できますが，三端子レギュレータよりも低雑音を目標に製作しました．

出力電圧は，検出抵抗（R_8，R_9，RV_1など）を変更することで40V程度まで対応できます．出力電圧の最高値は，使用するOPアンプの最高電源電圧の値で制限されます．

三端子レギュレータは，内蔵の基準電圧で発生した雑音を低減するためのCRが内蔵されていないため若干雑音が多くなっています（$100\mathrm{nV}/\sqrt{\mathrm{Hz}}$程度）．本器では$R_7$，$C_{13}$，$R_{33}$，$C_{16}$によりツェナー・ダイオードで発生した雑音を除去しています．

OPアンプの電源を出力電圧から供給しています．これは，OPアンプの電源変動による雑音の増加を防ぐとともに，より低い電源で動作させれば定数変更でより高い出力電圧に対応できるためです．

けれども，そのままでは出力電圧が不足します．このためQ_1，D_1を挿入して出力電圧をレベル・シフトしています．

Q_4の回路は，出力短絡時に過大電流が流れないようにするための保護回路です．R_4の両端電圧が約0.6Vに達するとQ_4が動作を開始します．したがって，出力電流が0.4Aを超えると，出力電流制限動作が開始します．

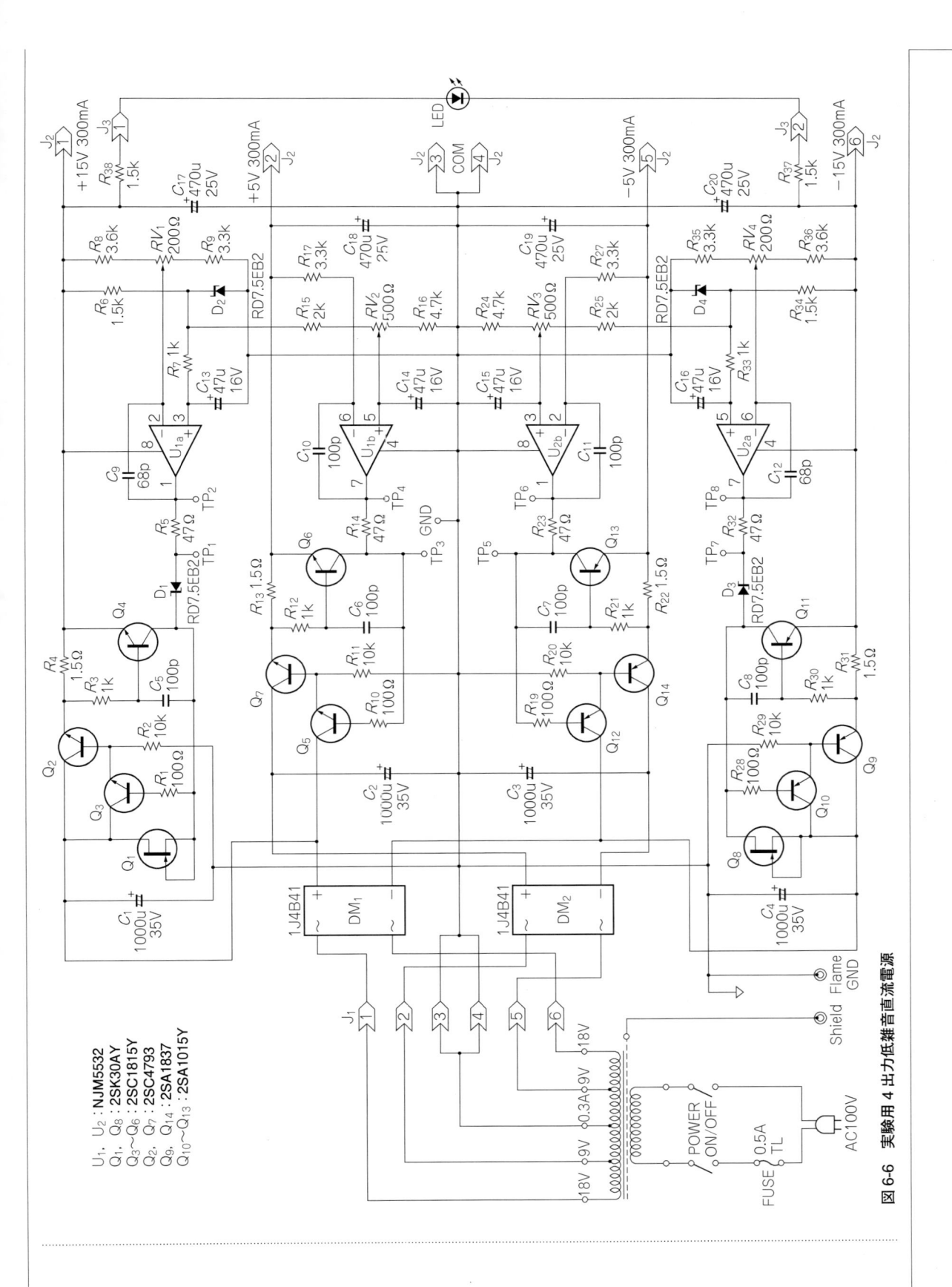

図 6-6　実験用 4 出力低雑音直流電源

6-2──シリーズ・レギュレータの基本設計と評価

R_2 は，出力電流が 0A のときの Q_3 のバイアス電流を決定しています．動作時 Q_3 のエミッタ電位は約 16V なので，Q_3 には約 1.6mA のバイアス電流が流れることになります．

6-2-2 負帰還設計

図 6-6 は，四つの回路から構成されています．負帰還設計の考え方はどれも同じなので，出力 +15V の回路について説明します．

U_{1a} の誤差増幅器の定数 C_9 を決定するためには，U_{1a} の回路を除いた制御部分の利得・位相-周波数特性を知らなければなりません．制御部分の周波数特性に一番影響を与えるのが，C_{17} の出力コンデンサです．ここでは，3-1-3 項の図 6-9 で示したコンデンサの中からルビコン製 YK25V470uF を使用しました．したがって，100kHz 付近の平坦な特性から直列等価抵抗 ESR が約 100mΩ になります．直列等価インダクタンスは 10MHz 0.4Ω から約 6.4nH となります．ただし，プリント・パターンによる浮遊インダクタンスも同程度以上発生する可能性があり，ここでは 15nH としてシミュレーションします．

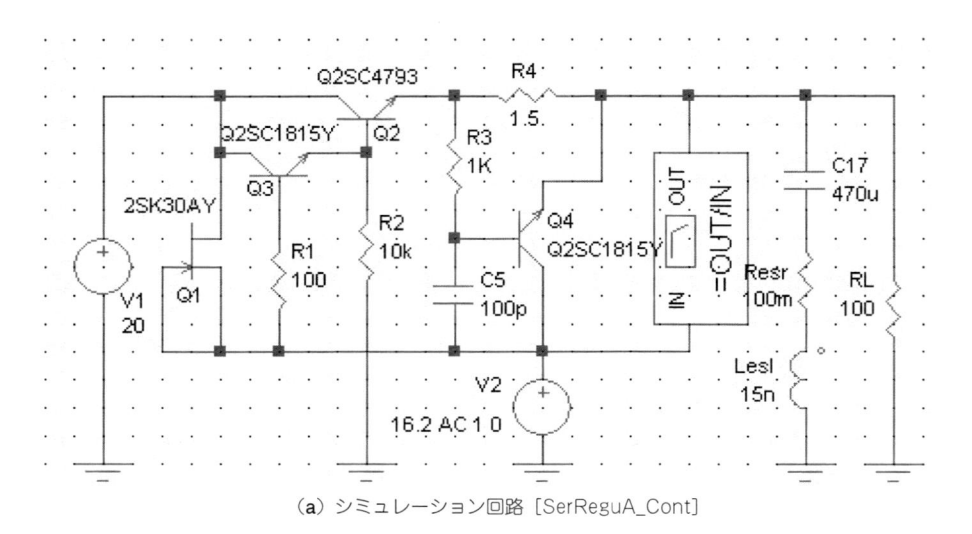

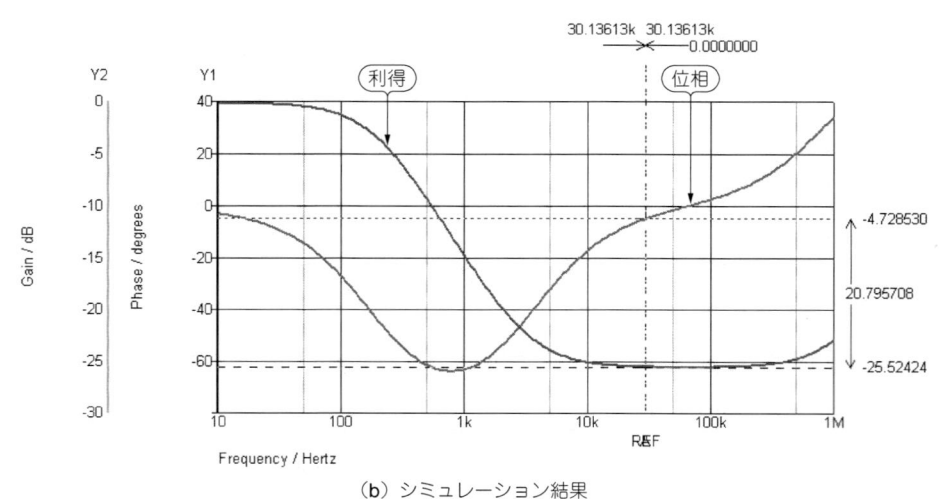

(a) シミュレーション回路 [SerReguA_Cont]

(b) シミュレーション結果

図 6-7 制御部の周波数特性のシミュレーション

図6-7が，誤差増幅器を除いた制御部分の周波数特性のシミュレーションです．そして，図6-7(b)がその結果で，100Hz付近から利得が減少し始め，5kHz付近から平坦になっていくステップ特性になっています．

図6-7(b)の特性を決定している主要な素子で等価回路に表したのが図6-8です．R_{efw}は，Q_2，Q_3で構成されるダーリントン接続のエミッタ・フォロア回路の出力抵抗です．図6-7では$R_{efw} \ll R_4$なのでR_{efw}を省略しても結果には大きく影響しないのですが，少し詳しく見てみます．

エミッタ・フォロアの出力抵抗は，次の式から求まります．

$$R_{efw} \fallingdotseq \frac{1}{gm} + \frac{R_s}{h_{FE}} \quad \cdots\cdots\cdots\cdots\cdots\cdots\cdots\cdots\cdots\cdots\cdots\cdots\cdots\cdots\cdots\cdots\cdots\cdots\cdots (6\text{-}2\text{-}1)$$

R_s：ベースに接続された信号源の抵抗
h_{FE}：電流増幅率　$\Delta I_C / \Delta I_B$

gmはトランジスタの相互コンダクタンスで，コレクタ電流に比例し，次の式で求まります．

$$gm\,[\text{S}] = \frac{I_c}{V_T} \fallingdotseq \frac{I_c}{25.84[\text{mV}]} \fallingdotseq 38.7 \times I_c \quad \cdots\cdots\cdots\cdots\cdots\cdots\cdots\cdots\cdots\cdots\cdots\cdots\cdots (6\text{-}2\text{-}2)$$

V_T：熱電圧

まずは，Q_3の出力抵抗を求めるとQ_3のh_{FE}：150とし，図6-9の電流値から，

$$R_{oq3} = \frac{1}{38.7 \times 3.1[\text{mA}]} + \frac{R_1}{150} \fallingdotseq 9\,[\Omega]$$

Q_2の出力抵抗はQ_2のh_{FE}：100とし，図6-9の電流値から，

$$R_{oq2} = \frac{1}{38.7 \times 150[\text{mA}]} + \frac{9}{100} \fallingdotseq 0.26\,[\Omega] = R_{efw}$$

図6-10に，ここで使用する負帰還設計のための利得の漸近線を示します．図6-10にしたがって制御部利得の定数を求めると，次のようになります．

$f_A \fallingdotseq 182\text{Hz} \quad f_B \fallingdotseq 3.39\text{kHz} \quad Gain_A \fallingdotseq 0.98 \quad Gain_B \fallingdotseq 0.0538 \fallingdotseq -25.4\text{dB}$

この特性は，高域で利得が低下した後再び平坦になる，ステップ特性になっています．ステップ特性は，高域で平坦になった部分で位相が0°に戻るという負帰還にとっては都合の良い特性，誤差増幅器タイプIが使えます．ループ利得をできるだけ多くしたい負帰還なので，ループ利得を1にする周波数（f_{AoB}）は，できるだけ高域の位相遅れが少ない部分にします．

図6-10の場合，f_Bに近い部分［図6-7(b)での3.39kHz付近］は位相が戻り切れていないので，f_Bより

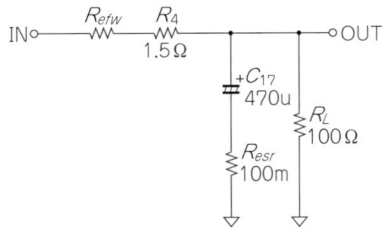

図6-8　制御部周波数特性の等価回路

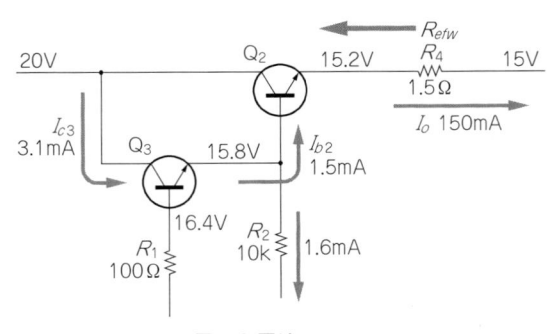

図6-9　Q_2，Q_3の電位と電流

も3倍程度以上高い周波数にします．f_{AoB}が高いほど帰還量が多くなり，出力インピーダンスなどがより低く改善されます．ただし，出力部分はインピーダンスが低いので，わずかなプリント基板などで発生する浮遊インダクタンスが大きく影響します．ところがシミュレーションではプリント基板などの浮遊インダクタンスをモデリングすることが難しいため，高域での正確なシミュレーションは期待できません．

通常のシリーズ・レギュレータでは，f_{AoB}を100kHz以上にすることは危険です．ここでは，f_{AoB}を30kHzにすることにします．

図6-10において，ループ利得をf_{AoB}の周波数で利得1にするには制御部利得がf_B以上では平坦なため，$Gain_B \times Gain_D = 1$の関係になるように誤差増幅器の周波数特性を設計します．したがって，

$Gain_D = 1 \div Gain_B \fallingdotseq 18.6$倍 $\fallingdotseq +25.4$dB

$$f_A = \frac{1}{2\pi \cdot C_{17} \cdot (R_{efw} + R_4 + R_{esr})}$$

$$f_B = \frac{1}{2\pi \cdot C_{17} \cdot R_{esr}}$$

$$Gain_A = \frac{1}{R_{efw} + R_4 + R_L}$$

$$Gain_B = \frac{R_{esr}}{R_{efw} + R_4 + R_{esr}}$$

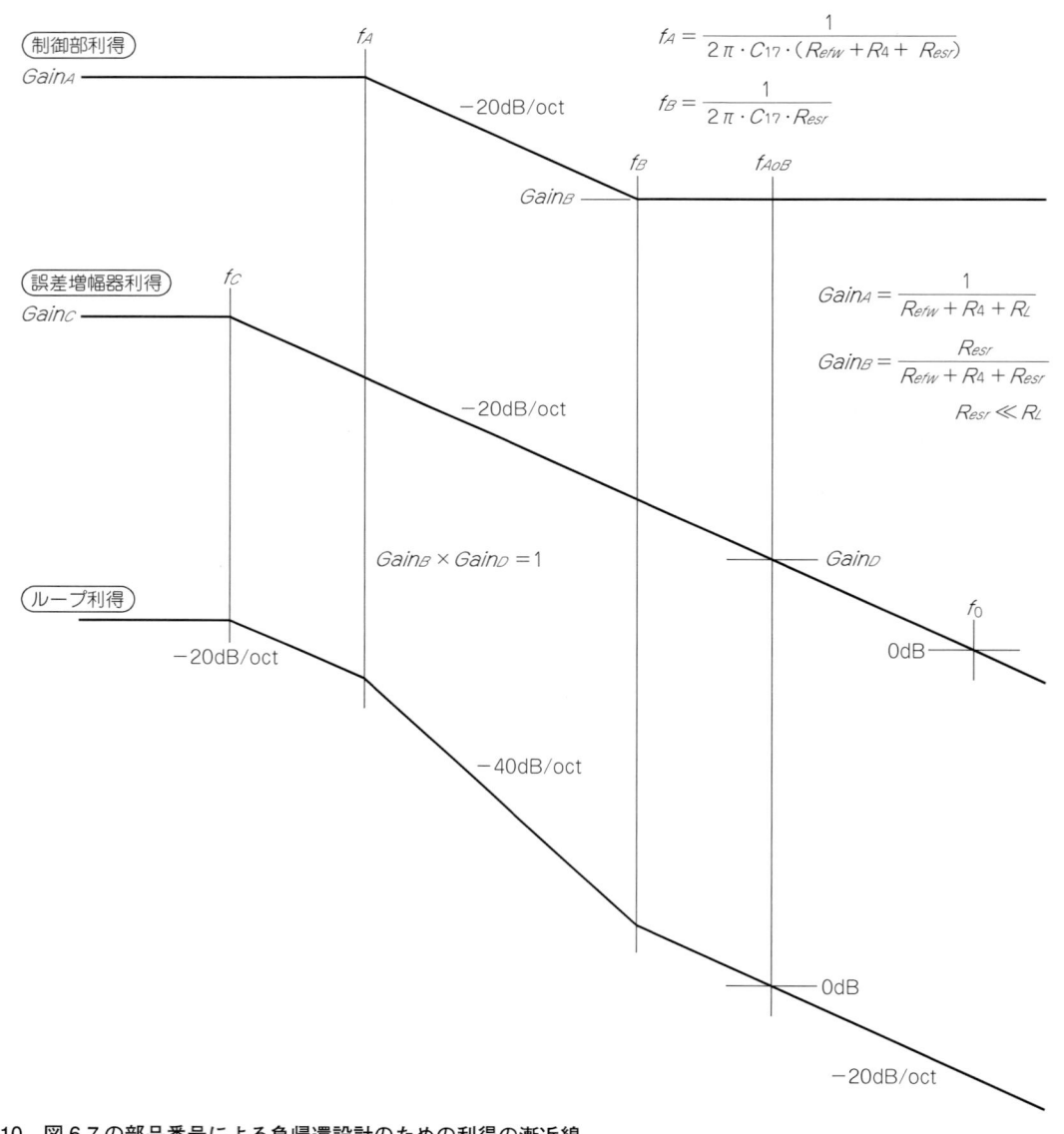

$R_{esr} \ll R_L$

図6-10 図6-7の部品番号による負帰還設計のための利得の漸近線

誤差増幅器の利得の減衰傾度は -20dB/dec なので，

$$f_o = f_{AoB} \times Gain_D \fallingdotseq 30\text{kHz} \times 18.6 = 558\text{kHz}$$

図 6-6 の U_{1a} の誤差増幅器を，f_o：558kHz で利得 0dB にすればよいことになります．

U_1 には NJM5532（GBW：10MHz）を使用するので，図 6-11（a）のシミュレーション回路では X1 に Parameterised Opamp を使用し GBW に 10MHz を設定しました．

R8 と R9 で OP アンプの利得が減衰するので，等価的な GBW_e は次式により低減します．

$$GBW_e = \frac{\text{R9}}{\text{R8}+\text{R9}} + GBW = \frac{3.4[\text{k}\Omega]}{3.4[\text{k}\Omega]+3.4[\text{k}\Omega]} \times 10\,[\text{MHz}] \fallingdotseq 4.8\,[\text{MHz}]$$

したがって，GBW による影響による補正容量 C_c は，

$$C_c = \frac{1}{2\pi \cdot GBW_e \cdot \text{R8}} \fallingdotseq 9\,[\text{pF}]$$

したがって，

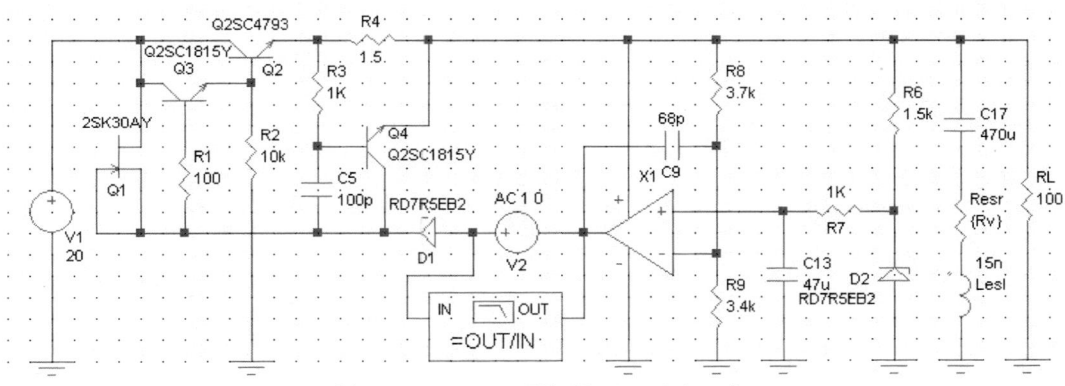

$$\text{C9} = \frac{1}{2\pi \cdot f_o \cdot \text{R8}} - C_c \fallingdotseq 77\,[\text{pF}] - 9\,[\text{pF}] = 68\,[\text{pF}]$$

（a）シミュレーション回路［SerReguA_Loop］

（b）シミュレーション結果

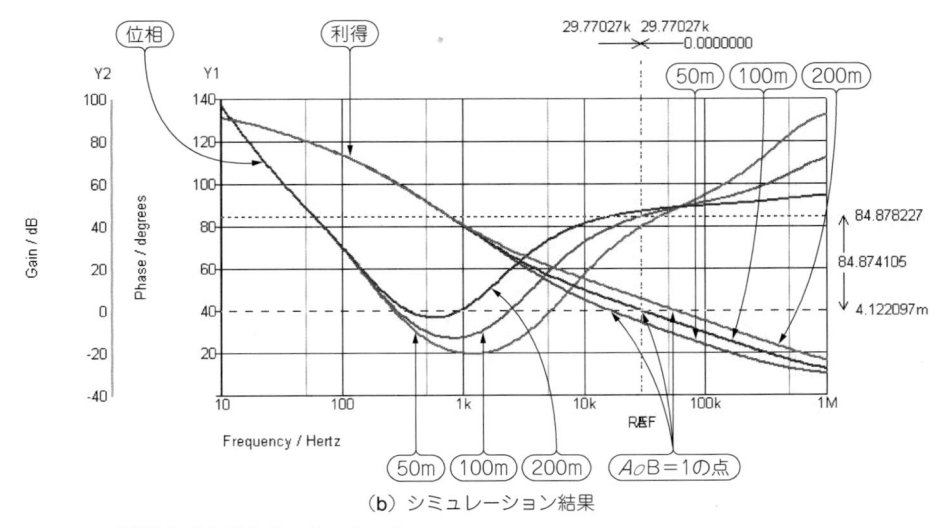

図 6-11 ループ特性を求めるシミュレーション

6-2 —— シリーズ・レギュレータの基本設計と評価

図6-11が，設計した定数でのループ特性のシミュレーションです．ループ特性を計測するための信号V2を，OPアンプ出力とD1のアノードの間に挿入しています．V2の信号がD1，Q3，Q2，R8を通りOPアンプの出力に達するまでの利得と位相が求められます．

V2を挿入する個所は，信号が出て行くところはインピーダンスが高く，戻ってくるところはインピーダンスが低い必要があります．図6-6のR_5，R_{14}，R_{23}，R_{32}は，ループ特性を実測するときに信号を接続するために挿入しているので，動作には不要です．

電解コンデンサのESRはバラツキもありますが，周囲温度で大きく変化します．このため，半分と倍の値を含め，50m，100m，200mΩに変化させてステップ解析しています．

図6-11(b)がシミュレーション結果です．ループ利得が1になる周波数は，ESRが100mΩのときは約29.8kHzで設計値に近い値が得られています．そして，位相余裕が約85°で十分安定な値です．ESRが小さい50mΩのときに位相余裕が一番少なくなりますが，それでも位相余裕が約69°で安定な値になっています．

6-2-3 ループ特性の評価

図6-12はレギュレータのブロック図です．基準電圧と出力電圧検出部を比較し，常に同じ値になるように負帰還を施しています．このため，出力電圧検出部→誤差増幅部→制御部の一巡のループ利得が1になる周波数での位相遅れが180°になってしまうと，発振してしまいます．このループ特性を計測するには，図6-13(a)に示したように出力と出力電圧検出部の結線を切断し，出力電圧検出部に計測信号を注入して，出力までの利得と位相を計測すればよいことになります．

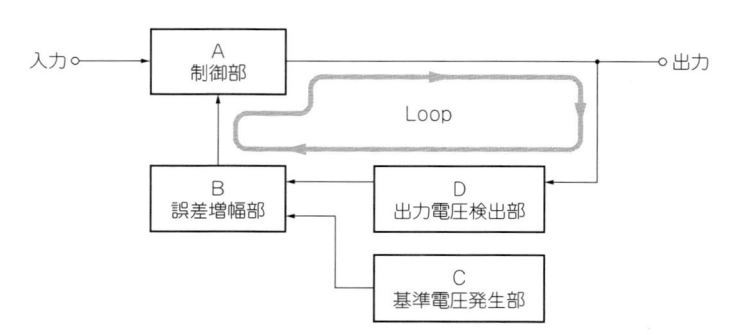

図6-12　レギュレータのブロック図

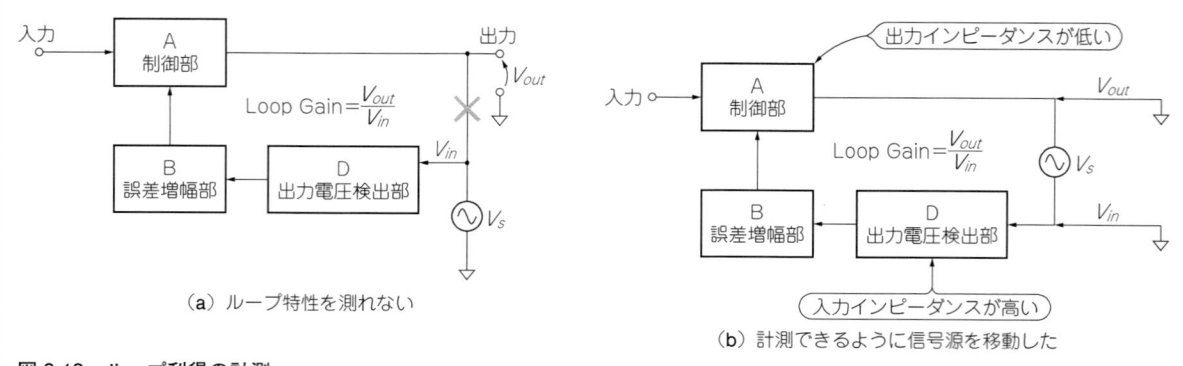

図6-13　ループ利得の計測

しかし，一般的に誤差増幅器の直流利得は非常に大きく，誤差増幅器の直流オフセット電圧のために出力が飽和してしまい，現実のレギュレータでは，図6-13(a)の方法ではループ特性を計測することができません．

　そこで，図6-13(b)に示すようにループの一部に計測のための信号源を直列に挿入します．信号源が電圧源である場合は信号源インピーダンスは低く，レギュレータはループが切断されず，負帰還が施されている状態になります．このとき，注入した信号のグラウンドからの両端の電位差を計測し，その比によってループ利得が計測できます．また，グラウンドから両端の信号の位相差を計測することにより，ループ位相も計測できることになります．このループは負帰還なので，ループにまったく位相遅れがないと180°の位相差，120°の位相遅れがあると60°，発振してしまう180°遅れの場合は0°として計測されます．したがって，位相余裕として読めばよいことになります．

　そして，信号を注入する個所はループ内のどこでもよいことになりますが，出力インピーダンスが低く，入力インピーダンスが高い場所であることが条件になります．

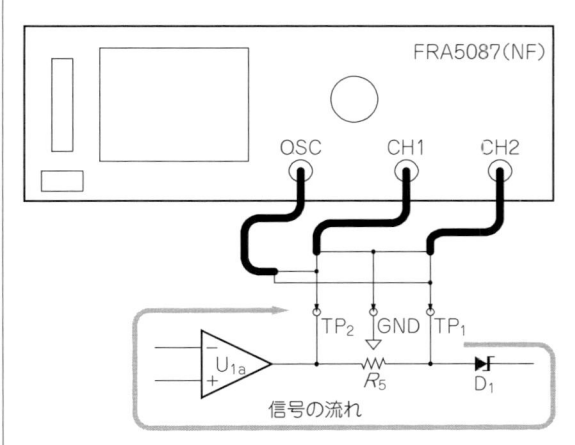

図6-14　FRAの接続方法

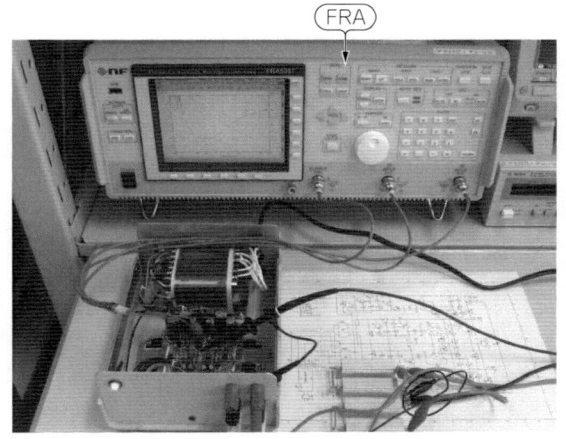

写真6-2　FRAを用いてループ特性を計測しているようす

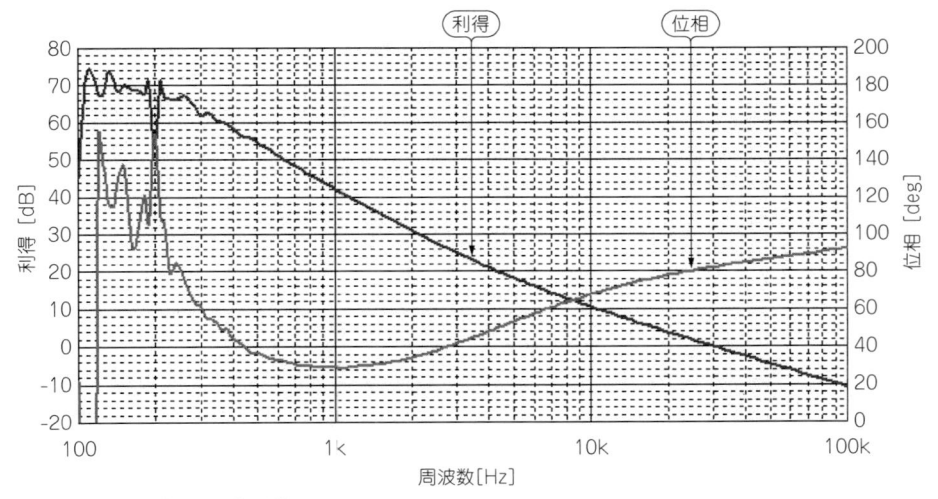

図6-15　ループ特性の実測値

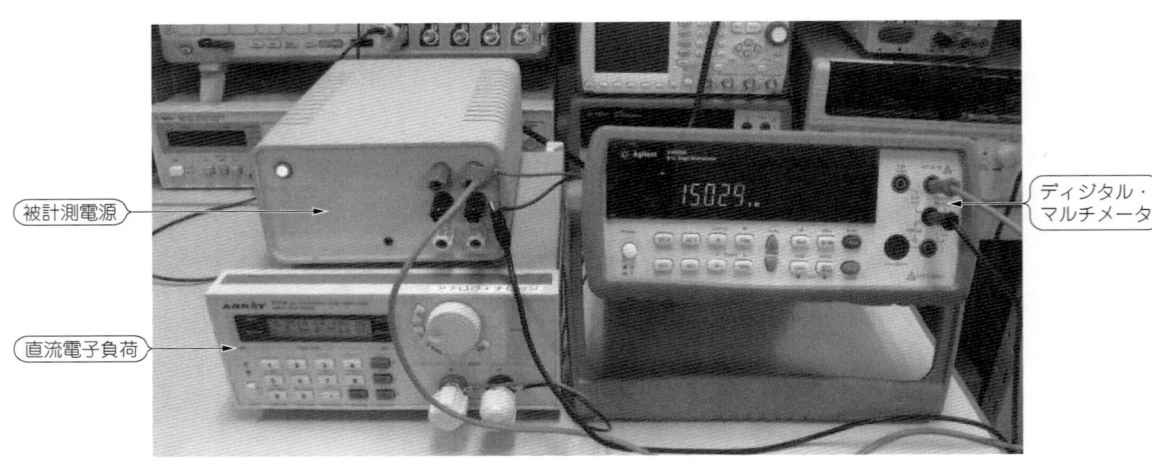

写真6-3 ロード・レギュレーションを計測しているようす

図6-14と写真6-2が，FRAを用いたループ特性の計測のようすです．そして，図6-15が計測結果です．ループ利得が1になる周波数がほぼ30kHzで位相余裕が約82°となり，シミュレーションとほぼ同等の結果が得られています．

6-2-4 ロード・レギュレーションと出力インピーダンスの評価

◆ ロード・レギュレーションを測る

負荷電流が変化したときの出力電圧の変動がロード・レギュレーションです．ロード・レギュレーションの計測は，抵抗負荷や直流電子負荷を使って出力電流を可変し，そのときの直流電圧を計測します．したがって，ロード・レギュレーションは直流での出力インピーダンスの評価といえます．

写真6-3が計測のようすで，図6-16が計測結果です．図6-16(a)では出力電流が410mA以上になると出力保護回路が動作し，出力電圧が低下していくのがわかります．

図6-16(b)は，基板内部の出力電圧検出抵抗R_8とR_9の両端電圧と出力端子電圧の2か所を計測した結果です．無負荷電圧に対し，400mAの出力電流では出力端子で12mVの低下，基板内部で2mVの低下になっています．したがって，出力端子では30mΩ，基板内部では5mΩの出力インピーダンスになります．

出力端子で出力インピーダンスが増加しているのは，基板に取り付けた2.5mmピッチのコネクタの接触抵抗と出力端子までの配線抵抗によるものです．写真6-4に，コネクタ付近のようすを示します．

また本器では，負荷電流の変化による出力電圧変動よりも周囲温度変化による出力電圧変動のほうが大きくなっています．温度変化による変動は，ツェナー・ダイオードの代わりに三端子レギュレータや基準電圧ICを使用すると改善されます．

◆ 出力インピーダンスを測る

負荷電流が一定値ではなく高速で変動する場合は，交流の出力インピーダンスが重要になります．

交流の出力インピーダンスをシミュレーションで求める場合は，図6-17(a)に示すように，出力に定電流源を接続し，周波数を可変するAC解析を行います．出力に1Aを注入していますが，これはAC解析なので基準値を意味するだけで，1Aの絶対値を注入したわけではありません．この結果，1Vが現れると出力インピーダンス1Ωを意味します．

(a) 出力電圧－出力電流特性

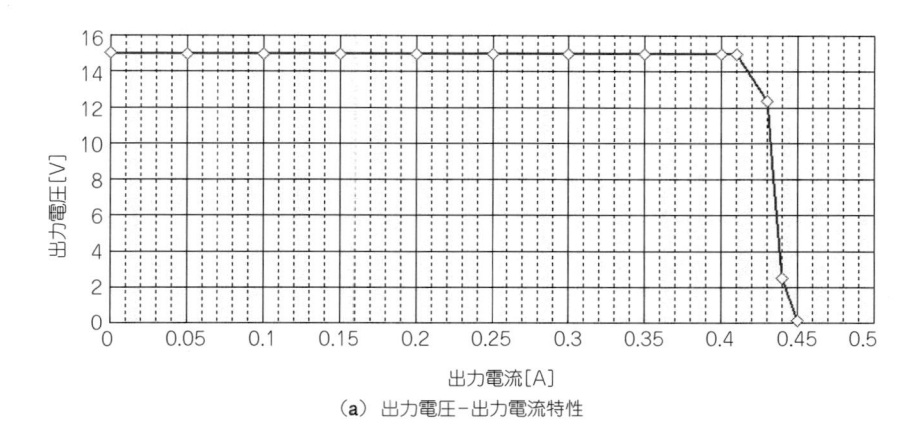

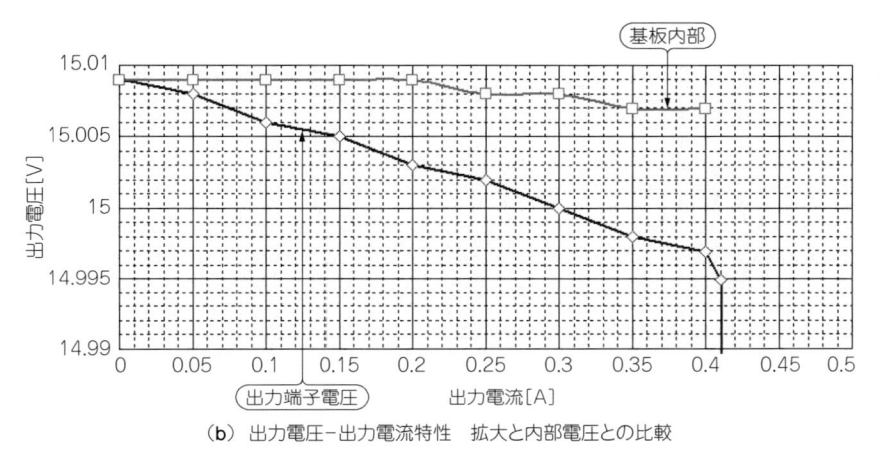

(b) 出力電圧－出力電流特性 拡大と内部電圧との比較

図 6-16 ロード・レギュレーションの測定結果

　負帰還がない場合の出力部分のインピーダンスは，Q_3 の出力インピーダンス R_{efw}：0.26 Ω と C4 のインピーダンスの合成値が支配的になります．この値が負帰還量にしたがって低下していきます．この結果 **図 6-17 (b)** に示すように，100kHz では C4 の直列等価抵抗 100mΩ の値になり，30kHz 以下では負帰還の効果でインピーダンスが低下していきます．10Hz では 100μΩ 以下になっていますが，実際には配線インピーダンスのため，これほど低くなることはありません．

　図 6-18 は実測をするための接続図です．シミュレーションと同様に，定電流出力アンプを使用して被計測電源に信号電流を注入しています．負荷抵抗に DC 150mA 流しているので，計測電流はその 10% 程度の 15mA$_{0\text{-}p}$ にしています．**写真 6-5** が計測のようすです．

　図 6-19 が計測の結果です．出力端子の部分と基板内部の部分の 2 か所で計測しました．基板内部のデータは **図 6-17 (b)** のシミュレーション結果に近く，1kHz で 3mΩ 程度になっています．しかし，1mΩ 以下になるとデータが暴れて値が読み取れません．FRA のアベレージ回数を極端に多くして計測すれば，もう少しきれいなデータになります．しかし，1mΩ 以下を計測しても実際にはあまり意味がありません．というのは出力端子のデータを見てわかるように，こちらは 1kHz 以下で 30mΩ 一定値になっています．ロード・レギュレーションの計測と同様に，基板内部では出力インピーダンスは極低くなります．しかし，出力の配線によって出力インピーダンスが決定されてしまっています．そして，この値はロード・レ

写真6-4 出力端子付近のようす

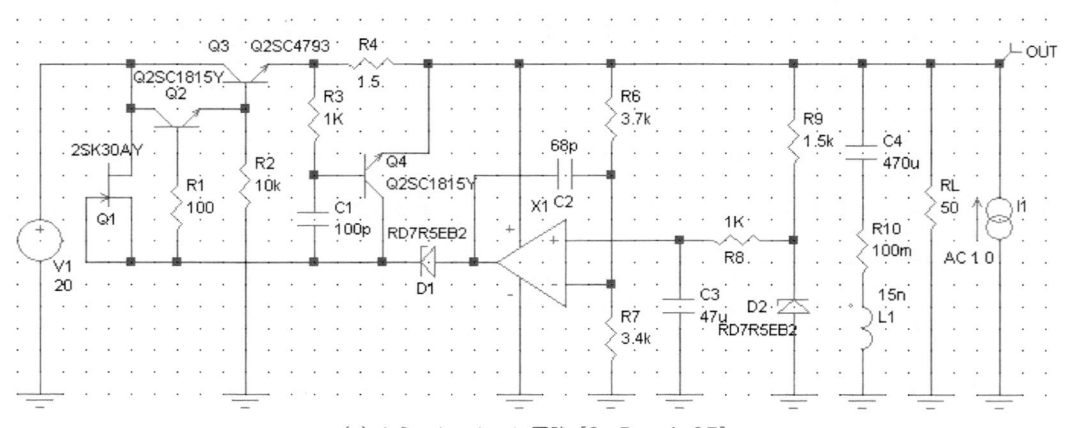

(a) シミュレーション回路 [SerReguA_OZ]

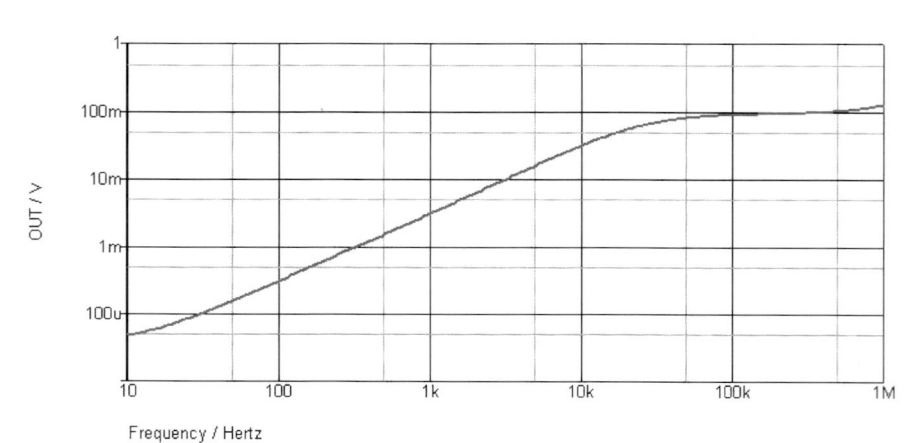

(b) シミュレーション結果

図6-17 出力インピーダンス-周波数特性のシミュレーション

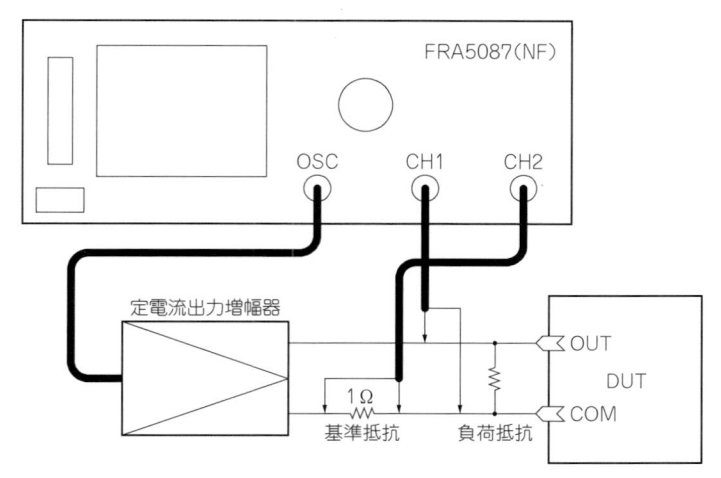

図 6-18　出力インピーダンスの計測方法

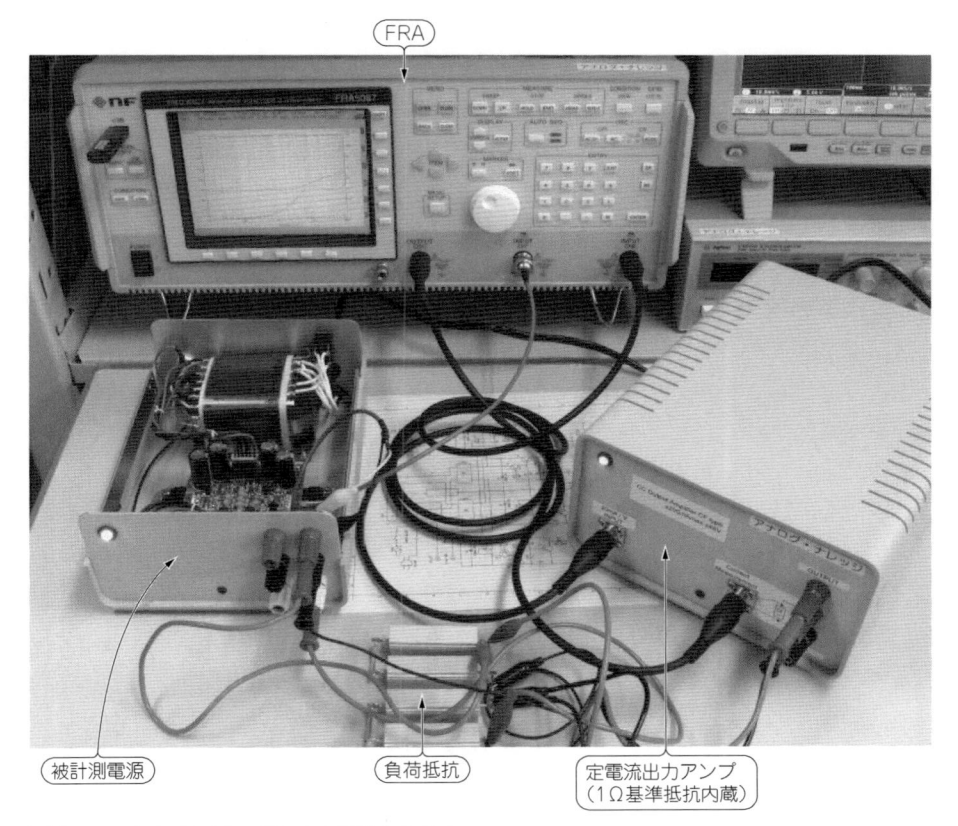

写真 6-5　出力インピーダンスの計測のようす

ギュレーションの値と一致しています．

6-2-5　出力電圧の過渡応答の評価

　レギュレータの負帰還の安定性は，ループ計測以外に出力電圧の過渡応答波形によっても判断できま

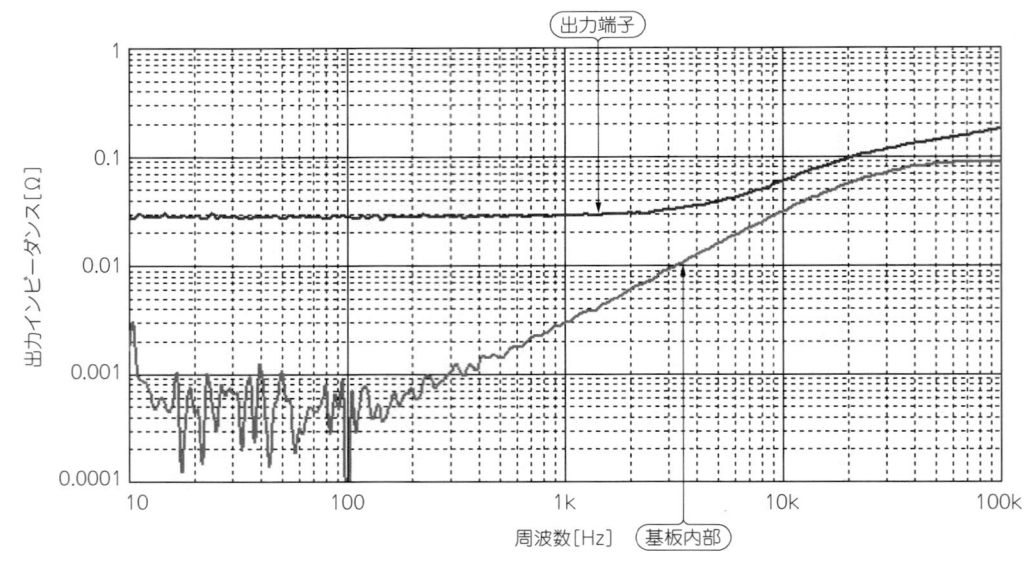

図6-19 出力インピーダンス-周波数特性の実測値

す．出力電流を急変させると，出力インピーダンスのために出力電圧が変動します．このとき出力電圧に大きなリンギングが見られると，負帰還が不安定と判断できます．この方法では位相余裕などの定量的な値はわかりませんが，手軽で安価に計測できます．

図6-20（a）がシミュレーション回路です．0～500usまで50nsステップで解析しています．

図6-20（b）がシミュレーション結果です．負荷電流が急変したとき出力電圧も急変しますが，その後元の値にスムーズに収束していきます．図6-20（a）の急変負荷電流I1の立ち上がり速度によって，出力電圧の急変値が大きく変化します．これは周波数が高くなるほど出力インピーダンスが大きくなるため，負荷電流の変化速度が速いほど出力電圧の変化が大きくなります．図6-20（a）ではI1の立ち上がり下がりの速度を100nsに設定してあります．

図6-20（c）は，同じ回路で分析ステップを1usに粗く設定したときです．出力電圧に発振のような波形が重畳しています．過渡解析のとき分析時間が粗いと，誤った結果が表示されることがあるようです．

図6-20（d）は，C2の値を68pFから10nFに故意に不安定な定数にしたときのシミュレーション結果です．出力電流が急変したときに出力電圧にリンギングが見られます．このように負帰還が不安定な場合，負帰還のループ利得が1になる周波数でリンギング波形が発生します．

そして，負帰還が不安定だとレギュレータが発振することがあります．大振幅で発振することはまずありませんが，数十mVの振幅で発振し，その発振波形がOPアンプ出力に現れるなどの不具合を起こします．

図6-21は，出力電流を急変させるための治具回路です．発振器からの方形波で動作します．この治具を使い，オシロスコープで出力電圧変動のようすを観測します（写真6-6）．

図6-22（a）が出力電流を50mA定常的に流し，150mA急変させたときの出力端子での変動波形です．細いパルスが400mVも発生しています．これに対し図6-22（b）は，基板内部の出力電圧を検出する抵抗，R_8とR_9の近くで計測した出力電圧の変動のようすです．この違いは，配線の浮遊インダクタンスの影響です．10cm程度の配線でも100nH程度のインダクタンスが発生し，電流の変化速度が速いと大きな

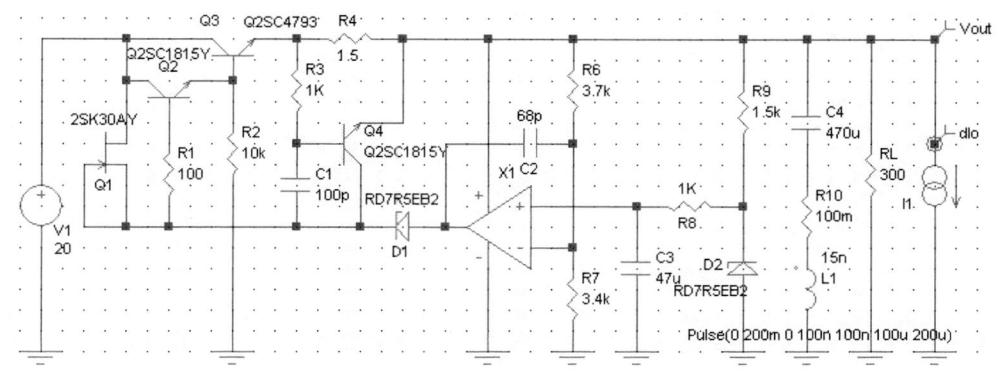

(a) シミュレーション回路 [SerReguA_Io_Tran]

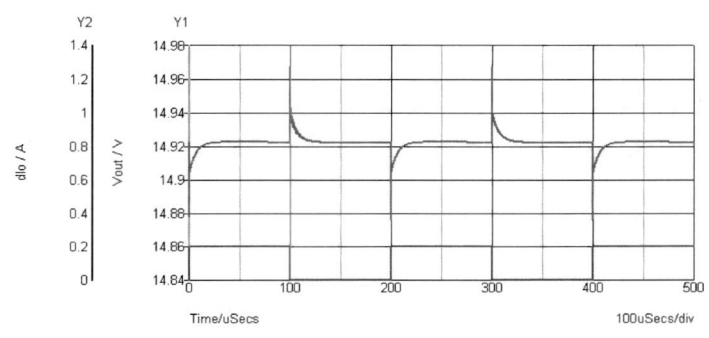

(b) シミュレーション結果 [SerReguA_Io_Tran]

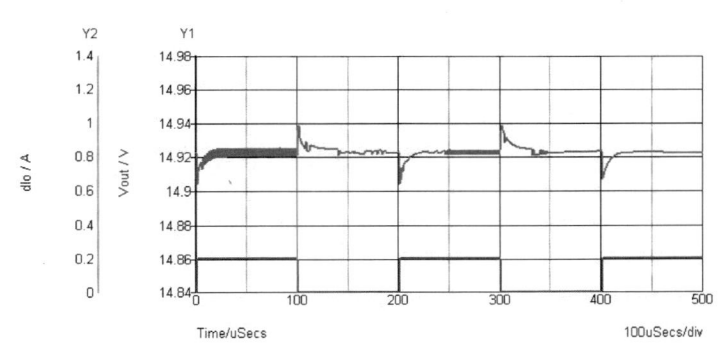

(c) シミュレーション結果

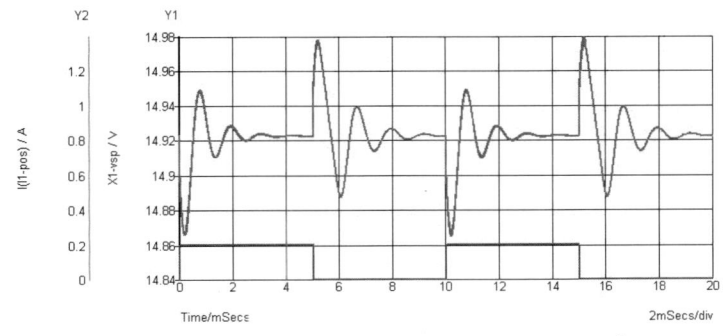

(d) シミュレーション結果 [SerReguA_Io_Tran_Instability]

図 6-20　出力過渡応答のシミュレーション

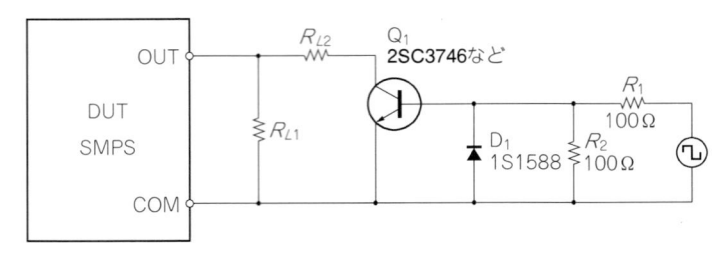

図 6-21 負荷急変用治具回路

写真 6-6 負荷急変試験のようす

電圧変動になります．例えば，100nH に 150mA の電流が立ち上がり速度 100ns で流れると，発生する電圧は次式から求まります．

$$V_L = L\,[\mathrm{H}] \times \varDelta\,I_L = 100\,[\mathrm{nH}] \times \frac{150\,[\mathrm{mA}]}{100\,[\mathrm{ns}]} = 100 \times 10^{-9} \times 1.5 \times 10^6 = 150\,[\mathrm{mV}]$$

消費電流が高速に変動する IC には，電源ピンのすぐ近くにパスコンを付けなくてはならない理由がここにあります．

　したがって，図 6-21 の治具の速度により出力変動のパルスの大きさが変わることになります．そして，図 6-22(b) はケーブルのインダクタンスがない分，ヒゲ状のパルスがなくなり，過渡応答のようすがよくわかります．そして，素直に元の値に戻っていることから，負帰還が安定に動作していることを示しています．そして，シミュレーション結果の図 6-20(b) と実測結果の図 6-22(b) のパルス幅と電圧が同じ程度の値になっています．

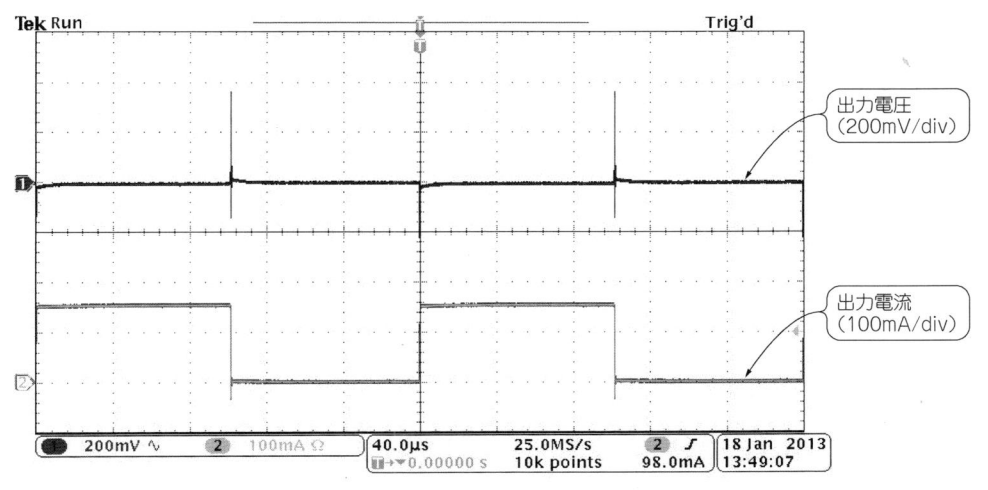

(a) 負荷急変波形（出力端子）

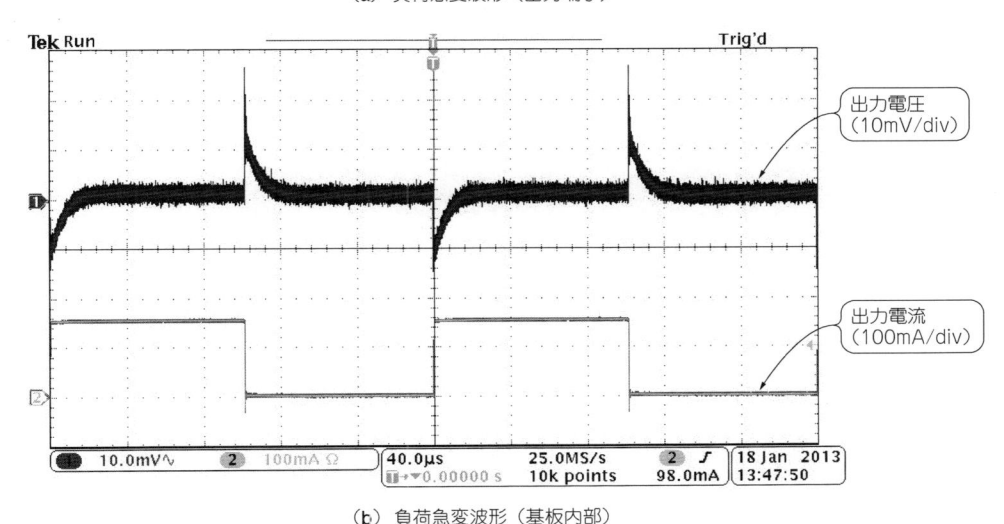

(b) 負荷急変波形（基板内部）

図 6-22　負荷急変試験の測定結果

6-2-6　出力雑音の評価

　レギュレータの出力雑音はレギュレータの方式によって大きく異なり，スイッチング方式のレギュレータではどうしても雑音が大きくなります．リニア方式の三端子レギュレータは出力雑音が少ないほうですが，それでも内部の基準電圧素子から発生した雑音が出力され，$100\text{nV}/\sqrt{\text{Hz}}$ 程度の雑音が発生します．

　図 6-23 が今回使用した雑音計測ブロック図です．C Box で直流電圧をカットし交流成分のみを低雑音増幅器で 1000 倍増幅し，89410A を PSD (Power Spectrum Density) モードにして雑音電圧密度（1Hz 当たりの雑音電圧）を計測しています．

　図 6-24 が計測結果です．Excel で増幅器の利得を補正しています．1kHz 付近の雑音電圧密度が約 $15\text{nV}/\sqrt{\text{Hz}}$ になっています．この雑音は，NJM3352 ($5\text{nV}/\sqrt{\text{Hz}}$ (typ) at 1kHz) の内部雑音が R8，R9 の利得設定分増幅され，出力されたものが支配的になっています．

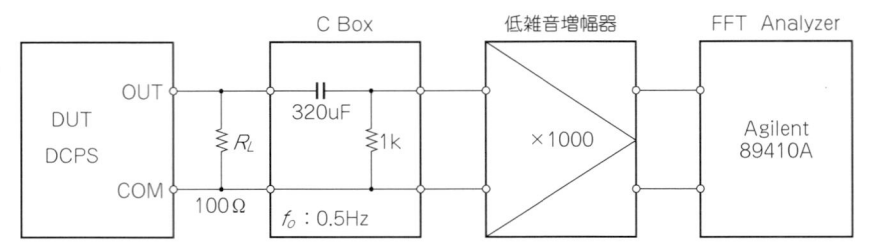

図 6-23 出力雑音電圧の計測ブロック図

写真 6-7 出力雑音電圧計測のようす

また，商用周波数成分の 50Hz とその高調波が混入しています．スペクトラム・モードでこのレベルを計測しましたが，いずれも 1uV 以下にはなっています．トランスの漏れ磁束によるものと思われます．100kHz 付近の雑音は外来雑音で，被計測電源から発生したものではありません．

6-2-7　低 ESR コンデンサを使用した場合の負帰還設計

図 6-6 の回路では電解コンデンサが使用されています．電解コンデンサには内部に電解液が含まれ，時間経過とともに蒸発して減少してしまい寿命があります．このため，高信頼性が要求される機器では，電解コンデンサの使用が制限される場合があります．

図 6-6 の回路の C_{17}，C_{18}，C_{19}，C_{20} と C_{14}，C_{15} を，電解コンデンサから高誘電率の積層セラミックに取り替えた図 6-25 の回路の負帰還設計について説明します．

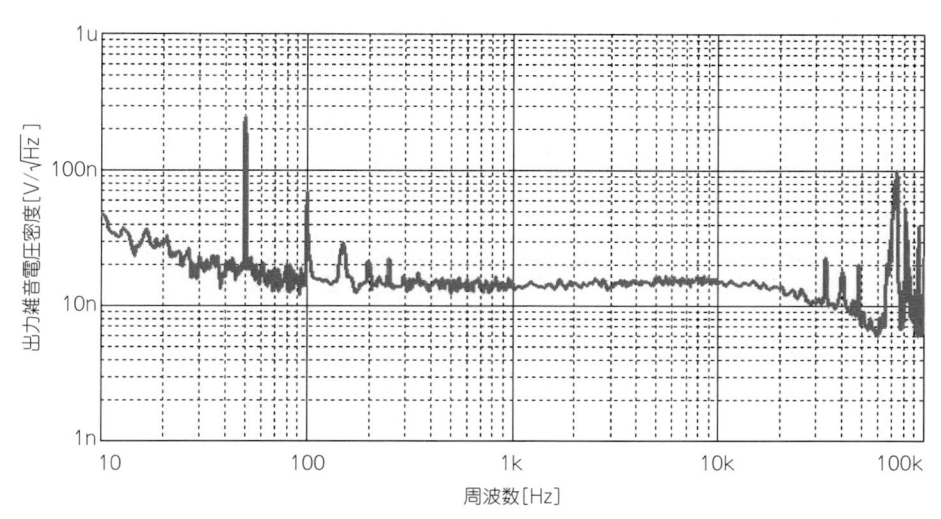

図6-24 出力雑音電圧密度-周波数特性

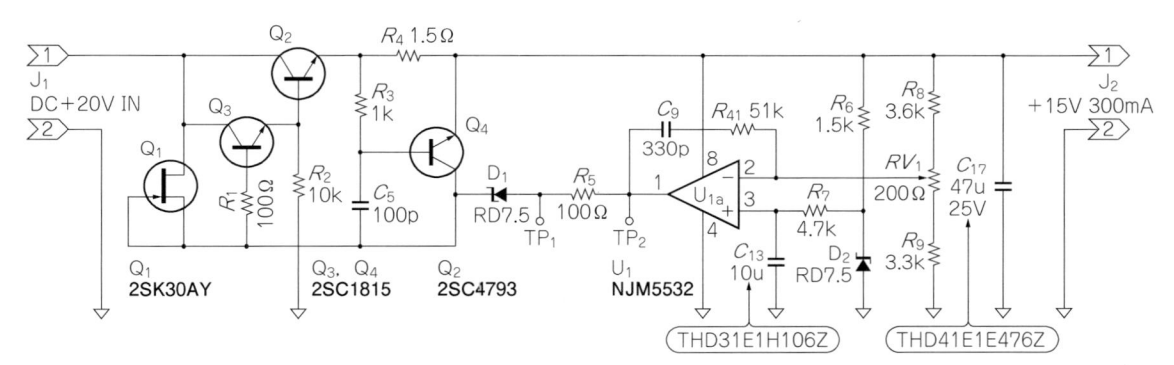

図6-25 出力に積層セラミック・コンデンサを使った低雑音レギュレータ

　図6-26は，THD41E1E476Z 47uF25V（日本ケミコン）のインピーダンス特性と直流重畳特性です．図6-26（a）に示すように高誘電率の積層セラミック・コンデンサはESRがたいへん低く，優秀な特性をしています．しかし，負帰還を施す場合にはESRによる位相の戻りがなくなるので，負帰還設計に工夫が必要になります．また，図6-26（b）に示すように，直流電圧が加わると急激に容量が減少するという特性があります．

　図6-27は，出力のコンデンサを積層セラミックにした場合の制御部のシミュレーションです．出力コンデンサC_4は，図6-26（b）の15Vのときの容量から26uFに設定しました．また，図6-26（a）の特性からESRを10mΩ，ESLを5nHに設定しました．

　図6-27（b）の結果をみるとESRが低いため図6-7（b）のような利得の平坦部がなく，負帰還のループ利得を1にしたい数十kHz付近では位相遅れが約80°とかなり遅れています．

　この結果から，誤差増幅器は利得の平坦部をもつ誤差増幅器タイプⅡを使用することにします．

　また，出力コンデンサの容量が少なく裸の出力インピーダンスが高めになります．このため負帰還量を増やし，ループ利得を1にする周波数を少し高く50kHzにすることにします．50kHzでの利得が約-23dBなので，誤差増幅器の平坦部の利得は23dB（約14.1倍）にすればよいことがわかります．この結果，利得

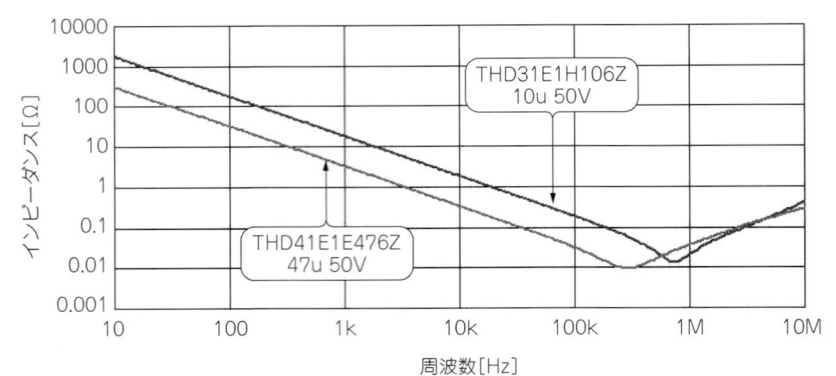

(a) 日本ケミコンの積層セラミック・コンデンサのインピーダンス-周波数特性

(b) THD41E1E476Z 47uF 25Vの容量-直流印加特性

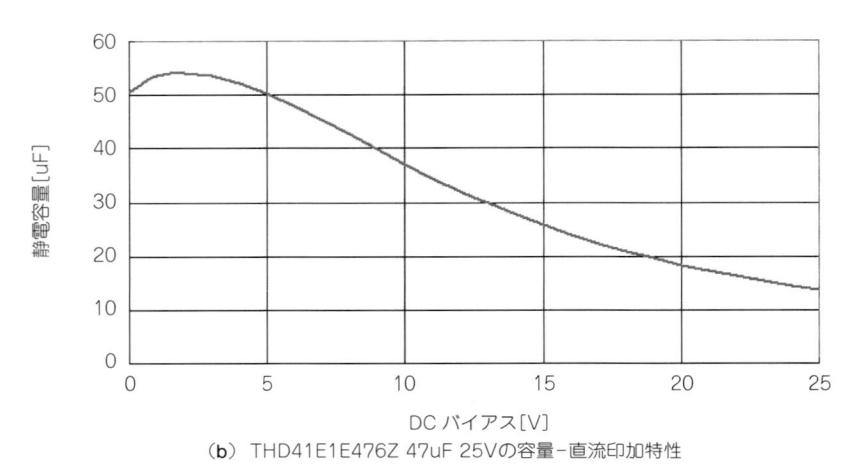

図 6-26 積層セラミック・コンデンサ THD41E1E476Z 47uF 25V のインピーダンス-周波数特性(10kHz)

の漸近線が図 6-28 になります.

誤差増幅器の利得を平坦にするための抵抗 R_{41} の値は，次の計算から E24 系列の 51kΩ を使用します.

$$R_{41} = \left(R_8 + \frac{RV_1}{2}\right) \times 23\,[\text{dB}] \fallingdotseq 52.2\,[\text{k}\Omega]$$

利得の平坦部が開始する周波数 f_1 は f_{AoB} よりも 1/3 以上低い必要があるので，f_1：10kHz とすると C_9 の値は下記の計算から E12 系列の 330pF を使用します.

$$C_9 = \frac{1}{2\pi \cdot f_1 \cdot R_{41}} \fallingdotseq 312\,[\text{pF}]$$

図 6-29 が，設計した値でのシミュレーションです．ループ利得が 1 になる周波数が約 47kHz，位相余裕が約 78°で安定な値が得られています.

図 6-30 (a) は，設計定数での出力インピーダンスのシミュレーション結果です．ループ利得が 1 になる付近で鋭いピークが見られず，安定であることを示しています．図 6-30 (b) は，故意に R41 を短絡させ不安定な状態にしたときの出力インピーダンスのようすです．20kHz 付近に鋭いピークが見られ，負帰還が不安定であることを示しています.

図 6-31 (a) は，設計定数での出力電流急変時の出力電圧波形のようすです．電流急変時には 20mV 程

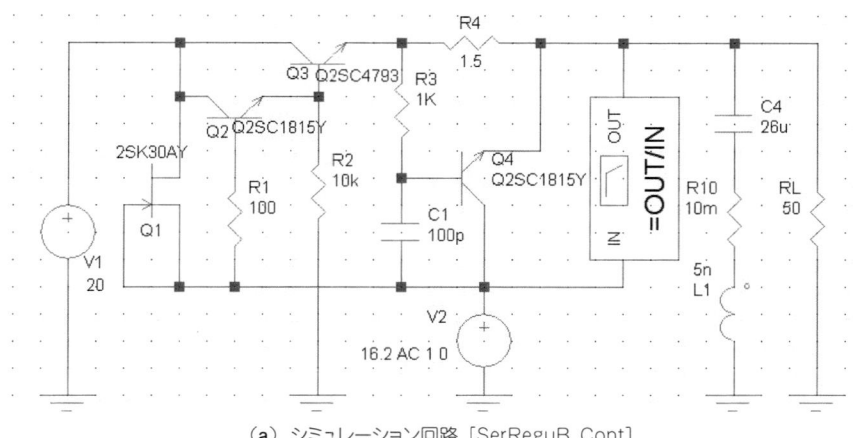

(a) シミュレーション回路 [SerReguB_Cont]

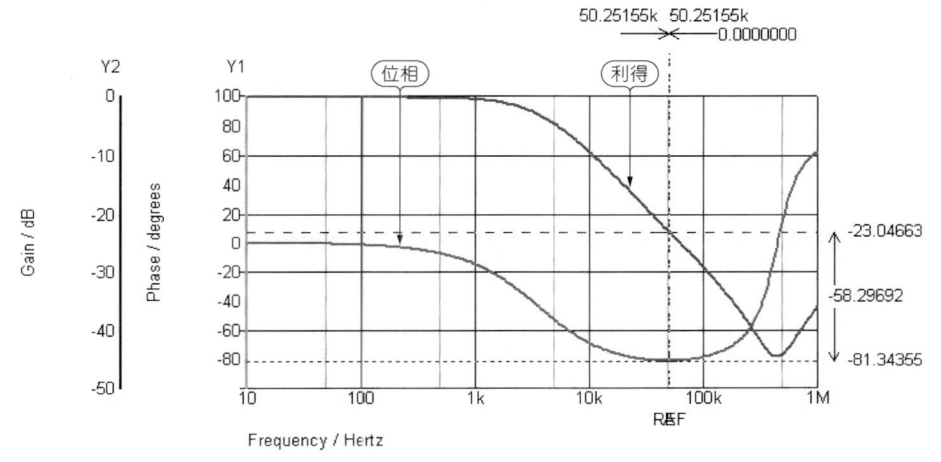

(b) シミュレーション結果

図 6-27　低 *ESR* 出力コンデンサのときの制御部のシミュレーション

度の変化がありますが，その後スムーズに元の値に戻り，負帰還が安定であることを示しています．図 6-31(b)は，故意に R41 を短絡させ不安定な状態にしたときの出力電圧の応答波形です．リンギングが見られ負帰還が不安定であることを示しています．また，リンギング周期が 20kHz 付近で図 6-30(b)のピークに対応していることがわかります．

6-3 ── 熱設計

6-3-1　熱抵抗

リニア・レギュレータでは，入力電圧と負荷の間にトランジスタ（またはパワー MOSFET）を直列に接続し，そのコレクタ-エミッタ間の電圧を制御して，負荷端の電圧を一定に保ちます．したがって，トランジスタに流れる電流とコレクタ-エミッタ間の電圧の積である電力がトランジスタで熱に変化します．

　この発生した熱を放熱器で空気中に発散させないと，トランジスタの温度は上昇を続け，最後には破壊

(制御部利得)

f_A $f_A = \dfrac{1}{2\pi \cdot C_{17} \cdot (R_4 + E_{efw})} \fallingdotseq 3.5\text{kHz}$

−20dB/dec

f_{AoB} 50kHz

−20dB

$f_2 = \dfrac{\text{OPアンプの}GBW \times \text{電圧検出分圧比}}{(R_{41}/(R_8+RV_1/2))+1}$

$\fallingdotseq \dfrac{10\text{M} \times 0.48}{14.8} \fallingdotseq 324\text{kHz}$

(誤差増幅器利得特性)

$f_1 = \dfrac{1}{2\pi \cdot C_9 \cdot R_{41}}$

−20dB/dec f_1 10kHz

+23dB

f_2

−20dB/dec

$+23\text{dB} = \dfrac{R_{41}}{R_8 + RV_1/2}$

(ループ利得)

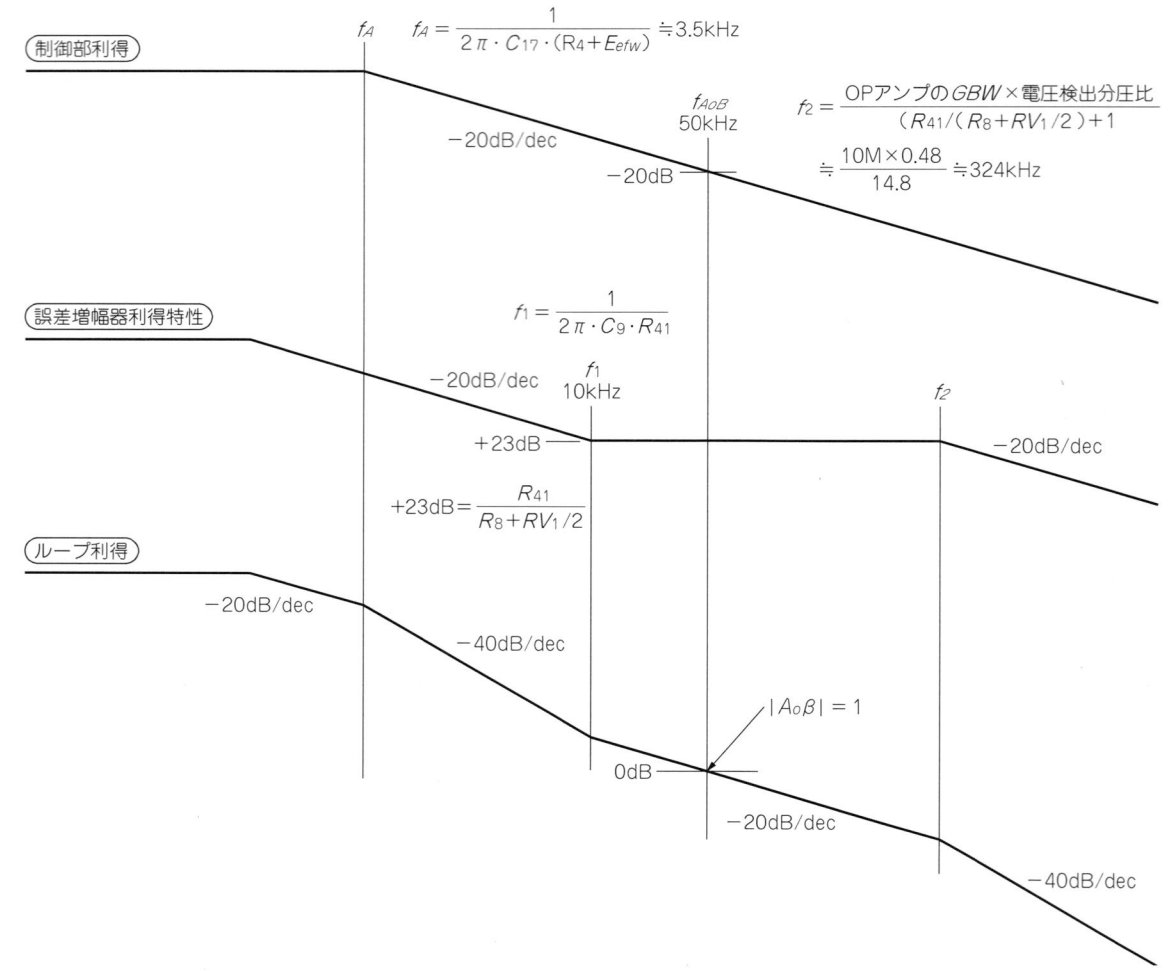

−20dB/dec

−40dB/dec

$|A_o\beta| = 1$

0dB

−20dB/dec

−40dB/dec

図 6-28　低 *ESR* 出力コンデンサを用いたリニア・レギュレータの負帰還設計

してしまいます．

　熱の計算は，電気回路における電圧・電流・抵抗を関係づけるオームの法則と同様に考えられ，次の式が成立します．

　　温度差（℃）＝発熱量（W）×熱抵抗（℃／W） ･･････････････････････････････････････ (6-3-1)

　図 6-32 は，トランジスタをヒートシンクに取り付けた図です．この図から，次の三つの熱抵抗が発生することがわかります．

- ▶ トランジスタ・チップとトランジスタ・ケース（銅タブ）間の熱抵抗
- ▶ 放熱シートの熱抵抗
- ▶ ヒートシンク（放熱器）の熱抵抗

6-3-2　パワー・トランジスタのチップとケース間の熱抵抗の算出方法

　トランジスタなどのシリコン・チップは最大使用可能温度があり，これを超えるとシリコン・チップ内の PN 接合部分の信頼性が極度に低下し，破壊されてしまいます．この温度は，一般的に 150℃と言われ

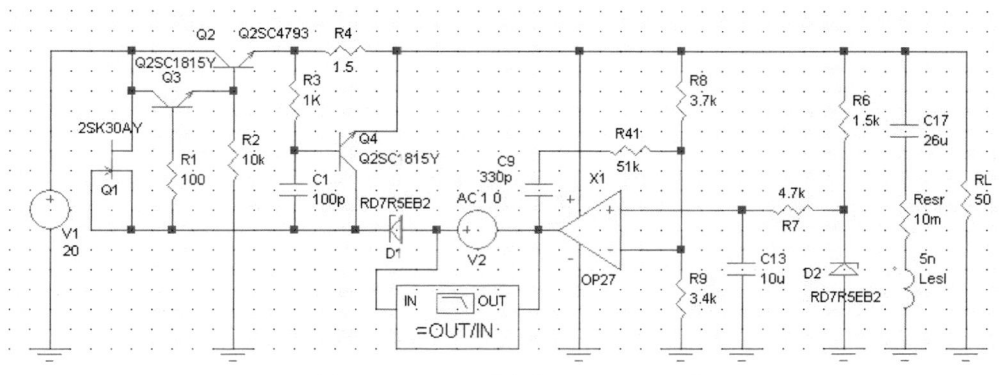

(a) シミュレーション回路 [SerReguB_Loop]

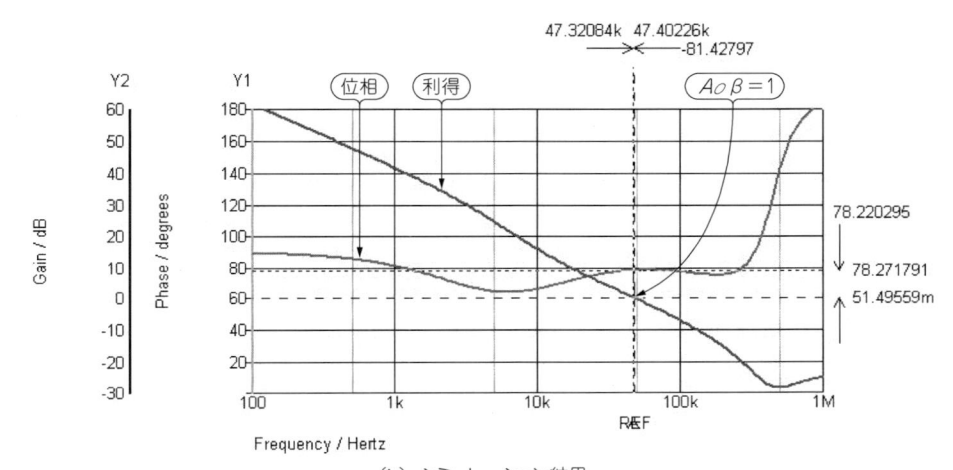

(b) シミュレーション結果

図 6-29 ループ特性のシミュレーション

ています．図 6-33 の接合温度 T_j 150 ℃ と記載されているものが，それに当たります．

シリコン・チップは，タブと呼ばれる銅のケースに銀ペーストで貼り付けられています．このシリコン・チップ（接合部：junction）とケースとの間の熱抵抗がデータシートに記載されていればよいのですが，どういうわけかどのデータシートにも記載がありません．その代わりに，最大コレクタ損失が記載されています．

図 6-33 に示すデータシートでは，トランジスタの最大定格の欄に T_c = 25 ℃ではコレクタ損失が 25W，接合温度が 150 ℃と規定されています．これは，ケース温度を 25 ℃に保てば 25W 消費しても接合温度が 150 ℃を超えないことを意味しています．したがって，次式から接合部とケース間の熱抵抗（θ_{jc}）が求められます．

$$\theta_{jc} = 最大コレクタ損失 \div (最高接合温度 - ケース温度) \quad\quad (6\text{-}3\text{-}2)$$
$$= 25W \div (150℃ - 25℃) = 5℃/W$$

6-3-3 放熱シート

トランジスタとヒートシンクの間の凸凹のために，空気が存在すると熱抵抗が極端に大きくなります．

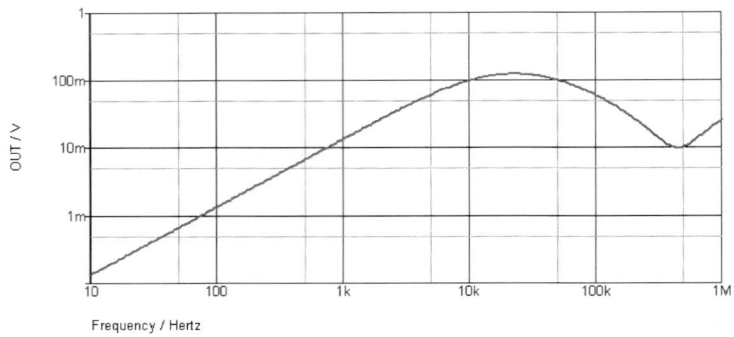

(a) R41：51kΩ ［SerReguB_OZ］

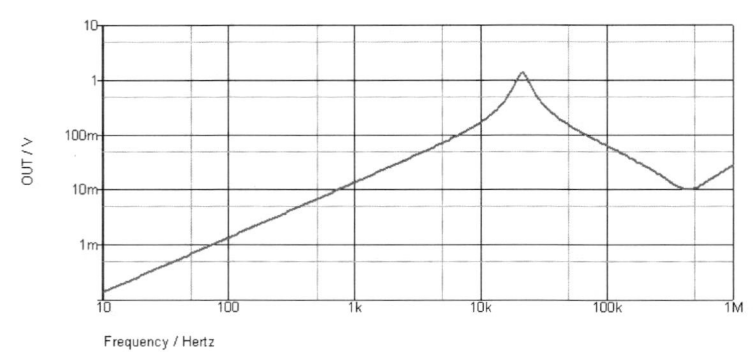

(b) R41：短絡 ［SerReguB_OZ_Instability］

図6-30 出力インピーダンスのシミュレーション結果

このため，絶縁を兼ねて放熱シートが使用されます．放熱シートは弾力があるため，凸凹を吸収して空気を追い出します．

この放熱シートは，熱抵抗の小さな材料（セラミックス・フィラーとシリコン）でできており，その特性を表6-1に示します．表6-1からわかるように，放熱シートの厚さと面積によって熱抵抗の値は異なります．厚さが薄いほど熱抵抗が小さくなり有利ですが，耐圧が下がります．したがって，必要な絶縁耐圧から放熱シートの厚さを選択します．表6-1には記載されていませんが，TO220の場合には，およそ次の値になります．

BFG30：1.4℃/W　　BFG45：1.6℃/W

以前は，放熱シートではなくマイカ・シートやマイラ・シートにシリコン・グリスを塗ってトランジスタなどをヒートシンクに取り付けていました．最近では作業性の良さから，放熱シートが使用されることが多いようです．

6-3-4 熱計算

図6-32は，TO220のトランジスタに5Wの電力損失を与え，ヒートシンクで放熱した例です．

放熱器の熱抵抗を8℃/W，放熱器とトランジスタの間に使用する放熱シートの熱抵抗を2℃/Wとすると次のようになります．

接合部とケースの温度差は…$T_{jc} = 5W \times 5℃/W = 25℃$

ケースと放熱器の温度差は…$T_{cs} = 5W \times 2℃/W = 10℃$

(a) R41：51kΩ [SerReguB_Io_Tran]

(b) R41：短絡 [SerReguB_Io_Tran_Instability]

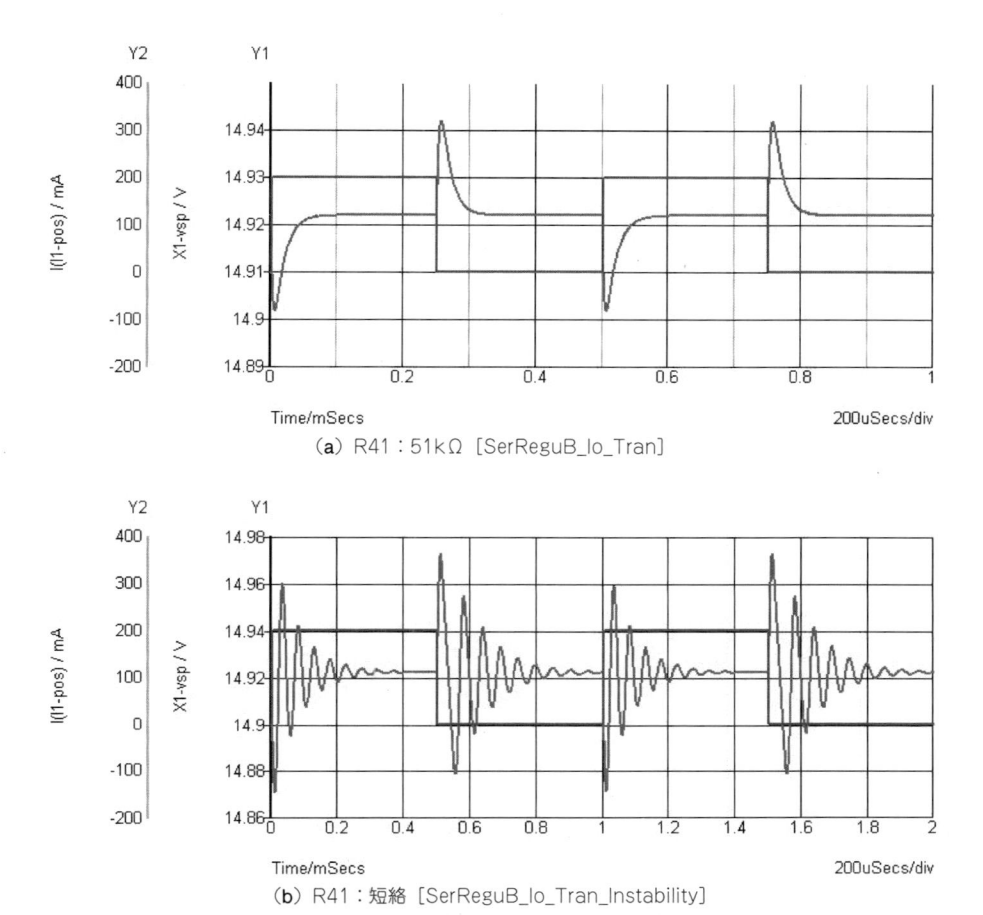

図 6-31　出力電流急変時の出力電圧応答波形のシミュレーション結果

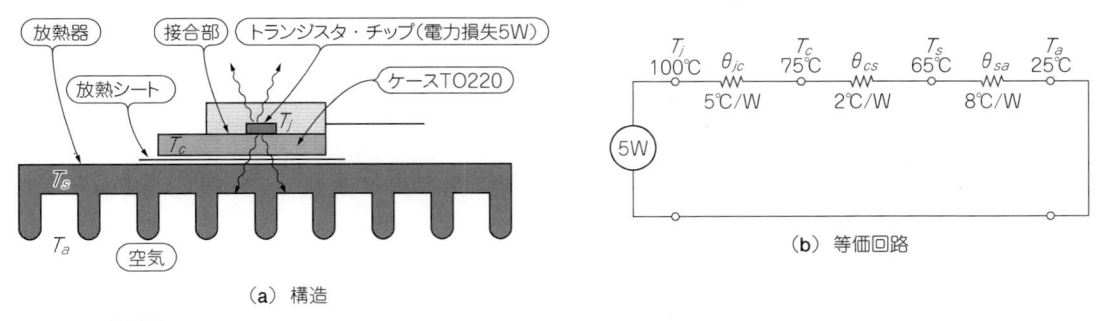

(a) 構造

(b) 等価回路

図 6-32　熱計算

　放熱器と周囲の温度差は……$T_{sa} = 5W \times 8℃/W = 40℃$
周囲温度が 25 ℃の場合は，次の温度になります．

　　放熱器温度…25 ℃ + 40 ℃ = 65 ℃
　　ケース温度…65 ℃ + 10 ℃ = 75 ℃
　　接合部温度…75 ℃ + 25 ℃ = 100 ℃

○ 低周波電力増幅用

- 飽和電圧が低い　　　　：$V_{CE(sat)} = 0.4$ V（標準）（$I_C = 2$ A, $I_B = 0.2$ A）
- コレクタ損失が大きい：$P_C = 25$ W（$T_C = 25$ ℃）
- 絶縁ブッシング，マイカなどが不要なアイソレーション・タイプ．

絶対最大定格（$T_a = 25$ ℃）

項目	記号	定格	単位
コレクタ-ベース間電圧	V_{CBO}	60	V
コレクタ-エミッタ間電圧	V_{CEO}	60	V
エミッタ-ベース間電圧	V_{EBO}	7	V
コレクタ電流	I_C	3	A
ベース電流	I_B	0.5	A
コレクタ損失　$T_a = 25$℃	P_C	2.0	W
コレクタ損失　$T_c = 25$℃	P_C	25	W
接合温度	T_j	150	℃
保存温度	T_{stg}	$-55 \sim 150$	℃

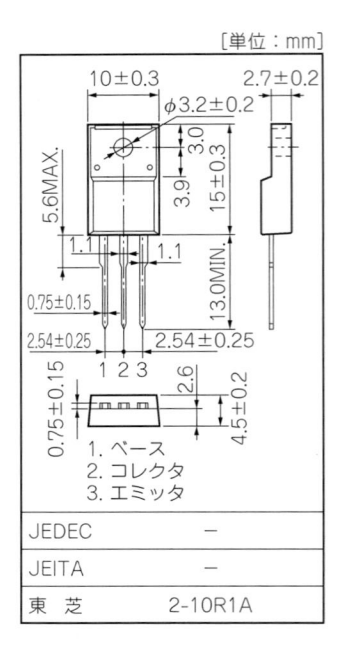

図 6-33[18]　パワー・トランジスタ 2SD2012 のデータシートの一部

表 6-1[19]　デンカの放熱シートのデータ

特性（Properties）			BFG20	BFG30	BFG45	BFG80
色（Color）			薄緑 Light Green	白 White	白 White	白 White
厚さ（Thickness）	mm		0.20 ± 0.05	0.30 ± 0.05	0.45 ± 0.05	$0.80 ^{+0.20}_{-0.05}$
熱抵抗（Thermal resistance）	℃/W	TO-3	0.18	0.20	0.25	0.36
熱抵抗（Thermal resistance）	℃/W	TO-3P	0.37	0.42	0.51	0.77
熱抵抗/粘着タイプ（Thermal resistance/Adhesive type）	℃/W	TO-3	0.30	0.32	0.35	0.44

　接合部の最高温度が150℃と規定されているので，周囲温度はさらに50℃高い25℃＋50℃＝75℃まで許されることになります．しかし，通常は余裕（delayting）を考慮し，接合部の温度は120℃程度を上限とします．したがって，この場合，周囲温度の上限は45℃程度になります．ファンなどで放熱器に風を当てて強制空冷すると，放熱器の熱抵抗を1/3～1/5程度に下げることができます．

Appendix A
オーディオ帯域の測定に適した周波数特性分析器 FRA（Frequency Response Analyzer）

FRA（Frequency Responce Analyzer：**写真 APA-1**）は，電子回路の利得と位相を計測する測定器です．主な用途は，モータ制御などのサーボ回路やレギュレータなどの負帰還ループの評価，そして低周波フィルタや低周波増幅器の周波数特性の計測です．

FRA の内部ブロックは**図 APA-1**（a）に示すように，1 チャネルの信号発生部，2 チャネルの信号処理部，信号分析を行う DFT（Discrete Fourier Transform）演算部，そしてパネル操作部，表示部，外部インターフェースで構成されています．

この構成で特徴的なのは，ループ利得計測のため，信号出力と信号処理部が独立してフローティングされていることです．したがって，**図 6-14**で示した信号注入方法が使用でき，ケーブルを接続するだけで簡単にループ利得が計測できます．

フーリエ変換の DFT 演算ブロックを**図 A**（b）に示します．内部で発生した信号と入力信号を乗算することによって，入力信号の振幅と位相を算出します．この内部で発生した信号は，出力信号としても使用されます．

FRA の信号分析方法は指定された周波数の信号を内部発振器から外部に出力し，被計測回路を通過した後の信号を再び入力して，内部発振器の周波数で DFT 演算し，被計測回路の利得と位相を求めます．そして，単一周波数の分析が終了したら次の周波数にスイープし，繰り返し分析し，指定された帯域を指定された分解能で計測していきます．

単一周波数で分析するため，その都度，信号入力の状態に合わせ，内部増幅器の利得や直流オフセットそしてフィルタ遮断周波数などを最適に再設定し，計測していきます．このため，被計測回路の利得変化が大きくても正確に計測することができ，計測のダイナミック・レンジはプリアンプの利得が信号レベルに合わせて最適に設定されるため，A-D コンバータの分解能を有効に使用できます．また，DFT 演算は基本的に雑音に強く，オシロスコープではとても信号成分が見えないような雑音に埋もれた信号でも，アベレージング回数を増やすことにより安定に計測できます．

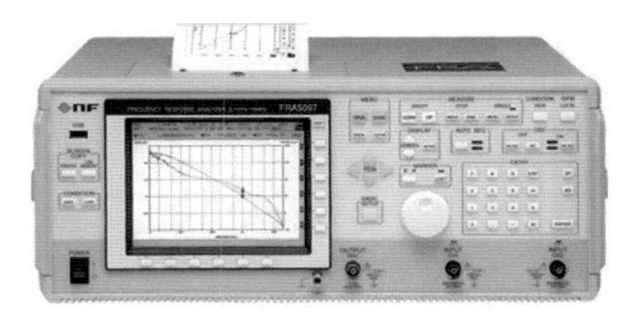

写真 APA-1 FRA5097［(株)エヌエフ回路設計ブロック製］

(a) ブロック・ダイヤグラム

(b) DFT演算のブロック

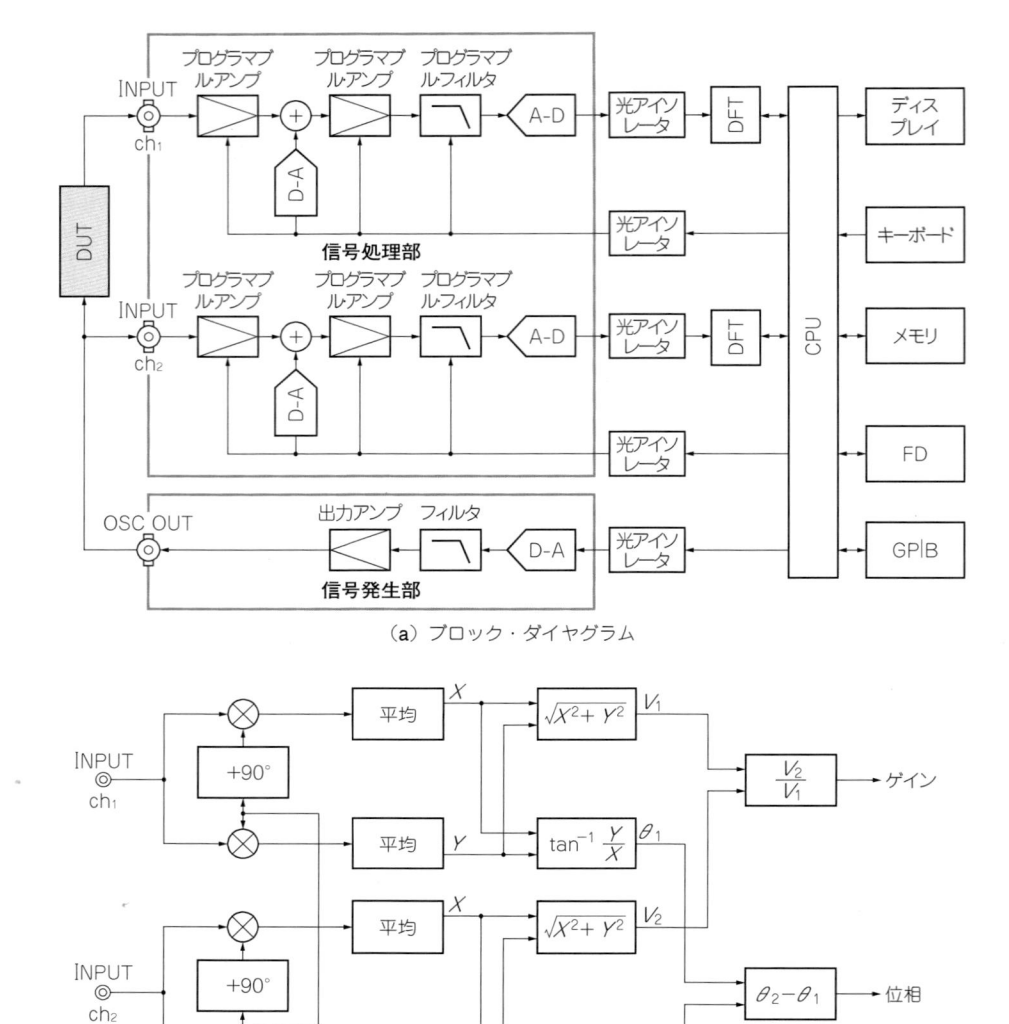

図 APA-1　FRA の内部構成

● FFT（Fast Fourier Transform）との違い

FRA と似た計測を行う計測器に FFT があります．

FFT とは正確には信号処理のアルゴリズムを指しますが，このアルゴリズムを使用し，CPU と A-D 変換器などを組み込んだ計測装置をも，一般的には FFT と呼んでいます．

FFT の場合は単一周波数ではなく，一定の帯域の信号を一度に取り込み分析します．このため必要な帯域幅を高速で分析できます．しかし信号を一度に取り込むため，単一周波数あたりの情報量は FRA に比べ少なくなり，利得変化が大きくなるとダイナミック・レンジを広く取ることが難しくなります．したがって，精度とダイナミック・レンジは一般的に FRA に比べ劣ったものになります．

しかし，機械的構造物の応答を計測するには FFT が適しており，FRA を使用して正弦波スイープしていたのでは構造物が共振し，破壊してしまう恐れがあります．

● ネットワーク・アナライザとの違い

　被測定回路の利得と位相を計測するという機能においては，FRA とネットワーク・アナライザは同じです．しかし，そのターゲットとする応用分野が異なるため，それぞれ性能・機能において異なった特徴をもっています．

　FRA では，機械系も含めた負帰還回路のループ利得計測を主目的に置いているため，1Hz 以下の周波数でも信号 1 波形分の時間で計測処理が終了します．また DC 成分が含まれていても，信号処理部で DC キャンセルを行い，CR で直流を阻止したときのような過度応答がなく，A-D コンバータのダイナミック・レンジを損なうこともありません．また，信号出力，分析入力がフローティングされているのも，FRA ならではの機能です．しかし，その目的から上限周波数は低く，十数 MHz になっています．

　ネットワーク・アナライザでは，高周波での回路解析を主目的にしているため，上限周波数が GHz を超えているものもあります．また，機能的にも，利得・位相を計測するだけではなく，スペクトラム計測やインピーダンス計測の機能をも可能にした，多機能な機種が多くなっています．ただし，本書で扱っている数 100Hz 以下のループ利得計測では計測時間が遅く，信号出力がフローティングされておらず，下限周波数も 10Hz 程度なので不適当です．

第7章　正負（0〜±20V），出力電流の制限値を0〜500mAまで自由に設定できる
リニア・レギュレータの応用設計…Dual CVCC 実験用電源

7-1──Dual CVCC 実験用電源の概要

写真7-1および図7-1に示すのは正負（0〜±20V）の実験用電源で，出力電流の制限値を0〜500mAまで自由に設定できるCVCC（Constant Voltage Constant Current）実験用電源です．

はじめて電源を投入する場合，回路に不具合があると過大な電流が流れ，素子を破壊してしまうおそれがあります．このようなとき任意の出力電流で制限できると，最初の電源投入時にも安心できます．

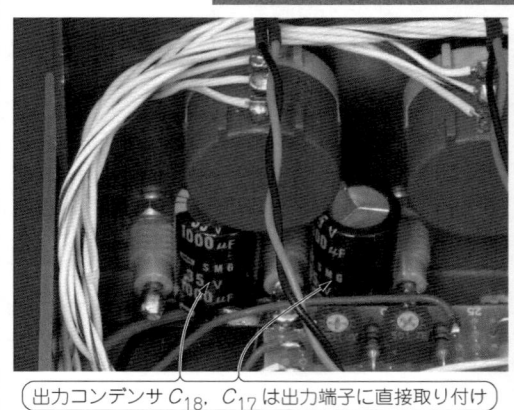

出力コンデンサ C_{18}, C_{17} は出力端子に直接取り付け

写真7-1　CVCC実験用電源

(a) CVCC実験用電源回路図 (1/2)

(b) CVCC実験用電源回路図 (2/2)

図 7-1　CVCC 実験用電源の回路図

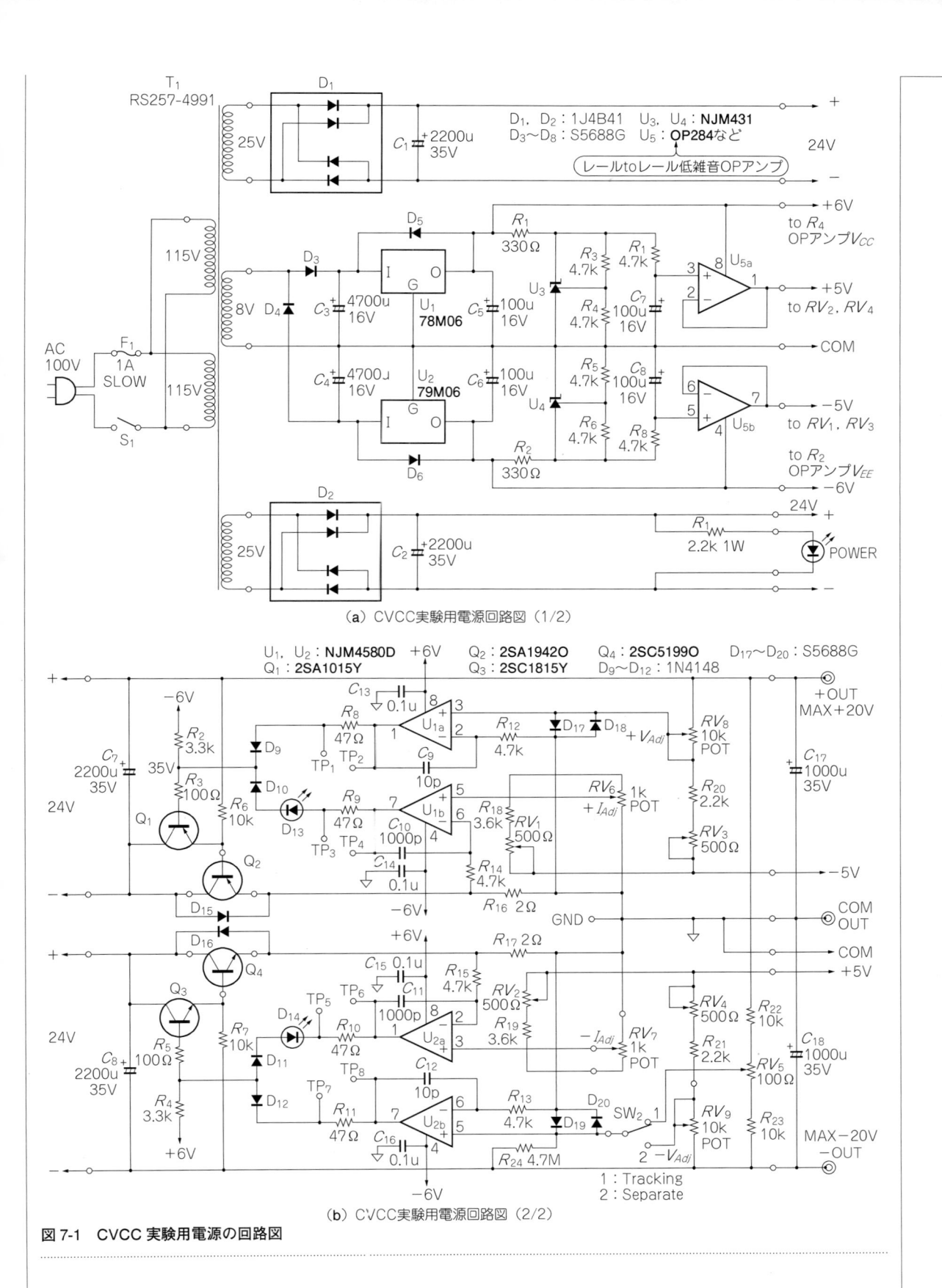

電子回路の電源用だけでなく，電源電圧変動特性や直流信号源として便利に使用できるように，SW_2 でトラッキング動作と正負の出力電圧の独立設定が切り換えて使用できます．

また，正負の電圧設定，電流設定に10回転のポテンショメータを使用しているので，直流信号源として正確な値が設定できます．

7-2——定電圧制御動作

図7-2は，本器の負電圧側の定電圧制御回路を取り出し簡略化したものです．

通常の定電圧制御回路は，入力電圧のコモン電位を基準として誤差増幅器が動作します．ここで使用した制御方法は，誤差増幅器の基準電位が出力電位になっています．出力電圧を制御する誤差増幅器の基準が通常の入力電圧のコモン側ではないことから，この回路は「浮動増幅器型定電圧電源」と呼ばれています．

この浮動増幅器型定電圧電源は出力電位を基準に U_{2a} で Q_4 を制御するため，出力電圧とは無関係に U_2 の出力電圧（制御電圧）は Q_4 を駆動する数Vの低電圧ですみます．このため，誤差増幅器の電源電圧は出力電圧に関係なく低電圧にすることができます．したがって，1kVの定電圧電源でも±5V電源のOPアンプ回路で制御することができ，高圧定電圧電源にはよく使用されている回路です．

本器の場合，正負のDUAL電源なので出力電位の個所で正負を接続すると，制御電圧用OPアンプ電源が共通で使用でき回路が簡単になります．

図7-2では，OPアンプ U_{2a} の±入力の電位が同じになるように動作します．U_{2a} の−入力はOPアンプ電源，±6Vのコモンに接続されています．したがって，OPアンプの+入力がこのコモン電位と同じになるように制御されます．U_{2a} の+入力は−入力と同電位で，電流が流れ込まないので，R_{21} と RV_9 に流れる電流値は同じになります．R_{21} に流れる電流は2mAなので，出力電圧 = $RV_9 \times$ 2mA，したがって RV_9 が10kΩのとき20Vになります．

7-3——定電流制御動作

図7-3は，本器の負電圧側の定電流制御回路を取り出し簡略化したものです．電流制御は R_{17} の両端電圧と RV_7 からの電圧が等しくなるように動作します．RV_7 の両端電圧は1Vなので，R_{17} の両端電圧が

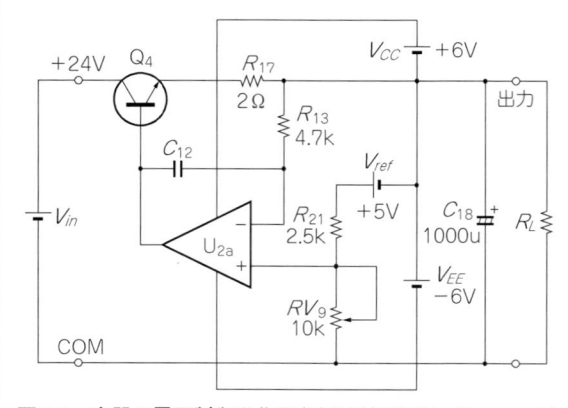

図7-2　本器の電圧制御動作図（浮動増幅器型レギュレータ）

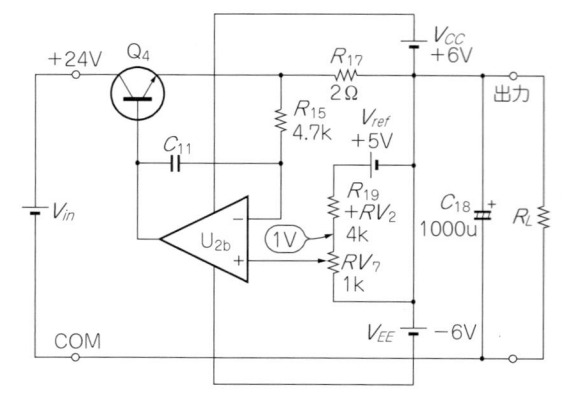

図7-3　本器の電流制御動作（定電流制御回路）

1Vのとき最大電流500mAになります．そして，RV_7の位置によって0～500mAまでの制限電流が設定できることになります．

定電圧制御になるか定電流制御になるかは，図7-1（b）のU_{2b}とU_{2a}の出力電圧の低いほうがD_{11}またはD_{12}に電流を流し，Q_3のベース電位を下げます．したがって，D_{11}に電流が流れていれば定電流制御，D_{12}に電流が流れていれば定電圧制御になります．

いずれの制御になっているかを表示するために，D_{14}の発光ダイオードを挿入しています．したがって，D_{14}が光っていれば定電流制御になっていることを示しています．R_4が3.3k，Q_3の電位が約1.2VであることからD_{14}には$(5V − 1.2V) ÷ 3.3kΩ ≒ 1mA$の電流が流れます．したがって，$D_{14}$は1mAでも明るく光る高輝度タイプの発光ダイオードを使用します．

D_{19}とD_{20}は，電源投入時U_{2a}の＋入力に過大電圧が加わり，U_{2a}にダメージを与えるのを防いでいます．

7-4 ── 定電圧モードでの負帰還設計

図7-4は，負帰還の動作をわかりやすくするために図7-2の出力をグラウンド電位に書き換えたものです．この図から，Q_4はR_{17}をエミッタ抵抗とするエミッタ共通増幅回路であることがわかります．エミッタ共通回路はトランジスタに十分な電流が流れ，コレクタ抵抗とエミッタ抵抗の比が10倍程度以下と小さい場合には，そのコレクタ抵抗とエミッタ抵抗の比で，およそ利得が決定されます．

図7-4のコレクタ側のインピーダンスは，C_{18}と負荷抵抗R_Lが並列接続された値になります．20V 500mAのとき負荷抵抗は40Ωです．そのため，図7-4の中・高域周波数のコレクタ側のインピーダンスは，C_{18}とその$ESR・ESL$が支配的なパラメータになります．したがって，図7-4においてQ_4のコレクタ電流が十分に流れているときは，Q_4回路の利得-周波数特性はC_{18}のインピーダンス特性をR_{17}で割った値に等しくなります．そして，Q_4のコレクタ電流が減少していくと，その利得が低下していきます．

図7-5（a）は，入力電圧と負荷電流の関係をシミュレーションしたものです．この結果，次の数値が得られました．

$500mA → 2.361V$ $100mA → 1.465V$ $10mA → 1.174V$ $1mA → 1.068V$

上記の，電流のときの利得-周波数特性をステップ解析したのが図7-6（a）です．

図7-6（b）の500mA流したときの10kHz付近の平坦部の利得が，約−25.5dB（約0.053倍）になってい

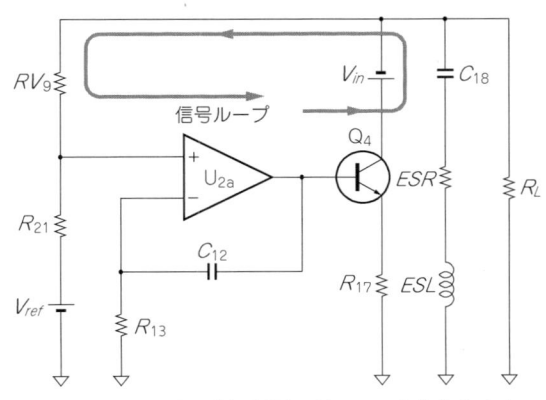

図7-4 図7-2の浮動増幅器型レギュレータを書き直す

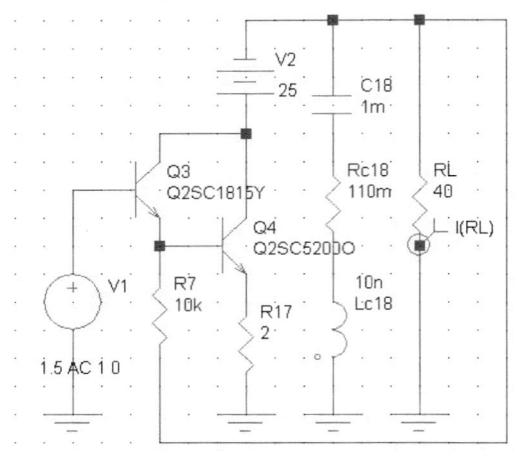

(a) シミュレーション回路 [Regu_FA_V_Cont_DC]

(b) シミュレーション結果

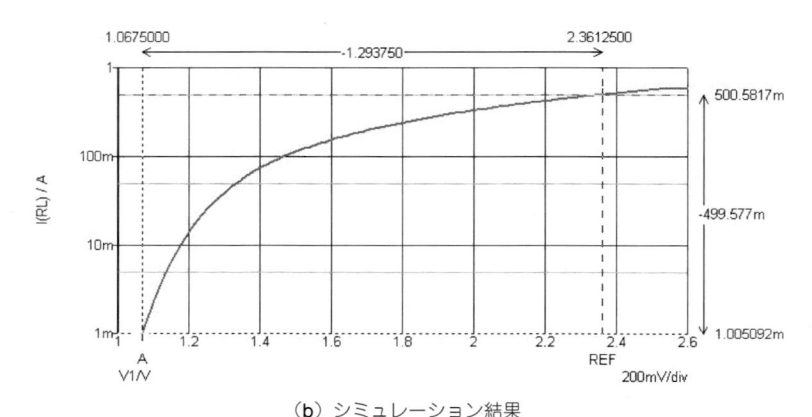

図 7-5　コレクタ直流電流-入力電圧特性のシミュレーション

ます．これは，C18 の ESR を R17 で割った値 0.11 ÷ 2 ≒ 0.055 が支配的になっているためです．

電流が減少すると利得が下がり，10mA では平坦部の利得が約 −35dB になっています．

図 7-1 (b) の RV_9 と R_{23} に電流が流れるので 1mA まで減少することはないため，図 7-6 (b) の 10mA と 500mA の特性で負帰還設計することにします．

図 7-7 が，負帰還設計のための利得の漸近線です．制御部の利得-周波数特性がステップ状になり，高域の平坦部でループ利得を 1 にできるので，誤差増幅器タイプ I で設計します．

出力電流が 10mA ～500mA まで変化すると，図 7-7 に示すように制御部の利得が変化します．そして，出力電圧を設定するための RV_9 と R_{21} によって，ループ利得が 1/5～1 まで変化します．

したがって，ループ利得が一番低くなるのは，出力電圧を 20V (RV_9 と R_{21} の分圧比 1/5) に設定し，出力電流が 10mA のときです．

ループ利得が高くなると，ループ利得が 1 になる周波数が高くなります．図 7-6 (b) の結果を見ると，出力電流が大きいときには 100kHz 以上の周波数でも利得が平坦で位相遅れがなく，負帰還をかけても安定な特性です．

以上から，ループ利得が一番低くなる条件で負帰還定数を求めます．

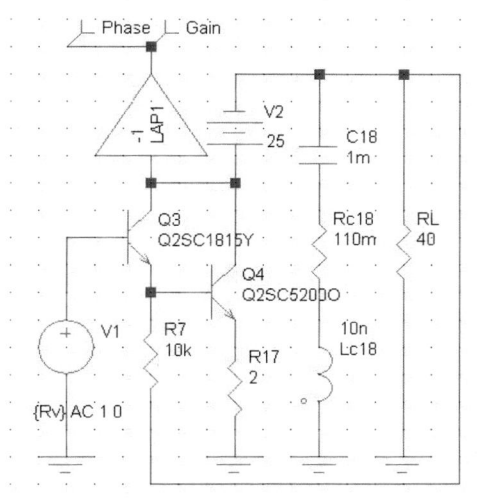

(a) シミュレーション回路 ［Regu_FA_V_Cont_AC］

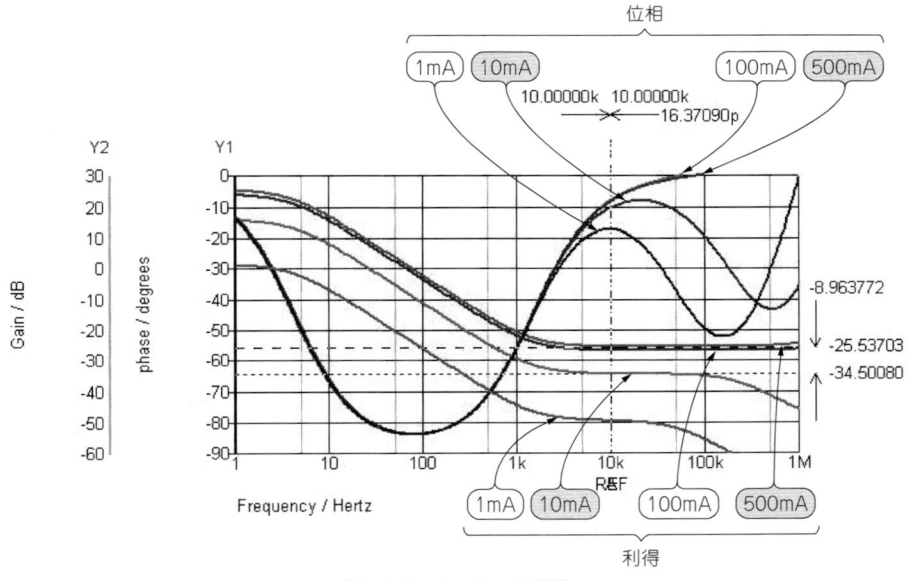

(b) シミュレーション結果

図 7-6 制御部の利得-周波数特性シミュレーション

図 7-7 の制御部の利得の漸近線から，利得が平坦になっているきりのよい 10kHz でループ利得を 1 にすることにします．すると，制御部と RV_9 と R_{21} を合わせた利得は $-35\text{dB} \times (R_{21}/(RV_9 + R_{21}))$ になります．したがって，誤差増幅器の 10kHz における利得はこの逆数になり，約 280 倍になります．誤差増幅器の利得の減衰傾度は -20dB/dec なので，誤差増幅器の利得が 0 になる周波数，f_3 は次の式から求まります．

$$f_3 = 10\text{kHz} \times +35\text{dB} \times \left(\frac{RV_9 + R_{21}}{R_{21}}\right) \fallingdotseq 2.8\text{MHz}$$

R_{13} を 4.7kΩ にすると C_{12} の容量は，

```
┌─────────────────┐
│500mA時制御部利得│
└─────────────────┘
                         −20dB/dec      $f_4 = \dfrac{1}{2\pi \cdot C18 \cdot Rc18}$
                                  1.45kHz
┌─────────────────┐                 $f_4$            $f_2$
│10mA時制御部利得 │                                              −25.5dB
└─────────────────┘     −20dB/dec
                 $f_5$
         $f_5 = \dfrac{1}{2\pi \cdot C18 \cdot RL}$    10kHz
                                         $f_1$
                                                             −35dB
┌───────────┐
│誤差増幅器利得│
└───────────┘
                    −20dB/dec

           +35dB × $\dfrac{RV9+R21}{R21}$    約280倍

                         +25.6dB × $\dfrac{RV9+R21}{R21}$   10kHz×280倍
                                                              $f_3$
                                                                  −0dB
                                                              2.8MHz
```

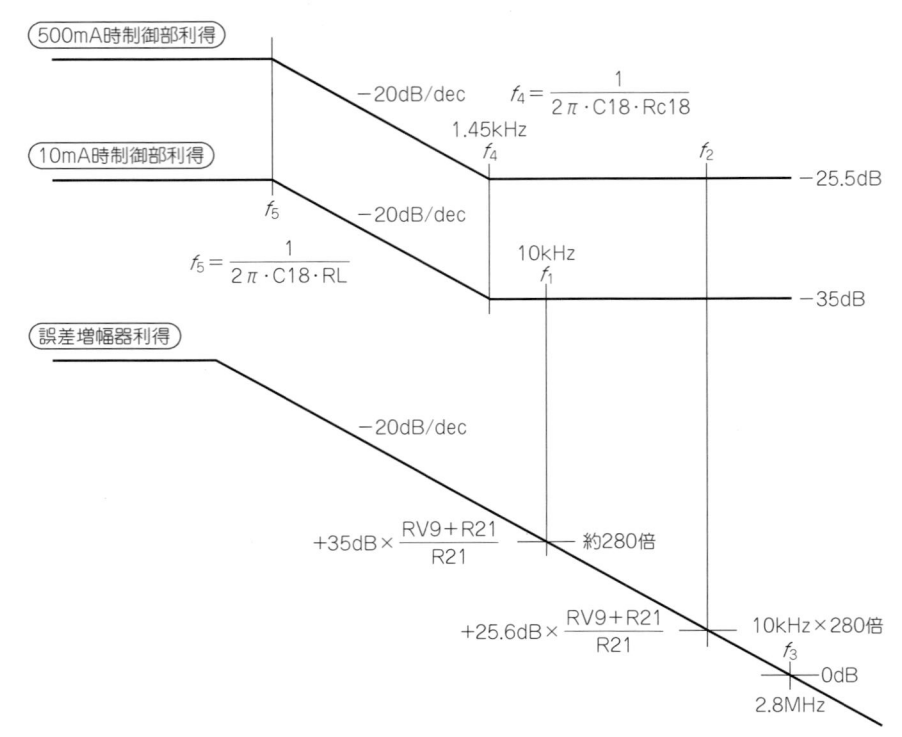

図7-7 定電圧モード…負帰還設計のための利得の漸近線

$$C12 = \dfrac{1}{2\pi \cdot 4.7\mathrm{k}\Omega \cdot 2.8\mathrm{MHz}} \fallingdotseq 12\mathrm{pF}$$

からE系列の10pFを選びます.

図7-8は，定電圧モードのときのループ特性のシミュレーションです．

図7-8(b)は出力電流が500mAでは電流制限がかかるので，きりのよい出力電圧20V，出力電流400mAから負荷抵抗を50Ωにし，20V設定(RV9：10kΩ)と2V設定(RV9：1kΩ)したときのシミュレーションです．それぞれループ利得が1になる周波数が約25.9kHz，約65.4kHzで，いずれも位相余裕が90°近くあり，安定な特性を示しています．

図7-8(c)は，出力電圧20V，出力電流10mAの一番ループ利得が低くなる点でのシミュレーションをするため，負荷抵抗を2kΩにして，20V設定(RV9：10kΩ)と2V設定(RV9：1kΩ)したときのシミュレーションです．漸近線での計算では10kHzでループ利得を1にしましたが，シミュレーションでは若干ずれた12.8kHzになっています．そして，位相余裕は約80°で安定な値になっています．

図7-8(d)は，**図7-8(b)**と同じ条件でのループ利得の実測値です．10kHz以上での位相の値に乖離が見られますが，ループ利得が1になる周波数はほぼ同じで位相余裕も100°で安定な値が得られています．

図7-8(e)は，**図7-8(c)**と同じ条件でのループ利得の実測値です．一番ループ利得が低い，出力電圧20V，出力電流10mAでのループ利得が1になる周波数が約13kHzなので，シミュレーションとほぼ同じ値が得られ，位相余裕も90°で安定な値になっています．

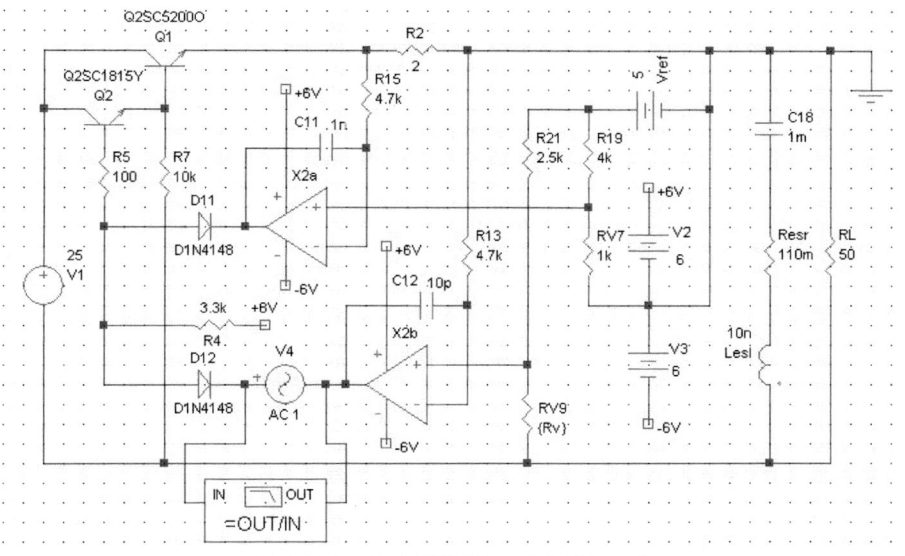

(a) シミュレーション回路 [Regu_FA_V_Loop]

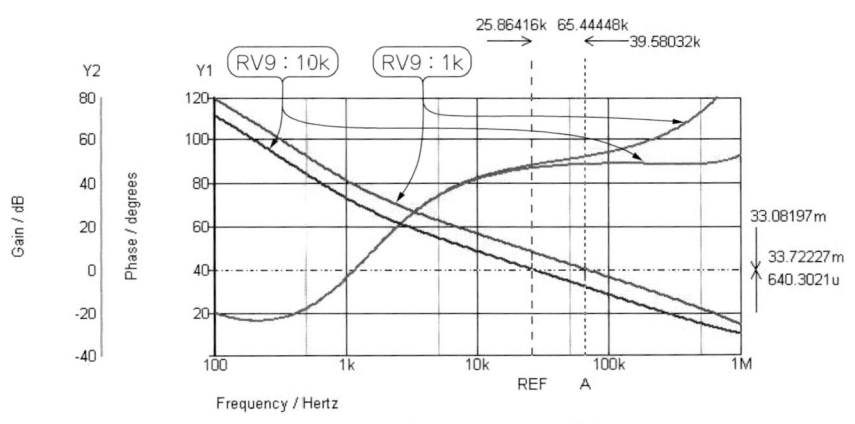

(b) RL：50Ωのときのシミュレーション結果

(c) RL：2kΩのときのシミュレーション結果

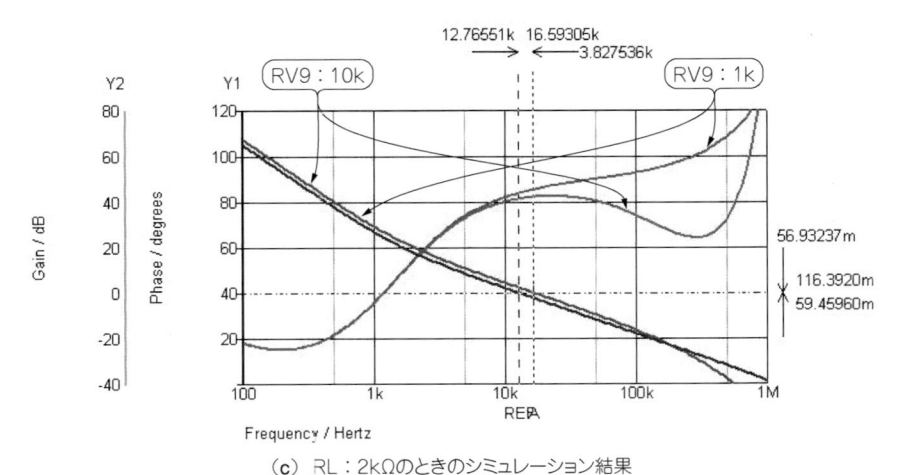

図7-8 定電圧制御モードのループ利得のシミュレーション

7-4──定電圧モードでの負帰還設計

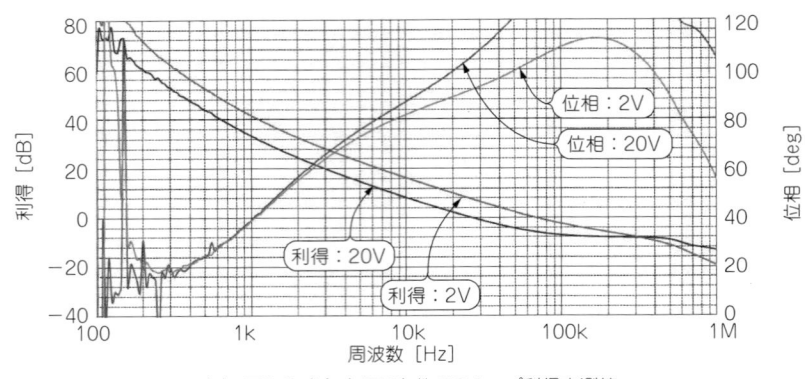

(d)　図7-8（b）と同じ条件でのループ利得実測値

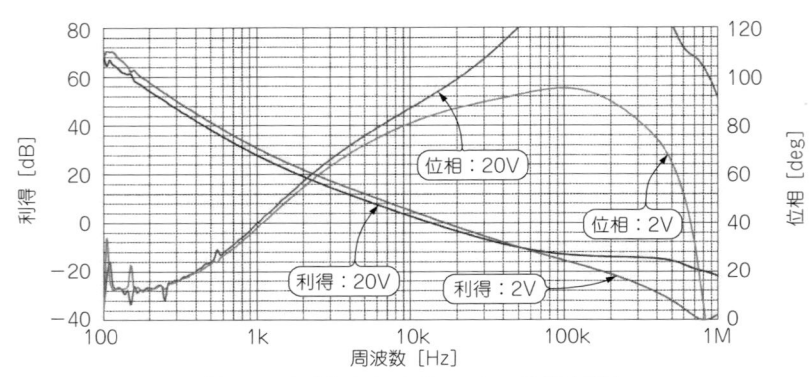

(e)　図7-8（c）と同じ条件でのループ利得実測値

図7-8　定電圧制御モードのループ利得のシミュレーション（つづき）

7-5──定電流モードでの負帰還設計

　図7-9は，負帰還の動作をわかりやすくするために図7-3の出力をグラウンド電位に書き換えたものです．この図から，Q_4はエミッタ・フォロア回路を構成していることがわかります．そして，出力電流を設定するR_{19}, RV_2, RV_7は，ループ利得に影響しないこともわかります．

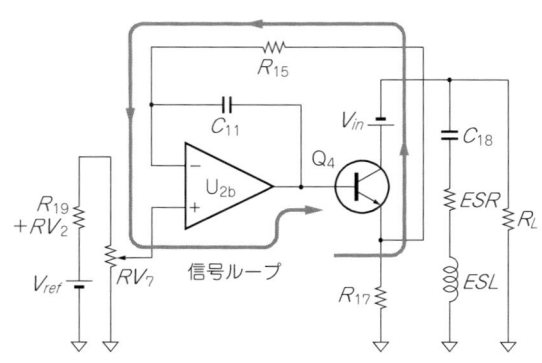

図7-9　図7-3の定電流制御回路を書き直す

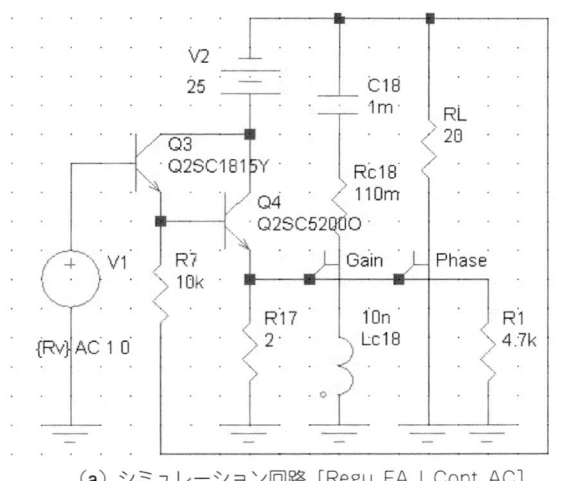

(a) シミュレーション回路 [Regu_FA_I_Cont_AC]

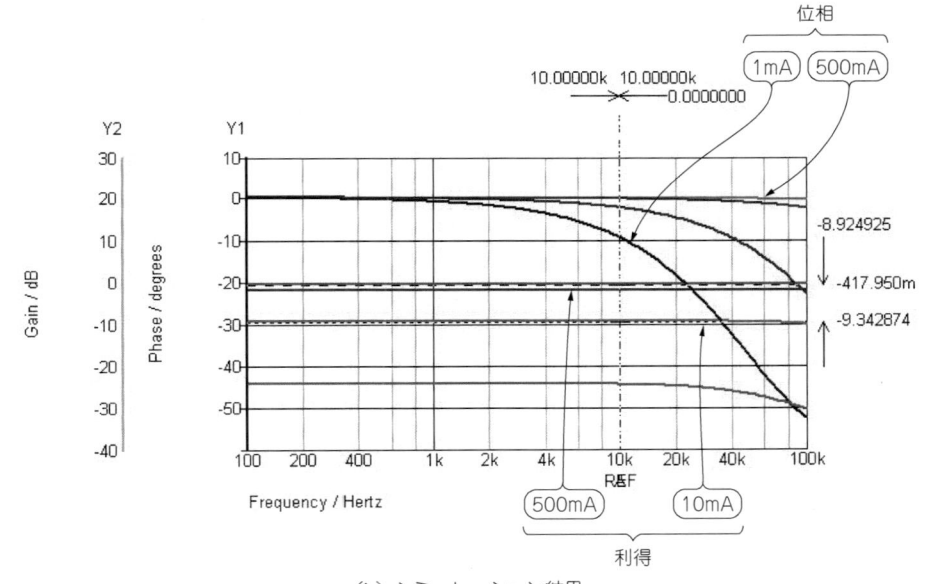

(b) シミュレーション結果

図 7-10　定電流モードでの制御部の利得・位相-周波数特性シミュレーション

　エミッタ・フォロア回路は，トランジスタに十分な電流が流れているときには利得が1近くになります．そして，図 7-9 の回路ではループの中に出力コンデンサが含まれないため，比較的高い周波数に渡って位相遅れのない，平坦な利得特性になります．

　図 7-10（a）は，図 7-6（a）と同じ入力電圧を与えて出力電流が 500mA，100mA，10mA，1mA のときの制御部の周波数特性をシミュレーションしたものです．出力電流 500mA のとき −0.46dB（約 0.95 倍），そして出力電流が小さい 10mA のときには利得が減少し，−9.8dB（0.324 倍）の利得になります．10mA のときには 100kHz で位相が 20°程度遅れが発生していますが，10kHz 程度でループ利得を 1 にするので影響は少ないでしょう．

　制御部が平坦な利得-周波数特性なので誤差増幅器タイプ I を使用し，図 7-11 に示すように簡単になり

7-5──定電流モードでの負帰還設計

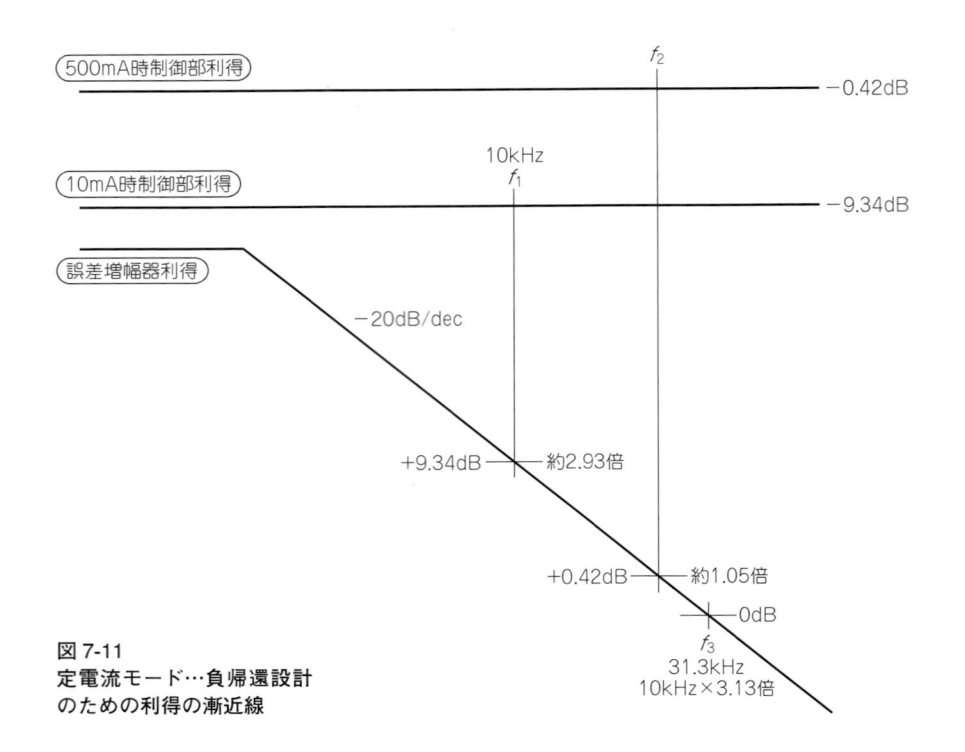

```
                                          f₂
500mA時制御部利得                              ─ -0.42dB


                                  10kHz
10mA時制御部利得                       f₁
                                        ─ -9.34dB

誤差増幅器利得

              -20dB/dec



                           +9.34dB ─  約2.93倍



                           +0.42dB ─  約1.05倍
                                     ─ 0dB
                                     f₃
                                  31.3kHz
                                  10kHz×3.13倍
```

図 7-11
定電流モード…負帰還設計
のための利得の漸近線

ます．利得が一番低い出力電流 10mA のとき，10kHz でループ利得を 1 にすることにします．

誤差増幅器の利得傾斜が −20dB/dec で，10mA のときの制御部の利得が −9.34dB です．したがって，+9.34dB で 10kHz になるように R_{15}，C_{11} を設定すればよいことになります．

以上から，誤差増幅器が利得 1 になる周波数 f_3 は，

$$f_3 = 10\text{kHz} \times +9.34\text{dB} \fallingdotseq 29.3\text{kHz}$$

R_{15} を 4.7kΩ とすると C_{11} は，

$$C_{11} = \frac{1}{2\pi \cdot 4.7\text{k}\Omega \cdot 29.3\text{kHz}} \fallingdotseq 1.16\text{nF}$$

から E 系列の 1nF を選びます．

図 7-12(a)は，算出した定数での定電流モードのループ特性のシミュレーションです．**図 7-12**(b)のシミュレーション結果を見ると，ループ利得が一番低い 10mA のときのループ利得が 1 になる周波数が 12.7kHz です．コンデンサを E 系列から選んだため 10kHz からちょっとずれましたが動作上は問題ない値で，位相余裕も 90°で安定な値になっています．

図 7-12(c)は，**図 7-12**(b)と同じ定数での実測値です．各出力電流で同程度の結果が得られています．

7-6 ── 電源トランスの改造

本器では，三つの独立した 2 次巻き線がある電源トランスが必要になります．市販の電源トランスには適当なものが見あたらなかったので**写真** 7-2 に示すように，トロイダル・トランス（RS コンポーネンツ 257-4991，671-9084 も同等品と思われる）に自分で巻き線を追加して，三つの独立した 2 次巻き線にしました．巻き線は単線のビニール被覆のほうが形が崩れず巻きやすいようです．また，円形の金属板で押さ

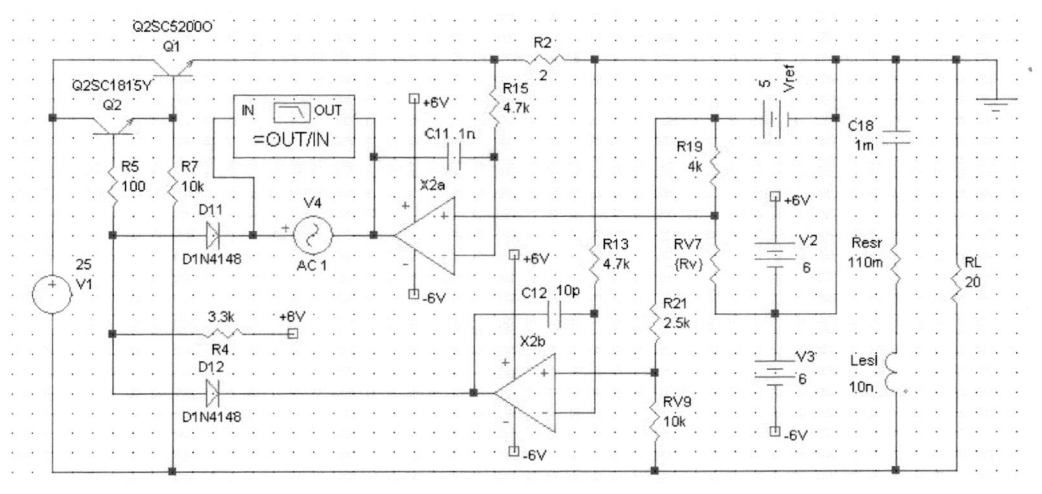

(a) シミュレーション回路 [Regu_FA_I_Loop]

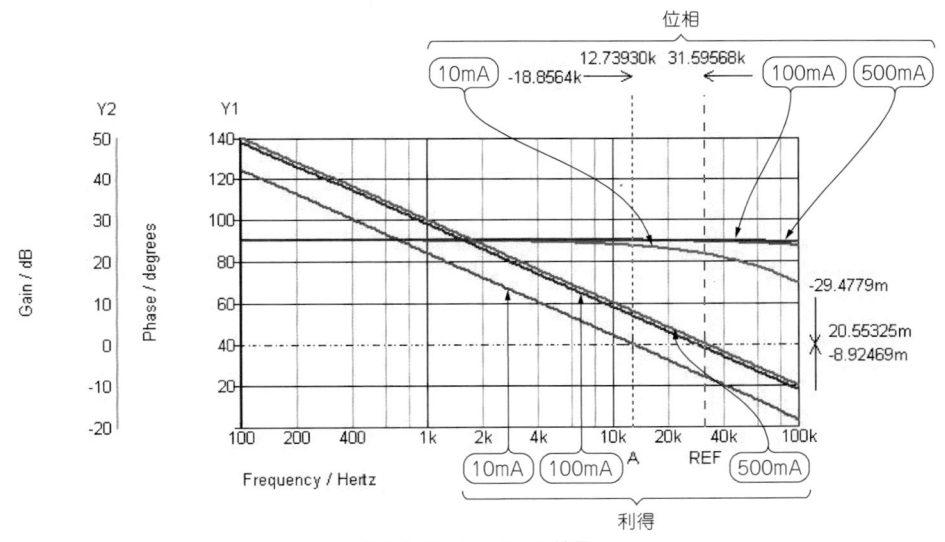

(b) シミュレーション結果

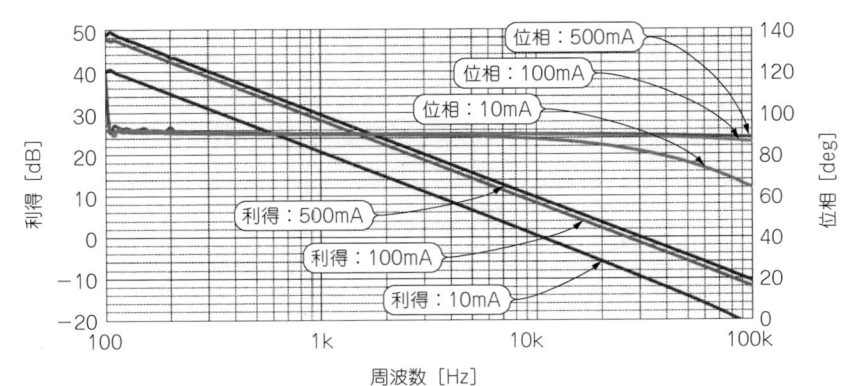

(c) 定電流制御モードのループ利得の実測値

図 7-12 定電流制御モードのループ利得

7-6 ── 電源トランスの改造

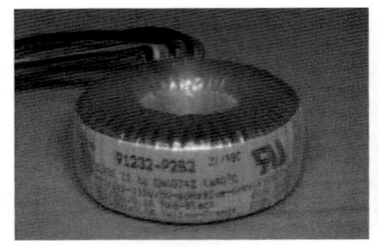

写真7-2
使用した電源トランス （a）トロイダル・トランスRS 257-4991　　（b）2次巻き線を追加した状態

えるので被覆の丈夫なものを選びます．
　まずは予備実験として，均一の巻き線間隔で適当に24t巻いてみました．すると，100V入力のとき1.54Vの電圧が得られました．したがって，このトランスでは，1t あたり1.54V ÷ 24 ≒ 64.2mV$_{rms}$の電圧が得られることがわかりました．
　±5Vの安定した直流電圧が必要なので，1次電圧が少々低下しても大丈夫なように7～8V$_{rms}$の電圧を得ることにしました．したがって，最低でも7V ÷ 64.2mV ≒ 109tの巻き線にしなくてはなりません．1本の線で100t以上巻くのはちょっと大変なので，2本の線を同時に巻き後で直列接続することにしました．
　24t巻いたときの線材の長さが約2m30cmでした．したがって，55t では6m程度の長さになります．巻いていくと55tで1.5周程度で中途半端になったので，ちょうど2周にすると64t × 2になりました．したがって，8.2V$_{rms}$程度の交流電圧が得られることになります．

7-7──放熱設計

　本器が使用したケースはタカチのUS-160LHです．ケースのアルミ厚は2mmです．そしてケース下側の面積は(16cm + 8.5cm) × 21cm = 515cm^{2}です．**図7-13**のグラフから2℃/W程度は期待できそうです．
　本器ではQ$_2$, Q$_4$の発熱が大きくなります．発熱が最大になるのは出力電圧設定が最低で，最大電流が流れたときです．したがって，Q$_2$, Q$_4$の消費電力は，24V × 0.5A = 12W，合計24Wになります．このときケースの温度上昇は24W × 2℃/W ≒ 48℃です．
　Q$_2$のジャンクション温度を計算で求めてみます．
　2SC5199のデータシートから，最大コレクタ損失：120W(at T_c：25℃)，最大接合温度：150℃からジャンクション-ケース間の熱抵抗は(150℃ - 25℃) ÷ 120W ≒ 1.04℃/Wになります．放熱シートの熱

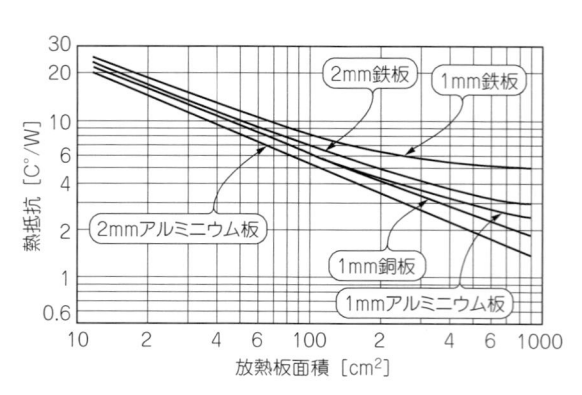

図7-13[12]
金属板の熱抵抗
シャーシの熱抵抗をこのグラフから求める．

抵抗を 0.4 ℃/W とすると合計 1.44 ℃/W，したがって，放熱シートからジャンクションまでの温度上昇は 12W × 1.44 ℃ ≒ 17.3 ℃になります．

周囲温度を 30 ℃とすると，Q_2 のジャンクション温度は 30 ℃ + 48 ℃ + 17.3 ℃ = 95.3 ℃になり，最大ジャンクション温度 150 ℃を守ることができます．しかし，周囲温度 30 ℃のときケース温度が 78 ℃と熱くなるので，できたら専用のヒートシンクにしたほうが安全でしょう．

7-8 ── 調整方法

配線が完了したら，配線ミスがないか十分チェックします．

4 個のポテンショメータのダイヤルの目盛りが 0～10 に正確に可変できるよう，ダイヤルの取り付けを調整します．

すべてのポテンショメータの設定を 10 にします．

出力端子を観測しながら電源スイッチ SW_1 を投入し，出力電圧がおよそ 20V 近くになるかすばやく観測します．ならない場合は配線ミスがあるので，すぐに電源を切り配線チェックし，誤配線を見つけます．

ほぼ正常な値が出力したら，正の出力端子が +20V になるように，RV_3 を調整します．

次に，正の出力端子とコモンの間に電流計を接続し，ショート状態にします．電流計の指示が 500mA になるように RV_3 を調整します．

出力端子を開放し，SW_2 を Separate に設定し，負電圧出力端子の電圧が -20V になるよう，RV_4 を調整します．そして，負の出力端子に電流計を接続して 500mA になるように RV_2 を調整します．

SW_2 を Tracking に設定し，負電圧出力端子の電圧が -20V になるよう，RV_5 を調整します．以上で調整が終了です．

7-9 ── 特性の評価

図 7-14 は，定電圧モードで正負とも 15V に設定し，負荷抵抗を変化させて出力端子での出力電圧-出力電流特性を計測した結果です．スムーズなグラフになっていないのは，使用した電圧計の分解能が 1mV のためです．正出力では，0～450mA の電流変化で出力電圧が 9mV 変動しています．この値から直流出力インピーダンスを計算すると，9mV ÷ 450mA = 20mΩ になります．この後，シミュレーションで示すように，この出力抵抗はコネクタや配線材による直流抵抗が支配的です．

図 7-15 は，定電流モードで正負とも 300mA に設定し，負荷抵抗を変化させて出力端子での，出力電流-出力電圧特性を計測した結果です．正出力で 2～19V の電圧変化のとき，出力電流が 2.3mA 変動しています．この値から直流出力インピーダンスを計算すると，17V ÷ 2.3mA ≒ 7.4kΩ になります．定電流出力は出力インピーダンスが高いほど理想的で，7.4kΩ というのはちょっと低い値です．この値は，出力電圧設定のための抵抗が出力に接続されていることが主要な要因です．したがって，定電流特性を改善するには，定電流のときに出力電圧設定の抵抗をスイッチで外すか，専用の定電流電源にする必要があります．この電源の定電流は主に過電流を防ぐことなので，この特性で十分とします．

図 7-16 (a) は，定電圧モードで出力電圧と出力電流を変えたときの負出力の出力インピーダンス-周波数特性です．負帰還により出力コンデンサのインピーダンスが 10kHz より低い周波数になるにつれ，低下していくのがわかります．そして，ループ利得が 1 になる 10kHz 付近でインピーダンスのピークがな

図 7-14
正負定電圧…直流出力電圧 - 直流出力電流特性（15V 設定時）

図 7-15
正負定電流…直流出力電流 - 直流出力電圧特性（300mA 設定時）

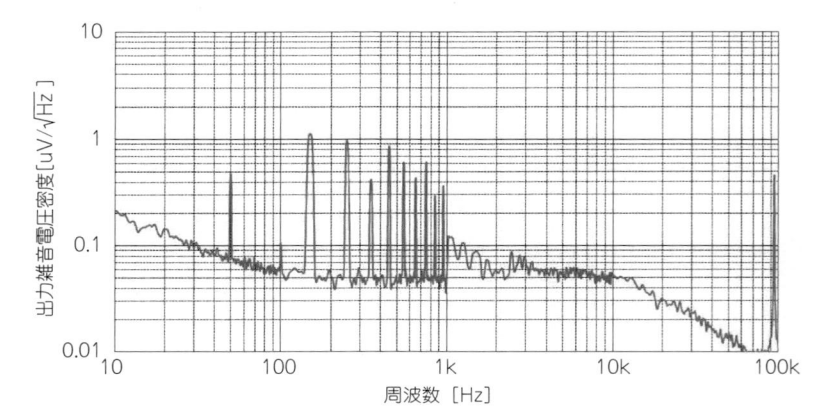

図 7-17
＋15V 出力時の出力雑音電圧密度 - 周波数特性

く，スムーズな曲線で安定な負帰還動作していることを示しています．しかし，図 7-14 の直流特性で示されたようにコネクタや配線材の影響で 10mΩ 以下にはなりません．負荷抵抗 2kΩ のときの低域のデータに暴れが見られるのは，計測のための注入電流が小さく発生する交流電圧が極微少になるためです．

図 7-16 (b), (c) は，シミュレーションによる同じ条件での出力インピーダンス特性です．シミュレーションではコネクタや配線材のパラメータが回路図に含まれていないので 10kHz 付近の特性は同じですが，低域に向かっては非常に低いインピーダンスが示されています．

図 7-17 は，第 6 章の図 6-24 と同じ方法で出力雑音スペクトラムを実測した結果です．図 6-24 と比べるとハム成分が多く，残念な結果になっています．これはパネル面にある出力電圧や出力電流可変のためのポテンショメータまでの配線が長く，トランスからの漏れ磁束を受けやすくなっているためと考えられます．それでも市販の安定化直流電源を実測した値よりは小さな値になっており，実験用の電源としては十分な低雑音特性です．

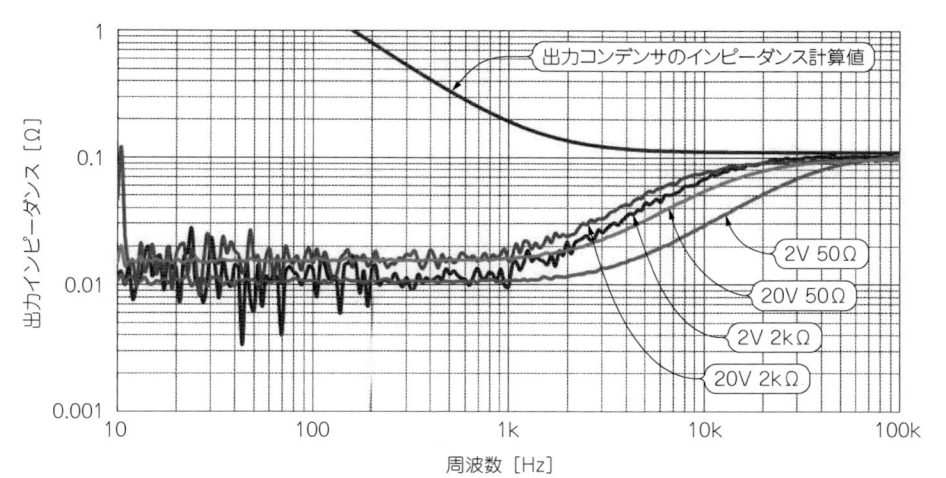

(a) 定電圧モード…負出力…出力インピーダンス-周波数特性の実測値

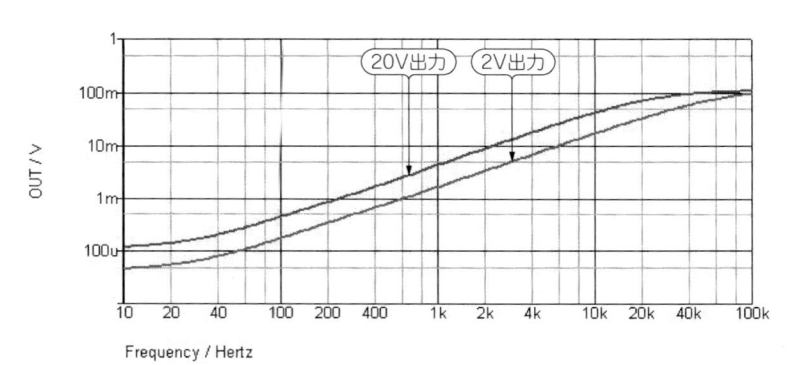

(b) 定電圧モード…負出力…出力インピーダンス-周波数特性のシミュレーション（負荷抵抗50Ω）

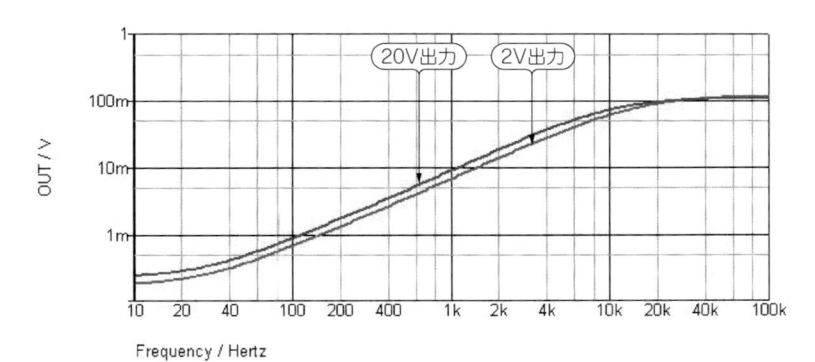

(c) 定電圧モード…負出力…出力インピーダンス-周波数特性のシミュレーション（負荷抵抗2kΩ）

図7-16 定電圧モード時，負出力の出力インピーダンス-周波数特性

7-9 ── 特性の評価

第8章 降圧型，昇圧型，昇降圧型，SEPIC，Cuk コンバータ
スイッチング電源の動作

8-1 ── 降圧型コンバータ

スイッチング電源の基本となるのが，図 8-1 (a) に示す降圧型コンバータ (Buck Converter) です．入力の直流電圧 V_{in} を一定間隔で ON/OFF し，その ON/OFF 波形を LC の LPF で平均化し，一定値の直流電圧に降圧します．

使用する素子が理想的で損失がないとすると，出力電圧は入力電圧の ON/OFF 比 (D，図 8-2) で決定され，電圧変換率 (M) は次の式で求まり，図 8-3 のグラフになります．

$$M = D \quad (D : 0 \sim 1) \quad \cdots\cdots\cdots (8\text{-}1\text{-}1)$$

コンデンサに流れる電流は次の式で決定され，電圧の変化 (ΔV) に比例した電流が流れます．

$$I[\text{A}] = \Delta V[\text{V/s}] \times C[\text{F}] \quad \cdots\cdots\cdots (8\text{-}1\text{-}2)$$

したがって，図 8-1 (a) のコイル (L) がないと C には立ち上がりの非常に速い電圧が加わり，大電流が流れ，コンデンサが破壊されてしまいます．このため，電力損失の極少ない L が必要になります．

図 8-1 (b) は，図 8-1 (a) の原理図を実際の素子に当てはめた図です．コイルに発生する電圧は次式で決定され，電流の変化 (ΔI) に比例した電圧が発生します．

$$V[\text{V}] = \Delta I[\text{A/s}] \times L[\text{H}] \quad \cdots\cdots\cdots (8\text{-}1\text{-}3)$$

このため，図 8-1 (b) のダイオード (Di) がないとトランジスタ (Q) が OFF になったとき L に流れる電

(a) 降圧型スイッチング電源の原理図

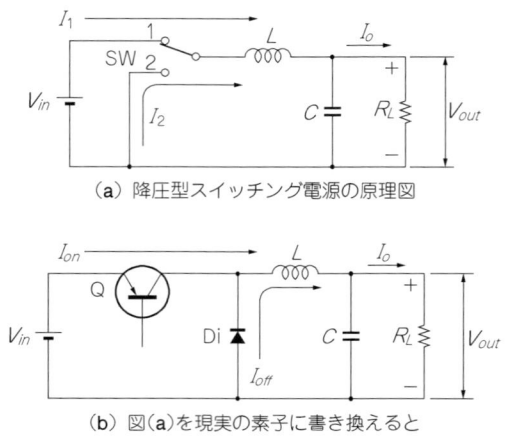

(b) 図(a)を現実の素子に書き換えると

図 8-1 降圧型スイッチング電源

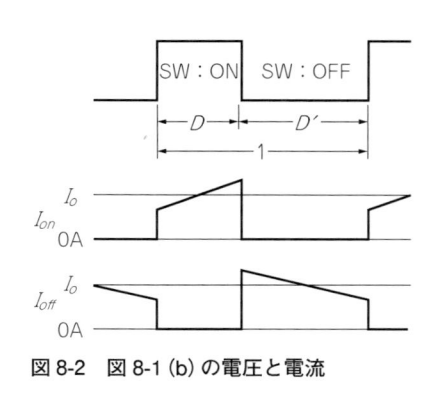

図 8-2 図 8-1 (b) の電圧と電流

図 8-3 Buck コンバータの電圧変換率グラフ

流が急峻に 0 になるため，L の両端には高圧が発生してしまい Q が破壊されてしまいます．したがって，L に連続して電流が流れるように Di を挿入します．図 8-1 (b) の Q が OFF になると，式 (8-1-3) にしたがって Q のコレクタ電圧がマイナス電圧に向かって急変します．コレクタ電圧が Di の順方向電圧分だけマイナス電位になると Di に電流が流れ，Q のコレクタ電圧は Di の順方向電圧分だけマイナス電位になります．そして，Q が OFF した直後に Di に流れる電流は，Q に流れていた電流に等しい値になります．

図 8-4 は，SIMPLIS による Buck コンバータの原理動作のシミュレーションです．図 8-4 (b) はデューティ 50% のときの波形で出力電圧が V1 のほぼ 50% になっています．そして，S1 に流れる電流と D1 に流れる電流が L1 に流れているようすがわかります．

L1 に流れる電流の傾きは，式 (8-1-3) より次の式から求まります．

$$\Delta I [\text{A/s}] = \frac{V[\text{V}]}{L[\text{H}]} \quad\quad\quad (8\text{-}1\text{-}4)$$

したがって，各部の損失がない理想状態では，L に流れる電流値 ΔI_L は Q が ON する時間を t_{on} とすると，次式から求まります．

$$\Delta I_L = \frac{V_{in} - V_{out}}{L} \times t_{on} \quad\quad\quad (8\text{-}1\text{-}5)$$

以上から L には出力電流 I_o を平均値とし，ΔI_L の変動成分が発生します．

一般的に出力のコンデンサ C の容量は大きく，スイッチング周波数も 100kHz 前後と高いため，この周波数における C のインピーダンスは [図 8-4 (a) には書かれていないが]，直列等価抵抗 (R_{esr}) が支配的になります．このため，$R_L \gg R_{esr}$ が成り立ち，ΔI_L はすべて C に流れ，出力電圧の変動成分（リプル）の値は，$\Delta I_L \times R_{esr}$ になります．

図 8-4 (c) は，デューティ 25% のときの波形です．出力電圧はほぼ V1 の 25% の 2.5V になっています．出力電圧が 2.5V のため L1 に印加される電圧は，S1 が ON のときには約 7.5V，S1 が OFF のときには約 2.5V で，印加電圧が異なるため L1 に流れる電流の上昇，下降で傾きが異なることになります．

図 8-4 (d) は，デューティ 50% で負荷抵抗を 10Ω から 100Ω に変えたときのシミュレーション結果です．RL に流れる電流が 1/10 になったため，L1 に流れる直流成分も 1/10 になります．このため，L1 に流れる電流が 0 になる区間が発生しています．L1 に連続して電流が流れているときと，電流が 0 になる区間が発生するときでは，電圧電流の振る舞いが異なります．

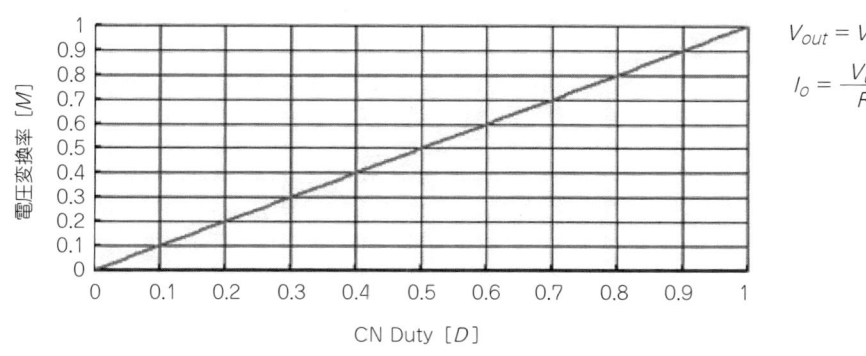

スイッチング電源では，コイルに連続して電流が流れている動作を電流連続モード（CCM：Continuous

(a) シミュレーション回路
[BuckCon_VI_Waveform]

(b) スイッチ・デューティ50%
　　 RL：10Ω

(c) スイッチ・デューティ25%
　　 RL：10Ω

(d) スイッチ・デューティ50%
　　 RL：100Ω

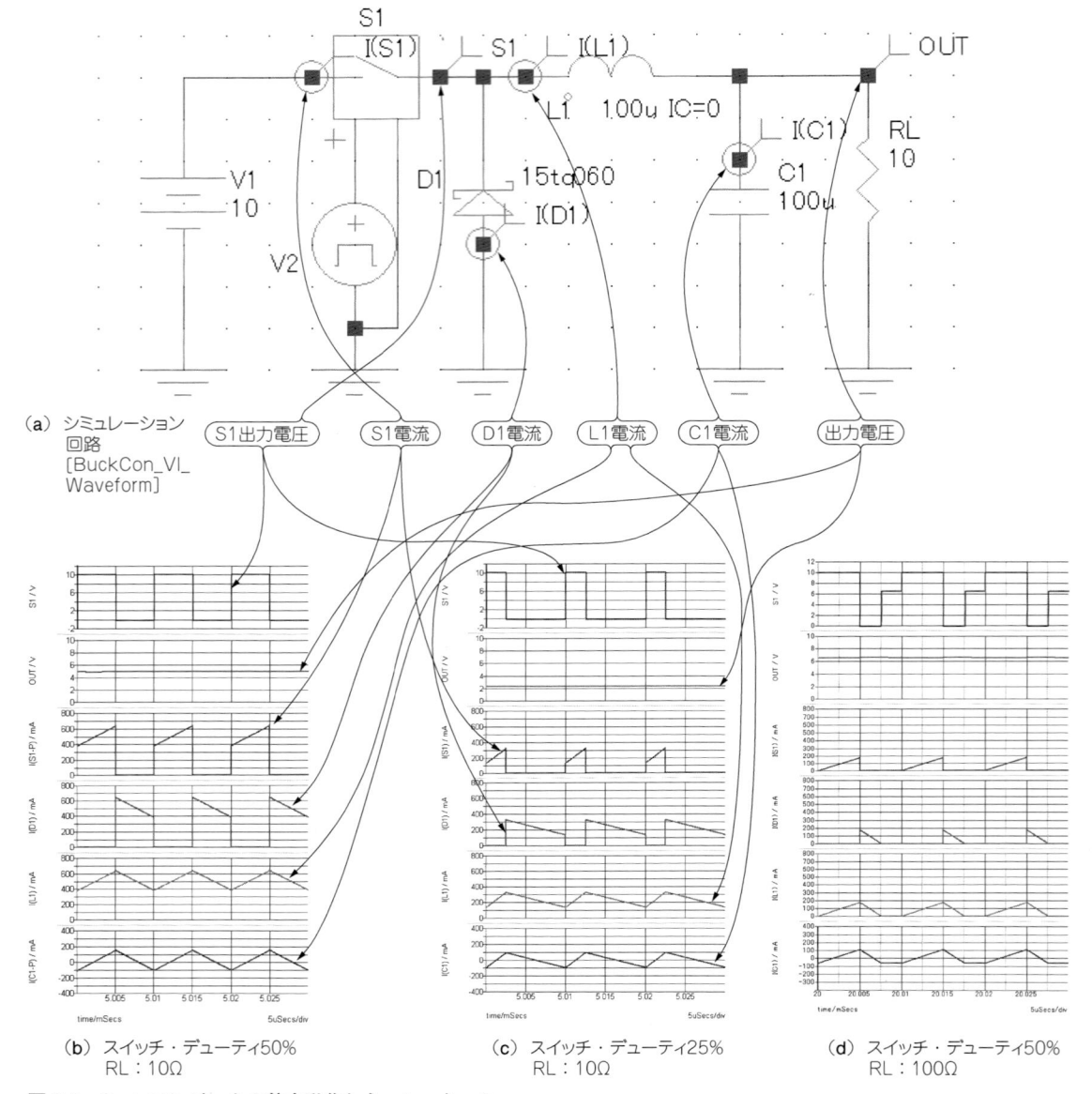

図8-4　Buckコンバータの基本動作シミュレーション

Conduction Mode)，コイル電流が0になる区間がある動作を電流不連続モード（DCM：Discontinuous Conduction Mode），ちょうど0になる区間が発生する動作を臨界モード（RCM：cRitical Conduction Mode）と呼んでいます．

DCMでのBuckコンバータの電圧変換率は，図8-5から次の式になります．

$$M = \frac{D}{D + D_2} \quad \cdots\cdots\cdots\cdots\cdots\cdots\cdots\cdots\cdots\cdots\cdots\cdots\cdots\cdots\cdots\cdots\cdots\cdots\cdots\cdots\cdots\cdots\cdots\cdots\cdots (8\text{-}1\text{-}6)$$

図 8-5
DCM の電流波形

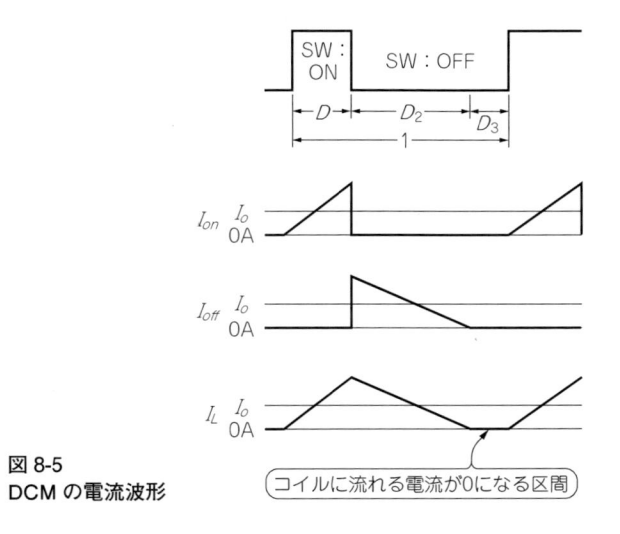

8-2 ── 昇圧型コンバータ

図 8-6 は昇圧型コンバータ（Boost Converter）と呼ばれるスイッチング電源で，入力電圧よりも高い出力電圧が得られます．

SW が b 接点に接続されると，V_{in} が L に印加され電流が流れます．そして，次式で決定されるエネルギー U が L に蓄えられます．

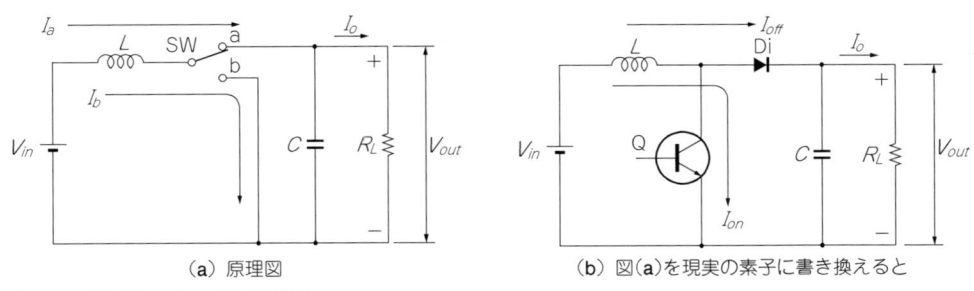

(a) 原理図

(b) 図(a)を現実の素子に書き換えると

図 8-6 昇圧型スイッチング電源

$V_{out} = V_{in} \times M$

$I_o = \dfrac{V_{out}}{R_L}$

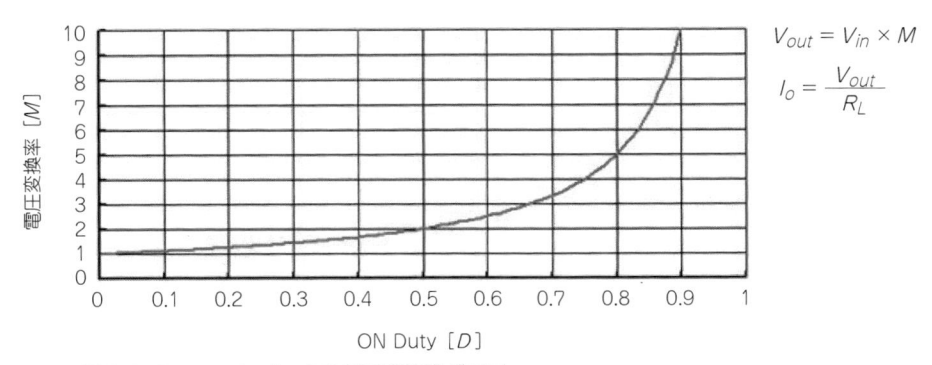

図 8-7 Boost コンバータの電圧変換率グラフ

$$U = \frac{1}{2}LI^2 \quad \text{(8-2-1)}$$

b接点が連続的に接続されると当然のことながら大電流が流れ，破壊してしまいます．しかし，一定の時間 (t_{on}) のみb接点に接続されると，その電流は次式から求まります．

$$\Delta I_L = \frac{V_{in}}{L} \times t_{on} \quad \text{(8-2-2)}$$

この電流によりLにエネルギーが蓄えられます．そして，スイッチがa接点に切り替わるとV_{in}の電圧に加えLに蓄えられたエネルギーが負荷に流れます．

SWがa接点に接続されたときのΔI_Lは，

$$\Delta I_L = \frac{V_{out} - V_{in}}{L} \times t_{off} \quad \text{(8-2-3)}$$

式(8-2-2)と式(8-2-3)が等しく$t_{on} = D$　$t_{off} = 1 - D$とし，整理すると次式が得られます．

$$\frac{V_{out}}{V_{in}} = \frac{1}{1-D} = M \quad \text{(8-2-4)}$$

Dが1に近づくと非常に高い変換率になりますが，実際には効率を考えるとDが0.8程度までが現実的です．したがって，Boostコンバータでは，入力電圧の5倍程度までが高効率が得られる昇圧比になります（図8-7）．

図8-8は，SIMPLISによるBoostコンバータの原理動作のシミュレーションです．図8-8(b)はデューティ50%のときの波形，図8-8(c)はデューティ25%のときの波形です．

Buckコンバータの場合はLに流れるリプル電流がすべてCに流れましたが，Boostコンバータの場合は図8-8に示すようにトランジスタがOFFしているときにしかCに電流が流れません．このため，リプル電圧の計算が複雑になり，Buckコンバータに比べ同じ直列等価抵抗のコンデンサでは，出力のリプル電圧が大きくなります．

また，一度Lにエネルギーを蓄え，次のタイミングで放出するというメカニズムのため，5-5-4項で説明した過剰位相系になり，制御信号の遅れが発生します．

8-3——昇降圧型コンバータ

図8-9は，昇降圧型コンバータ（Buck-Boost Converter）と呼ばれるスイッチング電源です．入力電圧よりも低い出力電圧から高い出力電圧まで得られます．入力電圧に対し出力電圧の極性が反転しているので，反転型とも呼ばれます．

SWがa接点に接続されるとV_{in}がLに印加され，Lにエネルギーが蓄えられます．スイッチがb接点に切り替わるとLに蓄えられたエネルギーが負荷に流れます．コイルに流れる電流は連続していないといけないので，Diの向きを逆にすることはできず，出力電圧は負の電圧に限られることになります．

SWがa接点に接続されたときのΔI_Lは，

$$\Delta I_L = \frac{V_{in}}{L} \times t_{on} \quad \text{(8-3-1)}$$

SWがb接点に接続されたときのΔI_Lは，

(a) シミュレーション回路 [BoostCon_VI_Waveform]

(b) スイッチ・デューティ50%

(c) スイッチ・デューティ25%

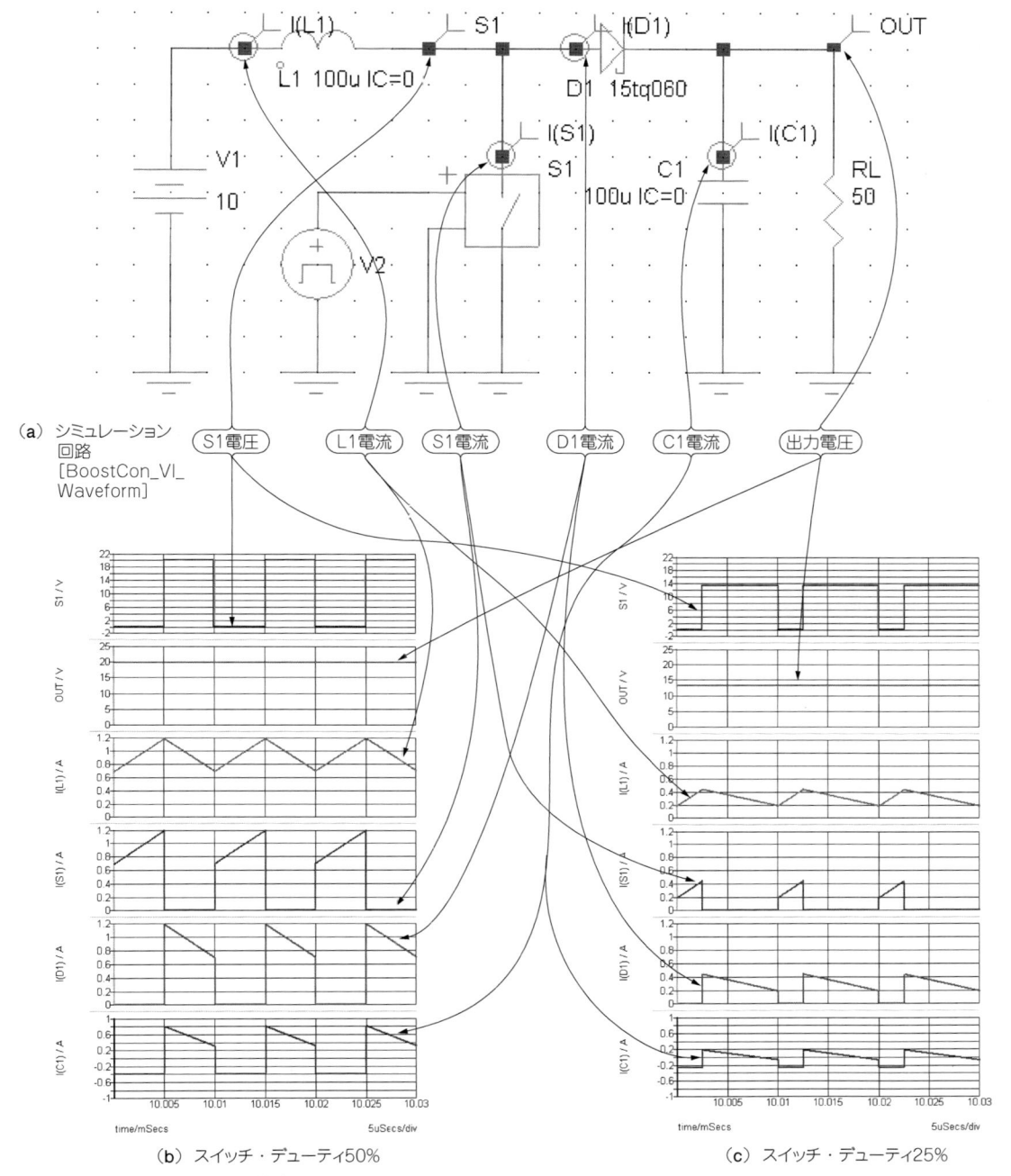

図 8-8　Boost コンバータの基本動作シミュレーション

$$\Delta I_L = \frac{V_{out}}{L} \times t_{off} \quad \cdots\cdots\cdots\cdots\cdots\cdots\cdots\cdots\cdots\cdots\cdots\cdots\cdots\cdots\cdots\cdots\cdots\cdots (8\text{-}3\text{-}2)$$

式 (8-3-1) と式 (8-3-2) が等しく $T_{on} = D$　$T_{off} = 1 - D$ とし，整理すると次式が得られます．

$$\frac{V_{out}}{V_{in}} = \frac{D}{1-D} = -M \quad \cdots\cdots\cdots\cdots\cdots\cdots\cdots\cdots\cdots\cdots\cdots\cdots\cdots\cdots (8\text{-}3\text{-}3)$$

図8-9 昇降圧型スイッチング電源

(a) 昇降圧型スイッチング電源の原理図
(b) 図(a)を現実の素子に書き換えると

図8-10 Buck-Boostコンバータの電圧変換率グラフ

$V_{out} = V_{in} \times M$

$I_o = \dfrac{V_{out}}{R_L}$

昇圧型と同様に，Dが1に近づくと非常に高い変換率になりますが，実際には効率を考えるとDは0.8程度までが現実的です．したがって，4倍程度までが高効率の得られる昇圧比になります（**図8-10**）．

図8-11は，SIMPLISによるBuck-Boostコンバータの原理動作のシミュレーションです．**図8-11**（b）は$D:50\%$のときの波形，**図8-11**（c）は$D:25\%$のときの波形です．

図8-11に示すように，Boostコンバータと同じくトランジスタがOFFしているときにしかCに電流が流れません．このため，リプル電圧の計算が複雑になり，出力のリプル電圧が大きくなるとともに，過剰位相系になります．

8-4 ── SEPICコンバータ

図8-6（b）の昇圧コンバータにコンデンサとコイルを入れ，入出力を直流的に遮断したのが，**図8-12**に示すSEPIC（Single Ended Primary Inductance Converter）コンバータです．

SEPICコンバータの電圧変換率は昇降圧コンバータと極性は異なりますが，その値は同じく次の式になります．

$$\dfrac{V_{out}}{V_{in}} = \dfrac{D}{1-D} = M \quad \cdots\cdots\cdots\cdots\cdots\cdots\cdots\cdots\cdots\cdots\cdots\cdots\cdots\cdots (8\text{-}4\text{-}1)$$

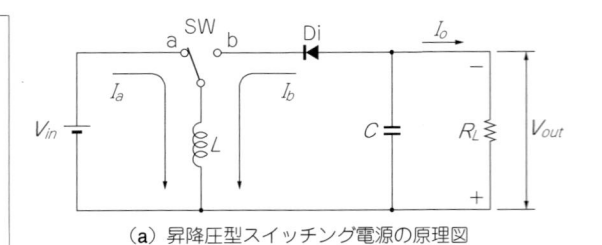

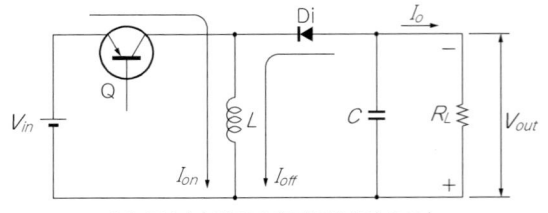

SEPICコンバータは入出力がコンデンサで絶縁されているので，万一の事故で半導体が壊れても1次側の直流電圧が2次側に現れることがありません．Buckコンバータの場合，トランジスタがON状態で壊れると1次側の高圧がそのまま2次側に現れてしまい，電子回路のICがすべて壊れるといった大事故につながる可能性があります．

このようなことから，不安定な+5Vを安定な+5Vに改善するなどの用途に向いています．

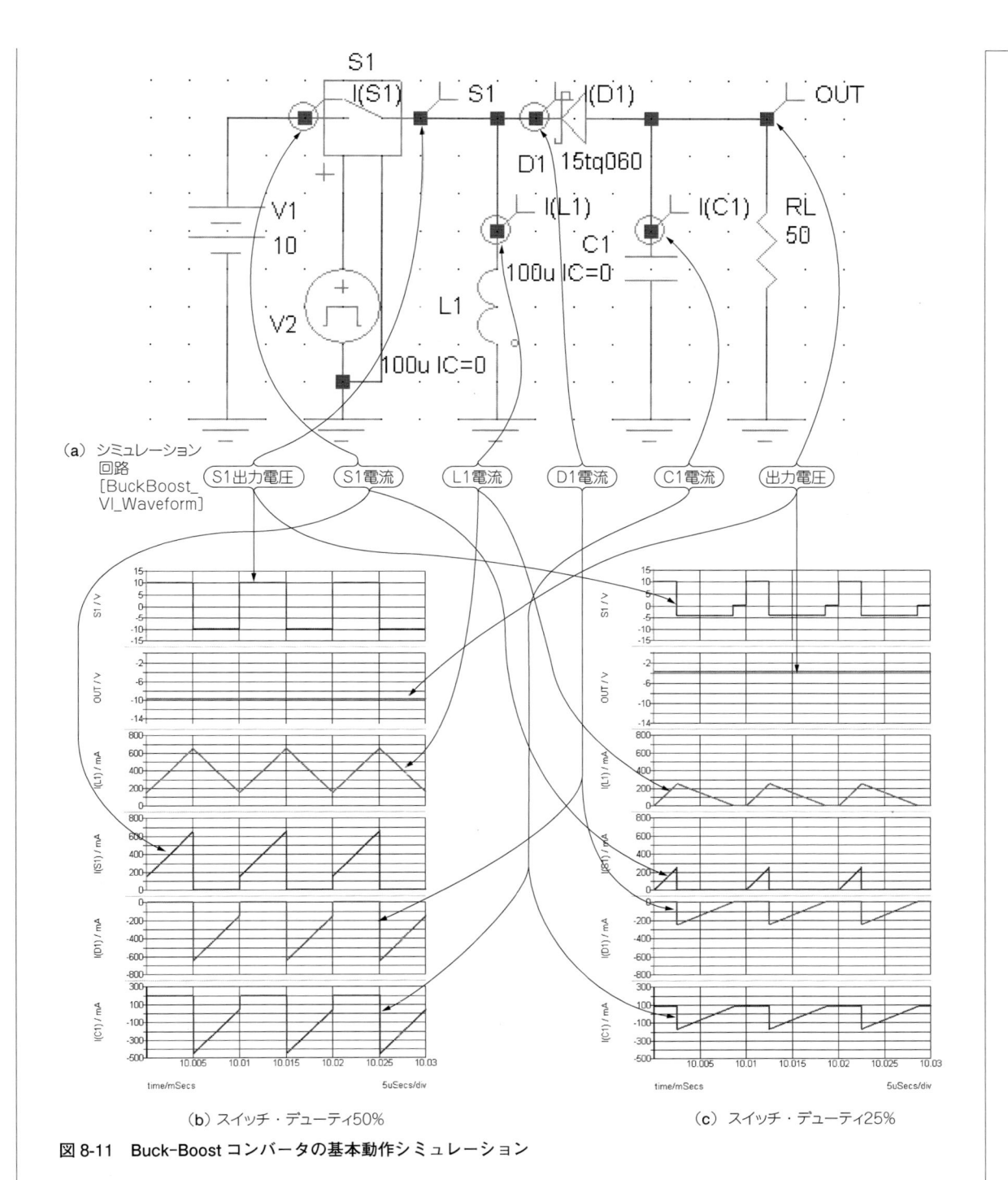

(a) シミュレーション回路 [BuckBoost_VI_Waveform]

(b) スイッチ・デューティ50%

(c) スイッチ・デューティ25%

図 8-11　Buck-Boostコンバータの基本動作シミュレーション

　SEPICの二つのコイルは独立している必要はなく，1個のコアに2巻き線したトランスでも同様に動作します．

　図 8-13 は，SIMPLISによるSEPICコンバータの原理動作のシミュレーションです．**図 8-13 (b)** はデューティ50%のときの波形，**図 8-13 (c)** はデューティ25%のときの波形です．

8-4 —— SEPICコンバータ

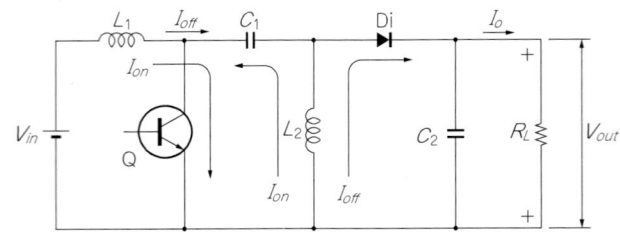

図 8-12
SEPIC コンバータの動作原理図

(a) シミュレーション回路 [SEPIC_VI_Waveform]

(b) スイッチ・デューティ50%

(c) スイッチ・デューティ25%

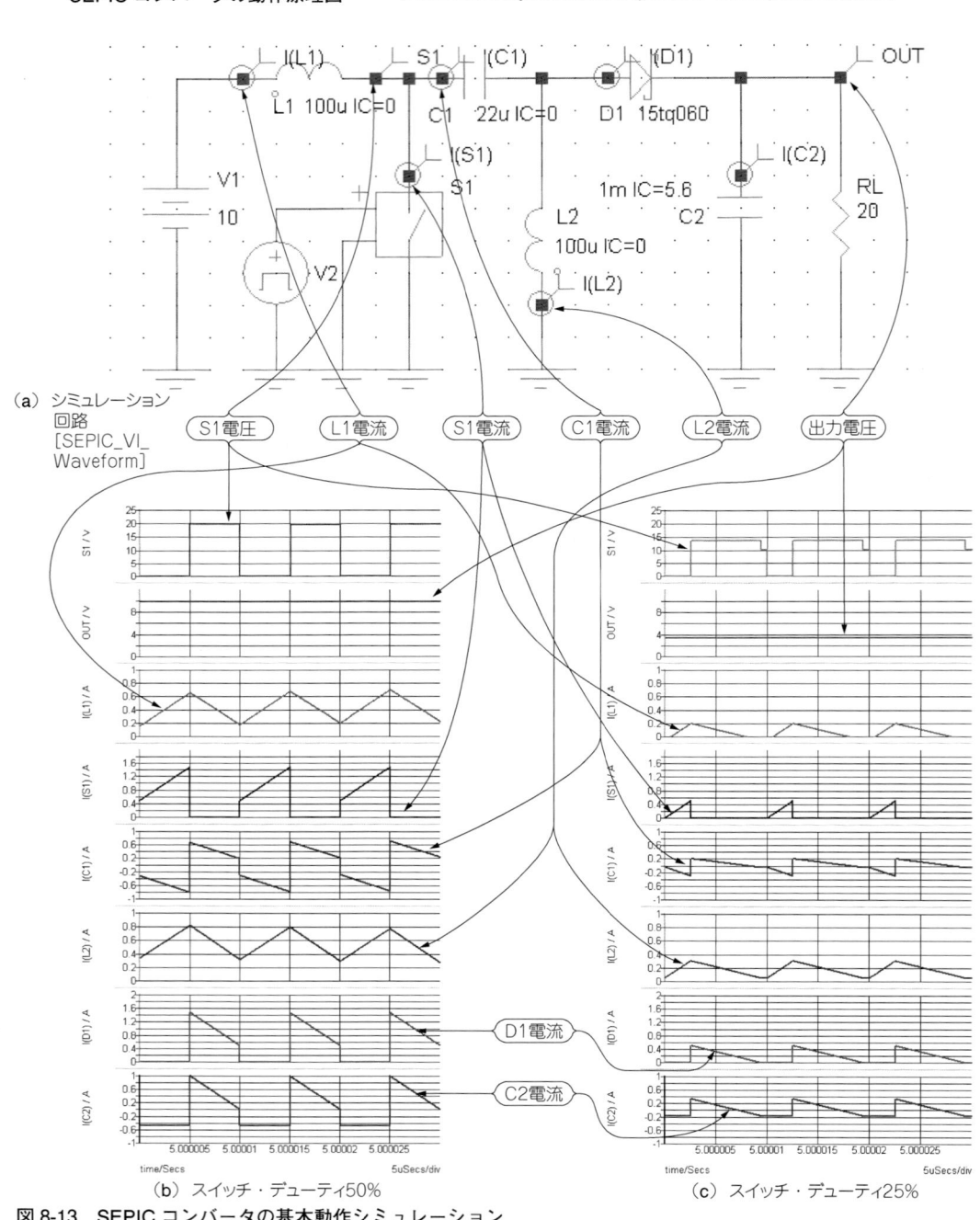

図 8-13　SEPIC コンバータの基本動作シミュレーション

第8章——スイッチング電源の動作

図 8-13 (b) のシミュレーション結果からもわかるとおり，1 次と 2 次を絶縁する C1 には大きなリプル電流が流れます．したがって，コンデンサを選択する際には許容リプル値に十分注意する必要があります．

8-5 ── Cuk コンバータ

図 8-12 の SEPIC コンバータの Di と L_2 を入れ換えたのが，図 8-14 のチューク (Cuk) コンバータです．Cuk コンバータの電圧変換率は，昇降圧コンバータと同じく次式になります．

$$\frac{V_{out}}{V_{in}} = \frac{-D}{1-D} = -M \qquad (8\text{-}5\text{-}1)$$

Cuk コンバータも SEPIC コンバータ同様に，万一の事故で半導体が壊れても 1 次側の直流電圧が 2 次側に現れることがありません．ただし，入出力の極性が反対になります．そして，Cuk コンバータも二つのコイルが独立している必要はありません．

図 8-15 は，SIMPLIS による Cuk コンバータの原理動作のシミュレーションです．図 8-15 (b) はデューティ 50% のときの波形，図 8-15 (c) はデューティ 25% のときの波形です．

図 8-13 (b) と図 8-15 (b) を見比べるとわかるように，Cuk コンバータでは出力に直列にコイルが入るため出力電流リプルが少なくなり，SEPIC コンバータに比べ出力リプル電圧に対しては有利になります．

1 次と 2 次を絶縁する C1 には，SEPIC コンバータと同様に大きなリプル電流が流れ，コンデンサを選択する際には許容リプル値に十分注意する必要があります．

8-6 ── パルス幅変調器

スイッチング・レギュレータもリニア・レギュレータと同様な誤差増幅器が使用されます．そして，誤差増幅器の出力は通常アナログ量の電圧です．一方，スイッチング・レギュレータの制御はパルス幅を可変して行います．このため，スイッチング・レギュレータではアナログ電圧をパルス幅に変換する回路が必要になり，これがパルス幅変調 (PWM：Pulse Width Modulation) 器です．

図 8-16 は，コンパレータを使用したパルス幅変調器です．コンパレータは − 入力よりも ＋ 入力の電圧が高いとき出力がハイ・レベルになります．図 8-16 では − 入力に三角波を印加し，＋ 入力に信号を入力しています．

図 8-17 は，SIPLIS を使用した PWM 回路のシミュレーションです．− 入力には $10V_{p\text{-}p}$ の三角波を印加し，＋ 入力の信号を 0V から 10V に変化させています．この結果，図 8-17 (b) に示すように入力信号電圧が上がっていくと，出力のパルス幅 (ハイ・レベルの幅) が広がっていきます．

スイッチング・レギュレータに内蔵された PWM 回路には，三角波の代わりに波形発生が容易な，のこぎり波が使用される場合も多くあります．

スイッチング・レギュレータの負帰還設計でループ利得を検討する際には，パルス幅変調器の利得，K_{PWM} を知る必要があり，次式から求まります．

図 8-16 (b) の t_s，t_{on} からパルスのデューティ D は，

$$D = \frac{t_{on}}{t_s} \qquad (8\text{-}6\text{-}1)$$

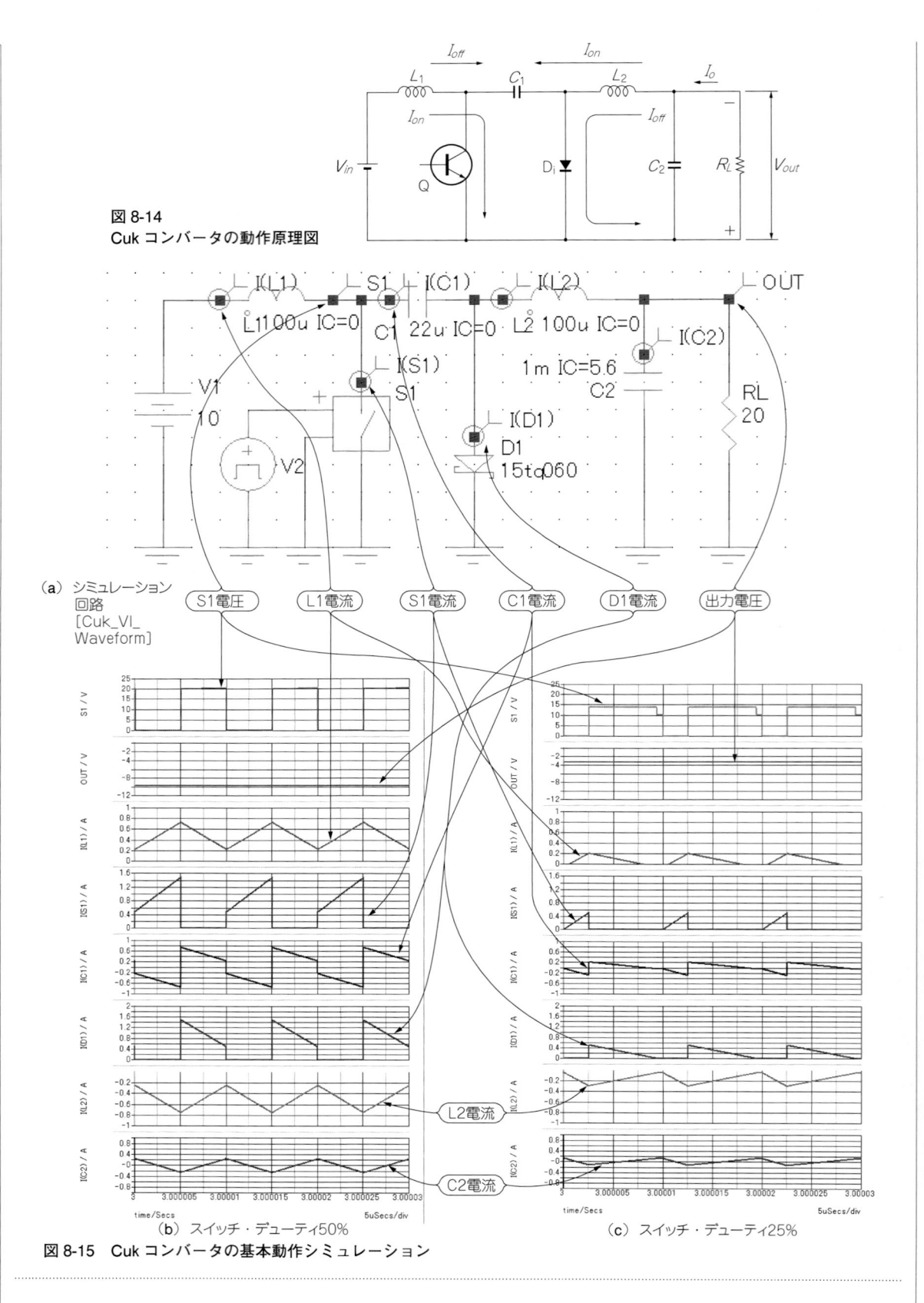

図 8-14
Cuk コンバータの動作原理図

(a) シミュレーション回路 [Cuk_Vl_Waveform]

(b) スイッチ・デューティ50%

(c) スイッチ・デューティ25%

図 8-15 Cuk コンバータの基本動作シミュレーション

第8章——スイッチング電源の動作

$$K_{PWM} = \frac{D}{V_{in}} = \frac{1}{V_{ramp}} \quad\cdots\cdots\cdots\cdots\cdots\cdots\cdots\cdots\cdots\cdots\cdots\cdots\cdots\cdots\cdots\cdots\cdots\cdots\cdots\cdots \quad (8\text{-}6\text{-}2)$$

利得 K_{PWM} が三角波の振幅に反比例するので，三角波の振幅が小さくなるほど利得が大きくなります．しかし，三角波の振幅があまりに小さいと雑音に影響されやすくなります．

図 8-18 は，3 レベル PWM 回路で，H ブリッジを使用した回転方向が可変できるモータ駆動や D 級アンプなどに用いられます．

信号が正のときは，POUT が入力電圧に比例したパルス信号を出力し，NOUT は OFF しています．逆に信号が負のときは，NOUT が入力電圧に比例したパルス信号を出力し，POUT は OFF しています．

8-7——電流連続モードと電流不連続モード

図 8-19 は，Buck コンバータの動作シミュレーションです．X1 が図 8-16 で説明したコンパレータです．V2 が三角波で，V3 が出力電圧を制御する信号です．V3 の電圧が V2 よりも大きくなると X1 の出力が 0V になり，Q1 が ON して V1 の電圧が L1 に印加されます．

図 8-19 (b) は，V3 が 1.5V のときの各部分の波形です．V3 が V2 の平均電圧よりも低いため Q1 が ON する (X1 が 0V になる) 区間が狭く，出力電圧は +4V に達していません．

図 8-19 (c) は，V3 が 3.5V のときの各部分の波形です．V3 が V2 の平均電圧よりも高いため Q1 が ON する区間が広く，出力電圧は約 +8V になっています．

このように，図 8-19 (a) の Buck コンバータでは V3 の電圧を変化させることで出力電圧の値が制御できます．したがって，図 8-20 (a) のようにこの制御信号を正弦波で駆動すれば，出力にはその周波数成分が現れ，この間の周波数特性にしたがって振幅と位相が変化します．

図 8-21 (a) は，SIMPLIS の POP (Periodic Operating Point) 解析を使用して制御信号から出力までの利得・位相−周波数特性をシミュレーションしたものです．そして，このシミュレーションでは負荷抵抗 RL を 5，10，20，40，80 Ω に変化させてマルチステップ解析しています．

図 8-21 (b) が，その結果です．負荷抵抗 5 Ω と 10 Ω では L1 と C1 の影響が支配的で，約 1kHz 付近から利得が低下し，位相も 90° 以上遅れていきます．そして，C1 の等価直列抵抗のため利得の傾斜が緩やかになり，遅れた位相が少し戻っていきます．

ところが，負荷抵抗が 20 Ω 以上では高域遮断周波数が 100Hz 以下に急変し，利得の傾斜も −20dB/dec と緩やかで，位相遅れも 90° 以下になっています．

図 8-22 (a) は，負荷抵抗の変化で L1 に流れる電流がどう変化したかを見るシミュレーションです．負荷抵抗が 5 Ω のときは平均電流が多く，約 0.8A 〜 1.5A 程度の電流になっています．そして，負荷抵抗値が大きくなっていくとそれにつれて負荷電流が減るため，L1 に流れる電流の平均値が下がっていき，負荷抵抗 20 Ω のときには L1 に流れる電流が 0 になってしまう領域が出現しています．

L1 の電流が途切れると，周波数特性の支配的要因が C1 と RL になり，図 8-21 (b) に示す特性になります．したがって，負荷抵抗値が大きいほど高域遮断周波数は低く，その利得減衰傾斜は −20dB/dec で，位相遅れも 90° までになります．図 8-21 (b) で位相が戻っていくのは，C1 の直列等価抵抗の影響です．

L1 の電流が連続している動作を電流連続モード (CCM：Continuous Conduction Mode)，L1 の電流が途切れる動作を電流不連続モード (DCM：Discontinuous Conduction Mode) と呼びます．また，電流がちょうど 0 になる動作を臨界モード (CRM：Critical Conduction Mode) と呼びます．

(a) 回路図

$$D = \frac{t_{on}}{t_s}$$

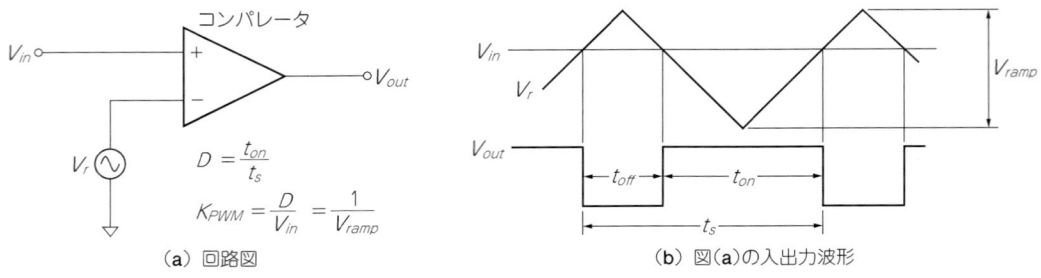

$$K_{PWM} = \frac{D}{V_{in}} = \frac{1}{V_{ramp}}$$

(b) 図(a)の入出力波形

図 8-16 コンパレータを使用したパルス幅変調器

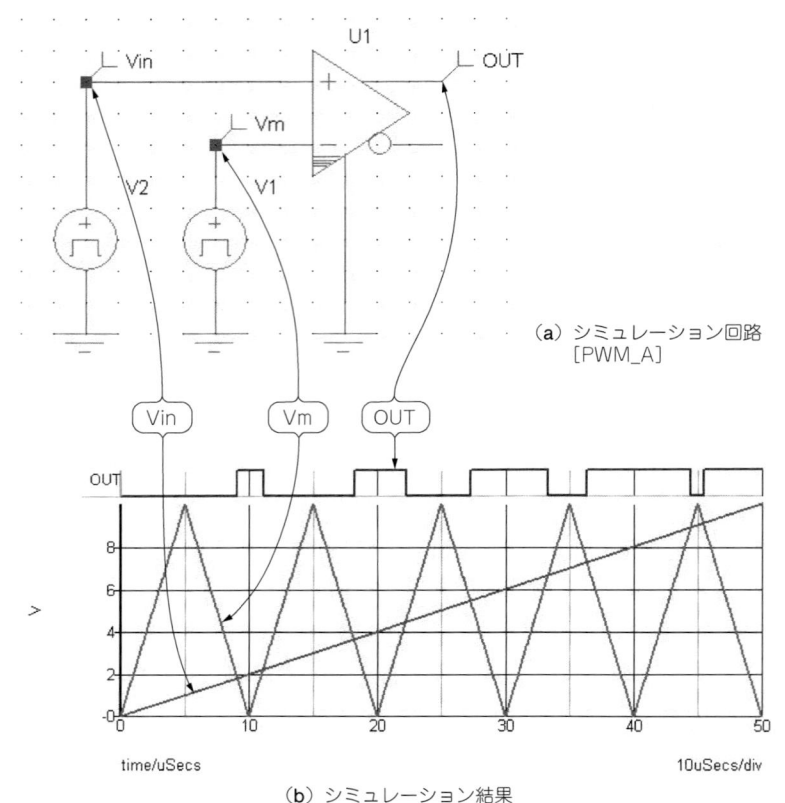

(a) シミュレーション回路 [PWM_A]

(b) シミュレーション結果

図 8-17 PWM 回路のシミュレーション

図 8-21 (b) 示したように CCM と DCM では伝達特性が大きく変化するので，負帰還設計の際にはどちらのモードでも安定に動作するように設計しなくてはなりません．

図 8-23 から臨界モードのときの出力電流，臨界電流は次の式から求まります．

コイルに V_L の電圧を印加すると，コイルに流れる電流変化 ΔI_L は，

$$\Delta I_L [\mathrm{A/s}] = \frac{V_L[\mathrm{V}]}{L[\mathrm{H}]} \quad\quad (8\text{-}7\text{-}1)$$

図 8-23 における V_{out} は，

$$V_{out} = V_{in} \times D \quad\quad (8\text{-}7\text{-}2)$$

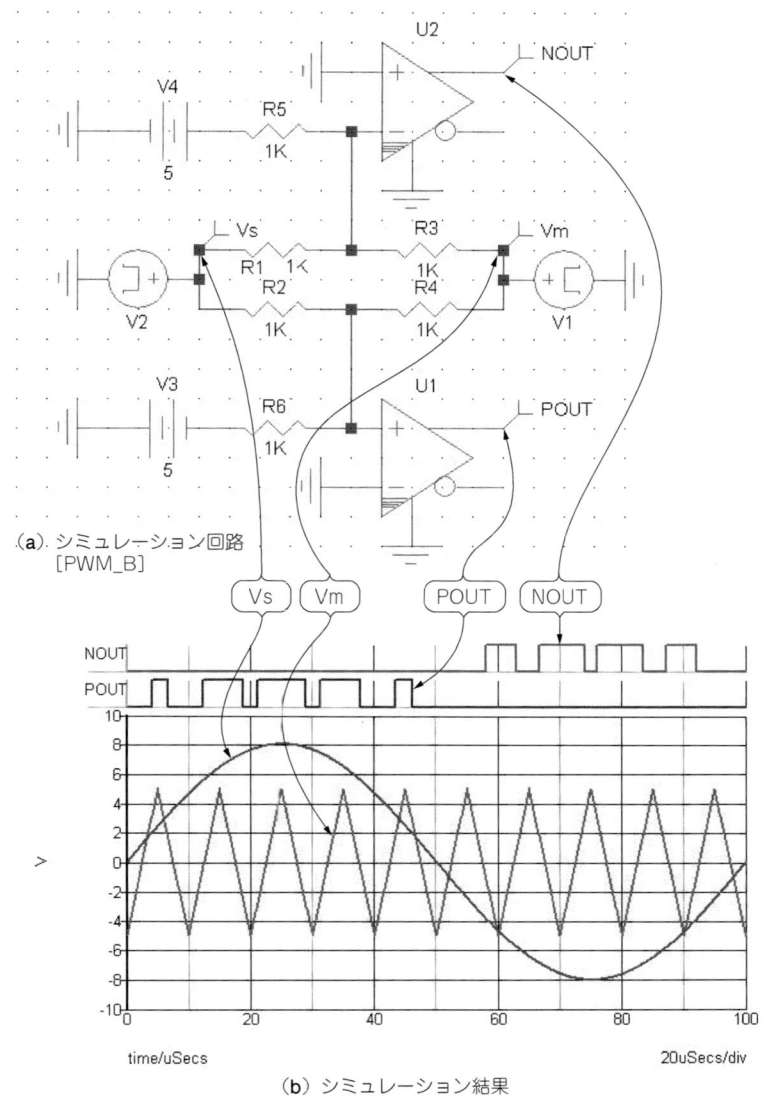

(a) シミュレーション回路
[PWM_B]

(b) シミュレーション結果

図 8-18　3 レベル PWM 回路

Q_1 が ON したときのコイルに流れる電流の変化は,

$$\frac{I_L}{T_s \times D} = \frac{V_{in} - V_{out}}{L} = \frac{V_{in}(1-D)}{L} \quad \cdots\cdots\cdots (8\text{-}7\text{-}3)$$

から,

$$I_L = \frac{V_{in}(1-D) \cdot D \cdot T_s}{L} \quad \cdots\cdots\cdots (8\text{-}7\text{-}4)$$

出力電流, I_o は,

$$I_o = I_V + \frac{1}{2} \times \frac{V_{in}(1-D) \cdot D \cdot T_s}{L} \quad \cdots\cdots\cdots (8\text{-}7\text{-}5)$$

臨界モードのときの臨界電流, I_{ocrit} は $I_V = 0$ のときなので,

8-7 —— 電流連続モードと電流不連続モード

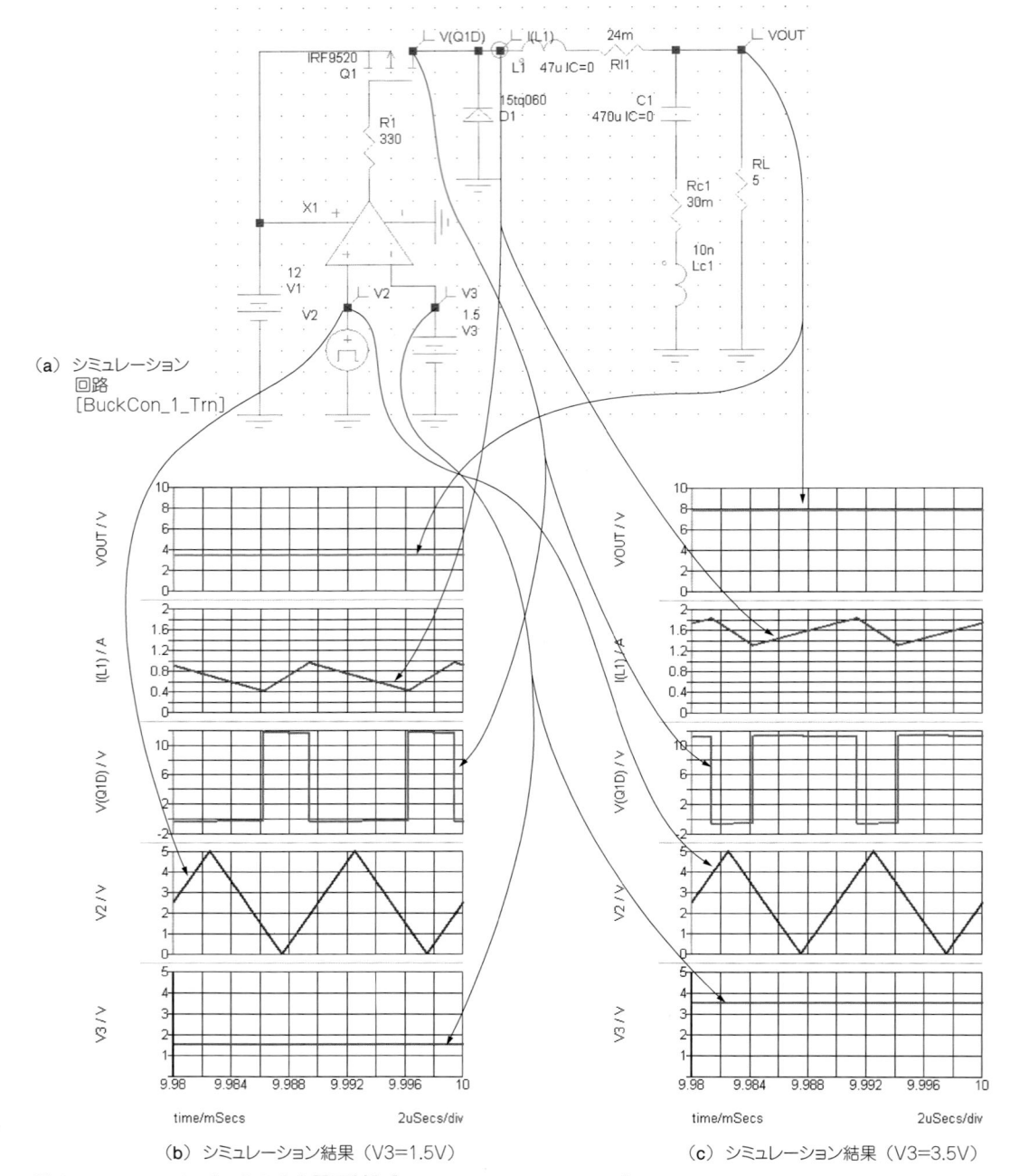

(a) シミュレーション回路 [BuckCon_1_Trn]

(b) シミュレーション結果（V3=1.5V）

(c) シミュレーション結果（V3=3.5V）

図 8-19 Buck コンバータの出力電圧制御 [BuckCon_1_SIMPLIS_Trn]

$$I_{ocrit} = \frac{V_{in}(1-D) \cdot D \cdot T_s}{2L} \quad \text{(8-7-6)}$$

したがって，DCM になる負荷抵抗は，

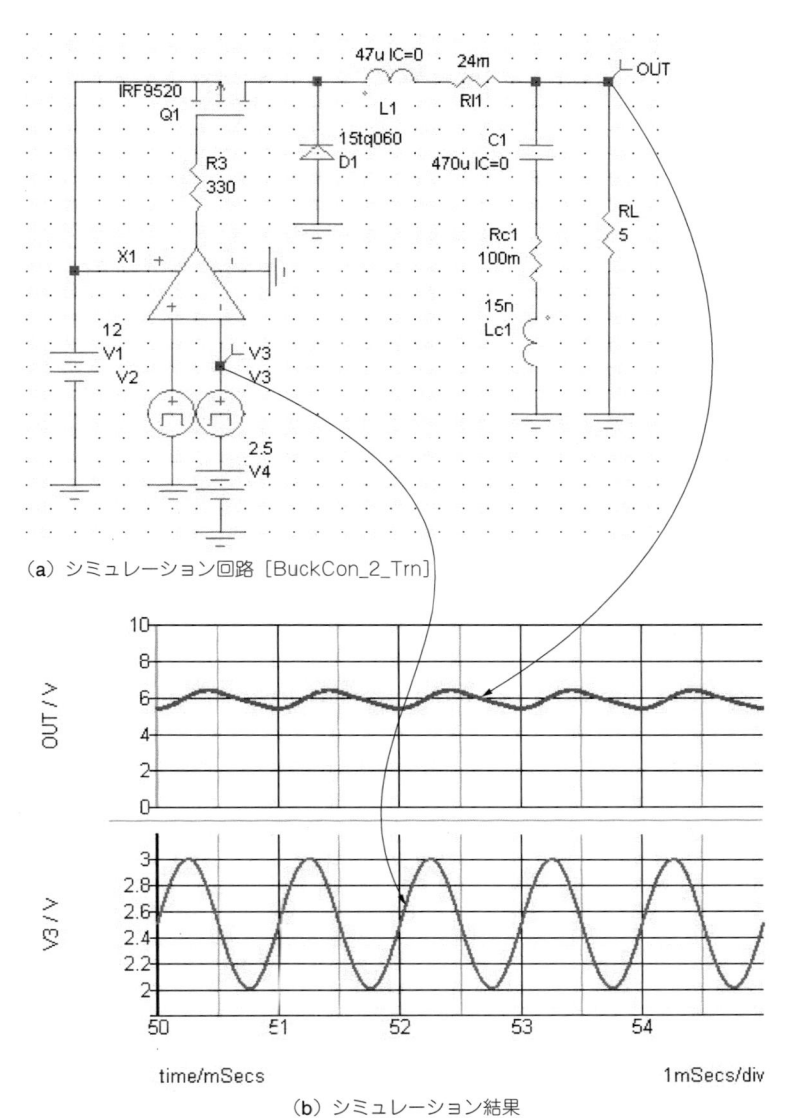

(a) シミュレーション回路 [BuckCon_2_Trn]

(b) シミュレーション結果

図 8-20　制御信号の伝達 [BuckCon_2_SIMPLIS_Trn]

$$\frac{V_o}{R_L} < \frac{V_{in}(1-D) \cdot D \cdot T_s}{2L} \quad \text{(8-7-7)}$$

と式(8-7-2)より,

$$R_L > \frac{2L}{(1-D) \cdot T_s} \quad \text{(8-7-8)}$$

8-8 ── 電圧制御モードと電流制御モード

図8-24(a)は，8-2項で説明したBoostコンバータです．誤差増幅器の出力電圧 (V_{er}) に比例したパルス

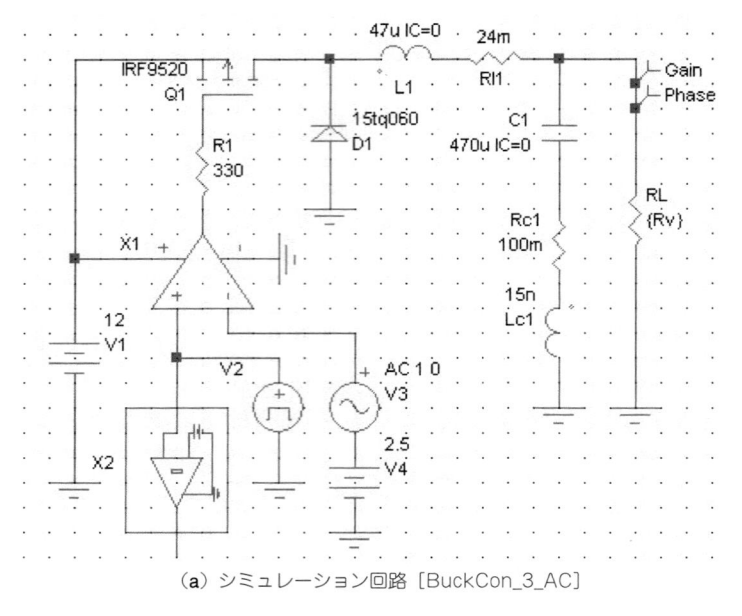

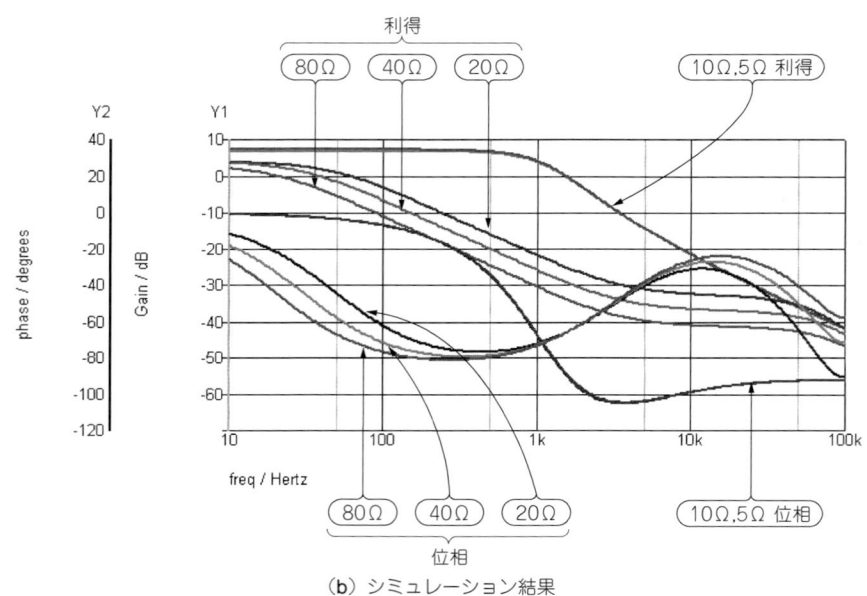

(a) シミュレーション回路 [BuckCon_3_AC]

(b) シミュレーション結果

図 8-21 制御信号の利得・位相-周波数特性 [BuckCon_3_SIMPLIS_AC]

幅で Q を ON/OFF し，出力電圧を制御しています．

　これに対し**図 8-25** (a) は，**図 8-25** (b) に示すように Clock でラッチをセットし，Q を ON します．そして，L に流れる電流が増加し，誤差信号 V_{er} に比例した電流値になったらラッチをリセットします．この結果，Q に流れる電流は誤差信号の電圧に比例した電流値になります．

　このように，誤差増幅器の出力電圧に比例した電流が流れるように制御する方法を，「電流制御モード」と呼びます．そして，この電流制御モードに対し**図 8-24**(a)の方法を「電圧制御モード」と呼んでいます．

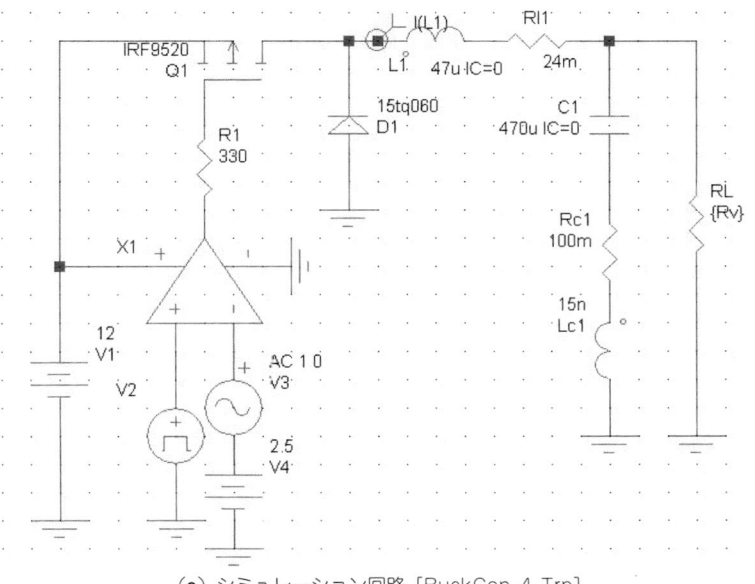

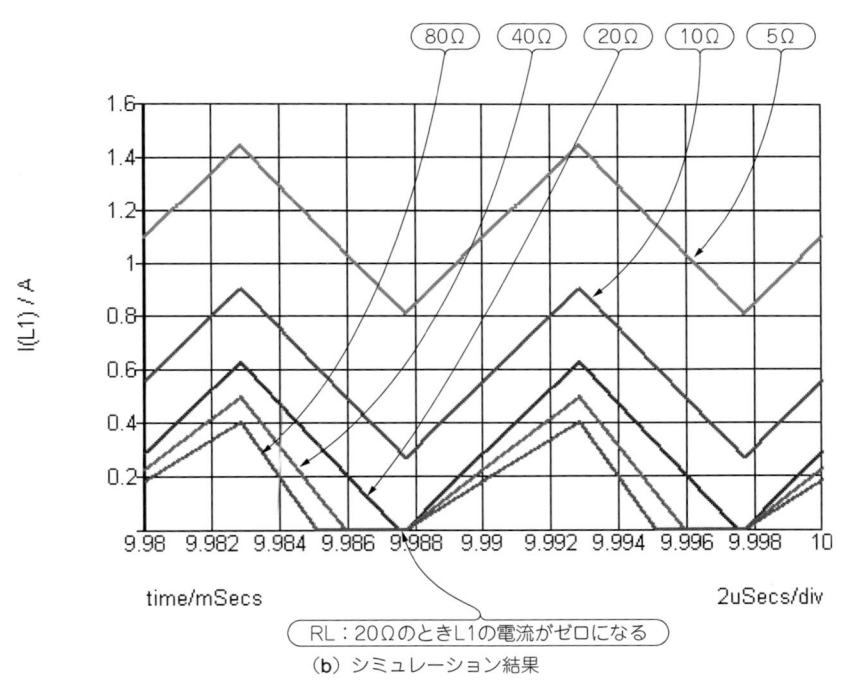

(a) シミュレーション回路 [BuckCon_4_Trn]

(b) シミュレーション結果

RL：20ΩのときL1の電流がゼロになる

図 8-22　コイルに流れる電流波形の変化 [BuckCon_4_SIMPLIS_Trn]

　Buck コンバータなどでも，この電流制御モードが可能です．ただし，Buck コンバータの場合には電流を検出する部分がグラウンドから浮いているために，電流検出が複雑になります．一見複雑そうに見える電流制御モードですが，出力の LC を含む制御部の利得-周波数特性が 1 次の特性（減衰傾度が -20dB/dec で位相遅れが 90° まで）になり，誤差増幅器の負帰還設計が簡単になります [**図 8-27（b）**]．

　ただし，流れる電流を検出する R_{sense} の両端電圧を大きくすると，ここでの電力消費が大きくなってし

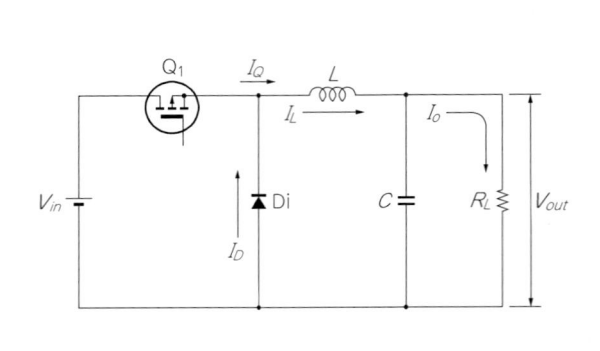

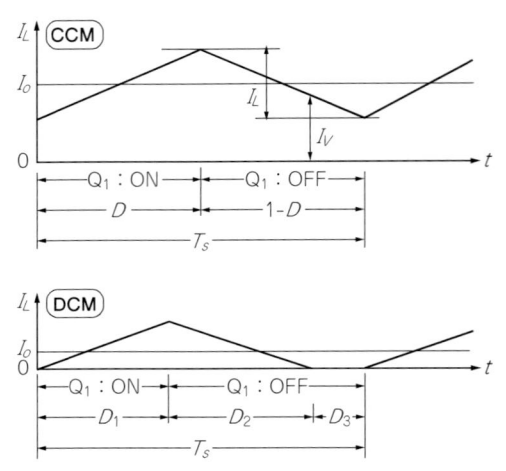

図 8-23　CCM と DCM のときに流れる電流波形とタイミング

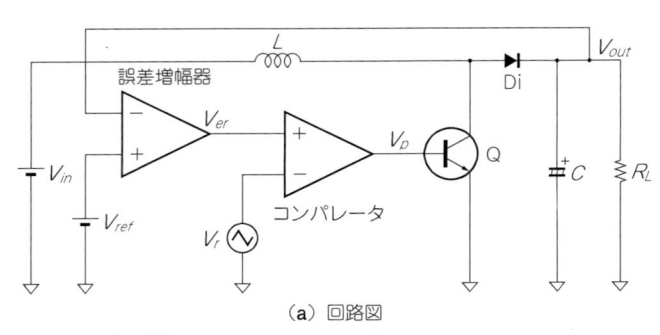

(a) 回路図

(b) 図(a)の動作波形

図 8-24　電圧制御モード Boost コンバータ

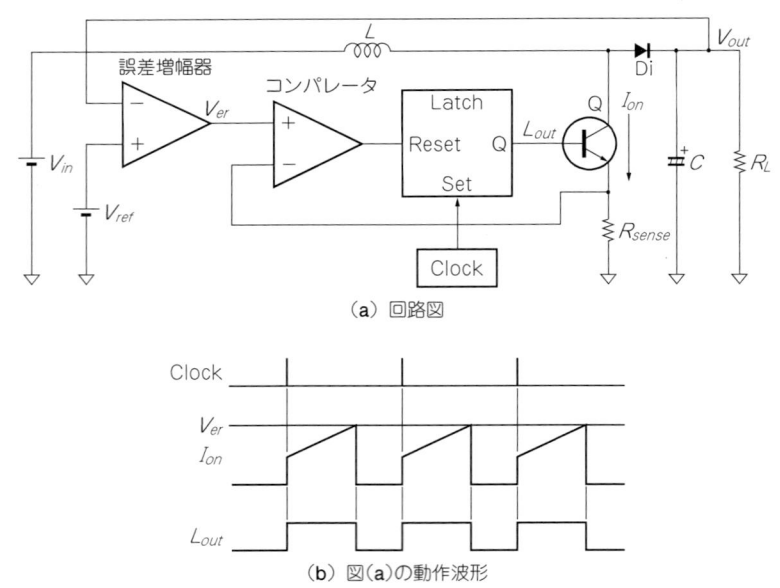

(a) 回路図

(b) 図(a)の動作波形

図 8-25　電流制御モード Boost コンバータ

まいます．このため，検出電圧を小さくせざるをえません．したがって，ここに雑音が混入すると誤動作が発生しやすいので注意が必要です．

● 電圧制御モード Boost コンバータの利得・位相周波数特性

　図 8-26 (a) は，電圧制御モード Boost コンバータの利得・位相周波数特性シミュレーションで，負荷抵抗を変化させ，マルチステップ解析で特性の変化を見ています．

　Buck コンバータと同様に，CCM では利得の減衰傾度が −40dB/dec で位相遅れが大きくなっています．そして，CCM モードになると高域遮断周波数が下がり，利得の減衰傾度が −20dB/dec になっています．

　CCM の 10kHz 以上の領域では利得傾斜が平坦になっています．一般的な特性では利得傾斜が平坦になると位相は 0° に向かって戻っていきます．ところが，図 8-26 (b) では Buck コンバータと異なり，位相が遅れたままで戻りません．これは，4-4-7 項で説明した過剰位相系が現れているためです．負帰還の設計では，$A_o\beta = 1$ になる周波数を過剰位相系が現れる周波数よりも低くします．

● 電流制御モード Boost コンバータの利得・位相周波数特性

　図 8-27 (a) は，電流制御モード Boost コンバータの利得・位相周波数特性シミュレーションです．評価版では電流モードの回路作成が難しいため，都合良く評価版にも収録されているユニトロード（現在は TI）の電流制御モード IC，UC3842（図 8-28 が内部ブロック図）を使用しています．

　誤差増幅器も含め完成した回路図になっていますが，制御部のみの特性を見るため，誤差増幅器の出力 (Comp) から出力 (VOUT) までの利得・位相−周波数特性を解析結果のグラフにしています．

　負荷抵抗 20 Ω，500 Ω では 10Hz 以下では利得が異なっていますが，100Hz から数 kHz までほとんど同じ利得で，利得傾斜が −6dB/oct になっています．このため，数 kHz でループ利得を 1 にすると負帰還設計が非常に簡単になります．

　電流制御モードでも負荷抵抗 20 Ω のときには 10kHz 以上で過剰位相系が現れ，高域に向かって利得が上昇しているのに位相は遅れていきます．したがって，数 kHz 以上でループ利得を 1 にするのが難しくなることがわかります．

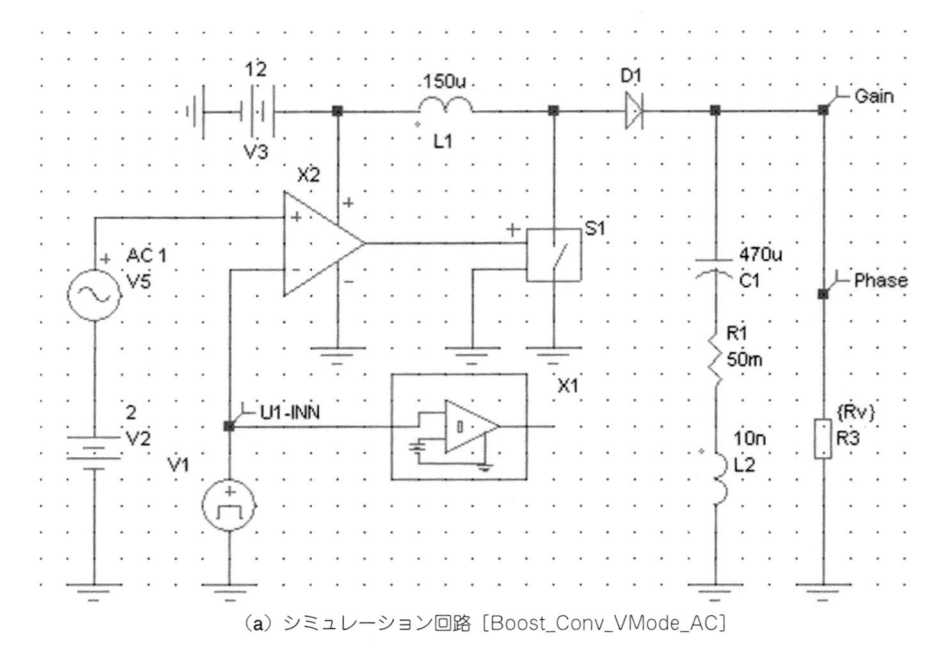

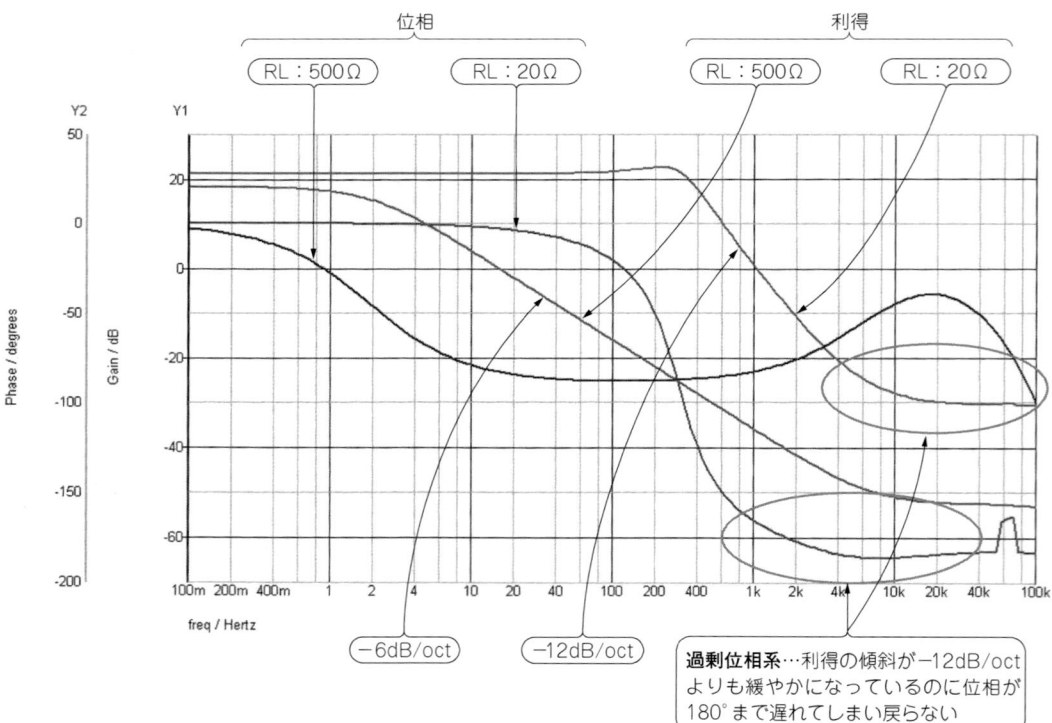

(a) シミュレーション回路 [Boost_Conv_VMode_AC]

過剰位相系…利得の傾斜が-12dB/octよりも緩やかになっているのに位相が180°まで遅れてしまい戻らない

負帰還の設計では $A_0 \beta = 1$ になる周波数を過剰位相系が現れる周波数よりも低くする.
(b) シミュレーション結果

図 8-26 電圧制御モード昇圧型コンバータの利得・位相周波数特性シミュレーション

(a) シミュレーション回路 [Boost_Conv_CMode_AC]

INからOUTまで利得・位相-周波数特性を示すBODEプロット

負荷抵抗20Ω，500Ωいずれも利得の傾斜が$-6dB/oct$でGBWが同じ

負荷抵抗20Ωのとき10kHz以上で過剰位相系が現れ，高域に向かって利得が上昇しているのに位相は遅れていく．

(b) シミュレーション結果

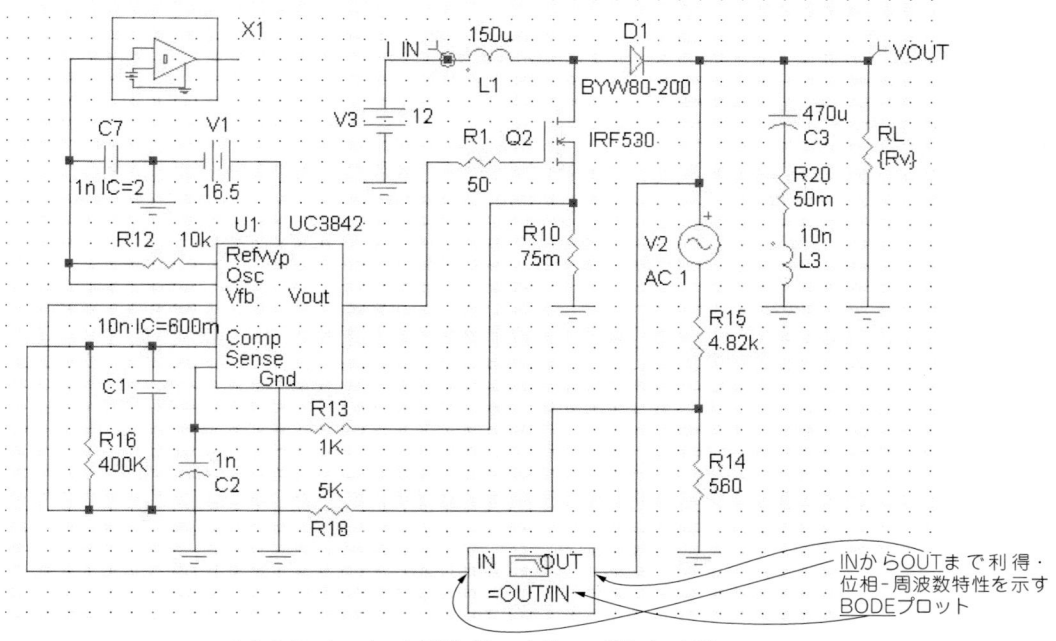

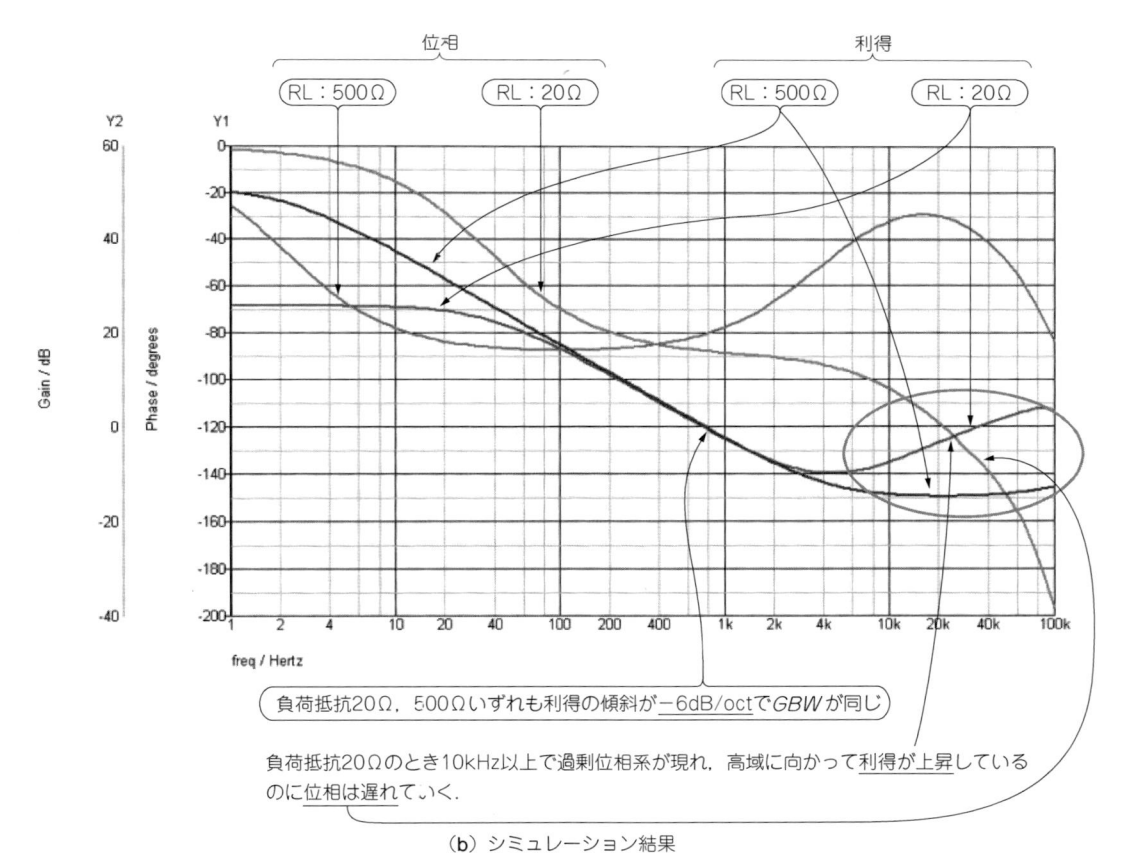

図8-27 電流制御モード昇圧型コンバータの利得-位相周波数特性シミュレーション

8-8 ── 電圧制御モードと電流制御モード

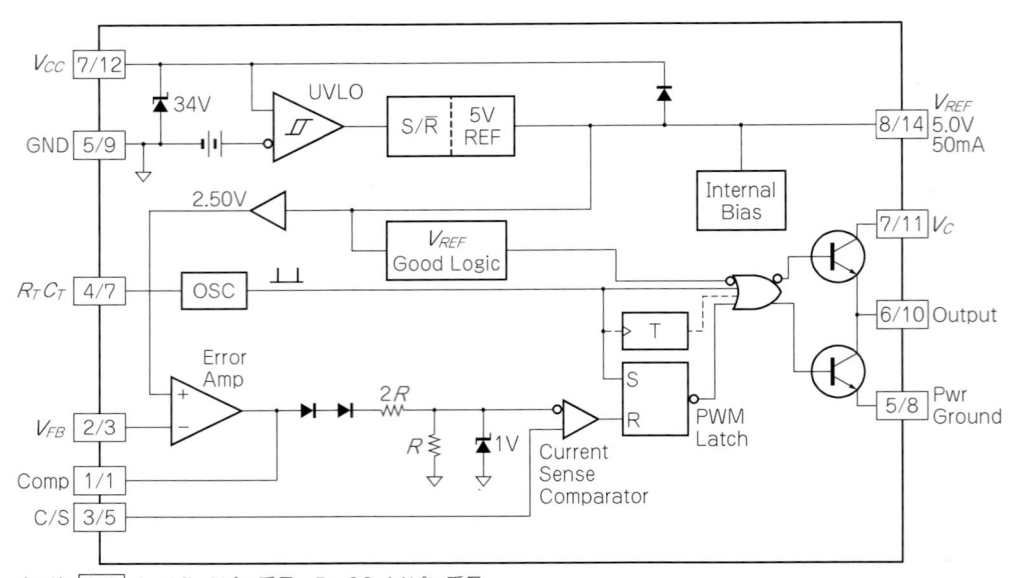

（＊1） A/B　A＝DIL-8ピン番号，B＝SO-14ピン番号．
（＊2）　トグル・フリップフロップは1844Aと1845Aで使われる．

図 8-28[11]　UC3842 の内部ブロック図

Appendix B
制御部の利得－周波数特性の漸近線

　スイッチング電源では，負帰還が安定して動作するように誤差増幅器の利得・位相-周波数特性を設計しなくてはなりません．その際には，誤差増幅器を除いた部分の周波数特性が明確になっている必要があります．

　ここでは，図APB-1に示す，誤差増幅器からの信号を受けるコンパレータとスイッチング素子（K_{PWR}），そして出力のLCと負荷抵抗（R_L）の四つの部分を制御部と呼びます．

　現在では，この制御部の周波数特性は本書で紹介しているSIMetrix/SIMPLISなどのシミュレーションで求めるのが実際的です．しかし，設計にはトレードオフが必須で，部品のどのパラメータが特性にどのように影響しているかの定性的な知識が必要になります．

　この制御部の利得-周波数特性は，CCMとDCMで異なります．それぞれのパラメータを次に示します．

● 降圧型コンバータの各部のパラメータ

▶ CCMモードのパラメータ

$$K_{PWM} = \frac{D}{V_C} = \frac{1}{V_{ramp}} \qquad K_{PWR} = \frac{V_{out}}{D} \qquad V_{out} = V_{in} \cdot D$$

$$K_{PWR} \cdot K_{PWM} = \frac{V_{in}}{V_{ramp}}$$

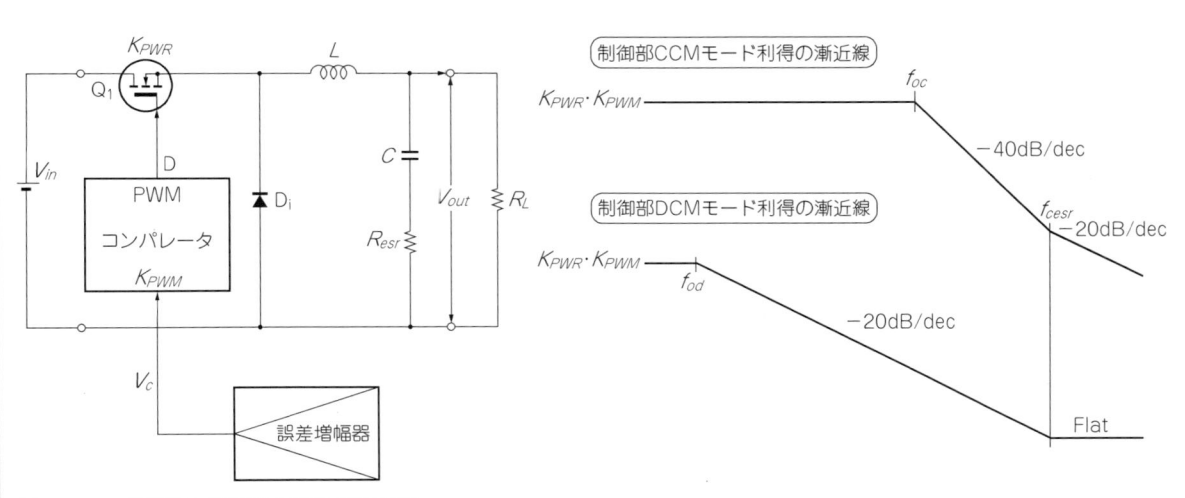

図 APB-1　制御部と制御部の利得の漸近線

$$f_{oc} \fallingdotseq \frac{1}{2\pi\sqrt{L \cdot C}} \qquad Q = R\sqrt{\frac{C}{L}}$$

$$f_{cesr} = \frac{1}{2\pi \cdot R_{esr} \cdot C}$$

▶ DCM モードのパラメータ

$$K_{PWM} = \frac{D_1}{V_C} = \frac{1}{V_{ramp}} \qquad K_{PWR} = \frac{V_{out}}{D_1} \cdot \frac{2D_2}{D_1 + 2D_2} \qquad V_{out} = V_{in} \cdot \frac{D_1}{D_1 + D_2}$$

$$K_{PWR} \cdot K_{PWM} = \frac{V_{in}}{V_{ramp}} \cdot \frac{2D_2}{(D_1 + 2D_2)(D_1 + D_2)}$$

$$f_{od} \fallingdotseq \frac{1}{\pi \cdot R_L \cdot C} \cdot \frac{D_1 + 2D_2}{2D_2}$$

$$f_{cesr} = \frac{1}{2\pi \cdot R_{esr} \cdot C}$$

● 昇圧型コンバータの各部のパラメータ

▶ CCM モードのパラメータ

$$K_{PWM} = \frac{D}{V_C} = \frac{1}{V_{ramp}} \qquad K_{PWR} = \frac{V_{out}}{1-D} \qquad V_{out} = \frac{V_{in}}{1-D}$$

$$K_{PWR} \cdot K_{PWM} = \frac{V_{in}}{V_{ramp}} \times \frac{1}{(1-D)^2}$$

$$f_{oc} \fallingdotseq \frac{1-D}{2\pi\sqrt{L \cdot C}}$$

$$f_{cesr} = \frac{1}{2\pi \cdot R_{esr} \cdot C}$$

▶ DCM モードのパラメータ

$$K_{PWM} = \frac{D_1}{V_C} = \frac{1}{V_{ramp}} \qquad K_{PWR} = \frac{V_{out}}{D_1} \cdot \frac{2D_1}{2D_1 + D_2} \qquad V_{out} = V_{in} \cdot \frac{D_1 + 2D_2}{D_2}$$

$$K_{PWR} \cdot K_{PWM} = \frac{V_{in}}{V_{ramp}} \cdot \frac{2(D_1 + D_2)}{(2D_1 + D_2) \cdot D_2}$$

$$f_{od} \fallingdotseq \frac{1}{\pi \cdot R_L \cdot C} \cdot \frac{2D_1 + D_2}{2D_1}$$

$$f_{cesr} = \frac{1}{2\pi \cdot R_{esr} \cdot C}$$

▶ 昇圧型コンバータでは下記の周波数で過剰位相系 (RHP Zero) が現れます．
したがって，これより低い周波数でループ利得が1になるように負帰還設計します．

$$f_{RHP} = \frac{(1-D)^2 \cdot R_L}{2\pi \cdot D \cdot L_1}$$

● 昇降圧型コンバータの各部のパラメータ

▶ CCM モードのパラメータ

$$K_{PWM} = \frac{D}{V_C} = \frac{1}{V_{ramp}} \qquad K_{PWR} = \frac{V_{out}}{D \cdot (1-D)} \qquad V_{out} = V_{in} \cdot \frac{D}{1-D}$$

$$K_{PWR} \cdot K_{PWM} = \frac{V_{in}}{V_{ramp}} \times \frac{1}{(1-D)^2}$$

$$f_{oc} \fallingdotseq \frac{1-D}{2\pi\sqrt{L \cdot C}}$$

$$f_{cesr} = \frac{1}{2\pi \cdot R_{esr} \cdot C}$$

▶ DCM モードのパラメータ

$$K_{PWM} = \frac{D_1}{V_C} = \frac{1}{V_{ramp}} \qquad K_{PWR} = \frac{V_{out}}{D_1} \qquad V_{out} = V_{in} \cdot \frac{D_1}{D_2}$$

$$K_{PWR} \cdot K_{PWM} = \frac{V_{in}}{V_{ramp}} \cdot \frac{1}{D_2}$$

$$f_{od} \fallingdotseq \frac{1}{\pi \cdot R_L \cdot C}$$

$$f_{cesr} = \frac{1}{2\pi \cdot R_{esr} \cdot C}$$

▶ 昇降圧型コンバータでは下記の周波数で過剰位相系 (RHP Zero) が現れます．
したがって，これより低い周波数でループ利得が1になるように負帰還設計します．

$$f_{RHP} = \frac{(1-D)^2 \cdot R_L}{2\pi \cdot D \cdot L_1}$$

制御部の利得−周波数特性の漸近線

第9章　出力コイルと出力コンデンサ，負帰還設計，出力インピーダンス，出力電圧の変動，負荷電流変化
Buck コンバータの設計・製作・評価

9-1 ── Buck コンバータの概要

　図9-1，写真9-1に示すのは，セミナの教材用として製作した一般的なバック・コンバータ（Buck Converter）です．

　基板各部分の信号が観測しやすいように Q_1 と D_1 は基板裏面に配置し，スペースに余裕をもたせています．L_1 は簡単に交換してコイルによる電流波形の違いが観測できるように，ネジ端子になっています．そして，誤差増幅器の周波数補正用の CR，R_{10}，R_{11}，C_7 は端子台を設け，はんだゴテで簡単に取り付け・交換ができるようになっています．

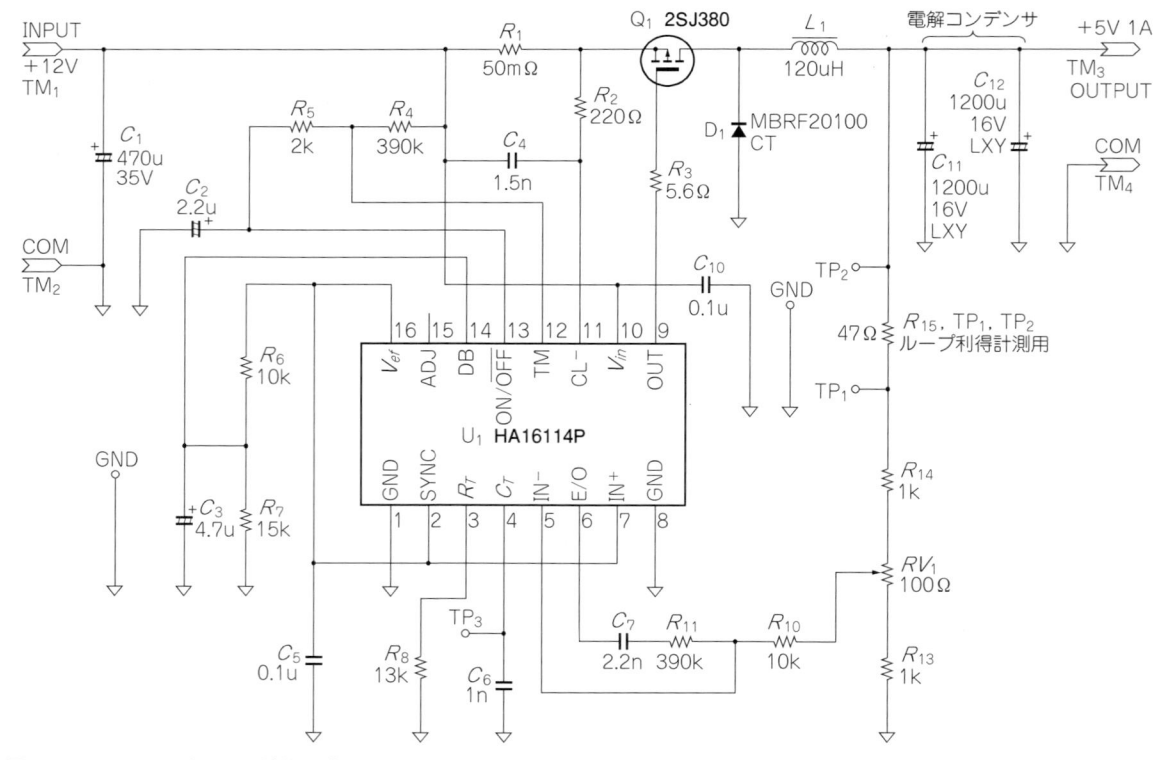

図 9-1　Buck コンバータの試作回路

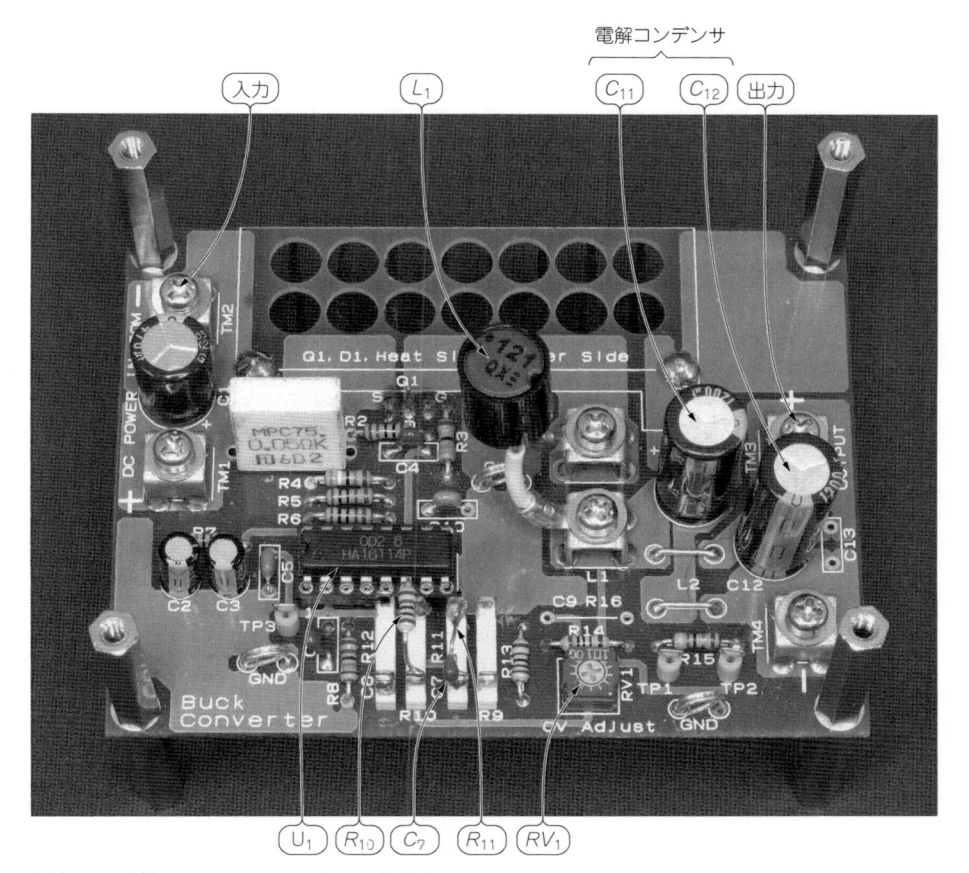

写真9-1 試作したBuckコンバータの外観

図9-2が，使用したスイッチング・レギュレータ用のPWM制御ICの内部ブロックです．各部分の詳しい動作は，データシートを参照してください．

基準電圧とPWM制御のほかに，過電圧・過電流保護やソフト・スタートなどの機能が内蔵されています．制御部分の利得を決定する三角波の振幅は，図9-3に示すように1～1.6Vの振幅になっています．この値は標準値であり，最小・最大の規格値は記載されていません．三角波の発振周波数範囲は，1Hz～600kHzになっています．

図9-1のR_1，R_2，C_4は過電流検出用CRです．R_1で発生した電圧を検出し，R_2，C_4の時定数で雑音による誤動作を防いでいます．C_2，R_4，R_5は過電流時間欠動作のためのCRです．C_3，R_6，R_7はソフト・スタートの時定数を決定するCRです．以上の定数は，データシートを参考に設定してあります．

9-2 ── 出力コイルと出力コンデンサの決定

出力のリプル電圧は，スイッチング周波数と出力コイル(L_1)，出力コンデンサ(C_{11}，C_{12})が支配的になります．出力コイルの値が大きく，出力コンデンサのESRが小さいほど，出力のリプル電圧は小さくなります．そして，出力コンデンサの容量が大きくなるほど，中・高域の出力インピーダンスが低くなります．ただし，出力コイルや出力コンデンサの容量が大きいほど形状は大きく，部品価格が高くなります．

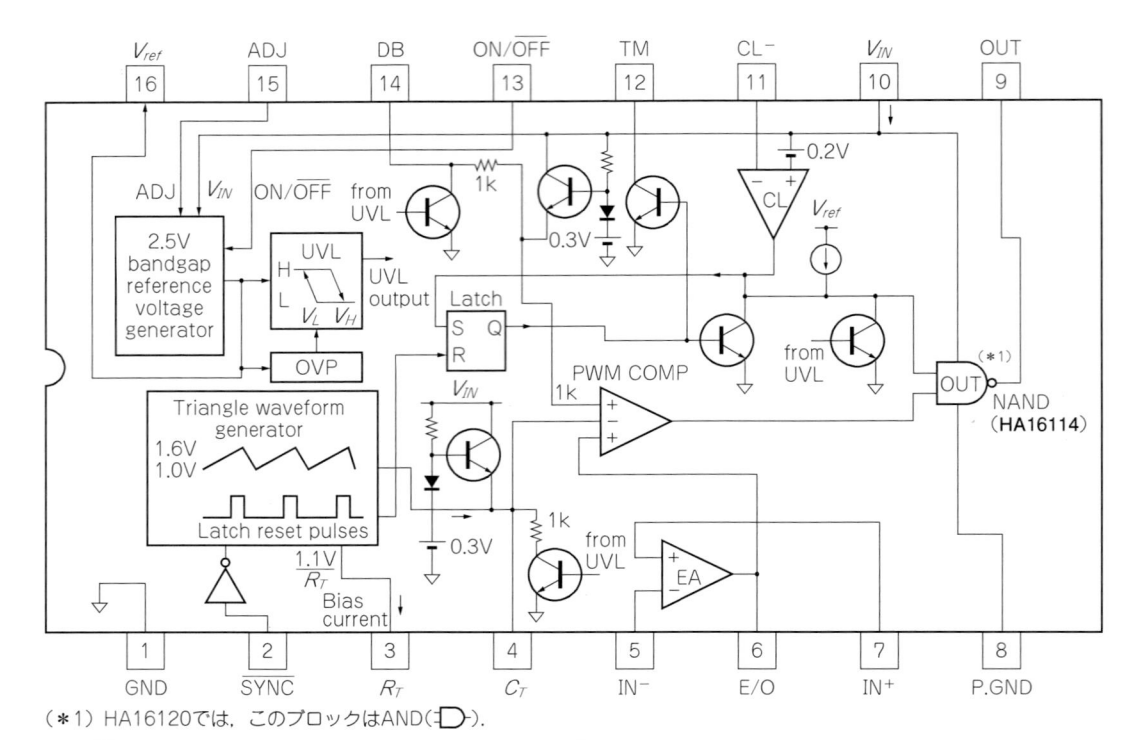

図 9-2 [(9)]　HA16114P（ルネサス エレクトロニクス）内部ブロック

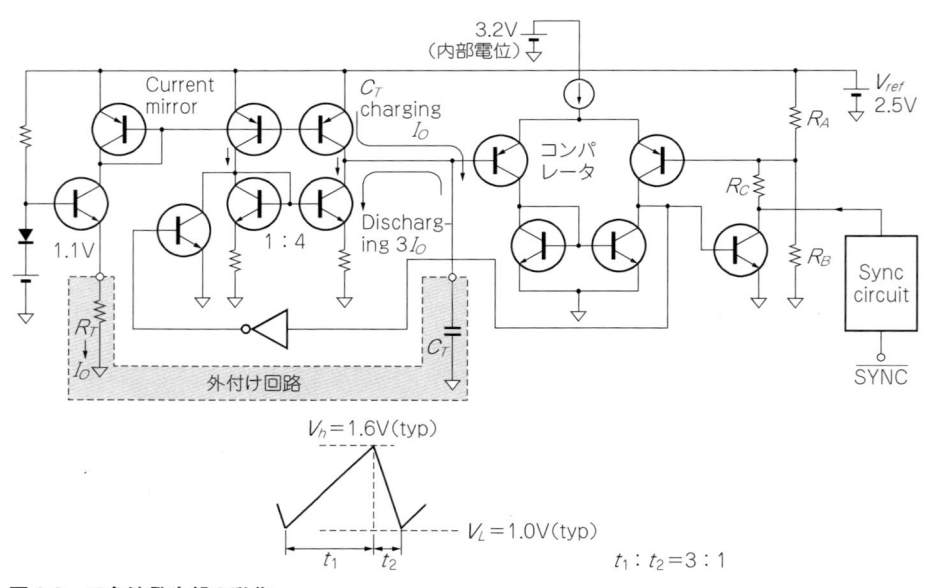

（＊1）HA16120では，このブロックはAND（⊃-）．

図 9-3　三角波発生部の動作

$V_h = 1.6V$ (typ)
$V_L = 1.0V$ (typ)
$t_1 : t_2 = 3 : 1$

したがって，要求仕様と目標部品価格から適当な値を選択することになります．
　三角波の周波数は高いほど原理的には出力コイルや出力コンデンサを小さくできますが，周波数が高くなるほどEMC対策は難しくなり，プリント・パターンなどの浮遊インダクタンスの影響が大きくなりま

表 9-1[14] 日本ケミコン電解コンデンサ LXY シリーズのデータシート

WV [Vdc]	Cap [uF]	ケース・サイズ $\phi D \times L$ [mm]	インピーダンス [Ω max/100kHz] 20℃	−10℃	定格リプル電流 [mArms/ 105℃, 100kHz]	品番
16	680	10 × 20	0.062	0.13	1040	ELXY160E□□681MJ20S
	820	10 × 25	0.052	0.11	1260	ELXY160E□□821MJ25S
	1200	10 × 30	0.044	0.088	1440	ELXY160E□□122MJ30S
	1200	12.5 × 20	0.046	0.092	1340	ELXY160E□□122MK20S
	1500	12.5 × 25	0.034	0.068	1690	ELXY160E□□152MK25S

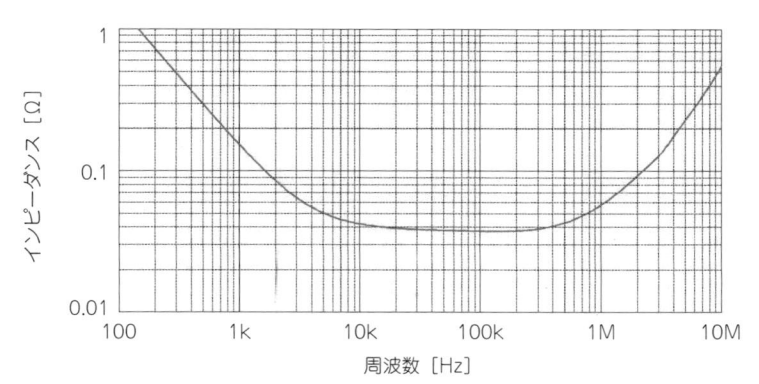

図 9-4 電解コンデンサ ELXY160E122MJ30S の「インピーダンス-周波数特性」実測値

す．今回は一般的な 100kHz にしました．

出力コイルに流れるリプル電流が出力電流の 30% 程度になるように，出力コイルのインダクタンスを選ぶのが一般的なようです．

ということで，L_1 にはパナソニックの ELC11D121F(120uH 1.6Adc 160mΩ)を使用しました．すると，コイルに流れるリプル電流 ΔI_L は次式から求まります．

$$\Delta I_L = \frac{(V_{IN} - V_{SAT} - V_{OUT})T_{ON}}{L} ≒ \frac{(12[V] - 0.5[V] - 5[V]) \times 5[us]}{120[uH]} ≒ 271[mA]$$

V_{IN}：入力電圧　　V_{SAT}：制御 MOSFET の ON 電圧　　V_{OUT}：出力電圧　　T_{ON}：ON 時間

出力コンデンサ C_{11}，C_{12} は，表 9-1 に示す日本ケミコンの ELXY160E122MJ30S (1200uF 16V) を選びました．コンデンサには許容リプル電流値があり，上記で計算した値よりも十分大きいことが必要です．また，リプル電流が大きいほど電解コンデンサの寿命が短くなります．使用したコンデンサ ELXY160E122MJ30S の許容リプル電流は，1 本あたり 1.44A なので十分過ぎる値になっています．

図 9-4 は，このコンデンサのインピーダンス-周波数特性です．仕様には ESR が 44mΩ (at 20℃) と書かれていますが，実測値では約 40mΩ (室温約 25℃) になっています．

2 個並列にしているので 20mΩ (実際にはプリント基板などの抵抗も加わる) とすると，出力リプル電圧 ΔV_o は次式から求まります．

$$\Delta V_o = \Delta I_L \times R_{CESR} ≒ 5.4mV$$

実際にオシロスコープで出力電圧を観測すると，スイッチング雑音のほうが大きくなります．図 9-5 は少しずるい方法ですが，オシロスコープのアベレージ機能を使用して出力雑音を除き，スイッチングによるリプル電圧波形を取り出した結果です．およそ 5mV で計算結果と同等になっています．

9-2 — 出力コイルと出力コンデンサの決定

(a) 負荷5Ω　CCM

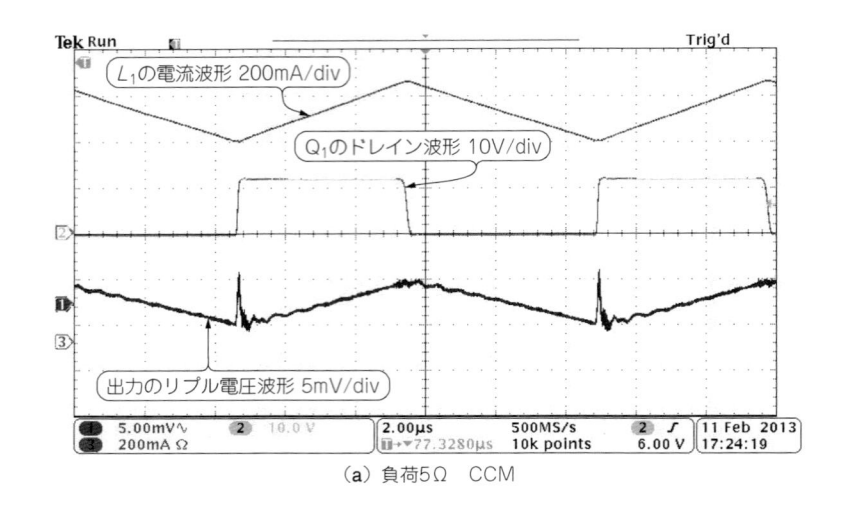

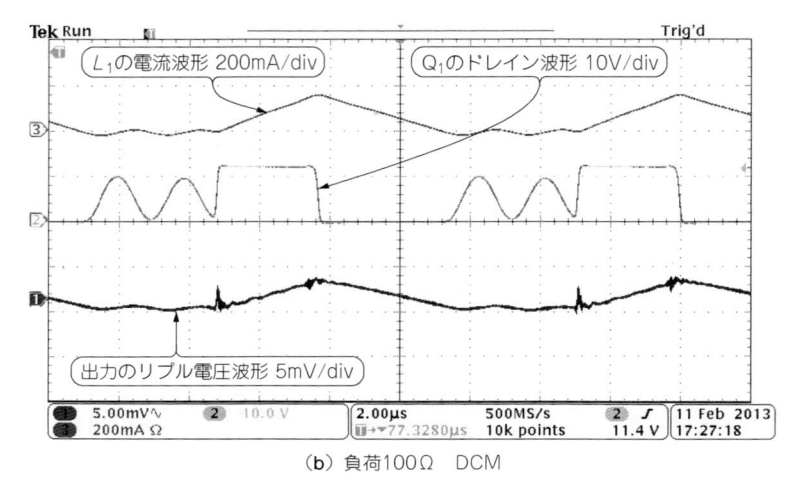

(b) 負荷100Ω　DCM

図 9-5　完成した Buck コンバータの動作波形

9-3——負帰還設計

　誤差増幅器の周波数補正 CR の値を算出する負帰還設計のためには，まず図 9-6 (a) に示す制御部の周波数特性を求めます．

　V2 は 1～1.6V の三角波で振幅を 0.6V に設定，負荷抵抗 RL には 5 Ω と 200 Ω を設定し，マルチステップ解析をしています．

　図 9-6 (b) が解析結果で，CCM (RL：5 Ω) と DCM (RL：200 Ω) の特性になっています．CCM の特性は L1，C11，C12 の共振周波数，約 297Hz 付近から -40dB/dec の減衰が始まっています．そして，C11，C12 の等価直列抵抗のため，約 3.3kHz から減衰傾度が -20dB/dec に緩やかになり位相が戻ってきています．

　CCM 特性の 10kHz 付近でループ利得を 1 にすれば，位相遅れが 120°まで達していないので，誤差増幅器タイプⅡを使用すれば平坦な利得特性で安定な負帰還が実現できます．

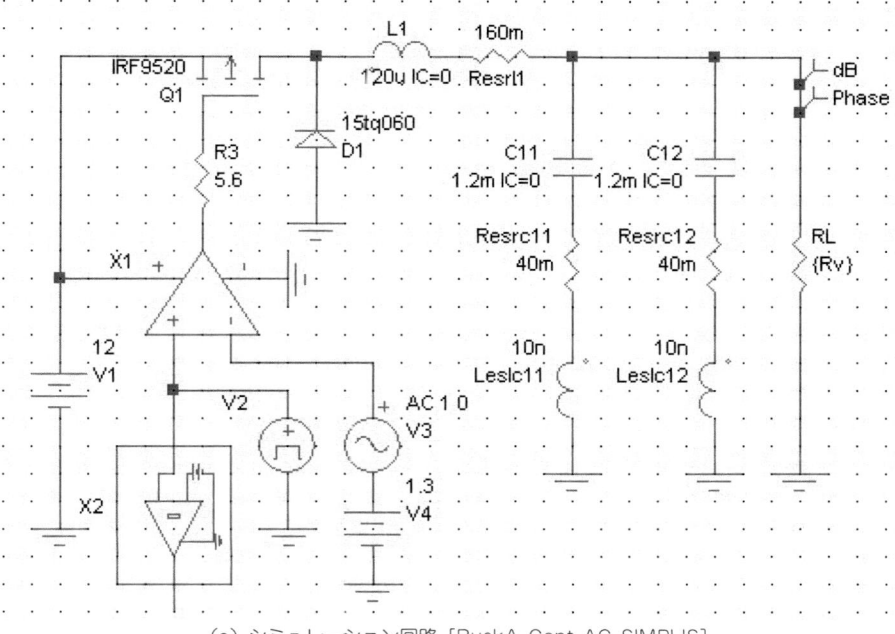

(a) シミュレーション回路 [BuckA_Cont_AC_SIMPLIS]

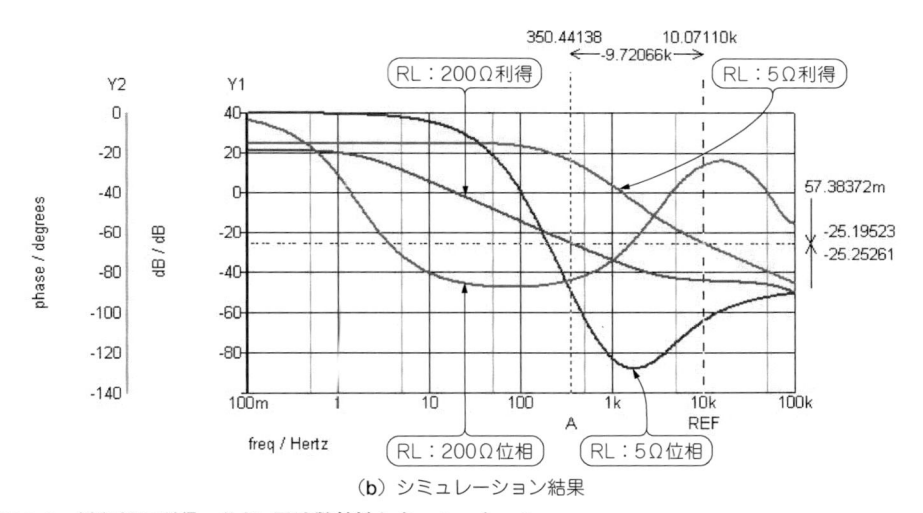

(b) シミュレーション結果

図 9-6 制御部の利得・位相-周波数特性シミュレーション

CCM の 10kHz での利得が約 −25.2dB で，同じ利得になる DCM の周波数は約 350Hz です．そして，DCM なので 350Hz での位相遅れは 85°程度です．

以上のことから誤差増幅器はタイプ II を使用し，利得の漸近線を**図 9-7** に設計すれば，安定な負帰還が実現できます．

CCM でループ利得を 1 にする周波数が 10kHz で，そのときの利得が −25.2dB です．このため，誤差増幅器の利得の平坦部は利得 +25.2dB（18.2 倍）にすればよいことになります．

R13，R14 で利得が半分になるので，**図 9-1** の R_{10} を 10kΩ にすると，R_{11} の抵抗値は，

$$R_{11} = (R_{10} + R_{13}//R_{14}) \times 18.2 \times 2 \fallingdotseq 382\text{k}\Omega$$

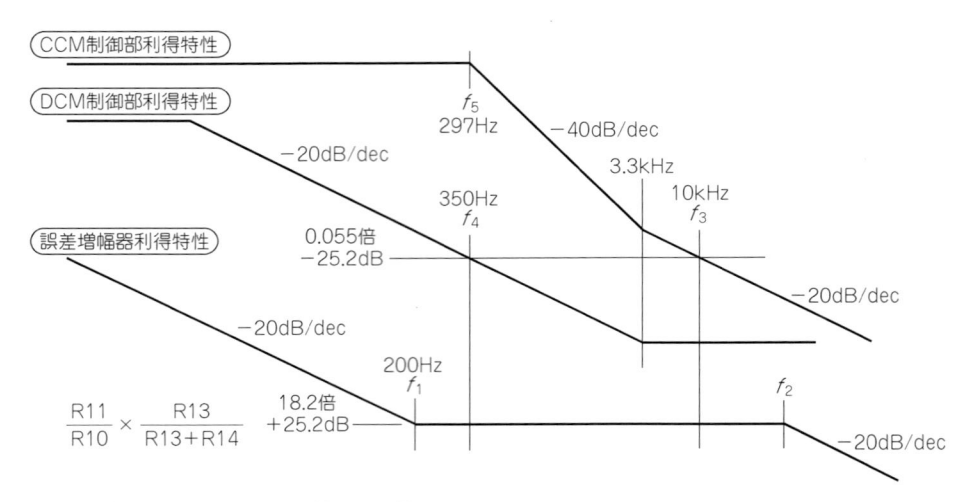

```
┌──────────────┐
│CCM制御部利得特性│
└──────────────┘
┌──────────────┐
│DCM制御部利得特性│                    $f_5$
└──────────────┘                    297Hz     −40dB/dec
                        −20dB/dec           3.3kHz
                                    350Hz    10kHz
┌──────────────┐                    $f_4$    $f_3$
│誤差増幅器利得特性│         0.055倍
└──────────────┘         −25.2dB                        −20dB/dec

                −20dB/dec
                           200Hz                    $f_2$
                            $f_1$
    $\frac{R11}{R10} \times \frac{R13}{R13+R14}$  18.2倍
                           +25.2dB                           −20dB/dec
```

図9-7 負帰還設計のための利得の漸近線

から E12 系列から 390kΩ とします．

図 9-7 の f_2 は，誤差増幅器の GBW により決定されます．HA16114 のデータシートには GBW が 4MHz (typ) と規定されています．誤差増幅器の裸利得が R13，R14 により分圧されるので，f_2 は下記より算出できます．

$$f_2 = GBW \div (18.2 \times 2) \fallingdotseq 110\text{kHz}$$

f_2 が f_3 に近づくと，位相余裕が少なくなり不安定になります．通常，$3f_3 < f_2$ が望ましい値です．10 倍程度あるので十分安定な値です．

図 9-7 の f_1 は，f_4（DCM の利得 −25.2dB の点 350Hz）の 1/2～1/5 程度にします．f_1 が 350Hz に近いほど，帰還量が増えますが，出力コンデンサの ESR などのパラメータが変動したとき負帰還が不安定になりやすくなります．また f_1 が低いほど，負帰還は安定になりますが，帰還量が減るため出力インピーダンスが大きくなります．ここでは f_1：200Hz としました．したがって，図 9-1 の C_7 は，

$$C_7 = 1/(2\pi \cdot R_{11} \cdot f_1) \fallingdotseq 2.04\text{nF}$$

から E6 系列の 2.2nF にしました．

以上の定数でシミュレーションをして安定な特性であることを確認し，最終的には試作機を実測します．

図 9-8 は，誤差増幅器の周波数特性を確認するためのシミュレーションです．X1 には Paramterised Opamp を使用し，GBW を 4MHz，オフセット電圧・電流を 0 に設定しています．LAP1 はラプラス素子で Place → Analog Bhavioural → Laplace Transfer Function から取り出します．X1 の出力が反転し，位相が読みにくいので Lap に −1 を設定して反転し，位相を元に戻しています．図 9-8（b）の結果から，平坦部の利得と利得の変曲点が設計に合っていることがわかります．

図 9-9（a）が，負帰還の安定性を確かめるためのループ特性のシミュレーションです．ループ特性なので，位相は位相余裕として読めばよいことになります．

CCM でのループ利得が 1 になる周波数が約 9.6kHz で位相余裕が約 70°，DCM でのループ利得が 1 になる周波数が約 610Hz で位相余裕が約 80°と安定な値が得られています．

DCM でループ利得が 1 になる周波数が，設計値 350Hz に対しシミュレーション値が 610Hz と異なっ

(a) シミュレーション回路 [BuckA_ErAmp_AC_SIMPLIS]

(b) シミュレーション結果

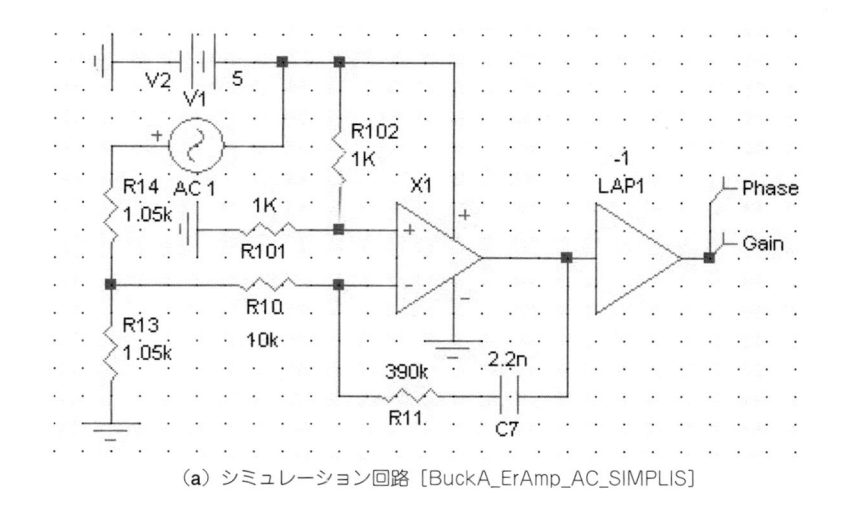

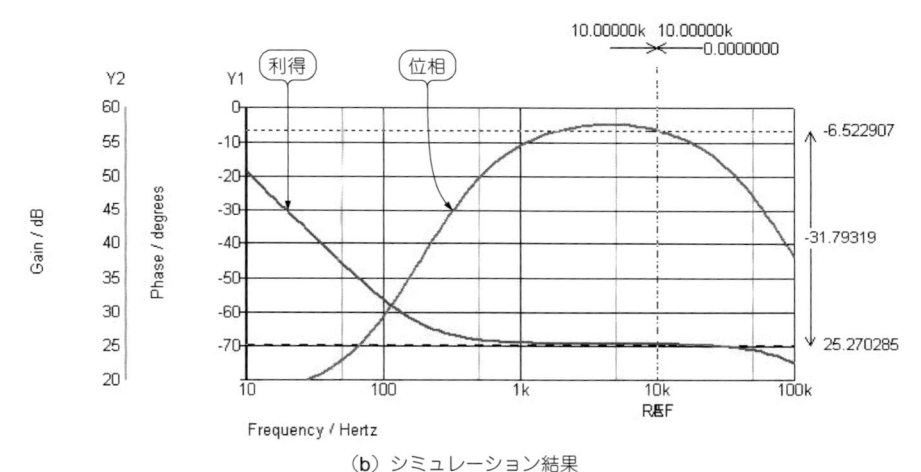

図9-8 誤差増幅器の周波数特性確認シミュレーション

ていますが，これは利得の漸近線で設計したためです．実際には，図9-8(b)にあるように1kHz以下で徐々に利得が上昇していきます．目的は，位相余裕を確保できるかどうかなので，このずれは実用的には問題ありません．

ループ特性の実測方法は，6-2-3項で説明した方法です．計測点は図9-1のTP_1，TP_2です．R_{15}の両端に計測信号を印加し，TP_1からスタートした信号が回路を一巡してTP_2まで到達するまでの利得と位相を計測します．

図9-9(c)が，FRAを使用してループ特性を計測した結果です．CCMのときのループ利得が1になる周波数が約7kHzでシミュレーションより少し低くなっています．そのときの位相余裕は約65°で，安定な値になっています．

DCMでは約600Hzでループ利得が1になり，こちらはシミュレーションとよく一致しています．そして，位相余裕は約85°でこちらも安定な値が得られています．

(a) シミュレーション回路 [BuckA_Loop_AC_SIMPLIS]

(b) シミュレーション結果

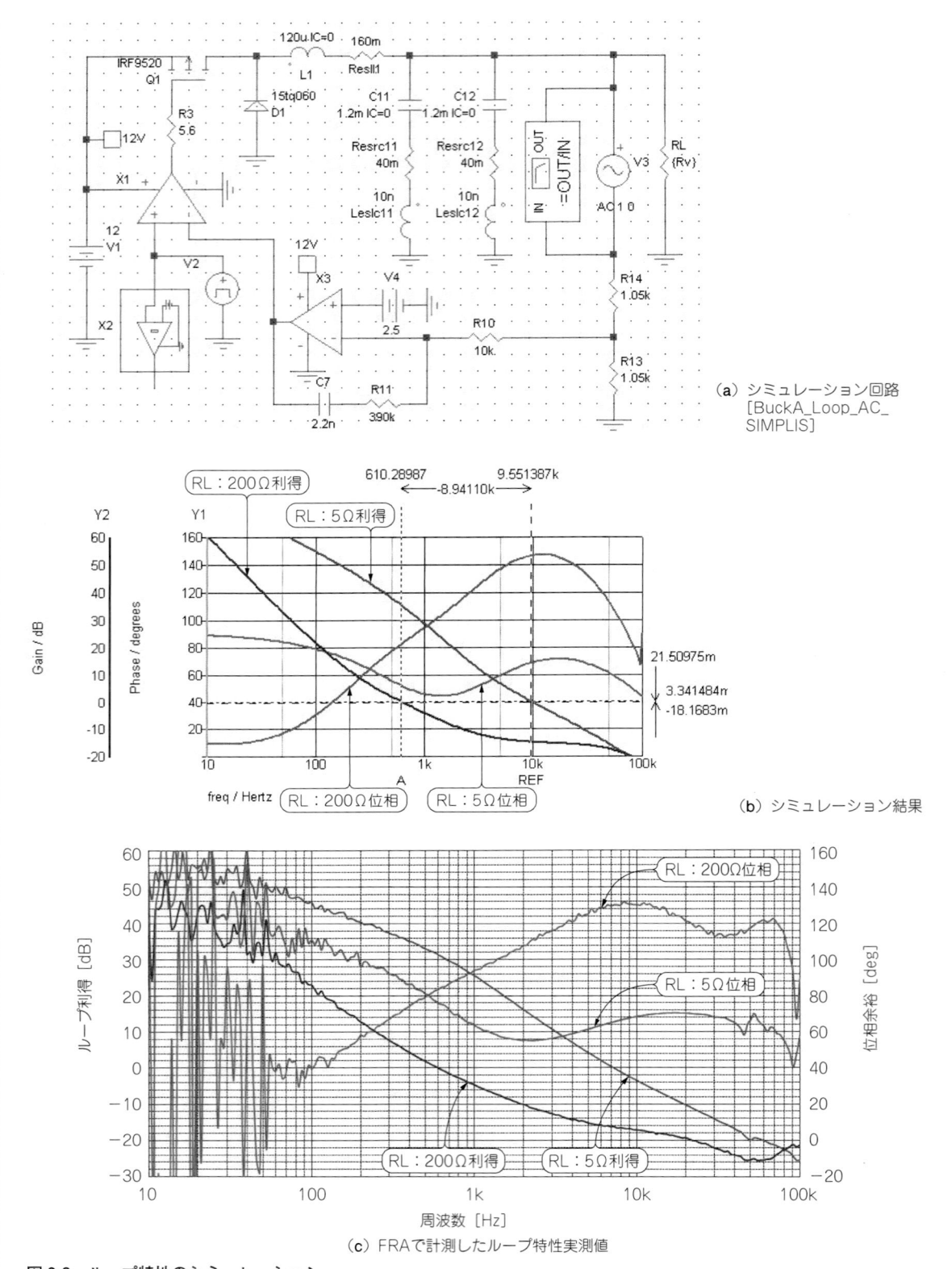

(c) FRAで計測したループ特性実測値

図9-9 ループ特性のシミュレーション

9-4 各種特性のシミュレーション値と実測値の比較

　図9-10(a)は出力インピーダンスを求めるためのシミュレーションです．AC解析で出力に電流を注入し，発生した電圧を出力インピーダンスとします．1Aを注入していますがAC解析は小信号特性で，回路動作を完全な線形としたシミュレーションです．したがって，飽和状態はシミュレーションされません．

　図9-10(b)のシミュレーション結果を見ると，CCM，DCMともループ利得1になる周波数より下がるにつれて負帰還の効果が現れ，インピーダンスが小さくなっていくようすがわかります．

　図9-10(c)は，6-2-4項で説明した方法で実測した結果です．シミュレーションと同様に，ループ利得が1になる周波数よりも下がるにつれてインピーダンスが下がっていきます．シミュレーションでは100Hzで1mΩを切る値になっていますが，実測では5mΩ以下にはなっていません．プリント基板の端子の部分で計測しましたが，プリント基板の銅箔抵抗などの影響で5mΩの値になっているようです．

　また，Excelで出力コンデンサのインピーダンスを計算した結果をグラフに追加しています．出力の部分では，出力コンデンサが一番インピーダンスが低い部品で，負帰還のない裸の出力インピーダンスの支配的なパラメータです．そして，この出力コンデンサのインピーダンスが負帰還によって，さらに低くなっていくようすがわかります．

　図9-10(d)は，図9-10(a)のR11を40kΩの値にし，故意に不安定な負帰還状態にしたときのシミュレーション結果です．ループ利得が1になる周波数で鋭いピークが発生し，出力電流が急変すると，この周波数でリンギングが生じます．40kΩ以下ではエラーが発生し，なパラメータ正常にシミュレーションできませんでした．

　図9-11(a)は，出力電流が急変したときの出力電圧の変動のようすをシミュレーションするものです．こちらはSIMPLISではなく波形の忠実性の良いSIMetrixを使用しています．出力電圧変動のようすにより，負帰還の安定性が判断できます．

　図9-11(b)は，負荷電流I1を500mAから1Aに急変した（CCMの状態）ときの出力電圧波形の変動のようすです．RLに50mA流れているので，550mAから1.05Aの急変になります．波形のエンベロープが一度急変しますがスムーズに元の値に戻り，安定な負帰還であることがわかります．波形の細かい変動は出力リプル電圧によるものです．

　図9-11(c)は，50mAから1.05Aに出力電流が急変した（DCMからCCM）ときの出力電圧波形の変動のようすです．回復時間は図9-11(b)より遅くなっていますが，リンギングが発生することなくスムーズに元に戻っています．

　図9-11(d)，図9-11(e)は，図9-11(b)，図9-11(c)と同じ負荷電流変化のときの実測波形です．シミュレーションでは出力電流が大きいときと小さいときで同じ電圧値に戻っていますが，実測では段差が出ています．これは，図9-10(b)，図9-10(c)のシミュレーションと実測の差として現れた周波数が低いときのインピーダンスの差が原因です．実機ではプリント・パターンなどの抵抗による出力インピーダンス5mΩのために，1Aでは5mVの電圧降下が発生します．

　このように，負帰還の安定性は実測波形でも実証されています．

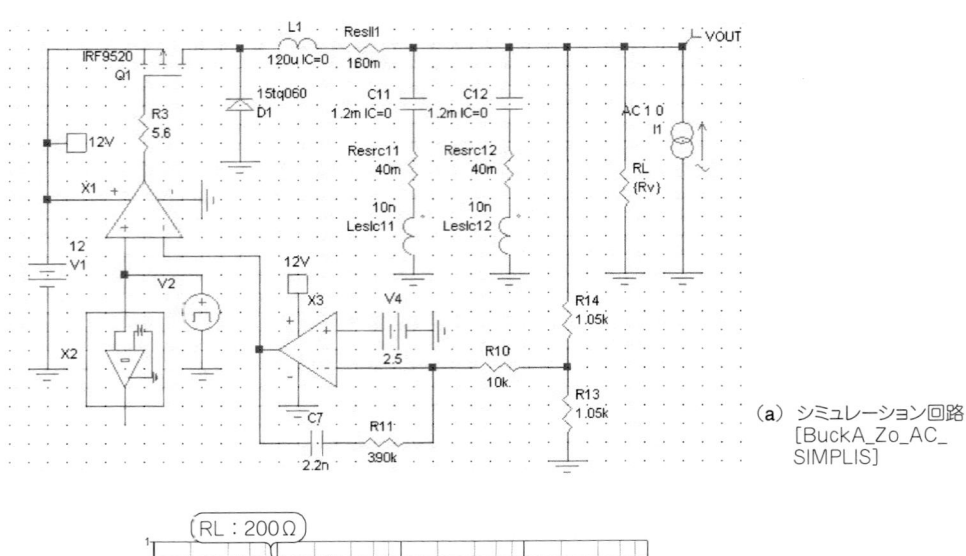

(a) シミュレーション回路 [BuckA_Zo_AC_SIMPLIS]

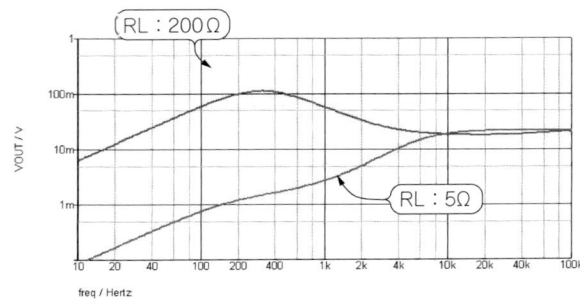

(b) シミュレーション結果

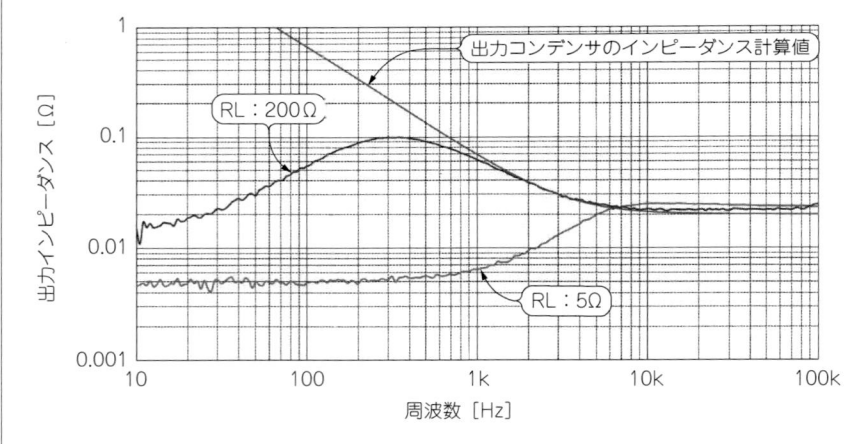

(c) 出力インピーダンスの実測値と出力コンデンサ・インピーダンスの計算値

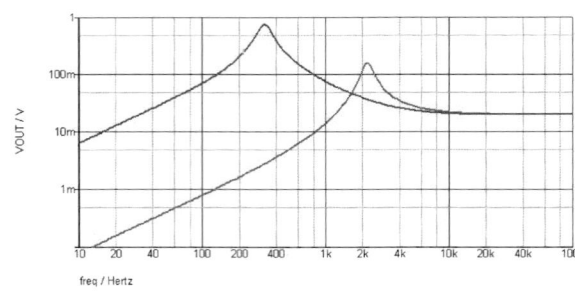

(d) 図9-10（a）のR11を40kΩに設定し，負帰還が不安定なときの出力インピーダンスのようす

図9-10　出力インピーダンスのシミュレーション

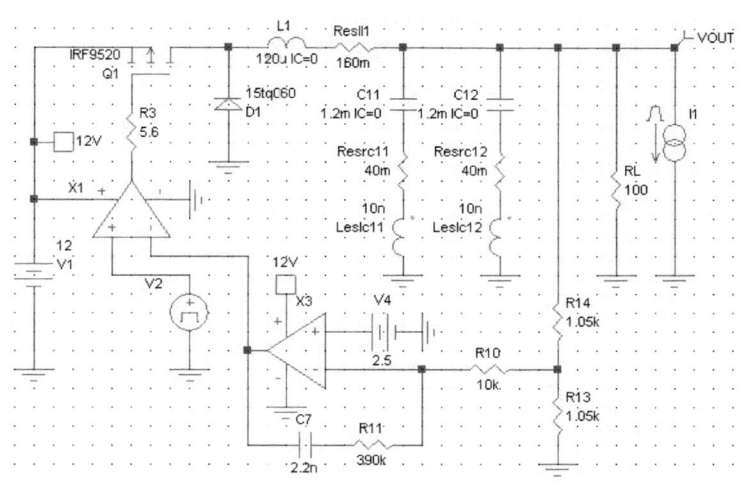

(a) シミュレーション回路［BuckA_Vout_CCM_Tran_SIMetrix］

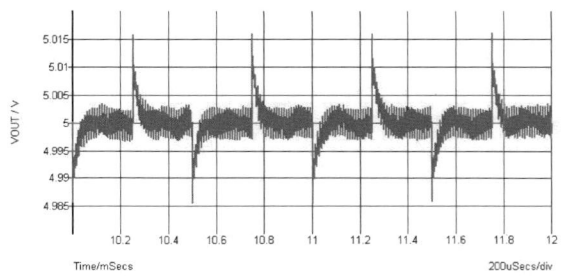

(b) 出力電流550mAから1.05Aに急変した
ときの出力電圧波形（200us/div）

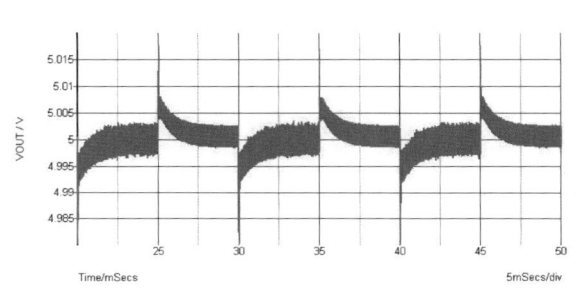

(c) 出力電流50mAから1.05Aに急変した
ときの出力電圧波形（5ms/div）

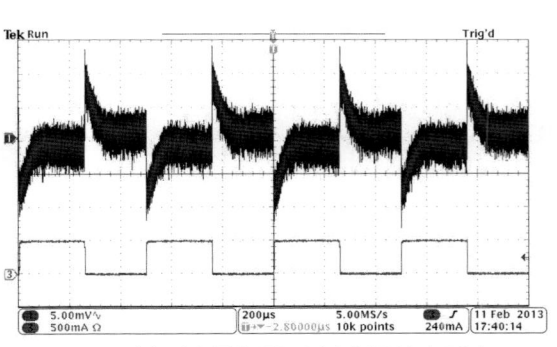

(d) 出力電流550mAから1.05Aに急変した
ときの出力電圧実測波形

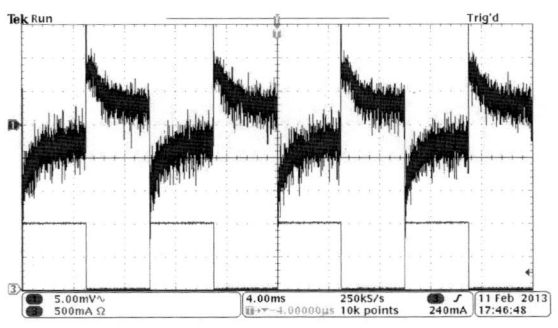

(e) 出力電流50mAから1.05Aに急変した
ときの出力電圧実測波形

図 9-11　出力電流急変時の出力電圧過渡応答特性

9-4 ── 各種特性のシミュレーション値と実測値の比較

第 10 章　出力コイルと出力コンデンサ，負帰還設計，出力インピーダンス，出力電圧の変動
積層セラミック・コンデンサを使用した Buck コンバータの設計・製作・評価

10-1─Buck コンバータの概要

　図 10-1，写真 10-1 に示すのは，第 9 章のバック・コンバータ（Buck Converter）と同じ基板ですが，出力コンデンサが電解コンデンサから積層セラミック・コンデンサに変更されています．

　電解コンデンサは小型で安価ですが，電解液が経年で蒸発し，寿命があります．このため高信頼性が要求される製品では，電解コンデンサの使用が制限されます．

　近年積層セラミック・コンデンサの性能が急速に改善されてきており，大容量の積層セラミック・コンデンサが販売されるようになりました．積層セラミック・コンデンサは電解液を使用していないので，基

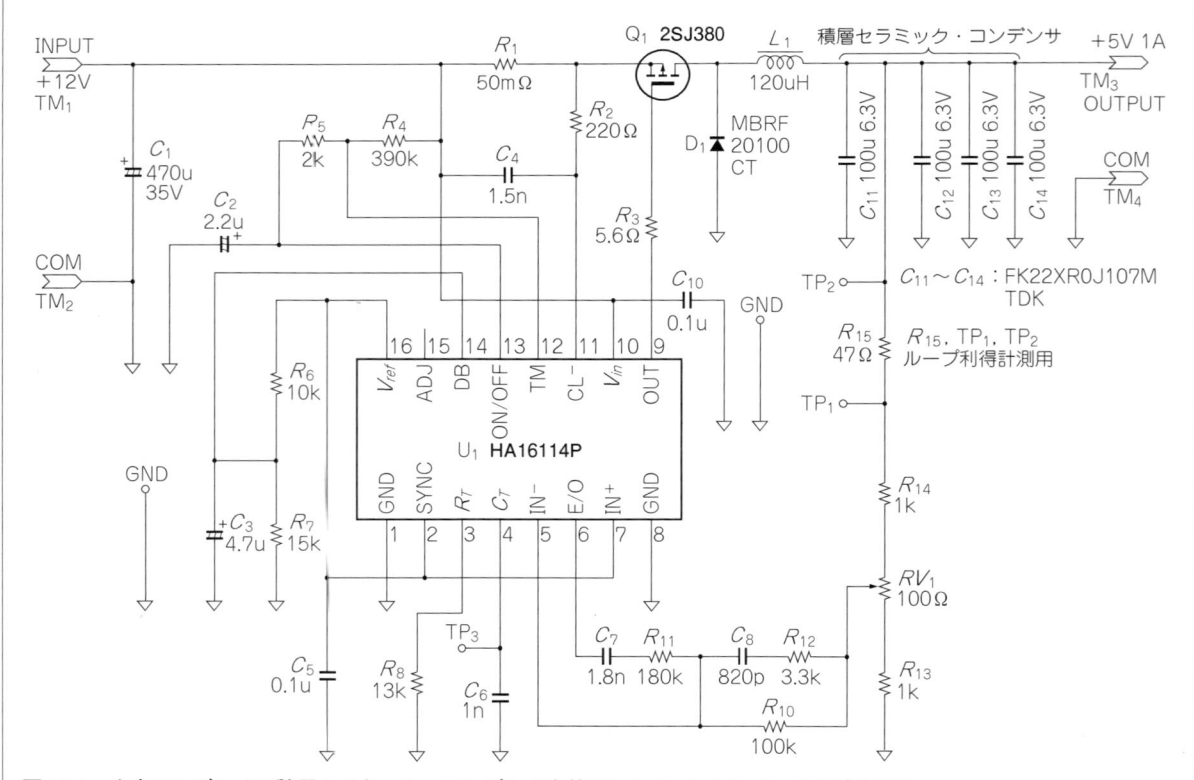

図 10-1　出力コンデンサに積層セラミック・コンデンサを使用した Buck コンバータの試作回路

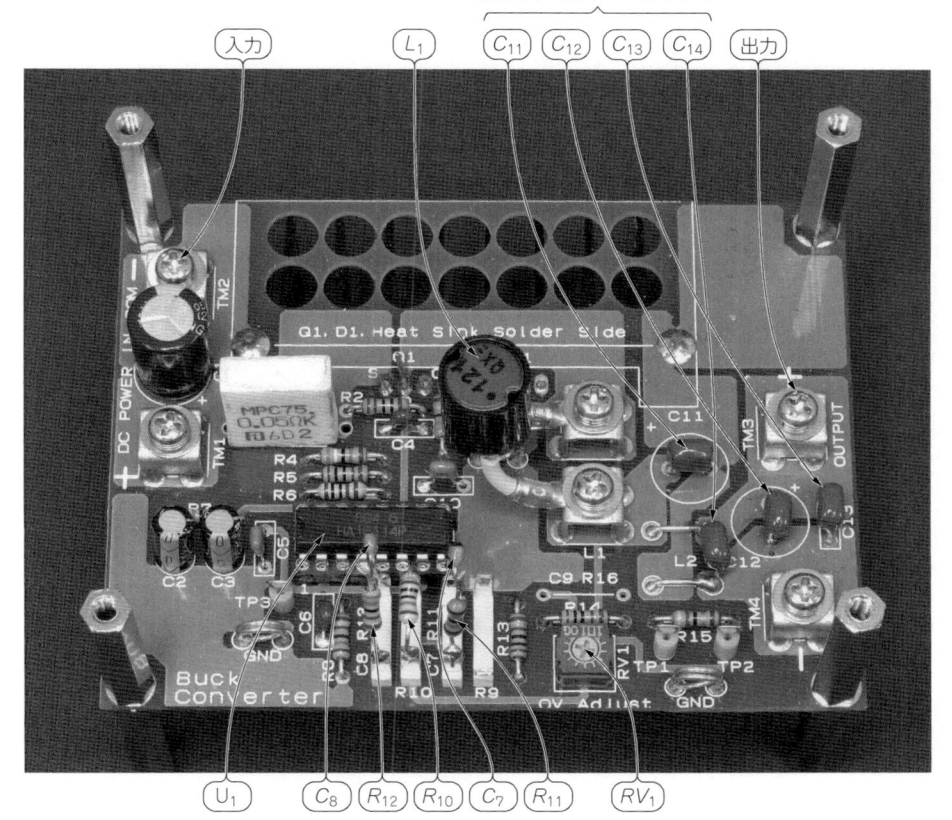

写真 10-1 試作した Buck コンバータの外観

本的には寿命がありません．

　積層セラミック・コンデンサの容量が大きくなったといっても電解コンデンサの容量よりは小さく，容量当たりの価格は高価です．そして，直列等価抵抗 ESR が電解コンデンサよりも 1 桁小さいため，誤差増幅器の設計定数が異なります．

　この章では，出力コンデンサに積層セラミック・コンデンサを使用したときの負帰還設計の方法を説明します．

10-2──出力コイルと出力コンデンサの決定

　出力コイルは，第 9 章と同じパナソニックの ELC11D121F（120uH 1.6Adc 160mΩ）を使用しました．そして，スイッチング周波数も同じ 100kHz なので，コイルに流れる電流は同じ約 271mA です．

　出力コンデンサは，TDK の高誘電率の積層セラミック・コンデンサ FK22XR0J107M 100uF6.3V を使用しました．**写真 10-1** に示すように非常に小型です．**図 10-2**（a）はインピーダンス−周波数特性の実測値です．セラミック・コンデンサは容量が比較的小さく，ESR が小さいため，**図 10-2**（a）に示すように自己共振周波数で鋭いディップ特性を示します．**図 10-2**（a）から ESR は約 2.5mΩ 程度であることがわかります．ESL は，10MHz で 0.4Ω なので約 6.4nH になります．実際には，実装で生じる浮遊インダクタン

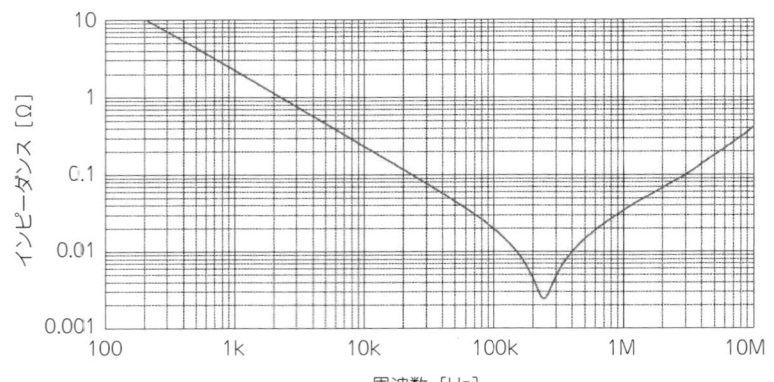

(a) 積層セラミック・コンデンサ 100uF6.3V FK22XR0J107M
インピーダンス-周波数特性

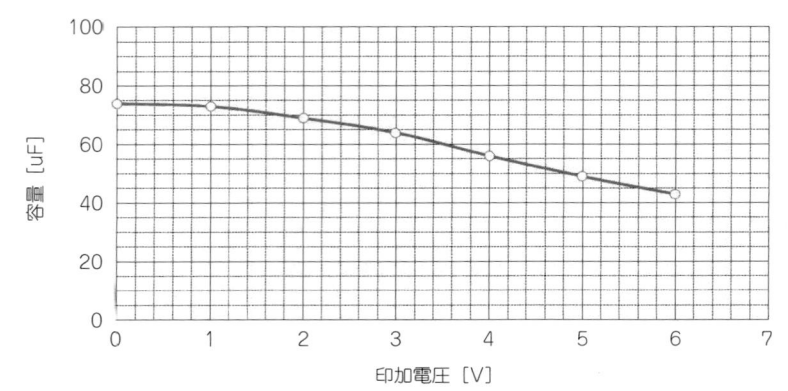

(b) 積層セラミック・コンデンサ FK22XR0J107M 容量-印加電圧特性

図 10-2 使用した積層セラミック・コンデンサの「インピーダンス-周波数特性」と「容量-印加電圧」実測値

スのほうが大きくなります．

　高誘電率の積層セラミック・コンデンサは印加電圧により容量が大きく変化するので，注意が必要です．図 10-2 (b) が実測した容量-重畳直流電圧特性です．定格電圧では容量が半分程度になっています．今回は，出力インピーダンスなどを考慮して 4 個並列で使用することにしました．

　容量が半分になるので，4 個並列で容量は 200uF，ESR は 0.625mΩ になります．200uF の 100kHz でのインピーダンスは約 8mΩ です．リプル電流が 271mA なので，計算上生じるリプル電圧は約 2mV になります．

　図 10-3 が完成した基板で実測した波形です．リプル電圧には大きなスイッチング・ノイズなどが重畳され，リプル波形が見えない状態です．ここではアベレージすることにより，リプル波形を抽出しています．第 9 章の図 9-5 では電解コンデンサの 100kHz でのインピーダンスが平坦で抵抗成分が支配的だったため，出力のリプル電圧波形は出力コイルに流れる波形と同じ三角波でした．今回使用した積層セラミックのインピーダンスは 100kHz ではまだ容量性で，さらに高い周波数ではインピーダンスが下がっていきます．このため，出力コンデンサに流れた三角波の電流によって生じるリプル電圧の高調波が少なくなり，図 10-3 (a)，図 10-3 (b) に示すように正弦波状になっています．

(a) 負荷5Ω　CCM

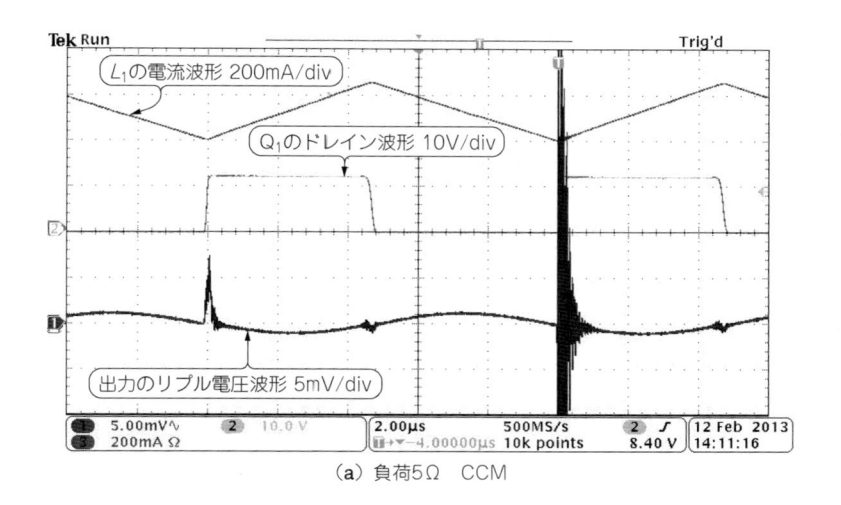

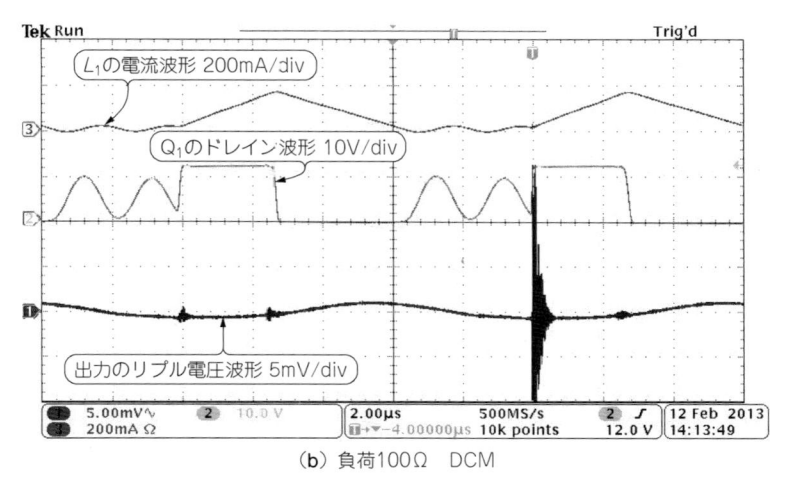

(b) 負荷100Ω　DCM

図 10-3　完成した積層セラミック・コンデンサを使用した Buck コンバータの動作波形

10-3 ── 負帰還設計

第9章と同様に誤差増幅器の周波数補正 CR の値を算出するには，まず**図 10-4**(a)に示す制御部の周波数特性を求めます．出力コンデンサは4個並列にした値で設定しました．出力コンデンサを除いた部分は第9章と同じ定数です．

図 10-4(b)が解析結果で，CCM($RL:5\,\Omega$)と DCM($RL:200\,\Omega$)の特性になっています．CCM の特性は L1，C11 の共振周波数，約 1.03kHz 付近から -40dB/dec の減衰が 100kHz まで続いています．したがって，100kHz で位相遅れが 180° に達しています．

出力が電解コンデンサの場合は ESR のおかげで遅れた位相が戻り，誤差増幅器タイプⅡが使用できました．**図 10-4**(b) では C11 の ESR が極小さいため 100kHz まで位相の戻りがなく，位相遅れが 180° まで達しています．したがって，誤差増幅器では 180°遅れた位相をループ利得を 1 にする周波数で 120°まで戻す必要があります．このため，誤差増幅器タイプⅢを使用し，60°以上の位相進み特性にします．

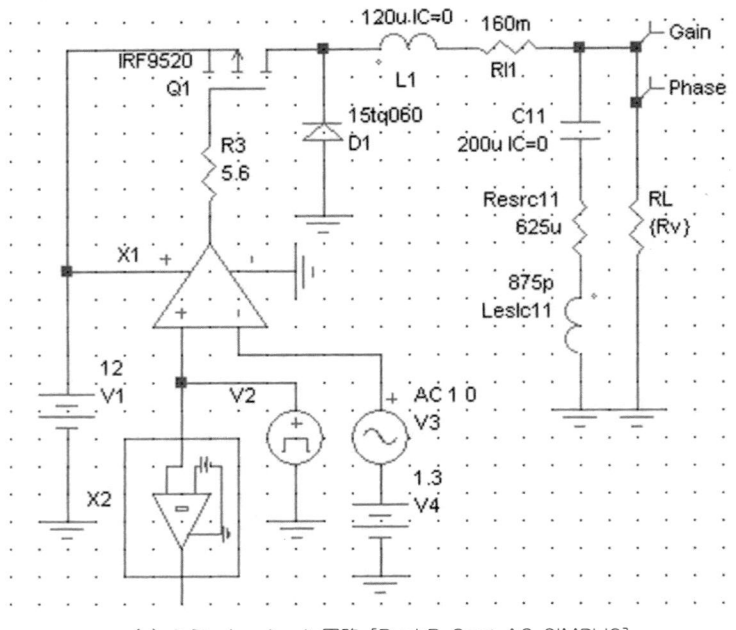

(a) シミュレーション回路 [BuckB_Cont_AC_SIMPLIS]

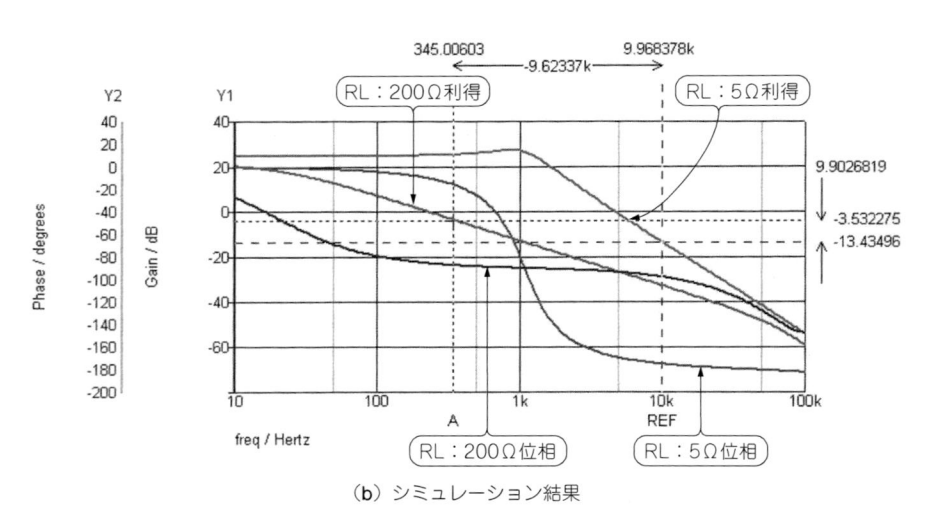

(b) シミュレーション結果

図 10-4　制御部の利得・位相-周波数特性シミュレーション

　図 10-5 が負帰還設計のための利得の漸近線です．まずは図 10-4 (b) の特性から，ループ利得を 1 にする周波数を決定しなくてはなりません．この周波数が高いほど，負帰還量が多くなり，出力インピーダンスが低くなります．しかし，周波数が高いと誤差増幅器に GBW の大きいものが必要になります．また，浮遊インダクタンスなどの影響も受けやすくなります．ここでは，10kHz でループ利得を 1 にすることにしました．

　図 10-4 (b) から制御部の 10kHz の利得は -13.5dB です．したがって，誤差増幅器の 10kHz での利得が +13.5dB になるよう設計します．誤差増幅器の 10kHz での位相を 60°程度進ませるためには，図 10-5 に示すように 10kHz での利得傾斜を +20dB/dec にしなくてはなりません．10kHz を中心として f_2, f_3 を設

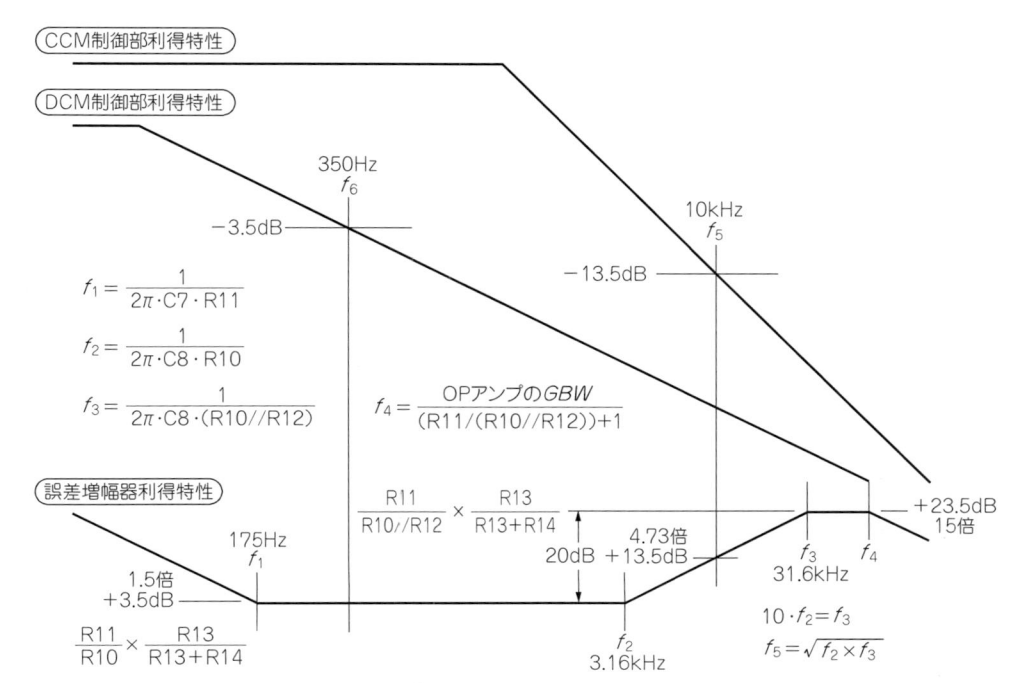

図10-5 負帰還設計のための利得の漸近線

定します．このとき f_2 と f_3 の間隔が広いほど，位相がたくさん戻ります．f_2 と f_3 の間隔が10倍のときおよそ60°程度位相が戻ります．まずは，f_2 と f_3 の間隔を10倍にして設計します．したがって，f_2 と f_3 の周波数は下式から求まります．

$f_2 = 10\text{kHz} \div \sqrt{10} \fallingdotseq 3.16\text{kHz}$ $f_3 = 10\text{kHz} \times \sqrt{10} \fallingdotseq 31.6\text{kHz}$

f_2 から f_3 の利得傾斜が+20dB/dec なので，誤差増幅器の f_1 から f_2 の平坦部の利得は，

+13.5dB $\div \sqrt{10} \fallingdotseq 1.5$ 倍

f_3 から f_4 の平坦部の利得は，

+13.5dB $\times \sqrt{10} \fallingdotseq 15$ 倍

誤差増幅器の入力信号は R13 と R14 で半分に分圧されます．R10 を 100kΩ とすると，

R11 = R10 × 1.5 倍 × 2 倍 = 300kΩ

f_2 と f_3 の利得の比が 10 倍なので，

R10 ÷ (R10//R12) = 10   R10//R12 = 10kΩ

になるためには，

R12 ≒ 11kΩ

f_2：3.16kHz から，

C8 = 1/(2π・f_2・R10) ≒ 503pF

E12 系列から，C8：470pF にします．

f_1 と f_2 の平坦部の利得が +3.5dB なので，DCM のときのループ利得が 1 になる f_6 は図 10-4(b) から −3.5dB の利得のときの周波数 345Hz であることがわかります．

f_1 は f_6 の半分程度の周波数に選ぶと，DCM のときの位相余裕を 60°程度にすることができます．したがって，

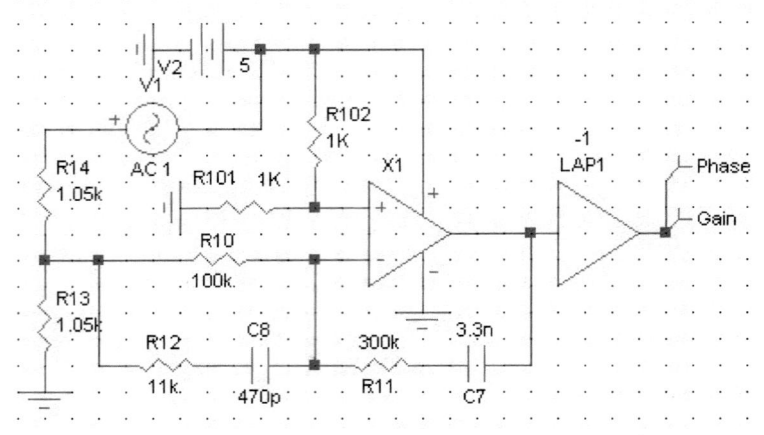

(a) シミュレーション回路 ［BuckB_ErAmp1_AC_SIMPLIS］

(b) シミュレーション結果

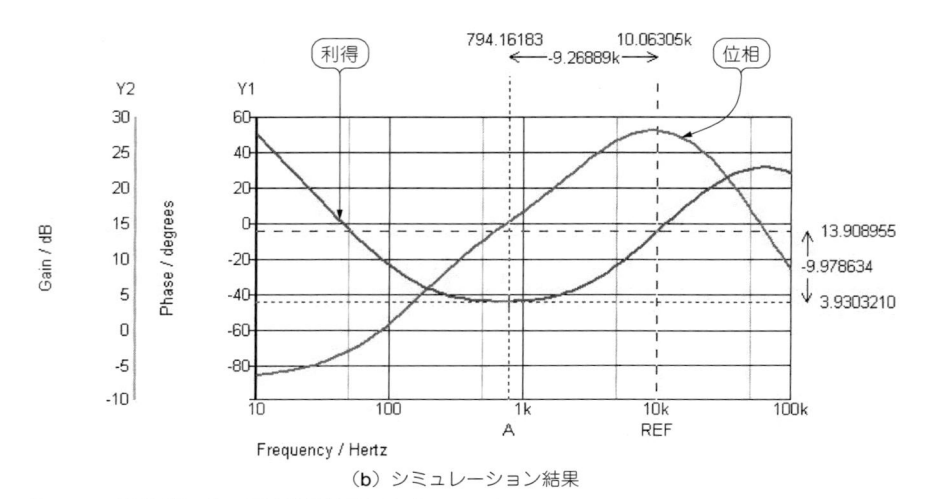

図 10-6　誤差増幅器の周波数特性確認シミュレーション

$C7 = 1/(2\pi \cdot f_1 \cdot R11) ≒ 3.03\text{nF}$

E12 系列から C7：3.3nF にします．

　以上，算出した定数で誤差増幅器の特性をシミュレーションしたのが**図 10-6** です．ほぼ目的の利得になっていますが，誤差増幅器の GBW：4MHz の影響で 10kHz での位相進みが 60°より少なくなっています．

　とりあえず，この定数でループ利得のシミュレーションしたのが**図 10-7** です．ループ利得が 1 になる周波数の位相をみると，DCC では位相余裕 60°以上になっていますが，CCM では 60°に達していません．

　図 10-7（b）の結果から，f_2 と f_3 の間隔が 10 倍では誤差増幅器の GBW などから位相余裕 60°が確保できないことがわかりました．負帰還の再設計をすることにし，f_2 と f_3 の間隔をきりのよい 25 倍にすることにしました．この結果，**図 10-8** の利得の漸近線になります．これらの値が CR を算出すると次のようになります．

　R10：100kΩ とすると，
　　R11 = R10 × 0.95 倍 × 2 倍 = 190kΩ

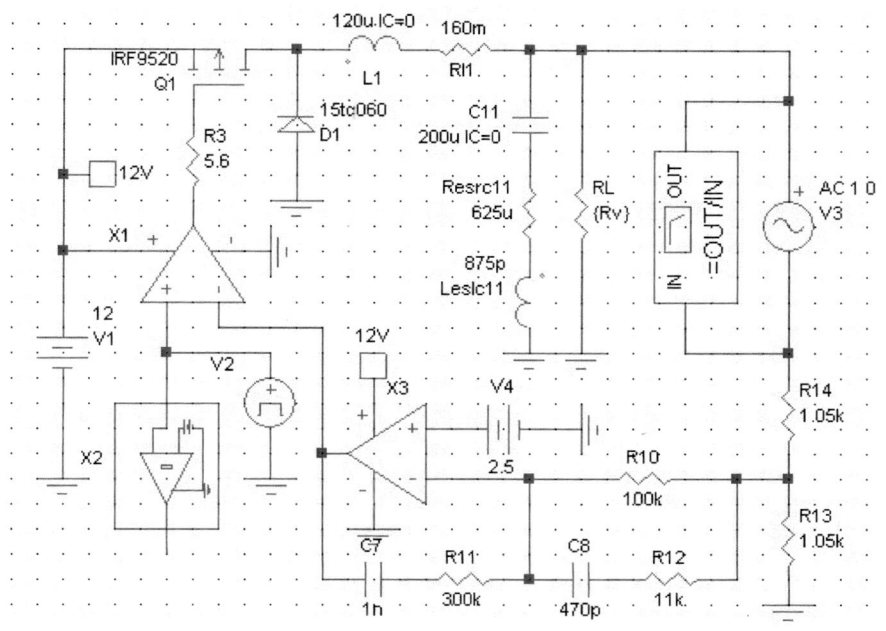

(a) シミュレーション回路 [BuckB_Loop1_AC_SIMPLIS]

(b) シミュレーション結果

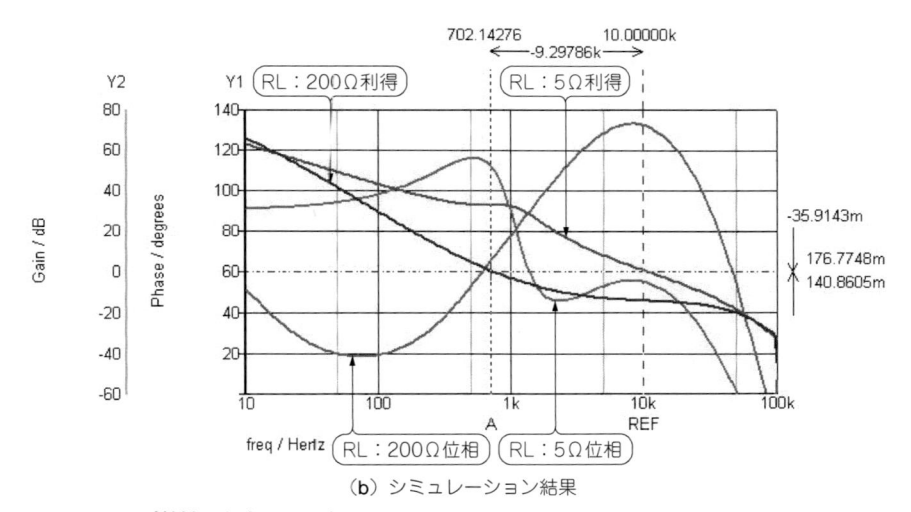

図 10-7 ループ特性のシミュレーション

E12 系列から，R11：180kΩにします．

f_2 と f_3 の利得の比が 25 倍なので，

R10 ÷ (R10//R12) = 25　R10//R12 = 4kΩ

になるためには，

R12 ≒ 3.4kΩ

E12 系列から，R12 ≒ 3.3kΩにします．

C8 = 1/(2π・f2・R10) ≒ 796pF

E12 系列から，C8：820pF にします．

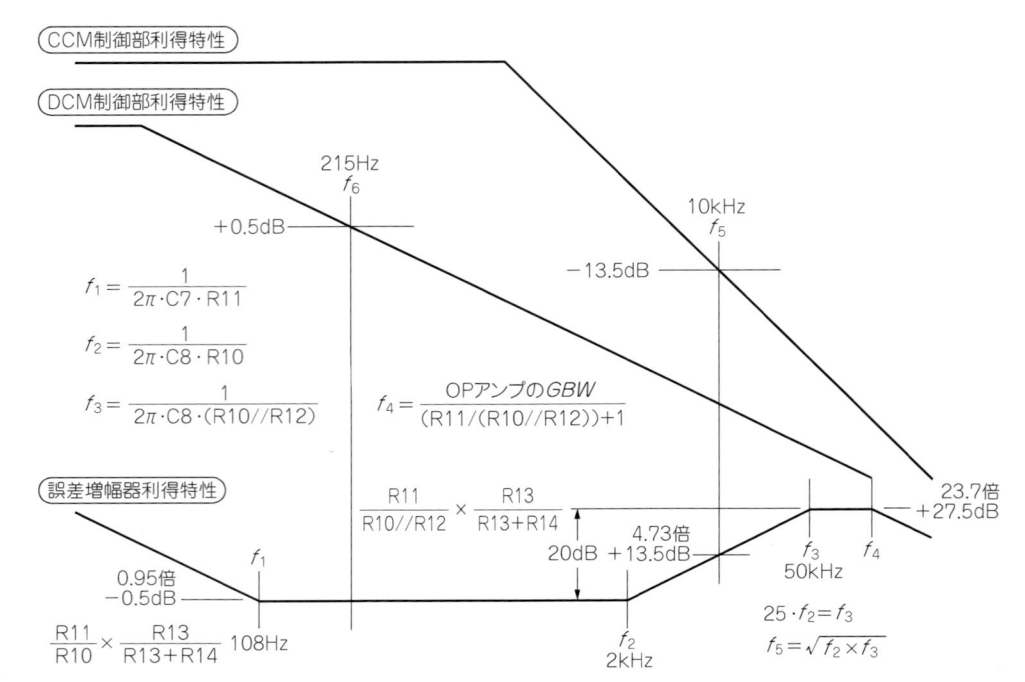

図 10-8 利得の漸近線の再設計

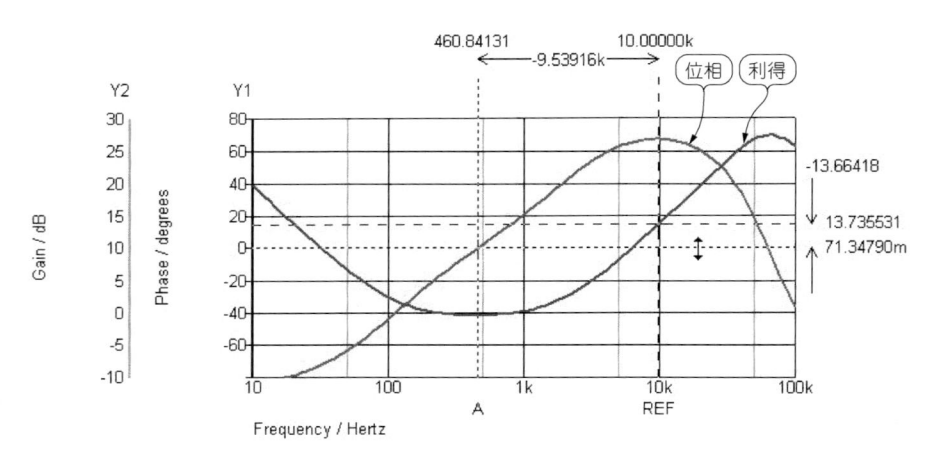

図 10-9 誤差増幅器の再シミュレーション結果 [BuckB_ErAmp2_AC_SIMPLIS]

　算出した値で誤差増幅器をシミュレーションした結果が**図 10-9**です．10kHzでの位相進みが約70°になり，**図 10-6**(b)よりも大きな位相進みになりました．

　そして，この定数でループ利得をシミュレーションした結果が**図 10-10**(a)です．CCMのときループ利得が1になる周波数が約9.98kHzで，65°程度の位相余裕が確保できました．DCMのときの位相余裕は約83°になっています．少し余裕が多いようです．**図 10-8**でのf_1とf_2が近くなってきて，f_2からf_3の+20dB/decの特性がf_1に影響して位相の戻りが多くなっているようです．

　出力コンデンサの実質的な容量が200uFで，第9章に比べて少ないので出力インピーダンスが高くなることが予想されます．そこで負帰還量を増やし，出力インピーダンスを少しでも低くするためf_1をも

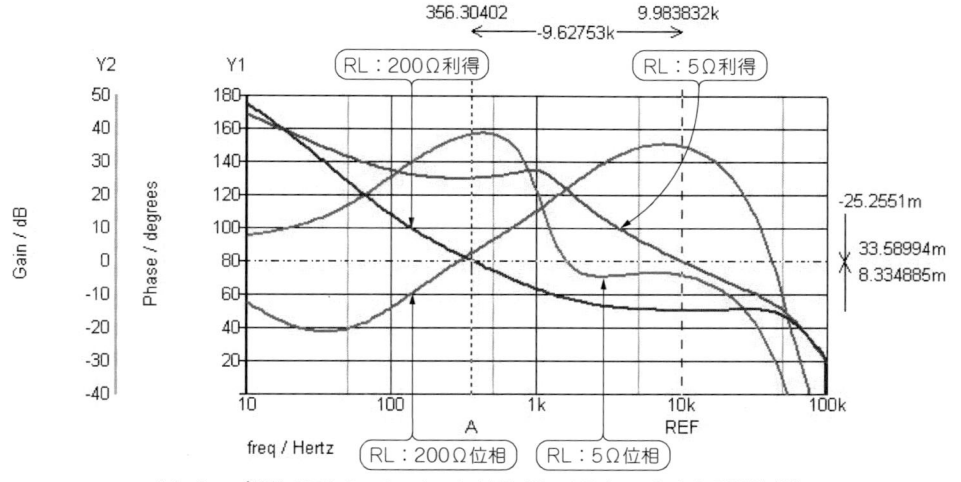

(a) ループ特性の再シミュレーション結果 [BuckB_Loop2_AC_SIMPLIS]
（R10：100kΩ，R11：180kΩ，R12：3.3kΩ，C7：8.2nF，C8：820pF）

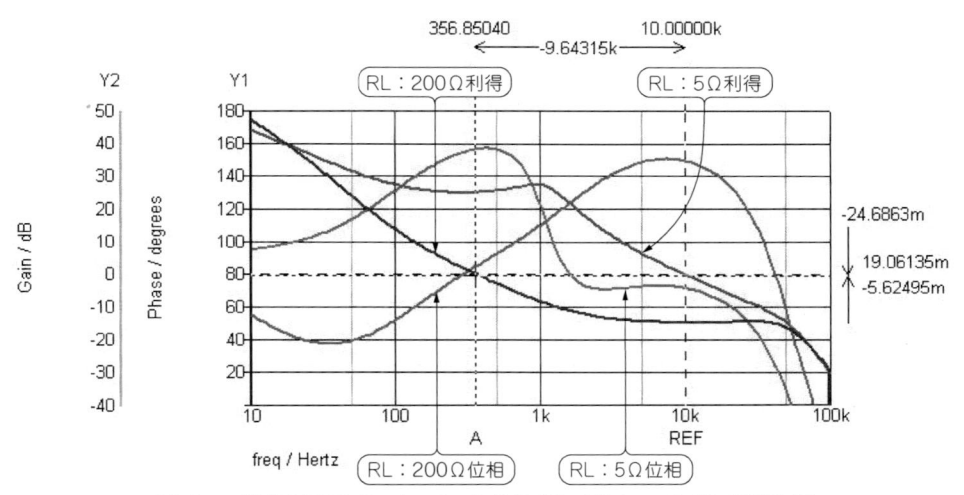

(b) ループ特性の再再シミュレーション結果 [BuckB_Loop3_AC_SIMPLIS]
（R10：100kΩ，R11：180kΩ，R12：3.3kΩ，C7：1.8nF，C8：820pF）

図 10-10　ループ特性の再シミュレーション

う少し高くする（C7 の容量を減らす）ことにしました．

　図 10-10（b）に示すようにシミュレーションで確かめると，C7：1.8nF のとき DCM で 60°程度の位相余裕が確保できるようです．

　この定数で実測した結果が図 10-11 です．CCM では約 9kHz でループ利得が 1 になり，位相余裕が 60°です．シミュレーションより 5～6°少なくなっています．DCM では約 480Hz でループ利得が 1 になり，位相余裕が約 62°になっています．

　シミュレーションと実測で若干の差はありますが，シミュレーションで設計検証しておくと設計ミスを最小にでき，実機での調整作業の工数が大幅に減らせます．

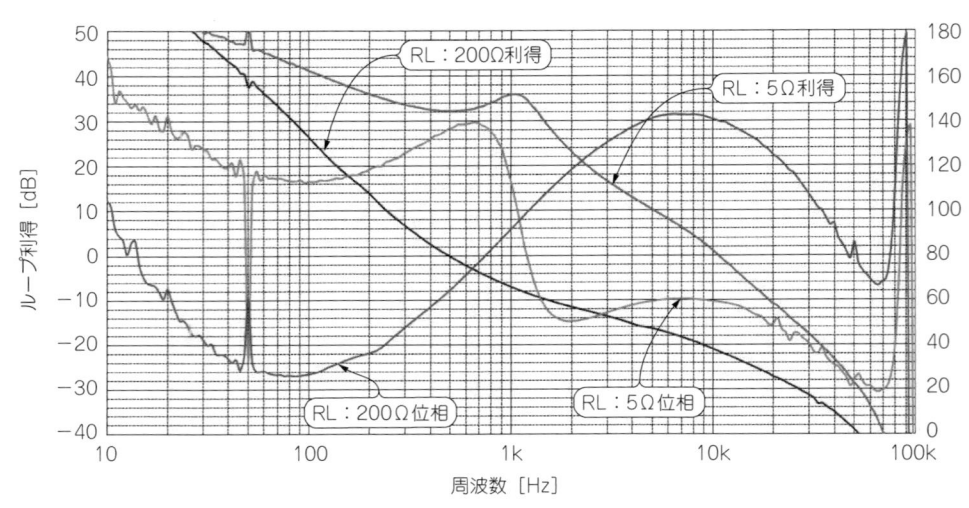

図 10-11　ループ特性の実測値

10-4──各種特性のシミュレーション値と実測値の比較

　図 10-12（a）は，出力インピーダンスを求めるためのシミュレーションです．このシミュレーションは SIMPLIS を使用しています．

　図 10-12（b）のシミュレーション結果を見ると，ループ利得が 1 になる周波数付近で鋭いピークはなくなめらかな曲線を描き，負帰還が安定に動作していることがわかります．しかし，第 9 章の図 9-10（b）を比較すると，やはり出力コンデンサの容量が少ないため，出力インピーダンスが高くなっています．

　図 10-12（c）は実測した結果です．シミュレーションと比べると，やはりプリント基板の銅箔抵抗などの影響で出力インピーダンスが 5mΩ 以下にはなりません．また Excel で計算した出力コンデンサの容量，200uF のインピーダンスのグラフと出力インピーダンスを比較すると，出力インピーダンスは出力コンデンサのインピーダンスが負帰還によって低下するものが支配的であることがよくわかります．

　図 10-13（a）は，出力電流が急変したときの出力電圧の変動のようすをシミュレーションするものです．シミュレーション結果の図 10-13（b），図 10-13（c）と第 9 章の図 9-11（b），図 9-9（c）を比べると，やはり出力インピーダンスが高い分，出力電圧の変動が大きくなっているのがわかります．ただし 100kHz 付近のインピーダンスはこちらのほうが低いので，リプル成分は少なくなっています．

　図 10-13（d），図 10-13（e）は，図 10-13（b），図 10-13（c）と同じ条件での実測値です．シミュレーションと同様な値になっています．第 9 章の図 9-11（d），図 9-11（e）と比べると全体に出力インピーダンスが高いためか，直流インピーダンスによる段差は目立っていません．また，リンギングは観測されず，負帰還が安定に動作していることがわかります．

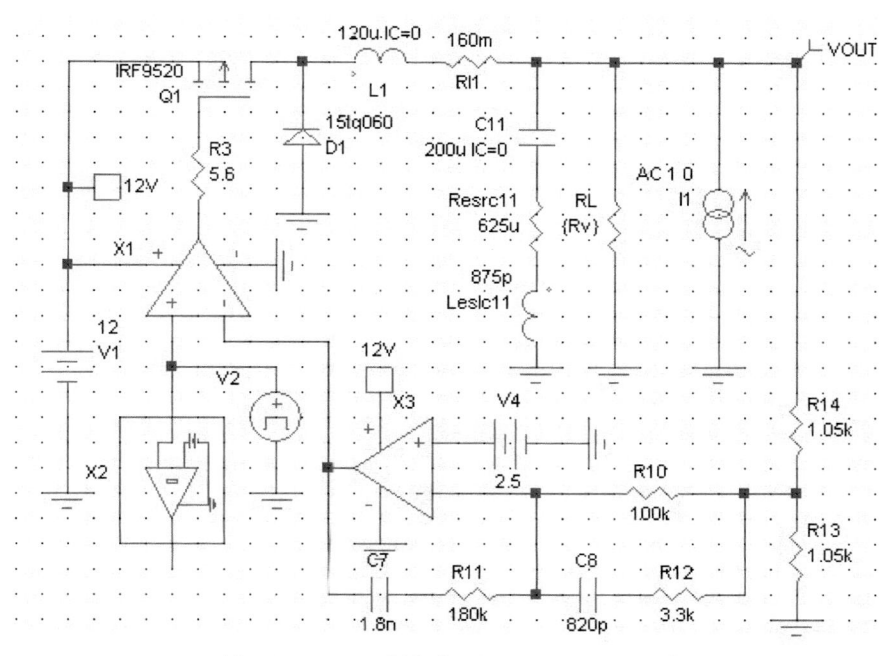

(a) シミュレーション回路 ［BuckB_Zo_AC_SIMPLIS］

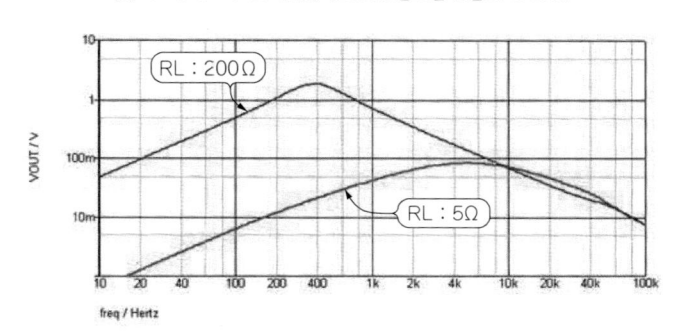

(b) シミュレーション結果

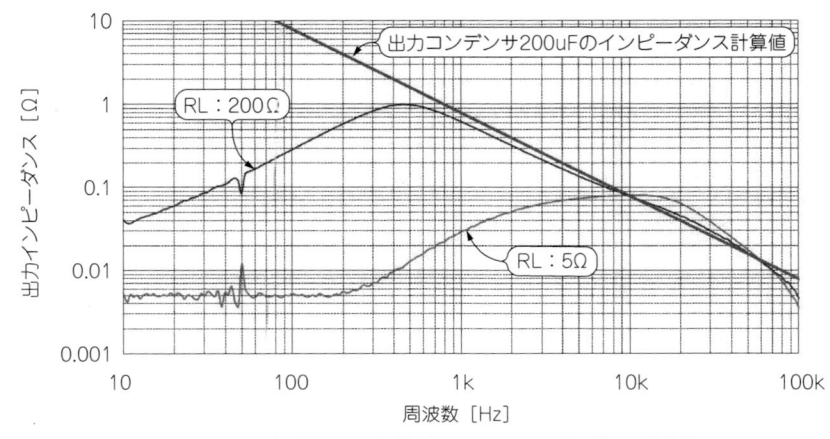

(c) 出力インピーダンスの実測値と200uFのインピーダンス計算値

図 10-12 出力インピーダンスのシミュレーションと実測値

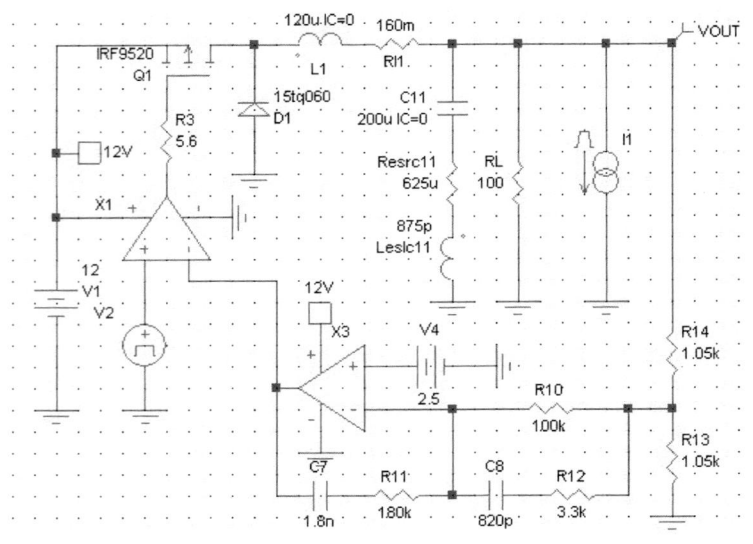

(a) シミュレーション回路

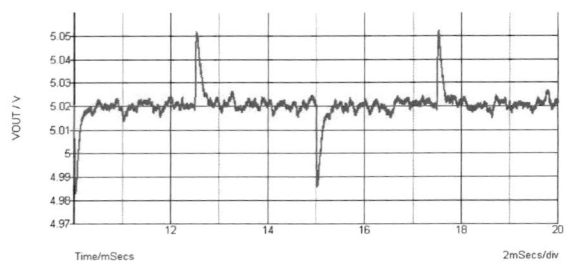

(b) 出力電流550mA〜1.05A急変時の出力電圧過渡応答波形
[BuckB_Vout_CCM_Tran_SIMetrix]

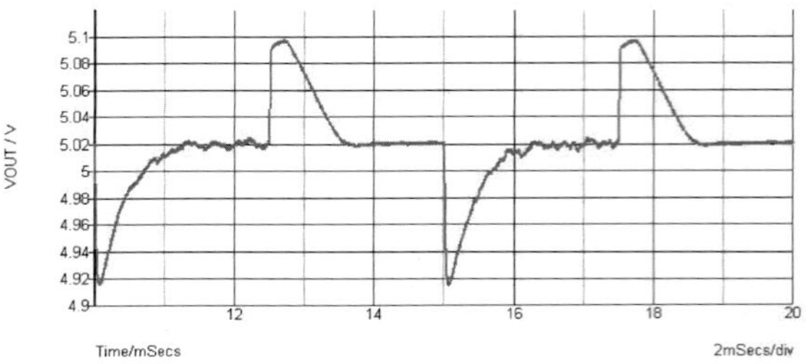

(c) 出力電流50mA〜1.05A急変時の出力電圧過渡応答波形
[BuckB_Vout_DCMCCM_Tran_SIMetrix]

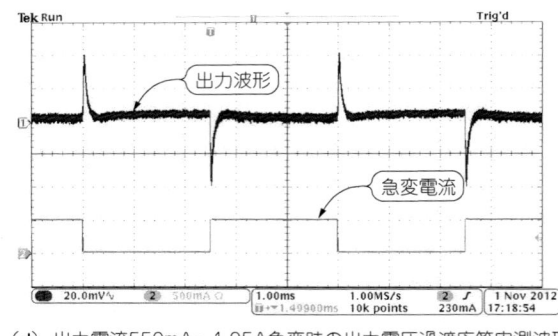

(d) 出力電流550mA〜1.05A急変時の出力電圧過渡応答実測波形

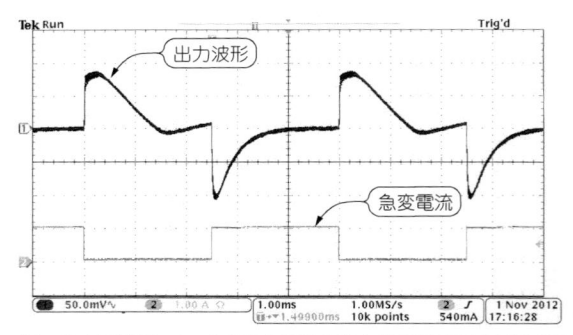

(e) 出力電流50mA〜1.05A急変時の出力電圧過渡応答実測波形

図10-13　出力電流急変時の出力電圧過渡応答のシミュレーションと実測値

Column 10-1

高誘電率積層セラミック・コンデンサの直流重畳特性

　積層セラミック・コンデンサは，温度補償型と高誘電率型に大別されます．温度補償型（CH0）は容量 – 温度特性などに優れ，安定した特性をもっています．しかし，その容量値の最大は 10nF 程度までで，大容量のものがありません．

　一方，高誘電率型は 100uF 程度のものまで大容量化が進んでいます．しかし，正確な容量値を維持するのが難しく，温度や印加電圧によって容量が大きく変化してしまいます．

　図 10-A と図 10-B は，2 種の高誘電率型積層セラミック・コンデンサの容量 – 直流重畳特性です．このように個々にその特性が大きく異なるので，高誘電率型積層セラミック・コンデンサの選定は特性グラフまで確認して採用する必要があります．

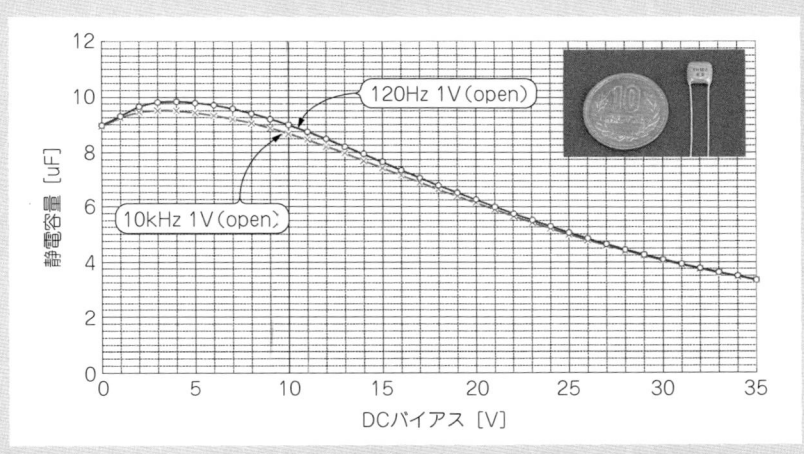

図 10-A　日本ケミコン THD31H106Z（10uF 50V）静電容量 – DC バイアス特性

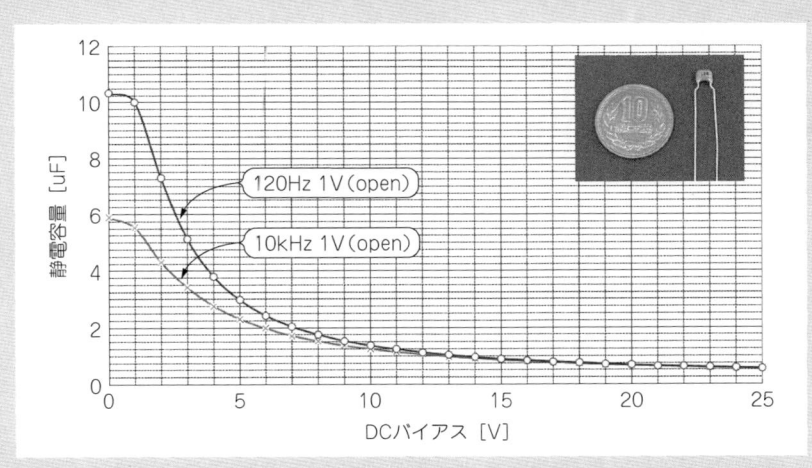

図 10-B　Supertech RD20F106Z1EH5L（10uF 25V）静電容量 – DC バイアス特性

第11章 入力電圧よりも高い出力電圧を得る
電圧モード Boost コンバータの設計・製作・評価

11-1──電圧モード Boost コンバータの概要

図 11-1，写真 11-1 に示すのは第 9 章のバック・コンバータと同様にセミナの教材用として製作した，電圧モードのブースト・コンバータ（Voltage Mode Boost Converter）です．＋18V の入力電圧を出力電圧 24V に昇圧・安定化し，最大出力電流は 1A です．

図 11-2 が，使用したスイッチング・レギュレータ用の PWM 制御 IC（FA5511P）の内部ブロックです．この IC は，商用電源入力のオフライン・レギュレータを主目的に開発されたためか，誤差増幅器は内蔵されていません．また，電源電圧が規定値よりも下がった場合に動作を停止する，低電圧入力誤動作防止回路（UVLO：Undervoltage Lockout）の機能があります．このため，電源投入時に電源電圧が 16.5V（typ）を超えないと動作を開始しません．また，この UVLO は一度動作を開始すると，電源が 9V（typ）以下になるまで動作を続けるヒステリシスをもっています．

図 11-1 の R_{12}～R_{14} で Q_1 に流れる電流を検出し，U_2 の過電流検出端子に接続しています．R_{10}，C_7 は，スイッチング・ノイズによる過電流回路の誤動作を防いでいます．

U_2 の RT と CS 端子に接続された R_8，C_6 で，スイッチング周波数 200kHz を設定しています．

REF 端子からは 5V の基準電圧が出力され，U_1 の電源，それから R_5 と R_6 で分圧して本器の基準電圧（2.5V）として使用しています．

U_1 が誤差増幅器で，出力 Rail-to-Rail の AD823（GBW：10MHz）を使用しています．

11-2──出力コイルとコンデンサの決定

第 9 章のバック・コンバータと同様に，出力のリプル電圧はスイッチング周波数と出力コイル（L_1），出力コンデンサ（C_{13}，C_{14}）が支配的になります．L，C とも大きいほうがリプル電圧が少なくなります．しかし，LC による遮断周波数が低くなる分，同じ周波数でループ利得を 1 にするには大きな利得の誤差増幅器が必要になります．

出力コイルに流れるリプル電流も，Buck コンバータと同様に出力電流の 30% 程度になるように出力コイルのインダクタンスを選ぶのが一般的なようです．

エネルギー保存の法則から，損失がない理想的な状態では入出力の電力は同じです．したがって，

$$V_{IN} \times I_{IN} = V_{OUT} \times I_{OUT}$$

昇圧コンバータでは入力電流はすべてコイルに流れるので，効率をとりあえず 90% とすると，L_1 に流

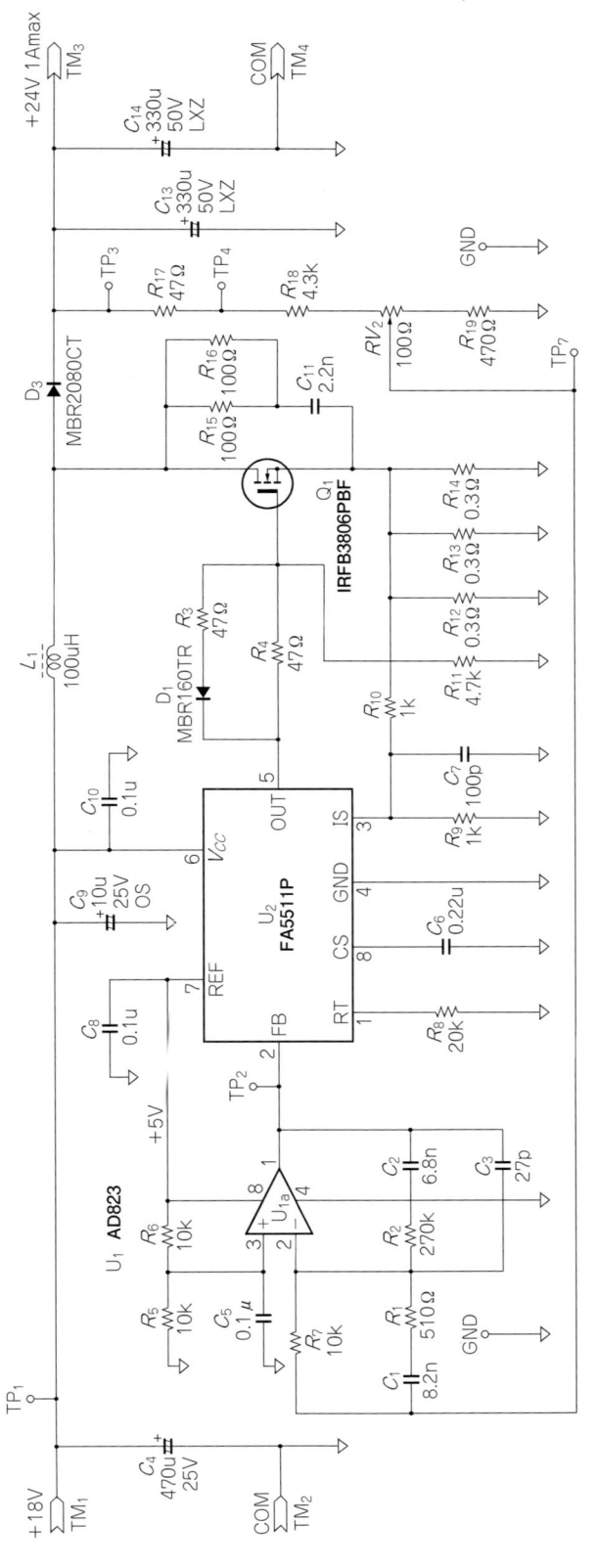

図 11-1 電圧モード Boost コンバータ試作回路

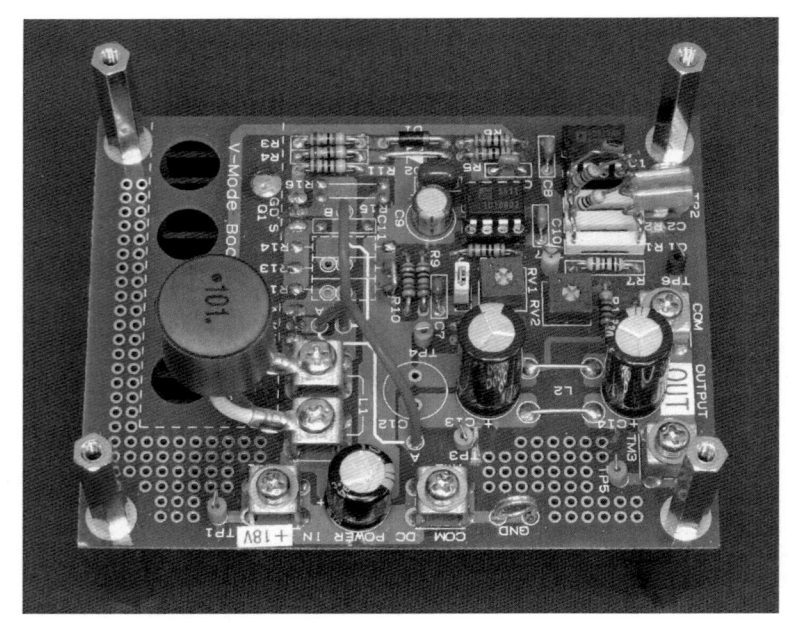

写真 11-1　試作した電圧モード Boost コンバータの外観

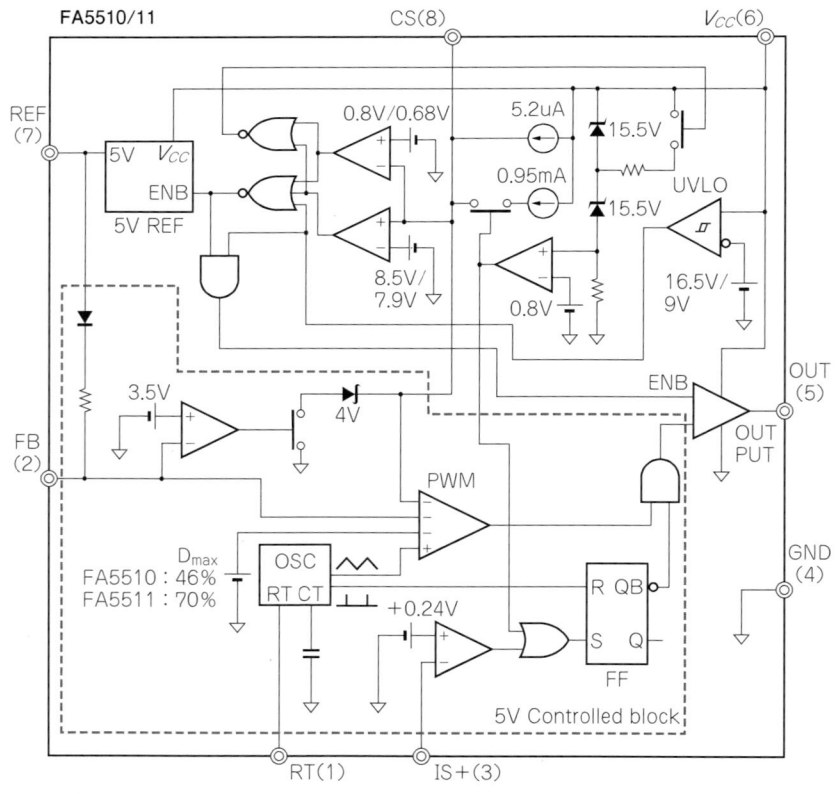

図 11-2[10]　使用した PWM コントローラ FA5511 の内部ブロック

れる電流の平均値，I_{LAVE}は，

$$I_{LAVE} = \frac{V_{OUT} \times I_{OUT}}{V_{IN} \times \eta} = \frac{24 \times 1}{18V \times 0.9} \fallingdotseq 1.48A \qquad \eta：効率$$

ここでは，L_1には太陽誘電のLHLP16NB101K（100uH 2.3Adc 91mΩ）を使用しました．出力コンデンサC_{13}，C_{14}には，**表11-1**に示す日本ケミコンのELXZ500E331MJ25S（330uF 50V）を選びました．

使用素子に損失がないとすると，第8章の式(8-2-4)に入力電圧18V，出力電圧24Vを代入すると，ON/OFF比Dは，

$$D = 1 - \frac{V_{IN}}{V_{OUT}} = 0.25$$

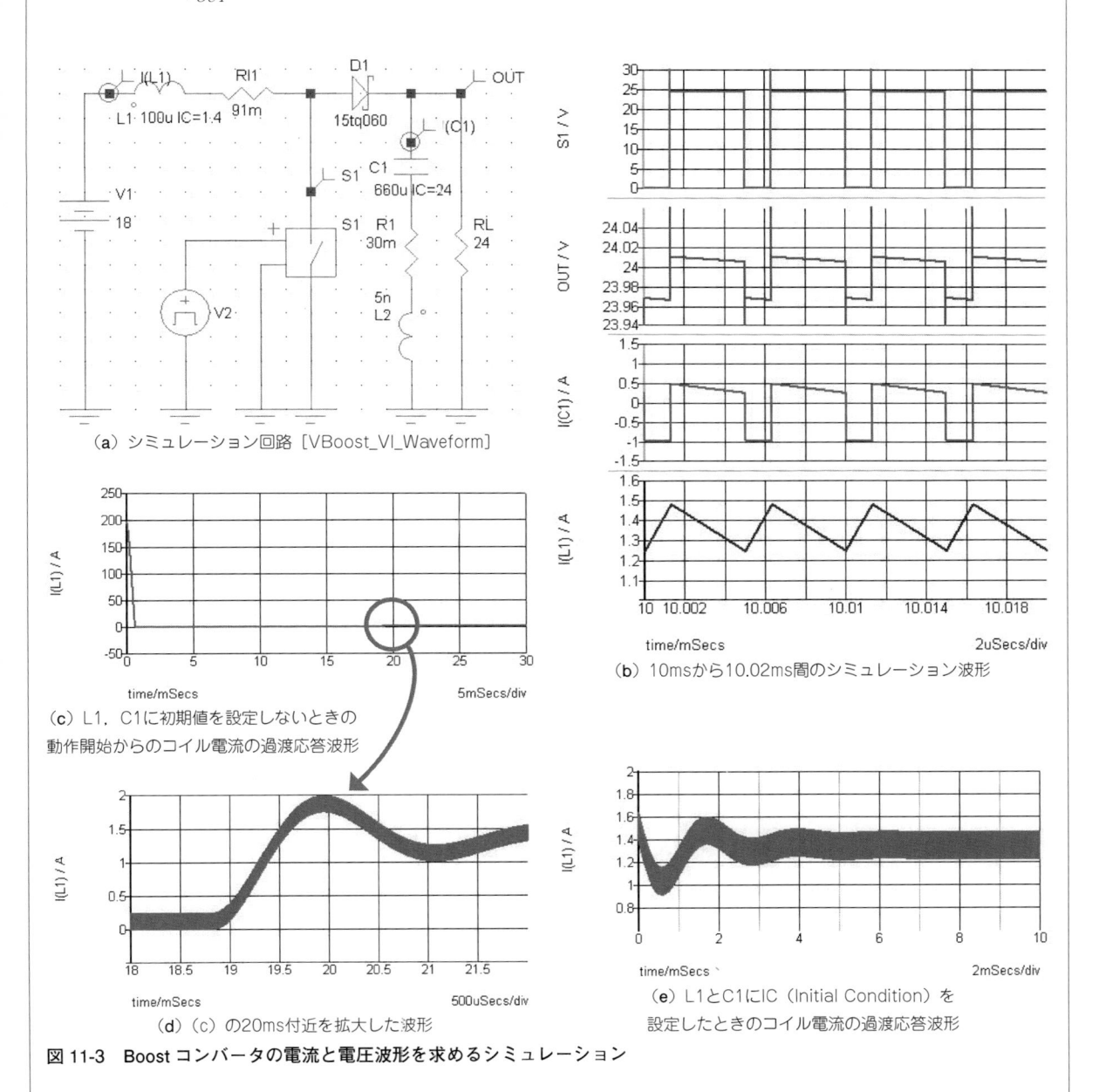

(a) シミュレーション回路 [VBoost_VI_Waveform]

(b) 10msから10.02ms間のシミュレーション波形

(c) L1，C1に初期値を設定しないときの動作開始からのコイル電流の過渡応答波形

(d) (c)の20ms付近を拡大した波形

(e) L1とC1にIC（Initial Condition）を設定したときのコイル電流の過渡応答波形

図11-3 Boostコンバータの電流と電圧波形を求めるシミュレーション

スイッチング周波数は200kHzなので，コイルに流れるリプル電流は第8章の式(8-2-2)より，

$$\Delta I_L = \frac{V_{IN} \times T_{ON}}{L} \fallingdotseq \frac{18V \times 1.25us}{100uH} \fallingdotseq 225mA$$

Buckコンバータの場合は，コイルとコンデンサに流れるリプル電流は同じでした．ところが，Boostコンバータの場合はコイル電流がON/OFFされた波形になり，大きなリプル電流となります．

図11-3は，最大負荷電流のとき，各素子に流れる電流と電圧を求めるためのシミュレーションです．回路にはコイルとコンデンサの直列等価抵抗(ESR)をモデルにしたので損失が生じ，出力電圧が24Vのとき，デューティ25%にはなりません．何回かシミュレーションを行い調整したところ，デューティ26.4%程度のとき+24Vになりました．図11-3(b)のシミュレーション結果をみると，損失を省略した計算のL1に流れるリプル電流とそう違わない値になっています．そして，出力コンデンサに流れる電流はデューティ74%程度，ピーク1.5A程度の方形波に近い波形になっています．今回使用したコンデンサは表11-1に示す日本ケミコンのELXZ500E331MJ25Sです．1本あたり1.25A_{rms}のリプル電流が許容できるので，余裕のある値になっています．実測した周波数特性を図11-4に示します．

図11-3(b)の結果にあるように，出力コンデンサに流れる電流と出力コンデンサの直列等価抵抗で出力リプル電圧波形の振幅が決定します．Buckコンバータと比べると出力コンデンサに流れるリプル電流が多いので，出力リプル電圧も大きくなります．出力リプルが支障をきたす場合は，出力にLCフィルタを追加します．

図11-3(c)は，動作開始からのL1に流れる電流波形です．動作開始直後に200Aもの電流が流れ(実際

表11-1[14]　使用した電解コンデンサの仕様

WV [Vdc]	Cap [uF]	ケース・サイズ $\phi D \times L$ [mm]	インピーダンス [Ω max/100kHz]		定格リプル電流 [mArms/ 105℃, 100kHz]	品番
			20℃	−10℃		
50	120	8 × 15	0.16	0.32	635	ELXZ500E□□121MH15D
	120	10 × 12.5	0.16	0.32	620	ELXZ500E□□121MJC5S
	180	8 × 20	0.12	0.24	730	ELXZ500E□□181MH20D
	180	10 × 16	0.13	0.26	850	ELXZ500E□□181MJ16S
	220	10 × 20	0.088	0.18	1,050	ELXZ500E□□221MJ20S
	330	10 × 25	0.073	0.15	1,250	ELXZ500E□□331MJ25S
	390	10 × 30	0.054	0.11	1,500	ELXZ500E□□391MJ30S

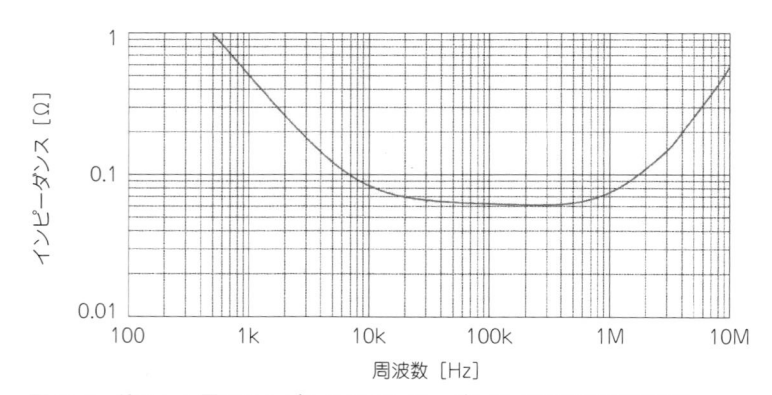

図11-4　使用した電解コンデンサのインピーダンス-周波数特性実測値

にはこんなに流れないが），その後電流は小さな値になり，図 11-3 (d) に示すように 20ms あたりから定常状態に向かっています．したがって，10ms 程度のところの波形を誤って観測すると，定常状態とはまったく異なった値になってしまうので注意が必要です．

　図 11-3 (e) は，コイルとコンデンサに定常状態のときに近い値を初期値として設定し，シミュレーションしたときの動作開始からのコイルに流れる波形です．あらかじめ定常状態になると考えられる予想値を設定しておくと，短時間で定常状態になるのがわかります．

　図 11-5 は，完成した電圧モード Boost コンバータを実測した各部の波形（アベレージ処理済み）です．雑音や波形の細かい部分は異なっていますが，ほぼ同等の振幅になっています．このように，図 11-3 (a) に示すような簡単な等価回路でも設計には役に立つことがわかります．

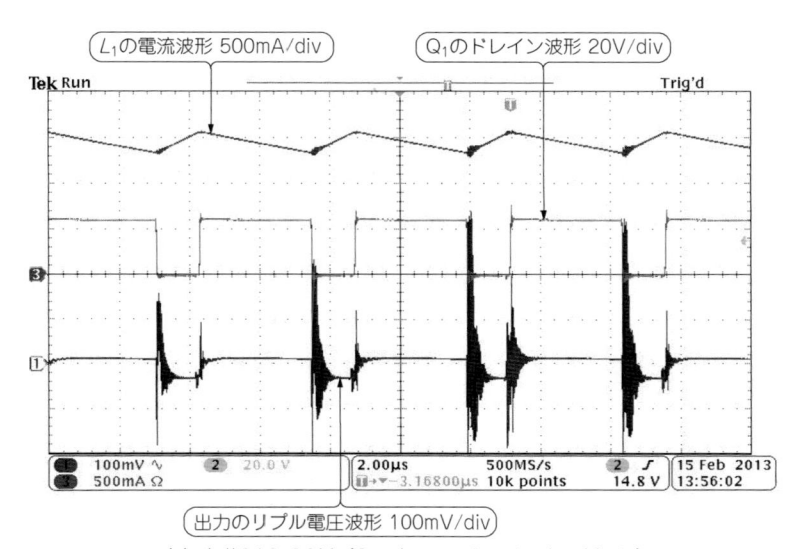

(a) 負荷 24Ω CCM (Continuous Conduction Mode)

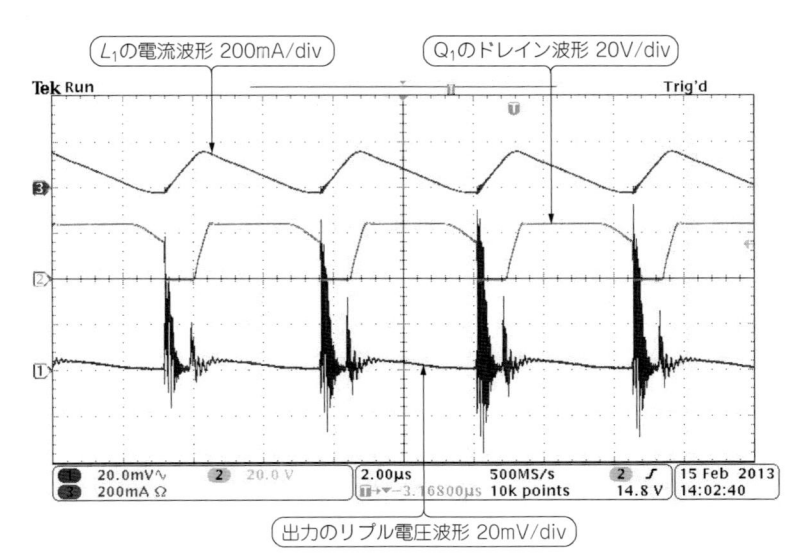

(b) 負荷 1kΩ DCM (Discontinuous Conduction Mode)

図 11-5　完成した電圧モード Boost コンバータの動作波形

11-2──出力コイルとコンデンサの決定

11-3—負帰還設計

誤差増幅器を設計するためには，まず**図 11-6 (a)** に示す制御部の周波数特性を求めます．

V2 には三角波を選び，FA5511 のデータシートに書かれている値から，振幅を 1V ～3V に設定しました．負荷抵抗 RL には 24 Ω と 1kΩ を設定し，CCM と DCM の状態をマルチステップ解析をしています．

図 11-6 (b) が解析結果です．CCM (RL：24 Ω) と DCM (RL：1kΩ) の特性になっています．

Appendix B で示したように，CCM の利得特性は L1，C13，C14 の共振周波数とスイッチング・デューティ (D) で決定される高域遮断周波数から -40dB/dec の傾きで減衰していきます．そして，出力コンデンサの ESR などの影響で，10kHz 付近から利得の傾きが緩やかになっていきます．しかし，第 4 章と第 8 章で説明したように過剰位相系が生じ，利得の傾きが緩やかになるにも関わらず，位相のほうは 10kHz から戻ることなく位相遅れ 180°に向かっていきます．

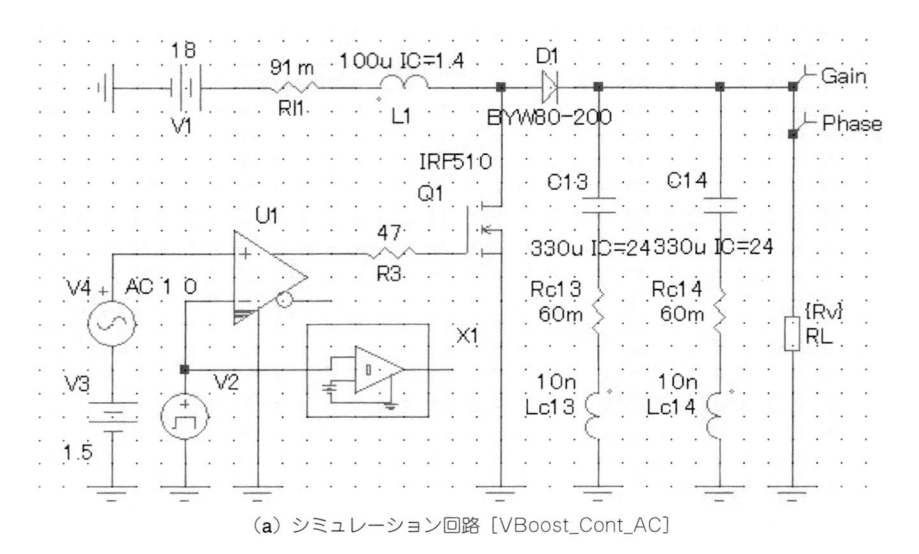

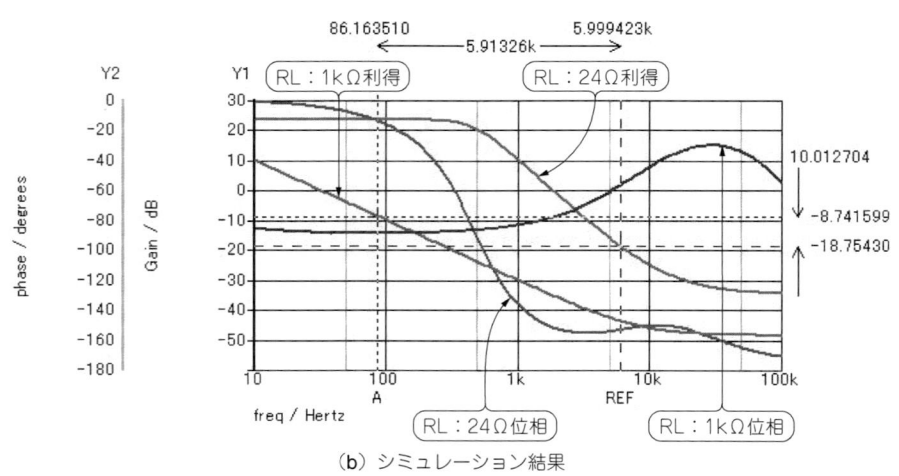

(a) シミュレーション回路 [VBoost_Cont_AC]

(b) シミュレーション結果

図 11-6 制御部の利得・位相-周波数特性シミュレーション

DCM の利得特性は，負荷抵抗と出力コンデンサと D で決定される高域遮断周波数から -20dB/dec の傾きで利得が減衰していきます．そして，出力コンデンサの ESR のために利得は平坦になります．DCM でも過剰位相系が現れますが，D が狭くなるため過剰位相系が発生する周波数が高くなり，30kHz 付近から利得が平坦であるにもかかわらず一度戻った位相が再び遅れていきます．

過剰位相系では，利得が下がらず位相が遅れていきます．下がらない利得を下げてループ利得を 1 にするためには，誤差増幅器の高域利得を下げるしかありません．しかし，誤差増幅器の高域利得を下げると，誤差増幅器で位相遅れが発生してしまいます．このため，ループ利得を 1 にする周波数で位相余裕を確保することができません．

以上のことから，一般的には過剰位相系が現れない低い周波数でループ利得を 1 に設定します．図 11-6 (b) をみると，6kHz 付近なら過剰位相系が現れずループ利得を 1 にできそうです．ということで，図 11-7 の漸近線を設計しました．CCM 特性の 6kHz 付近は位相が 150° 程度遅れています．したがって，誤差増幅器は 6kHz 付近で位相を進ませることができる誤差増幅器タイプⅢを使うことになります．

図 11-7 の f_2 から f_3 で利得を上昇させ，位相進みを実現します．f_2 と f_3 の間隔が広いほど位相進みが多くなり，最大では 90° 近い位相進みになります．f_2 と f_3 が 10 倍程度離れると，約 60° ほどの位相進みが実現できます．ということで，ループ利得を 1 にしたい f_5 が f_2 と f_3 の中間になるので，

$f_2 = f_5 \div \sqrt{10} \fallingdotseq 1.9\text{kHz}$ 　　　$f_3 = f_5 \times \sqrt{10} \fallingdotseq 19\text{kHz}$

CCM 特性の 6kHz の利得は，-18.8dB（0.115 倍）です．したがって，誤差増幅器の 6kHz の利得を $+18.8\text{dB}$（8.71 倍）にすればよいことになります．f_2 から f_3 にかけての利得は $+20\text{dB/dec}$ の傾きなので，漸近線の f_2，f_3 の利得は次式から求まります．

$\text{Gain}_{f_2} = +18.8\text{dB} - 10\text{dB} = +8.8\text{dB}\,(2.75\,倍)$

$\text{Gain}_{f_3} = +18.8\text{dB} + 10\text{dB} \fallingdotseq 28.8\text{dB}\,(27.5)$

f_1 から f_2 の平坦部の利得が $+8.8\text{dB}$ なので，DCM の特性で -8.8dB になる周波数は約 86Hz です．f_1 を

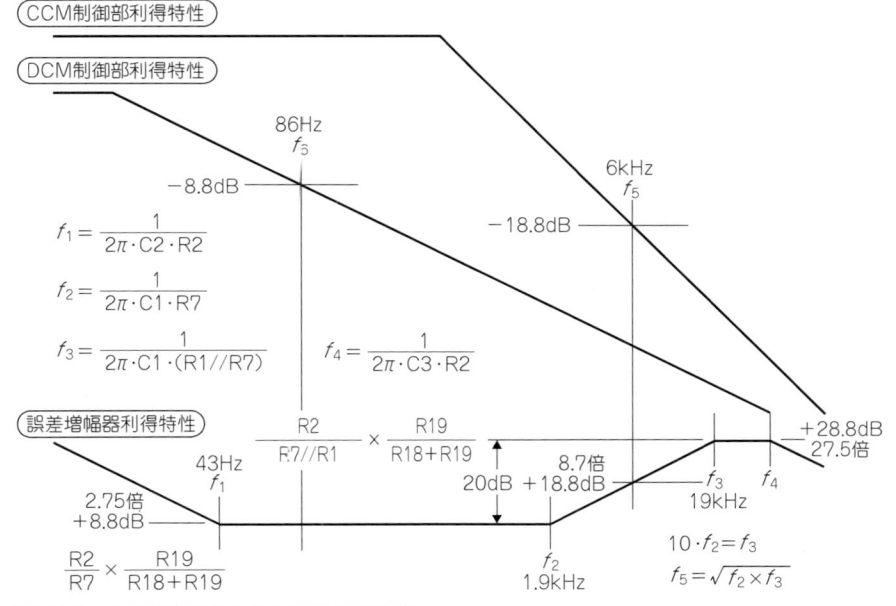

図 11-7　負帰還設計のための利得の漸近線

f_6の半分程度に設定すれば，DCMのときの位相余裕が60°以上確保できます．

誤差増幅器に使用するCRは，どれか最初に決定しないと計算が始まりません．電圧検出のR18, R19の並列抵抗値よりも十分大きいということから，R7を10kΩに設定しました．

すると，f_1からf_2の平坦部の利得2.75と電圧検出R18, R19の分圧比（2.5V ÷ 24V ≒ 0.104）から，

R2 = 10kΩ × 2.75 ÷ 0.104 ≒ 264kΩ

E系列からR2：270kΩにします．

f_3の利得がf_2の利得の10倍であることから，

R7 // (R1 + R18//R19) = 1kΩ

よりE系列からR1：510Ωにします．

f_2：1.9kHzから，

C1 = 1/(2π・f2・R7) ≒ 8.38nF

よりE系列からC1：8.2nFにします．

f_1：43Hzから，

C2 = 1/(2π・f1・R2) ≒ 13.7nF

よりE系列からC2：15nFにします．

f_4はU_1のGBWによって決定されます．したがって，R18, R19の分圧比を考慮し，

f_4 = 10MHz ÷ ((27.5 ÷ 0.104) + 1) ≒ 37.7kHz

以上，求めた定数を検証するため，誤差増幅器だけの利得・位相-周波数特性をシミュレーションしたものが図11-8（a）です．6kHzでの利得が19.2dB，位相が+54°になっています．E系列から定数を選択したこととf_4の影響で若干の誤差がありますが，およそ目的の特性になっています．

図11-8（a）で使用した部品LAPは，ラプラス式で周波数特性を決定できる増幅素子です．電源などを接続しなくてよいので，OPアンプなどを単純な等価式で使用するには便利です．Place → Analog Behavioural → Laplace Transfer Function から取り出せ，図11-8（c）の設定画面で周波数特性や入出力の形態が任意に設定できます．

利得のある1次のLPFは，次の式のラプラス式で表せます．

$$\frac{Gain}{(1 + T \times s)} \quad ただし \quad T = \frac{1}{(2\pi \times f_c)}$$

AD823は直流利得90dB（31600倍）でGBW：10MHzなので，f_c = 10MHz ÷ 90dB ≒ 316Hzから図11-8（c）の設定値になります．

図11-9（a）が，ループ特性のシミュレーション回路です．出力とR18の間に計測のための信号源，V4を挿入し，この信号がR18から各部を通過，出力に現れるまでの利得と位相をBODE Plot Probeでグラフ表示します．

図11-9（b）がシミュレーション結果です．負荷24Ωのとき約6.5kHzでループ利得が1になり位相余裕が約80°です．DCMでは，133Hzでループ利得が1になり位相余裕がこちらも約80°です．数値だけ見ると安定ですが，負荷24Ωのときループ利得1付近の利得のようすをみると利得が平坦になっており，利得のわずかな変動で，ループ利得1の周波数が20kHz付近に移動してしまいます．20kHzでは位相余裕が約40°で危ない値です．

そこで図11-1のC3を追加し，利得がスムーズに減衰するように対処しました．何回かシミュレーションを行った結果，27pF程度がちょうどよい値でした．このC3：27pFを追加して行ったシミュレーショ

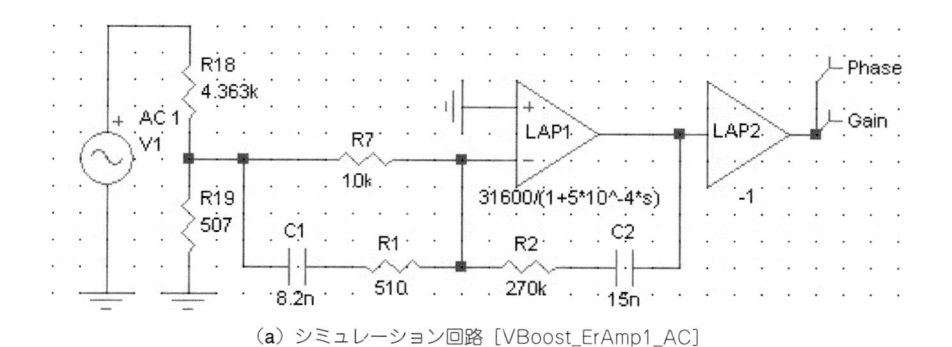

(a) シミュレーション回路 [VBoost_ErAmp1_AC]

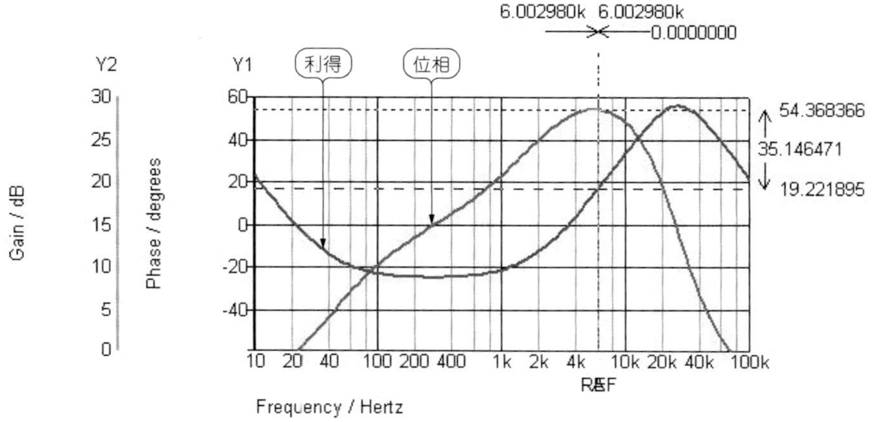

(b) シミュレーション結果

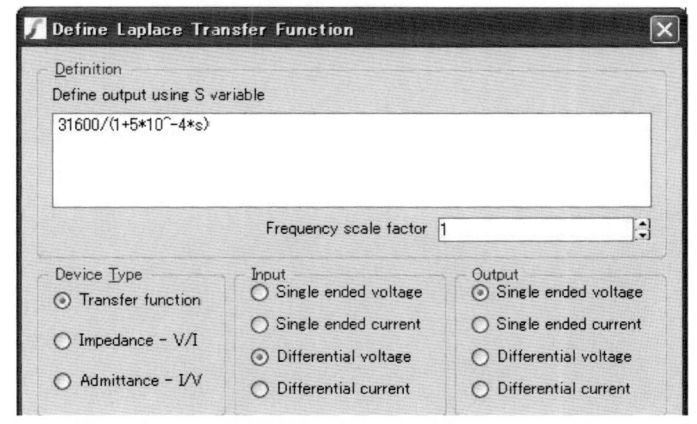

(c) ラプラス式で周波数特性を決定できる増幅素子LAPの設定画面

図 11-8 誤差増幅器の周波数特性確認シミュレーション

ンの結果が**図 11-9**(c)です．負荷 24 Ωでは 5.95kHz でループ利得が 1 になり，位相余裕が約 62°です．そして，利得のグラフも比較的スムーズに低下しています．

図 11-9(d)が，シミュレーションと同様に FRA を使用して信号を注入し，ループ特性を実測した結果です．負荷 24 Ωでは約 5kHz でループ利得が 1 になり位相余裕が約 61°で安定な数値です．負荷 150 Ωではシミュレーションとはだいぶ異なった特性になっています．原因はわかりませんが，負帰還としては

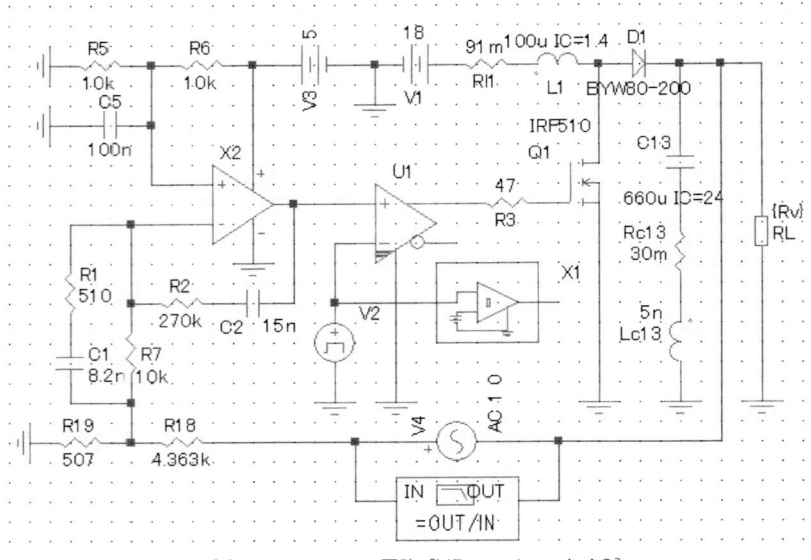

(a) シミュレーション回路 [VBoost_Loop1_AC]

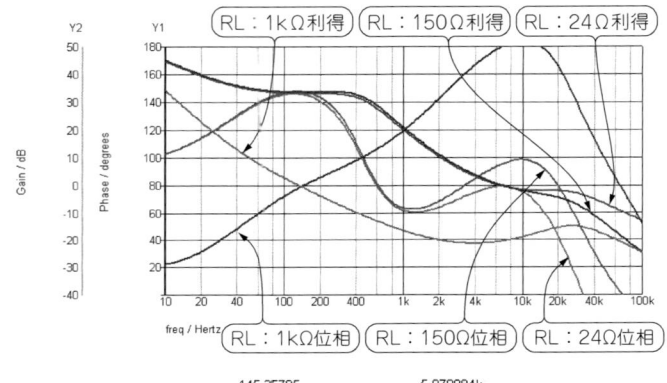

(b) シミュレーション結果
(R7：10kΩ, R1：510Ω, C1：8.2nF, R2：270kΩ, C2：15nF)
[VBoost_Loop1_AC]

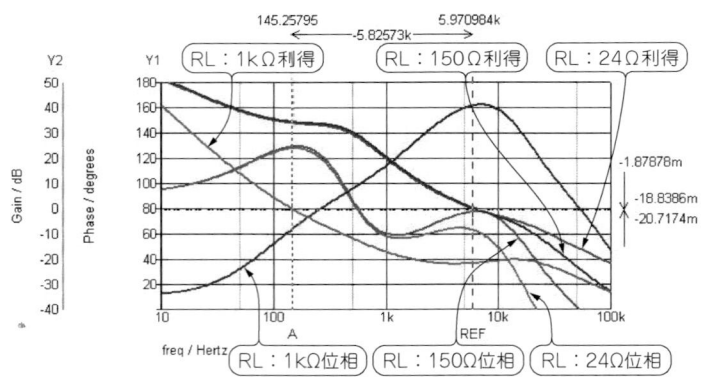

(c) ループ特性の再シミュレーション結果
(R7：10kΩ, R1：510Ω, C1：8.2nF, R2：270kΩ, C2：15nF, C3：27pF)
[VBoost_Loop2_AC]

図11-9 ループ特性のシミュレーション

約2kHzでループ利得が1になり，位相余裕は約115°もあり安定な数値になっています．負荷1kΩでは，約100Hzでループ利得が1になり位相余裕が約59°になっています．

　負荷150Ωのときにシミュレーションと差違がありますが，負帰還のループ特性の実測値としては安定

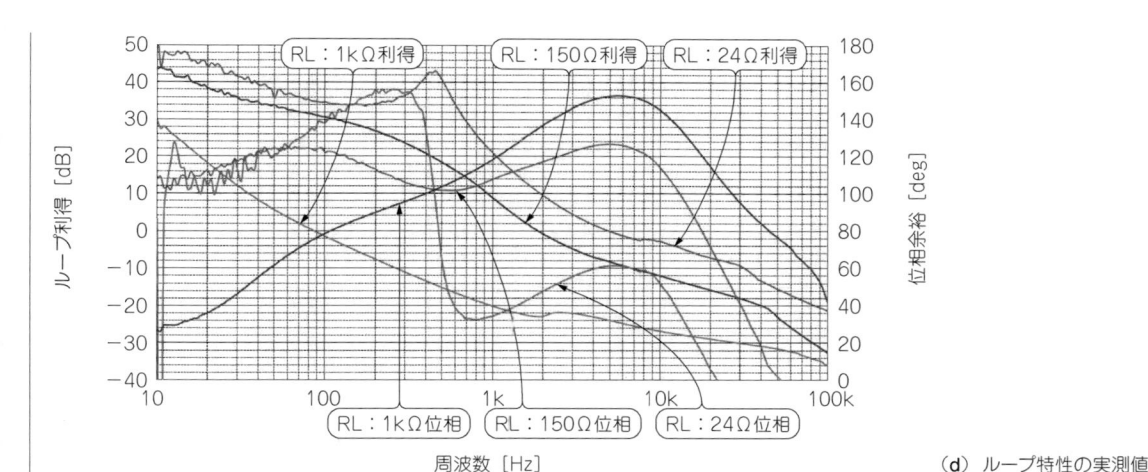

図11-9 ループ特性のシミュレーション(つづき)

(d) ループ特性の実測値

な値が得られました.

11-4 ── 各種特性のシミュレーション値と実測値の比較

◆ 出力インピーダンス

図11-10(a) は,出力インピーダンスを求めるためのシミュレーションです.AC解析で出力に電流を注入し,発生した電圧を出力インピーダンスとします.AC解析のFixed dB Probeを使用すると,Y軸がdBメモリで出力インピーダンスが読みにくいので,Place → Place Fixed Voltage Probeを使用しています.

図11-10(b) のシミュレーション結果を見ると,いずれの負荷抵抗でもループ利得1になる周波数でなだらかな曲線を描き,ピークのないことから,安定な負帰還になっていることを示しています.負荷1kΩの100Hzでは,2Ω程度の出力インピーダンスになっています.24V,1kΩとすると,出力電流は24mA,したがって,電圧ドロップは48mVになります.

図11-11(c) が,FRAと定電流出力増幅器を使用して実測した出力インピーダンス特性です.

負荷24Ωのとき,高域ではほぼシミュレーションと同等の値が得られていますが,低域では配線の浮遊抵抗のため10mΩ以下にはなっていません.

負荷150Ωでは,100Hzから2kHzにかけてシミュレーションとの差が目立ちます.これはループ利得でも差が見られたように,負荷150Ωではシミュレーションに比べ利得が低いことが原因のようです.

負荷1kΩでは80Hz付近のインピーダンスのピークが少し盛り上がっていますが,全体的にはよく一致しています.

図11-10(c) の出力インピーダンス-周波数特性のグラフを見ると,出力コンデンサにどの程度の容量を使えば目的の出力インピーダンスが得られるかがよくわかります.ただし,出力コンデンサの容量を増加するほど誤差増幅器には大きな利得が必要になり,使用するOPアンプのGBWも大きいものが必要になります.

◆ 出力電流が急変したときの出力電圧の変化

図11-11(a) は,出力電流が急変したときの出力電圧の変動のシミュレーションです.出力雑音が多い

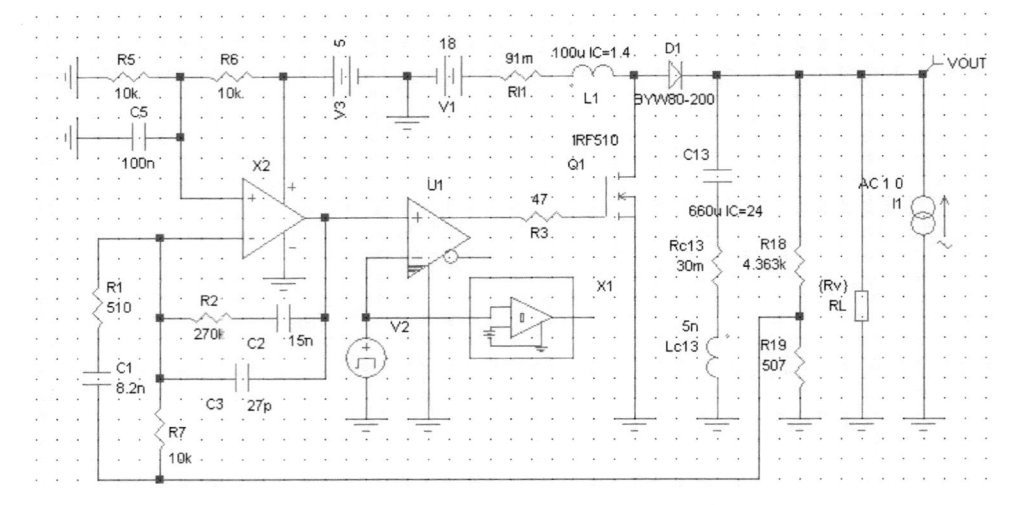

(a) シミュレーション回路［VBoost_OZ_AC］

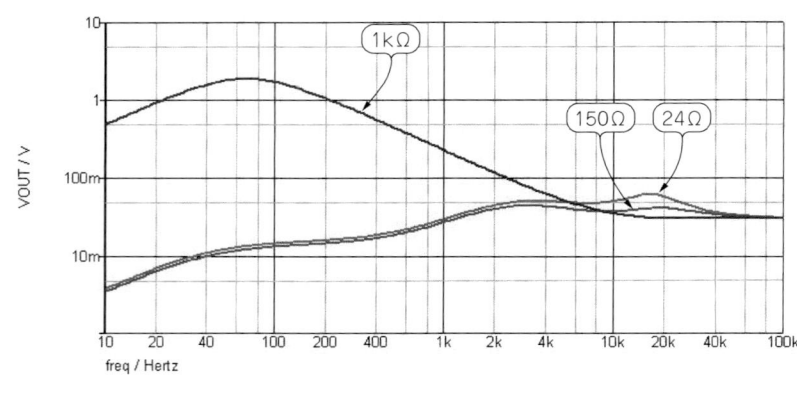

(b) シミュレーション結果

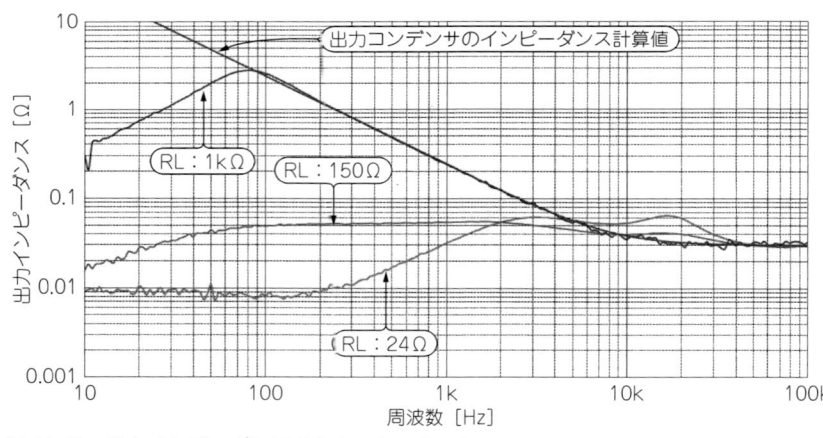

(c) 出力インピーダンスの実測値と出力コンデンサのインピーダンス計算値

図 11-10　出力インピーダンスのシミュレーション

のでR101とC101で高域雑音を除去し，電圧変動分を見やすいようにしています．

　図 11-11 (b) は，CCM状態における500mAの電流急変シミュレーションの結果です．いろいろトライしてみたのですが，納得のいく結果が得られませんでした．図 11-10 (b) のインピーダンス特性の結果か

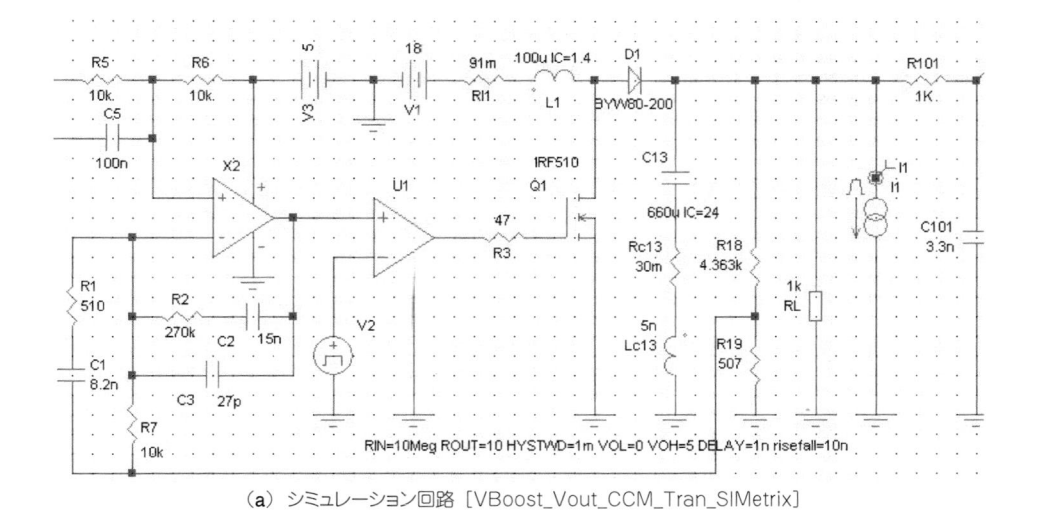

(a) シミュレーション回路［VBoost_Vout_CCM_Tran_SIMetrix］

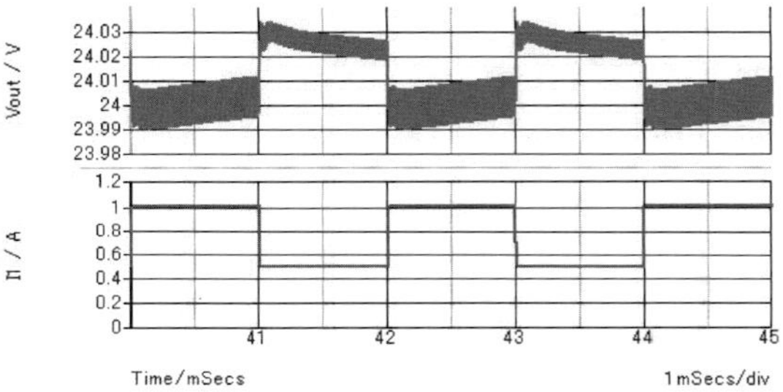

(b) 出力電流524mA～1.024A急変時の出力電圧過渡応答波形
　　［VBoost_Vout_CCM_Tran_SIMetrix］

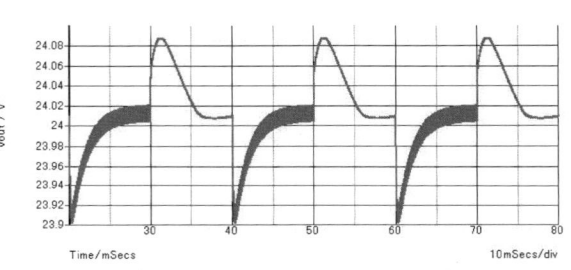

(c) 出力電流24mA～1.024A急変時の出力電圧過渡応答波形
　　［VBoost_Vout_CCM_DCM_Tran_SIMetrix］

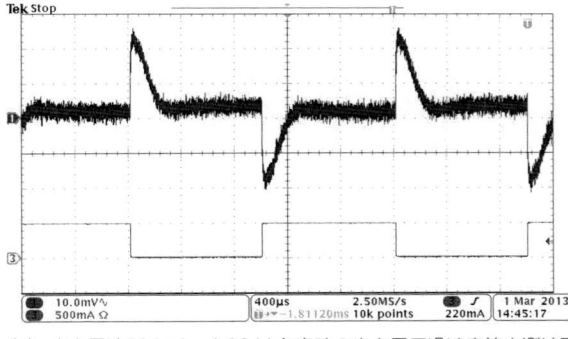

(d) 出力電流524mA～1.024A急変時の出力電圧過渡応答実測波形 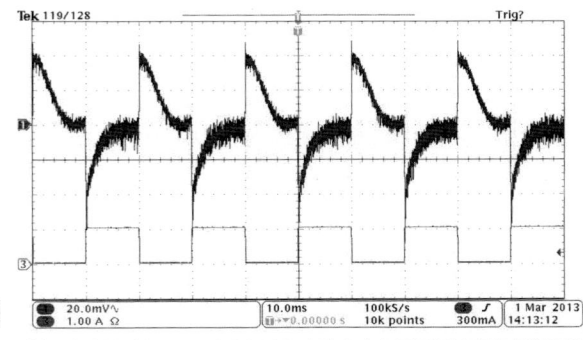　　(e) 出力電流24mA～1.024A急変時の出力電圧過渡応答実測波形

図 11-11　出力電流急変時の出力電圧過渡応答シミュレーションと実測

らも，もっと速い回復特性になるはずです．図 11-11 (d) が実測した負荷急変時の出力電圧応答波形です．200us 程度で安定に元の電圧に復帰しています．

　図 11-11 (c) は，DCM から CCM へ出力電流が 1A 急変したときのシミュレーション結果です．同じ条件で実測した図 11-11 (e) と比べると，回復時間は同程度ですが，変動値が実測値の 2 倍程度になっています．

11-4──各種特性のシミュレーション値と実測値の比較

第12章 入力電圧よりも高い出力電圧
電流モード Boost コンバータの設計・製作・評価

12-1——電流モード Boost コンバータの概要

　第11章の電圧モード Boost コンバータに対し，**図** 12-1，**写真** 12-1 に示すのは，電流モードの Boost コンバータです．電流モードでは制御部の周波数特性が $-20\mathrm{dB/dec}$ の 90° 遅れになり誤差増幅器の設計が楽になります．こちらは +12V の入力電圧を倍の +24V に昇圧・安定化しています．

　図 12-2 が使用した制御 IC，UC3843A の内部回路です．誤差増幅器や低電圧入力誤動作防止回路 (UVLO)，基準電圧発生回路，電流制御による PWM 回路が内蔵されています．

　表 12-1 に示すように，UC3843A は使用可能温度範囲の違いにより UC1843，UC2843，UC3843 と 3 種類あります．また，UVLO の動作電圧と最大出力デューティの違いにより UC3842A，UC3843A，UC3844A，UC3845A の 4 種類に分かれています．

　第11章の図 11-1 と第12章の **図** 12-1 を見ただけでは，電圧制御と電流制御の違いがよくわかりません．第11章の Q_1 のソースから R_{10} を通って 3 ピンの I_S に接続されている信号は，過大電流時に保護するた

写真 12-1 試作した電流モード Boost コンバータの外観

図 12-1 電流モード Boost コンバータ試作回路

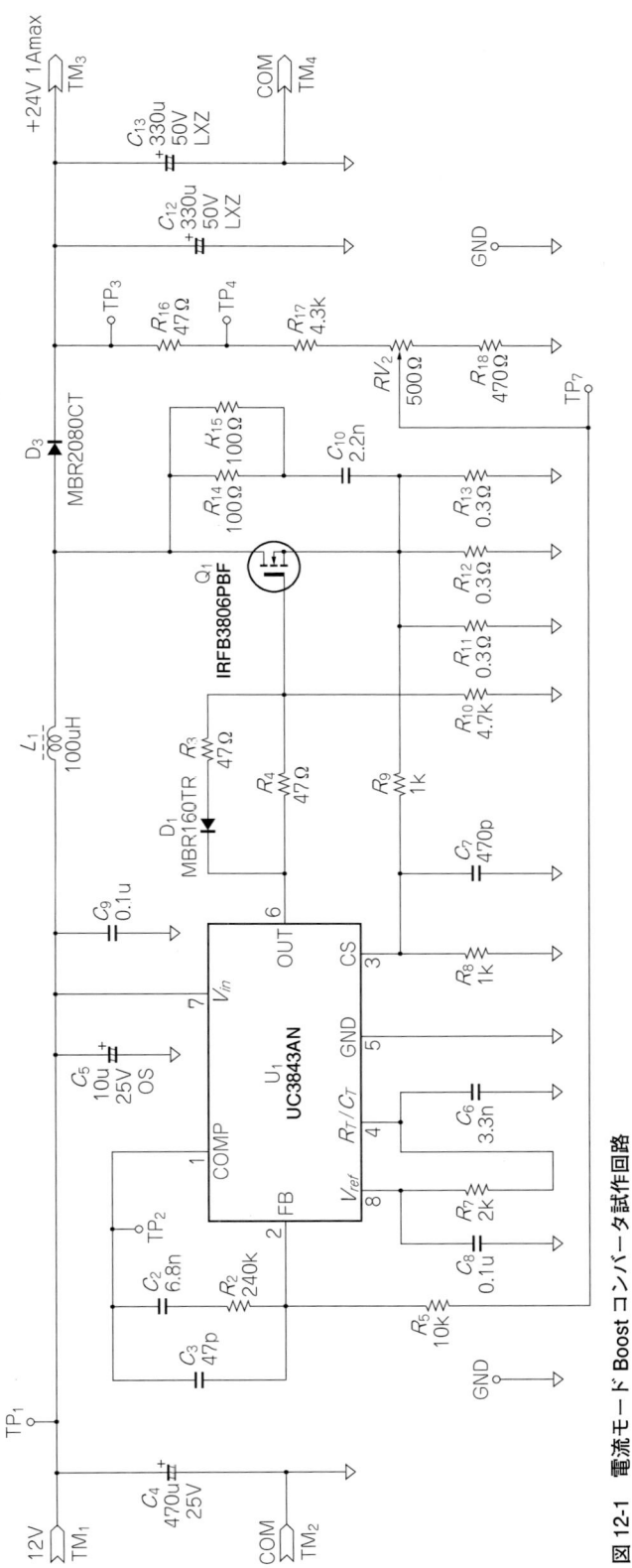

めだけのものです．これに対し第12章，図12-1のQ_1からR_9を通り3ピンCSに接続されている信号は，8-8項，図8-25(a)で説明したように，コイルに流れる電流の最大値が誤差増幅器の出力電圧に比例するように制御しています．

図12-3が，UC3843Aのデータシートに書かれた，この定電流動作の説明図です．誤差増幅器からの出力電圧が増加すると，コイル電流の最大値が増加し，誤差増幅器の出力電圧が減少すると，コイル電流の

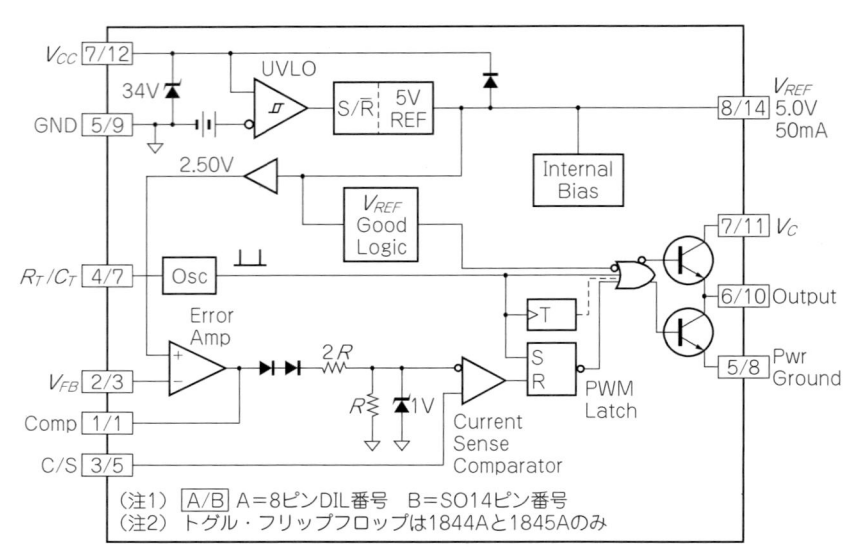

図12-2[11] 使用したPWMコントローラUC3843Aの内部ブロック

表12-1 使用可能温度範囲で型番が分類されている

	温度範囲 [℃]
UC1843A	$-55 \sim +125$
UC2843A	$-40 \sim +85$
UC3843A	$0 \sim +70$

(a) 温度範囲と型番

	UVLO On [V]	UVLO Off [V]	Maximum Duty Cycle [%]
UC3842A	16.0	10	< 100
UC3843A	8.5	7.9	< 100
UC3844A	16.0	10	< 50
UC3845A	8.5	7.9	< 50

(b) UVLOの仕様で型番が異なる

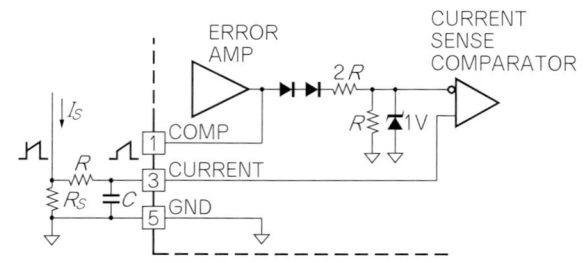

Peak Current(I_S) is Determined By The Formula

$$I_{S\,MAX} = \frac{1.0V}{R_S}$$

A small RC filter may be required to suppress switch transients.

図12-3[11] 定電流動作の説明図
R_Sの検出電圧値が小さいのでRCでノイズ対策する．

最大値も減少します．R_s の抵抗値が極めて低いため，わずかな浮遊インダクタンスでも R_s の高域のインピーダンスが上昇し，検出電圧にヒゲ状の不要成分が発生します．このヒゲがあると定電流動作が誤動作します．この対策のため，RC の LPF を挿入してヒゲを除去しています．

定電流源の出力インピーダンスは高く，理想的には無限大です．スイッチング電源出力の LC および負荷 R_L を定電流制御すると，L のインピーダンスよりも電流源のインピーダンスが高くなるため L の影響がなくなり，時定数が C と R_L で決定されて1次の応答になります．

12-2──出力コイルとコンデンサの決定

出力コイルと出力コンデンサの決定方法は，第 11 章の Buck コンバータと同様です．出力のリプル電圧は，スイッチング周波数と出力コイル（L_1），出力コンデンサ（C_{12}, C_{13}）が支配的になります．L，C とも大きいほうがリプル電圧が少なくなりますが，LC による遮断周波数が低くなる分，同じ周波数でループ利得を 1 にするには，GBW の大きな誤差増幅器が必要になります．

昇圧コンバータでは，入力電流はすべてコイルに流れるので，L_1 に流れる電流の平均値 I_{LAVE} は，

$$I_{LAVE} = \frac{V_{OUT} \times I_{OUT}}{V_{IN} \times \eta} = \frac{24 \times 1}{12V \times 0.9} \fallingdotseq 2.22A \qquad \eta：効率$$

使用素子に損失がないとすると，第 8 章の式 (8-2-4) に入力電圧 12V，出力電圧 24V を代入すると，ON/OFF 比 D は，

$$D = 1 - \frac{V_{IN}}{V_{OUT}} = 0.5$$

スイッチング周波数 200kHz なので，コイルに流れるリプル電流は第 8 章の式 (8-2-2) より，

$$\Delta I_L = \frac{V_{IN} \times T_{ON}}{L} = \frac{12V \times 2.5us}{100uH} = 300mA$$

ここでは，第 11 章と同じ太陽誘電の LHLP16NB101K（100uH 2.3Adc 91mΩ）と日本ケミコンの ELXZ500E331MJ25S（330uF 50V）を使用しました．入力電圧が低い分コイルの電流が増え，定格ギリギリになっています．

図 12-4（a）が，完成した状態での各部の電圧・電流波形のシミュレーションです．そして，図 12-5（a）が負荷 24Ω のときの波形，図 12-5（b）が負荷 1kΩ のときの波形です．

図 12-4（b）に示すように，出力コンデンサには大きなリプル電流が流れるので，使用する電解コンデンサの許容リプル電流には注意が必要です．

12-3──負帰還設計

SIMerix/SIMPLIS の評価版には，都合の良いことに UC3842 のモデルが収録されています．

まずは，負帰還設計のため誤差増幅器を除いた制御部分の利得・位相-周波数特性を求めなくてはなりません．

UC3842 を使用して負帰還のないオープンの状態にすると，オフセットなどで出力が飽和し，交流特性がシミュレーションできません．このため，図 12-6（a）に示すように誤差増幅器の周波数特性の高域遮断周波数を極低い安定な負帰還状態にし，周波数特性計測のための信号源 V2 を挿入します．そして，

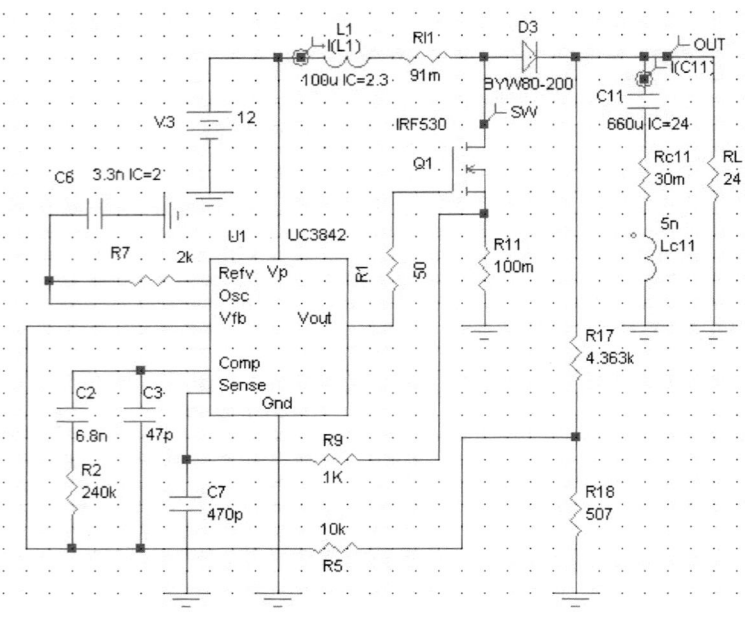

(a) シミュレーション回路 [C_Boost_V_I_Waveform]

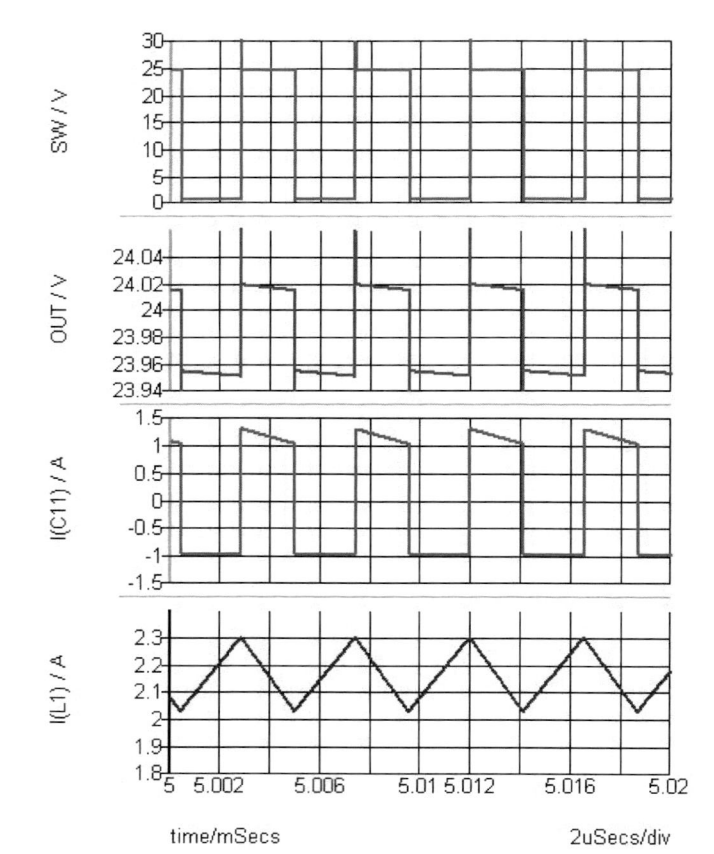

(b) シミュレーション結果

図 12-4　Boost コンバータの電流・電圧波形を求めるシミュレーション

PWM変調器の入力から電源出力までの制御部の周波数特性をBode Plot Probeで求めます．

図12-6（b）の結果をみると，負荷24Ω（出力電流1A）のときのCCMも負荷1kΩ（出力電流24mA）のときのDCMも利得の減衰傾度が-20dB/decで同じになっています．そして，数kHz付近の利得の値の違いも少なくなっています．負荷電流が大きく変化しても制御部の周波数特性が変化しない素直な特性が電流制御の特徴です．これは，第11章，電圧モードの図11-6のシミュレーション結果と比べるとよくわかります．このため，電圧モードに比べ電流モードでは誤差増幅器の負帰還設計が簡単になります．

負荷24Ωのときの10kHz以上では，利得が上昇するにもかかわらず位相が戻らず，さらに位相遅れが大きくなる過剰位相系が発生しています．これは電圧モードと同じです．

一度ループ利得が1になり，さらに利得が下がった後，過剰位相系のため利得が上昇し再びループ利得

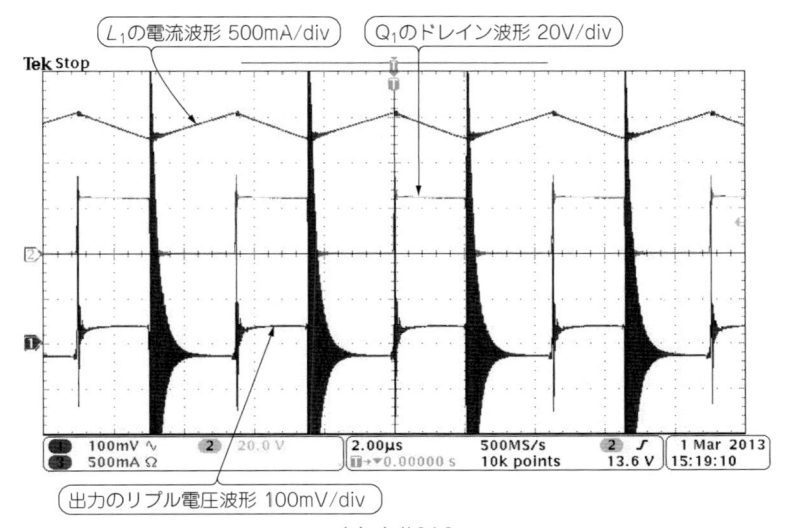

(a) 負荷24Ω

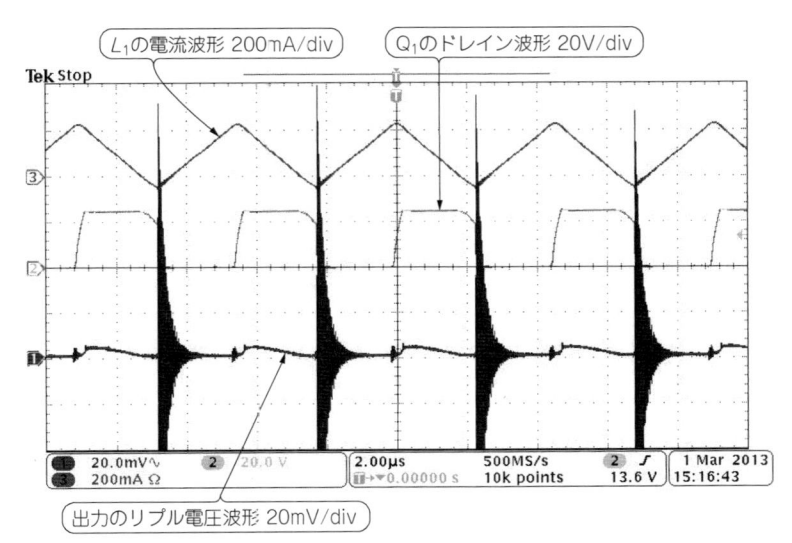

(b) 負荷1kΩ

図 12-5 完成した電流モード Boost コンバータの動作波形

が1以上になると，ループ利得が再び1になった周波数で位相が遅れているため，負帰還が不安定になり発振に至ります．

このため，一般的にはループ利得を1にする周波数は過剰位相系が発生していない領域を選ぶことになります．そして，ループ利得が1以下になった後再びループ利得が1以上にならないように，誤差増幅器

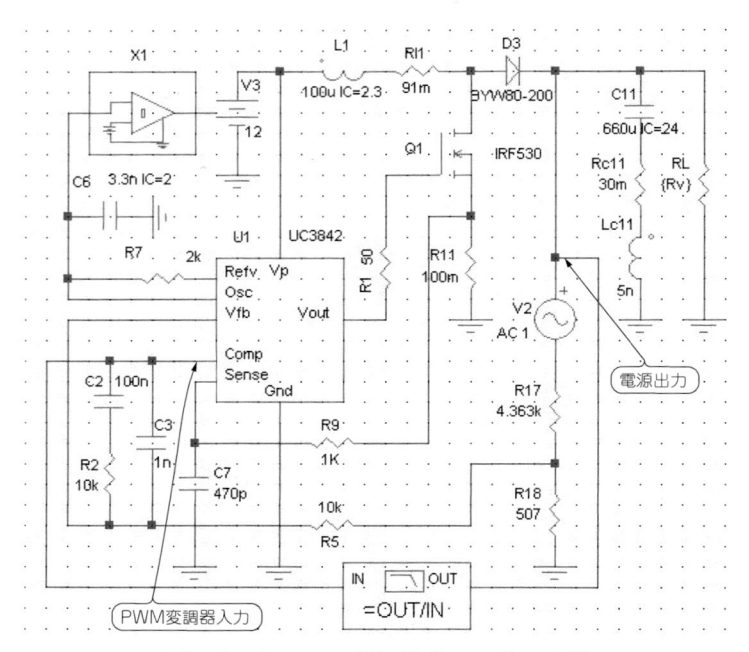

(a) シミュレーション回路 [C_Boost_Cont_AC]

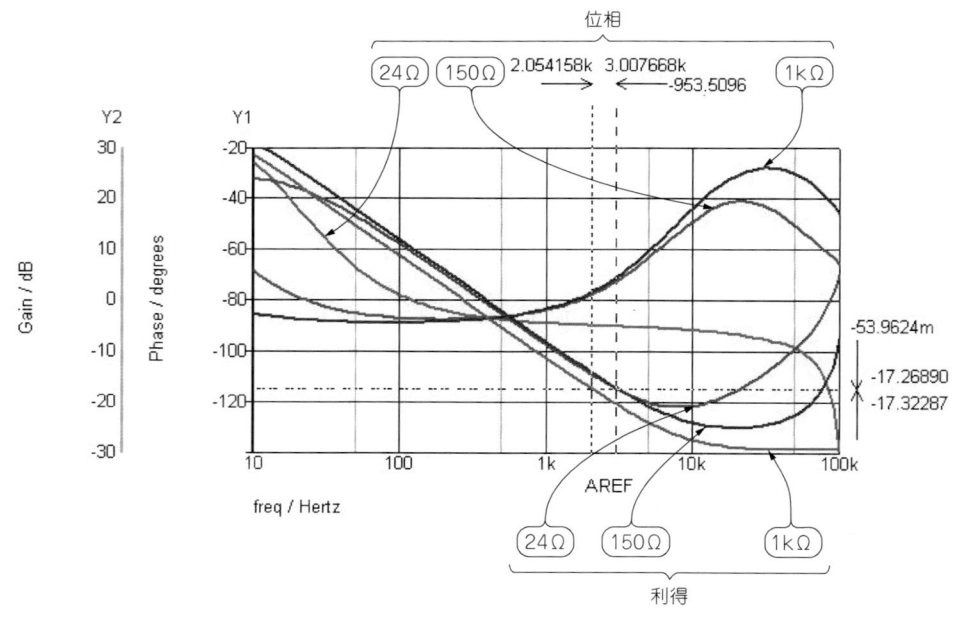

(b) RL：24Ω，150Ω，1kΩのときのシミュレーション結果

図12-6 制御部の利得・位相-周波数特性シミュレーション

の高域利得を減衰させます．

　図 12-7 が負帰還設計のための利得の漸近線です．誤差増幅器タイプⅡを使い過剰位相系が現れていないできるだけ高い周波数ということで，負荷 24 Ω のとき 3kHz でループ利得を 1 にします．図 12-6（b）から，制御部は負荷 24 Ω のとき 3kHz での利得が約 −17dB です．したがって，誤差増幅器の平坦部の利得を +17dB（7.08 倍）にします．

　負荷 1kΩ では利得が少し下がり，−17dB になる周波数が図 12-6（b）から約 2kHz です．したがって，誤差増幅器の f_1 の周波数は半分の 1kHz にします．

　図 12-6（b）の 10kHz 以上で現れている過剰位相系の対策のため，誤差増幅器に f_2 の高域遮断周波数を設けます．

　誤差増幅器の R5 を 10kΩ にすると，R17，R18 による分圧比を考慮し，

　　R2 = R5 × + 17dB ÷ (R18/(R17 + R18)) ≒ 680kΩ

　f_1：1kHz から，

　　C2 = 1/(2π・R2・1kHz) ≒ 234pF

E 系列から 270pF にします．

　UC3842 の誤差増幅器の GBW が 1MHz になっているので，補正容量 C_c は，

　　C_c = 1/(2π・R5・1MHz) ≒ 16pF

　f_2：10kHz から，

　　C3 + C_c = 1/(2π・R2・10kHz) ≒ 23pF　　C3：5pF

にします．

　以上求めた定数で誤差増幅器の特性をシミュレーションしたのが，図 12-8 です．

　3kHz で利得が +16dB で，位相遅れが約 30° になっています．分圧比に R5 の値を考慮しなかったなど

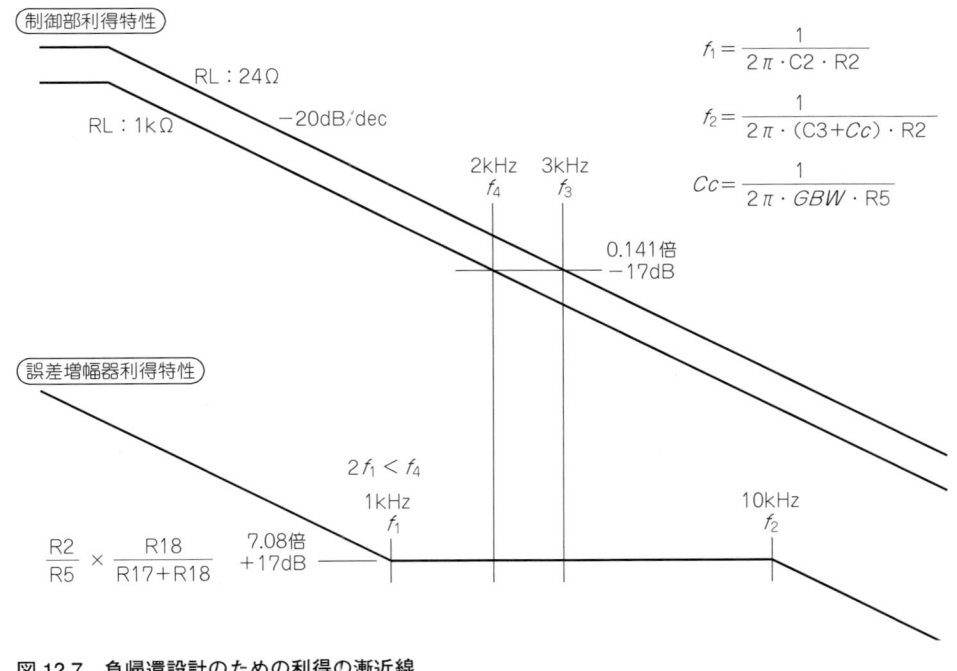

図 12-7　負帰還設計のための利得の漸近線

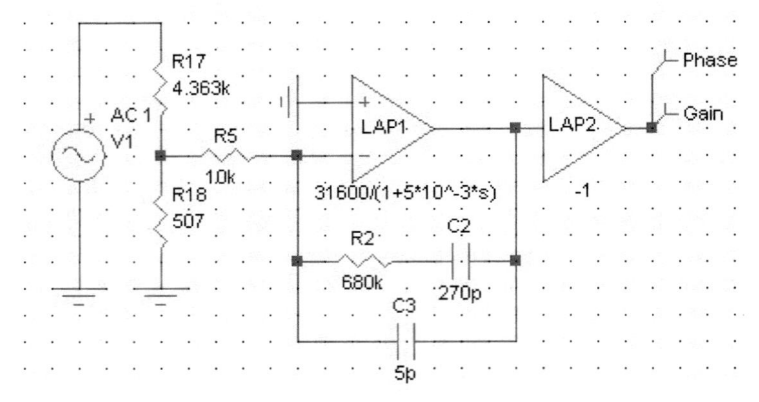

(a) シミュレーション回路 [C_Boost_ErAmp1_AC]

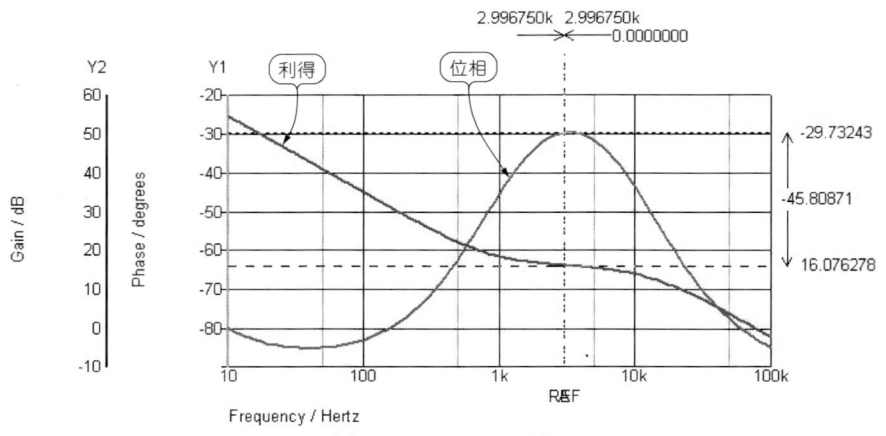

(b) シミュレーション結果

図 12-8 誤差増幅器のシミュレーション

で 1dB の誤差がありますが，負帰還の設計で支障のある誤差ではないので，これでよしとします．

　図 12-9 (a) が，求めた定数でのシミュレーション回路です．最初 C3 の値を求めた値の 5pF にしたところシミュレーション・エラーが発生してしまいました．過剰位相系の高域での利得の上昇が大きかったので，ループ利得が 1 以下になった後，さらに高域で再びループ利得が 1 以上になり，負帰還が不安定でシミュレーションが収束しないようです．

　このため，C3 を 18pF に増やしたところシミュレーションが正常に終了し，図 12-9 (b) の結果が得られました．負荷 24 Ω では約 2.7kHz，負荷 1kΩ では約 1.97kHz でループ利得が 1 になっています．そして，そのときの位相余裕も 60°が確保できています．

　ところが，求めた定数で実測してみると図 12-9 (c) の結果になりました．負荷 24 Ω では，2kHz でループ利得が 1 になり位相余裕が 25°しかありません．数 kHz 以上の領域では，シミュレーションと比べると利得がかなり低くなっています．念のため C3 を外して高域利得を上げてみたのですが，まだまだ足りません．シミュレーション・モデルに比べ，実際は制御部の高域利得か誤差増幅器の GBW が少ないようです．

　以上，実測の結果から 3kHz でループ利得を 1 にするのをあきらめ，1kHz で再設計することにしまし

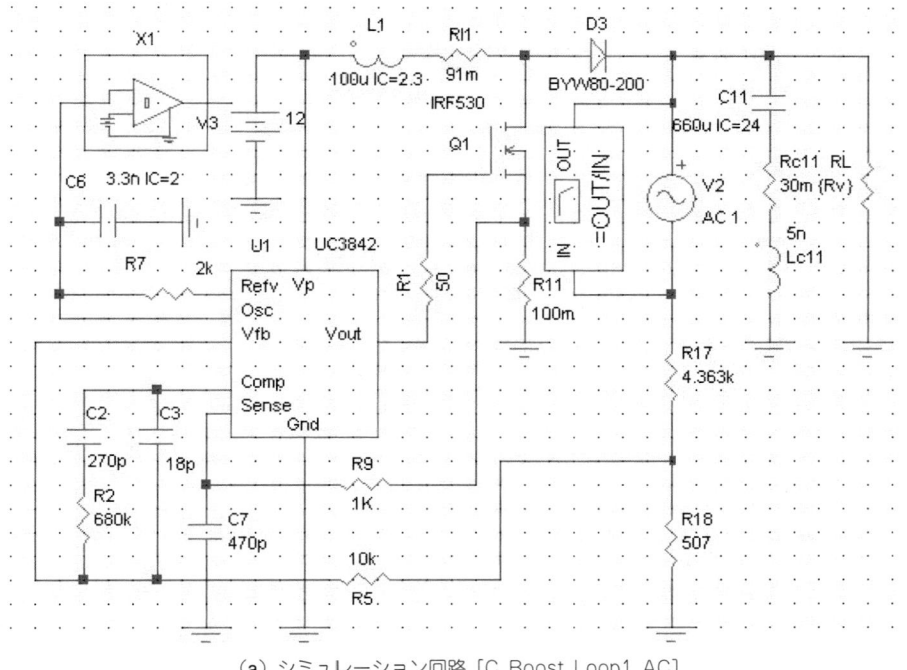

(a) シミュレーション回路 [C_Boost_Loop1_AC]

(b) シミュレーション結果

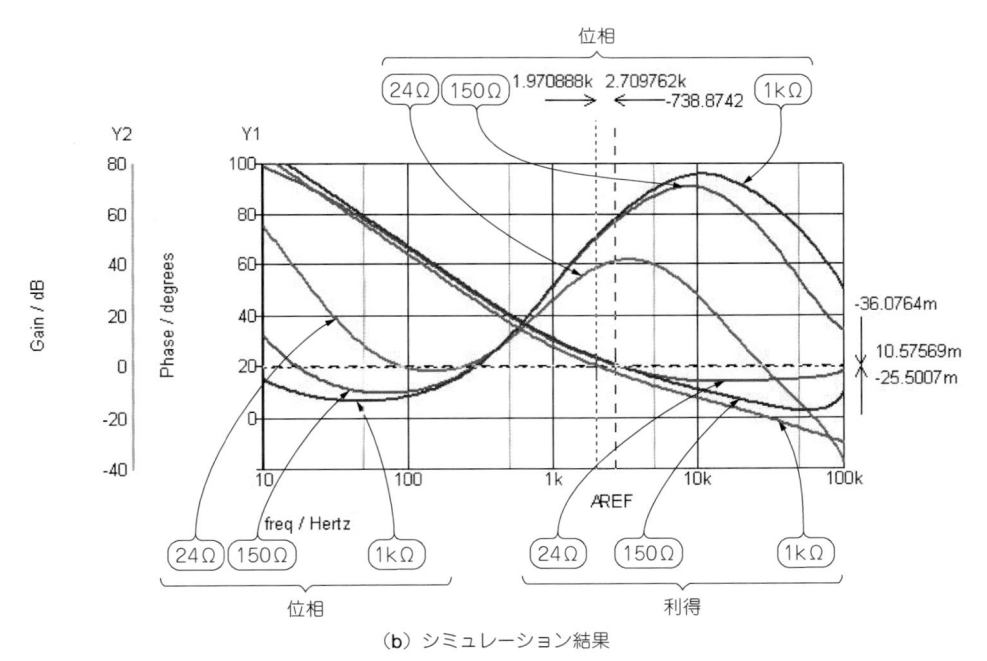

図 12-9 ループ特性のシミュレーション

た．図 12-10 は，図 12-6 (b) のカーソルを 1kHz に移動した図です．この数値から負帰還設計したのが，図 12-11 の利得の漸近線です．

誤差増幅器の平坦部の利得を +8.4dB に設計し，負荷 1kΩ の特性から誤差増幅器の f_1 を 360Hz に設定

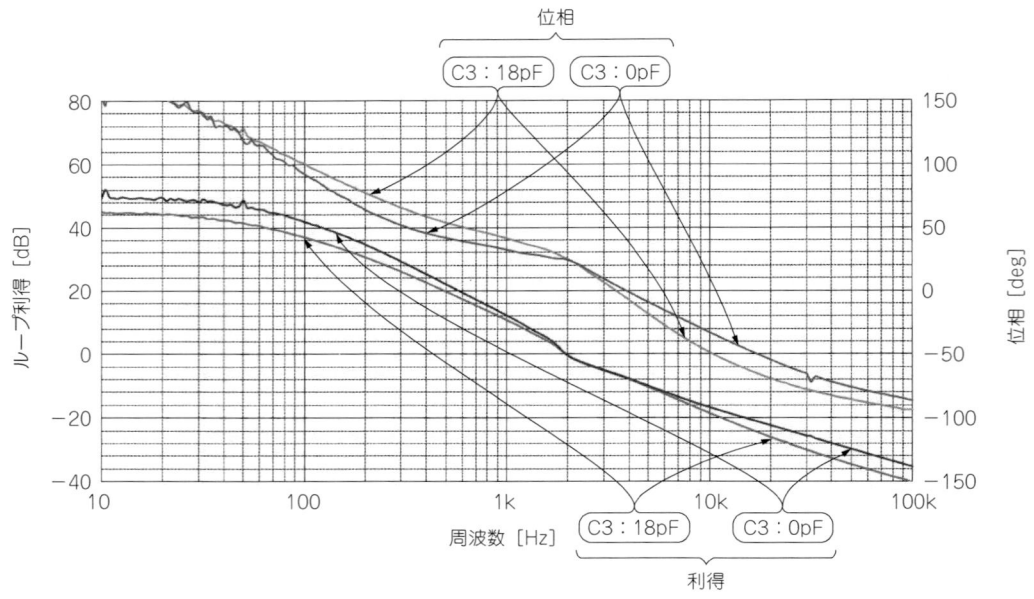

(c) 図(a)の定数での実測ループ特性 （負荷24Ω）

図 12-9　ループ特性のシミュレーション（つづき）

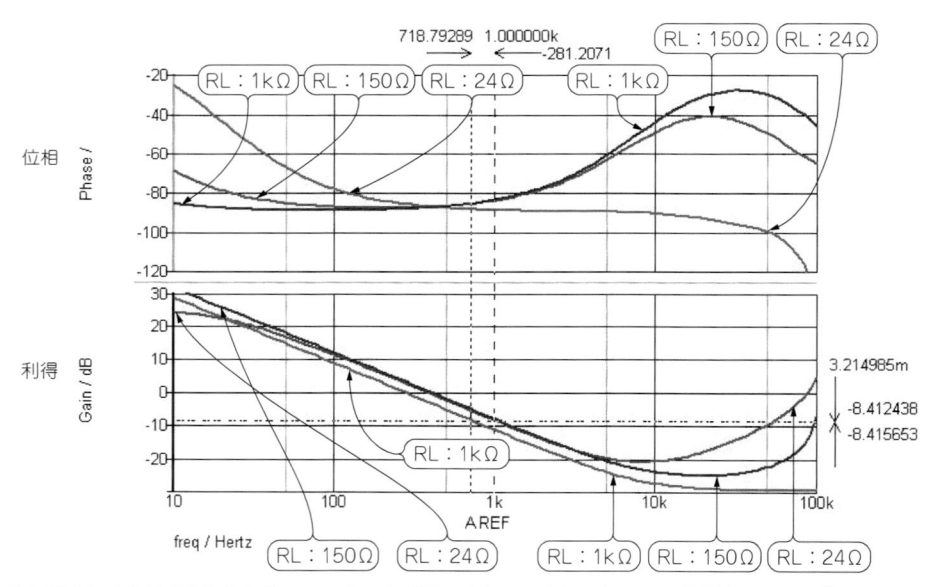

図 12-10　図 12-6(a)のシミュレーション結果．図 12-6(b)のカーソル位置を 1kHz に移動した

しました．

　求めた定数で誤差増幅器のシミュレーションを行ったのが**図 12-12**，そして，ループ特性のシミュレーションが**図 12-13** です．いずれの負荷でも十分な位相余裕が確保されています．

　図 12-14 が，再設計した値での実測結果です．負荷 24Ω のときのループ特性はシミュレーションと大差ない結果になっていますが，負荷 1kΩ のときの利得がシミュレーションに比べるとずいぶん低い値に

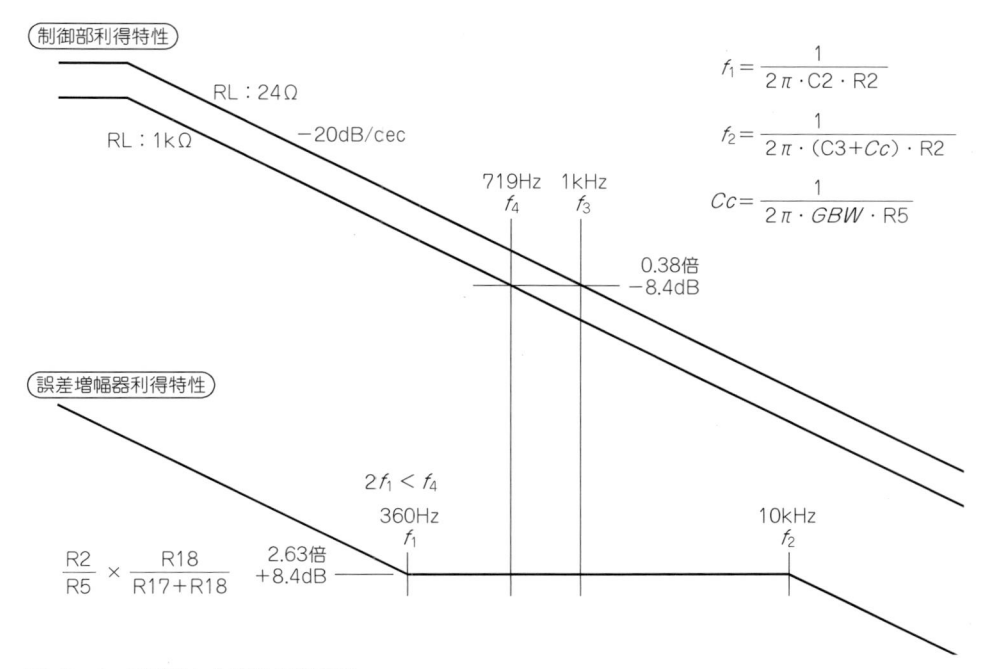

図 12-11 再設計した利得の漸近線

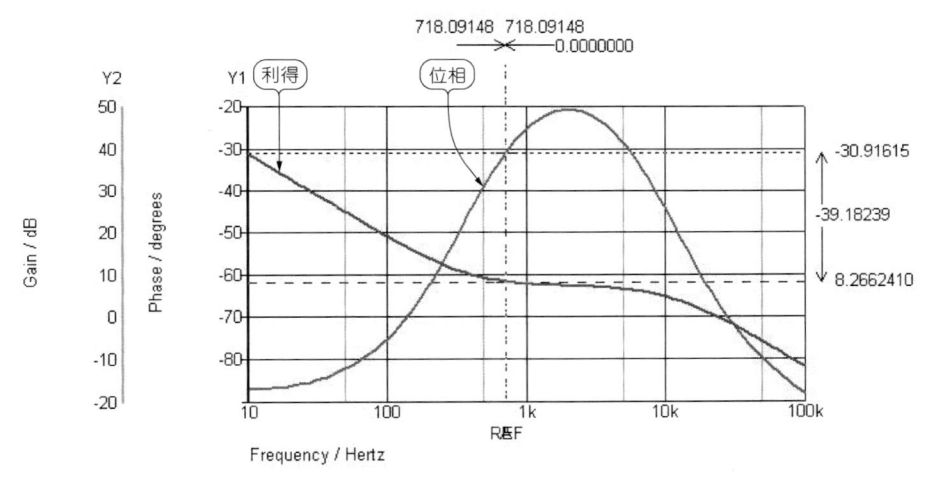

$$f_1 = \frac{1}{2\pi \cdot C2 \cdot R2}$$

$$f_2 = \frac{1}{2\pi \cdot (C3+Cc) \cdot R2}$$

$$Cc = \frac{1}{2\pi \cdot GBW \cdot R5}$$

図 12-12 再設計した定数での誤差増幅器のシミュレーション結果（R5：10kΩ，R2：24kΩ，C2：1.8nF，C3：47pF）[C_Boost_ErAmp2_AC]

なり，位相余裕が若干不足し，グラフの形も変です．

　負荷 1kΩ ではシミュレーションと実測で利得の乖離があることから，実測値から安定な C2 を求め，f_1 をさらに低い値にすることにしました．そして，C2 を 6.8nF にしたところ，安定な特性が得られました．

　図 12-15 が C2：6.8nF のときのシミュレーション結果，**図 12-16** が実測値です．実測値で C3：47pF と C3：0pF を比べてみましたが，ループ利得が 1 になるところでは位相余裕に差は出ていません．さらに，

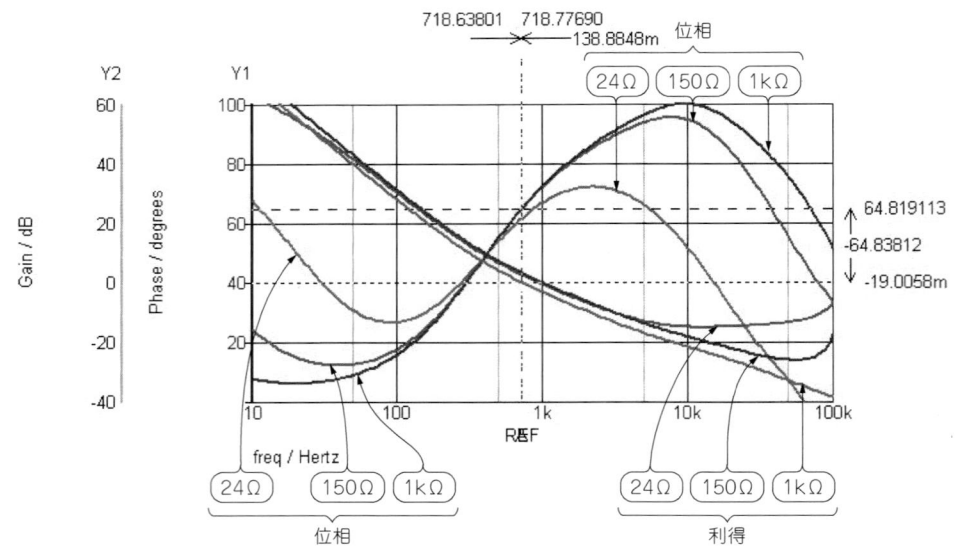

図 12-13 再設計した定数でのループ特性のシミュレーション結果（R5：10kΩ，R2：240kΩ，C2：1.8nF，C3：47pF）[C_Boost_Loop2_AC]

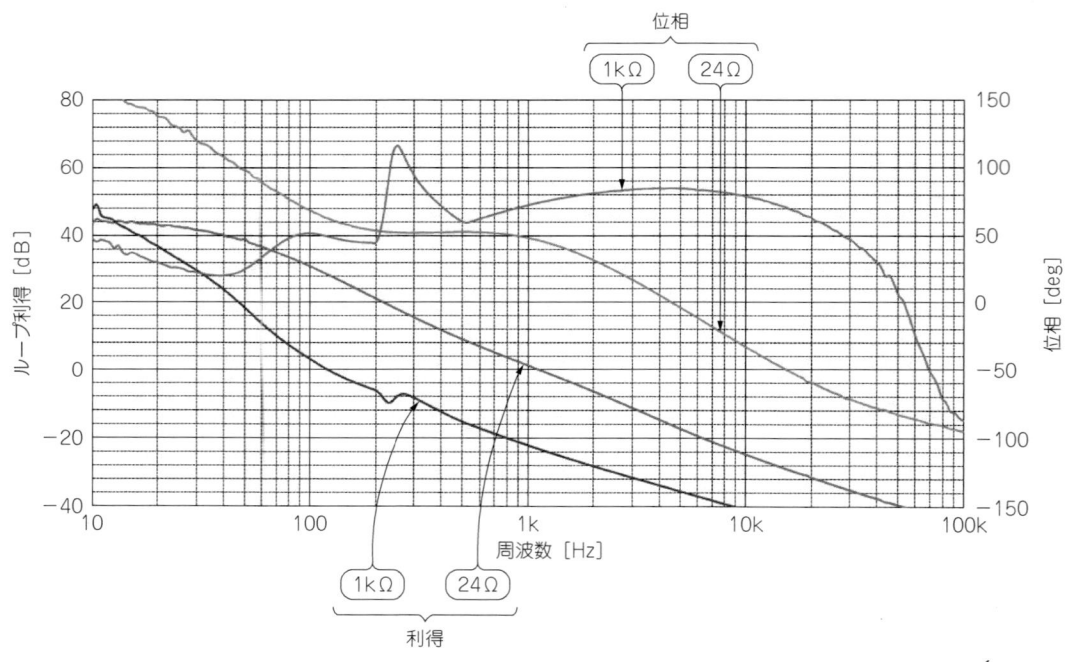

図 12-14 図 12-13 の定数におけるループ特性の実測値

高域では C3：47pF のほうが利得が素直に減衰しています．C3 がなくても高域で再びループ利得が 1 以上にはならないようすですが，安全をみて C3：47pF にしました．

シミュレーションと実測を比較すると，負荷 24Ω では 10kHz 以上の高域で利得と位相の乖離が目立

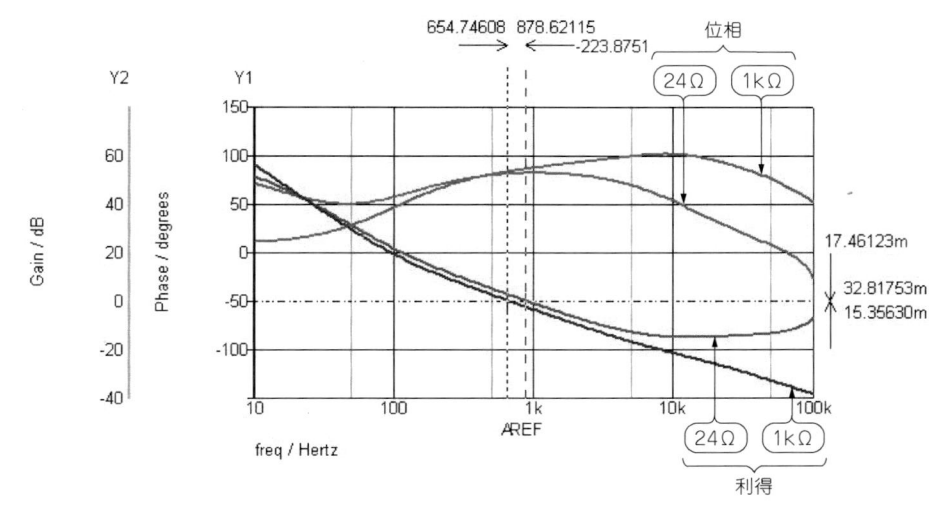

図12-15 実測データからC2：6.8nFにしたときのシミュレーション結果[C_Boost_Loop3_AC]

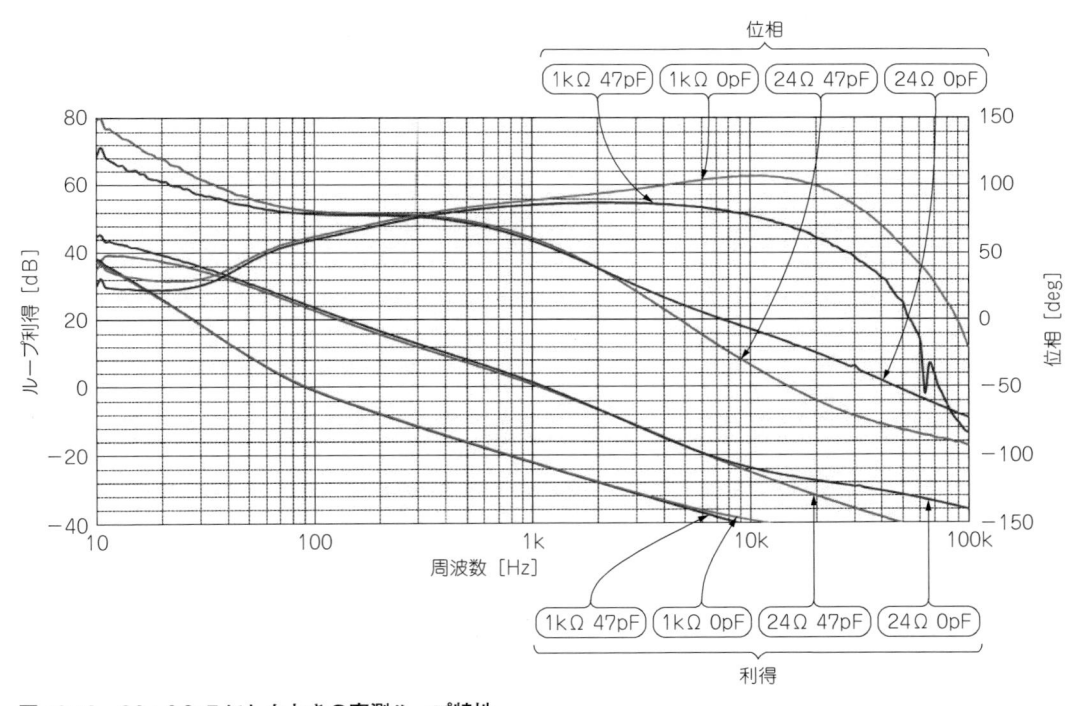

図12-16 C2：6.8nFにしたときの実測ループ特性

ち，負荷1kΩでは全体の利得が20dBほど異なっています．

　負帰還設計は，以上のような経過になりました．スイッチング電源の負帰還設計にはシミュレータは欠かせませんが，シミュレータだけではまだ難しいようです．最適な負帰還定数を効率よく見つけるには，シミュレーションと計測器での実測を比較し，繰り返すことが必要なようです．

12-4――各種特性のシミュレーション値と実測値の比較

◆ 出力インピーダンス

図12-17(a)は，出力インピーダンスを求めるためのシミュレーション回路です．図12-17(b)がシミュレーション結果，図12-17(c)が実測結果です．ループ特性のシミュレーションのときに負荷抵抗1kΩで実測との利得の乖離が大きかったことが原因で，出力インピーダンスでも1kΩ負荷のときの特性がシミュレーションと実測で大きく異なっています．

図12-17(c)では，負荷抵抗1kΩのときに90Hzで3Ω近い出力インピーダンスになっています．ちょっと大きすぎるようですが，定格負荷1Aの電源を24mAで使用することもまずないので，不都合が生じることもないのではとも思います．

◆ 出力電流が急変したときの出力電圧の変動

図12-18(a)は，出力電流が急変したときの出力電圧の変動のシミュレーションです．

電圧モードのブースト・コンバータでは500mAの電流急変のシミュレーション結果が変でしたが，電流モードでは図12-18(b)に示すようにリーズナブルな結果が得られました．図12-18(d)の実測結果と比べると若干振幅の差がありますが，ほぼ同等な結果になっています．

図12-18(c)は，DCMからCCMへ出力電流が1A急変したときのシミュレーション結果です．こちらも実測と同等な結果になっています．

電流モードでは，スイッチングのデューティが50%を超えるとコイルに流れる電流が不安定になる低調波発振(Subharmonic Oscillation)が発生します．低調波発振については触れませんでしたが，UC3843Aのデータシートと参考文献(4)にその説明と対策が説明されていますので，そちらをご覧ください．

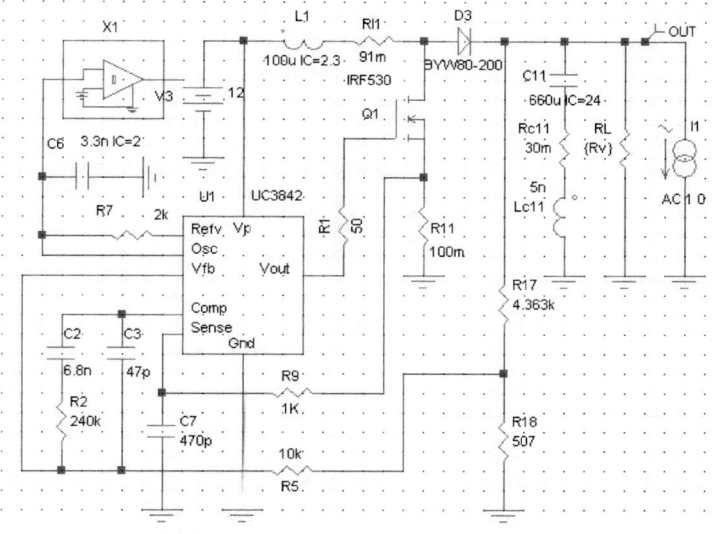

(a) シミュレーション回路 [C_Boost_Zo_AC]

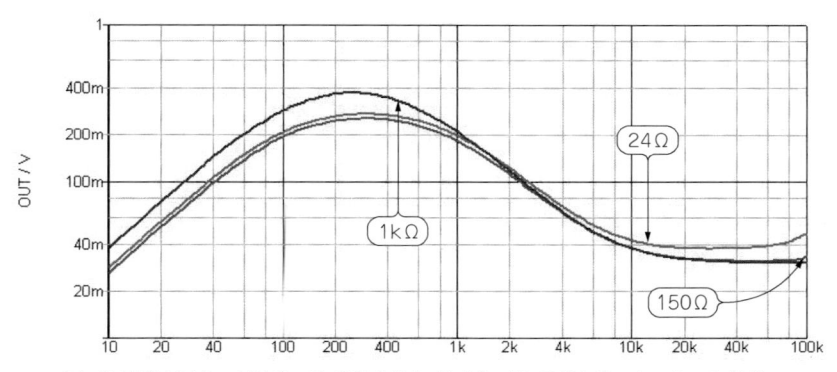

(b) 負荷抵抗24Ω, 150Ω, 1kΩでの出力インピーダンスのシミュレーション結果

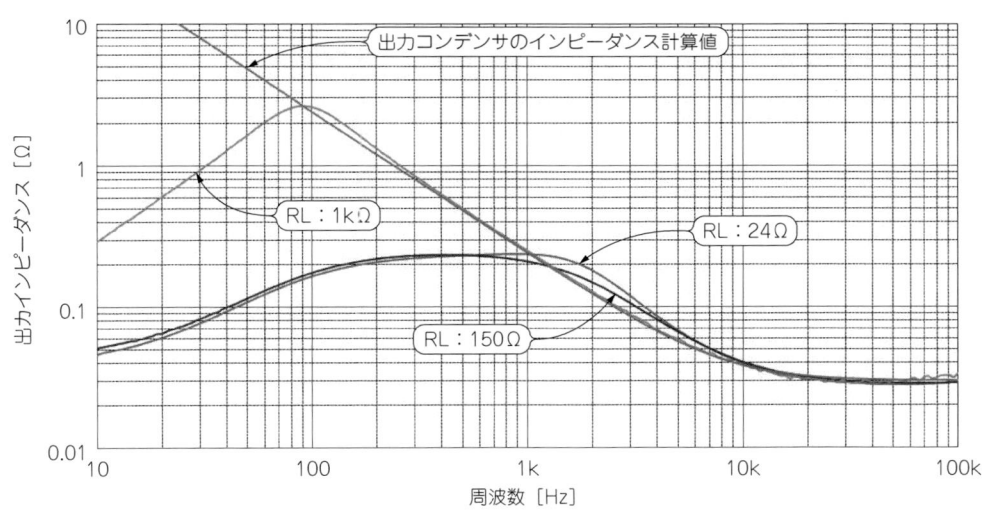

(c) 負荷抵抗24Ω, 150Ω, 1kΩでの出力インピーダンス実測値

図 12-17 出力インピーダンスの特性

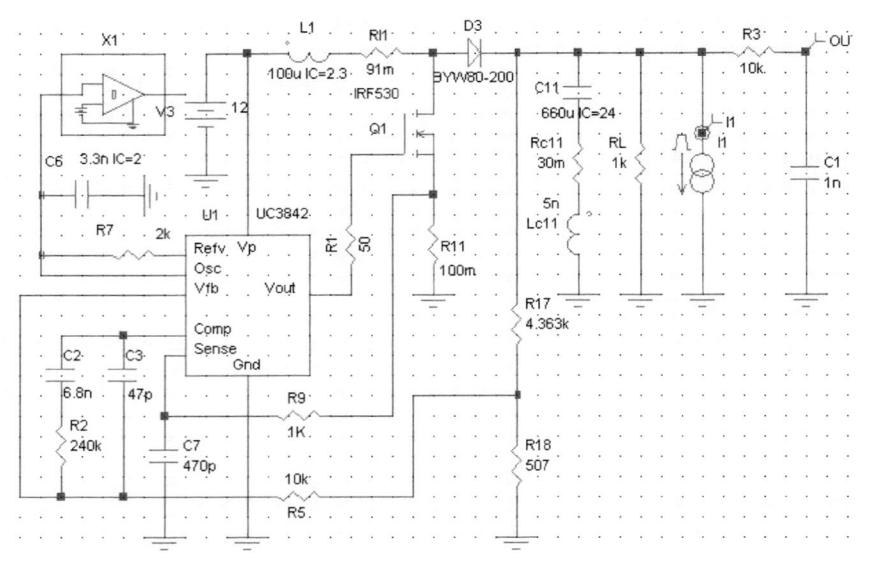

(a) シミュレーション回路 [C_Boost_Vout_CCM_Tran]

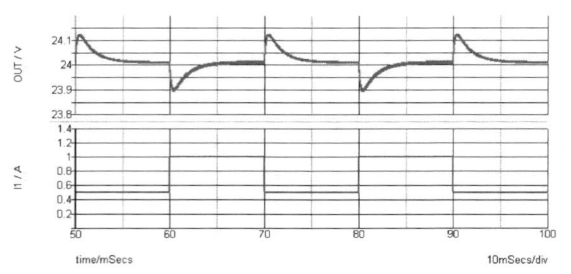

(b) 出力電流524mA〜1.024A急変時の出力電圧過渡応答波形
[C_Boost_Vout_CCM_Tran]

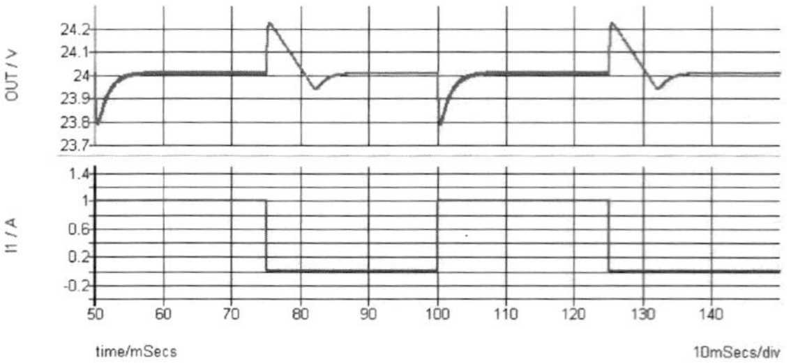

(c) 出力電流24mA〜1.024A急変時の出力電圧過渡応答波形
[C_Boost_Vout_DCM_CCM_Tran]

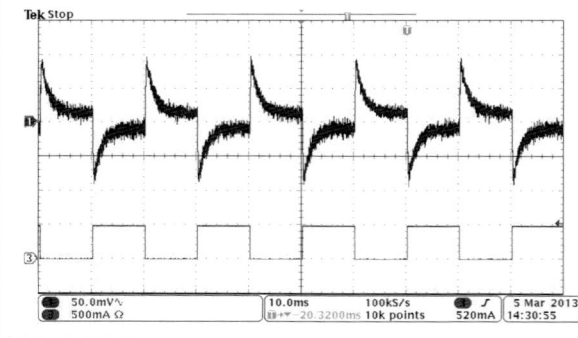

(d) 出力電流524mA〜1.024A急変時の出力電圧過渡応答実測波形 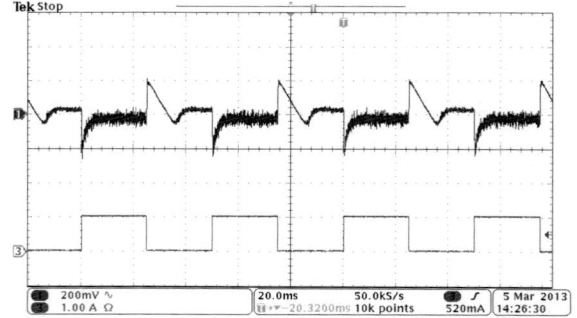　(e) 出力電流24mA〜1.024A急変時の出力電圧過渡応答実測波形

図12-18　出力電流急変時の出力電圧過渡応答シミュレーション

付属 CD-ROM について

付属の CD-ROM には，下記の三つのフォルダが収録されています．

(1)「SIMetrix_SIMPLIS」フォルダ

インターネットに接続できない，あるいは接続したくない方でも SIMetrix/SIMPLIS を導入できるように，SIMetrix/SIMPLIS の日本国内販売店であるインターソフト社のご好意によりインストール用実行ファイル「sxint70.exe」を格納してあります．

この実行ファイルは SIMetrix 社のホームページから入手できるものと同じです．「sxint70.exe」を実行するとインストールを開始しますので，指示にしたがって導入してください．

なお筆者は確認していませんが SIMetrix 社のホームページに，SIMetrix/SIMPLIS Intro は Windows 8，7，Vista，XP での動作が可能と書かれています．

(2)「MOD_File」フォルダ

筆者が作成した下記の SPICE モデル・ファイルが格納してあります．Column 2-1 の説明にしたがって，SIMetrix/SIMPLIS に組み込んで使用してください．

```
Diode ……………  9種の日本製ダイオード・モデル
Diode_Zener ……  5種の日本製ツェナー・ダイオード・モデル
BJT_NPN ………  小信号用から大電力用まで20種の日本製NPNトランジスタ・モデル
BJT_PNP ………  小信号用から大電力用まで18種の日本製PNPトランジスタ・モデル
JFET_NPN ……   13種の日本製接合型FETモデル
JFET_PNP ……    6種の日本製接合型FETモデル
```

(3)「Simulation_CKT」フォルダ

本書に記載されているシミュレーション回路が各章ごとに分類され，格納してあります．
すべて SIMetrix/SIMPLIS Intro Ver7.00 で作成し，シミュレーションしています．

SIMetrix/SIMPLIS Intro version7.0 の著作権は SIMetrix 社(SIMetrix Technologies Ltd)に属します．
最新バージョンは，SIMetrix 社 http://www.simetrix.co.uk/ からダウンロードできます．

参考・引用*文献

(1) 原田耕介 他；スイッチングコンバータの基礎，1992年3月，コロナ社.

(2) UNITRODE Appocation Handbook 日本語版，インターニックス(株).

(3) パワー・サプライ・コントロール・プロダクト・アプリケーション・ノート CD-ROM，Texas Instruments.

(4) 馬場清太郎；電源回路設計成功のかぎ，2009年5月，CQ出版社.

(5) Robert W/Erickson；Fundamentals of Power Electronics，2001，Kluwer Academic Publishers.

(6) Abraham I.Pressman；Switching Power Supply Design，1998，McGraw Hill.

(7) SIMetrix/SIMPLIS マニュアル，(株)インターソフト.

(8) 低周波の EMC 2012，(株)エヌエフ回路設計ブロック.

(9)* HA16114P データシート，ルネサス エレクトロニクス(株).

(10)* FA5511P データシート，富士電機(株).

(11)* UC3843AN データシート，日本テキサス・インスツルメンツ(株).

(12)* 伝田精一；パワートランジスタ・パワーIC とその応用，1971年，(株)日刊工業新聞社.

(13)* TL431/432 データシート，日本テキサス・インスツルメンツ(株).

(14)* 電源出力平滑用アルミ小形電解コンデンサ・データシート，日本ケミコン(株).

(15)* SEFUSE SM タイプ温度ヒューズ・データシート，NEC SCHOTT コンポーネンツ(株).

(16)* LT3561 データシート，リニアテクノロジー(株).

(17)* NCP3011 データシート，オンセミコンダクター.

(18)* 2SD2012 データシート，(株)東芝.

(19)* デンカ放熱シート，電気化学工業(株).

(20)* 本多平八郎；作りながら学ぶエレクトロニクス測定器，2001年5月，CQ出版社.

索引

【数字・アルファベット】

β —— 87
β 回路 —— 86
θ_{jc} —— 151
1 次回路 —— 9
2 次回路 —— 9
AC 解析 —— 38
A_o —— 87
B–H カーブ —— 65
Bode plot —— 74
Bode Plot Probe —— 74
Boost Converter —— 177
Buck-Boost Converter —— 178
Buck Converter —— 174
B（ベル）—— 72
CCM：Continuous Conduction Mode —— 175, 185
CloseGain —— 92
ClosePhase —— 92
Constant Voltage Constant Current —— 158
CRM：Critical Conduction Mode —— 185
Cursors —— 36
CVCC —— 158
dB/dec —— 74
dB/oct —— 74
dB（デシベル）—— 72
dB 目盛り —— 73
DC-CT —— 96
DCM：Discontinuous Conduction Mode —— 176, 185
delayting —— 154
Edit/Add Properties —— 31
Edit Axis —— 36
ESL：Effective Series Inductance —— 54, 103
ESR：Effective Series Resistance —— 54, 103, 203, 213, 230
E 系列 —— 30
FFT —— 156
FFT の表示 —— 130
FRA —— 155
gm —— 133
gm アンプ —— 114
Headroom Pos. —— 29
High Pass Filter —— 58, 78
HPF —— 78
Ideal Transformer —— 64
JIS 規格 —— 10
K_{PWM} —— 183
LAP —— 234
Laplace Transfer Function —— 234
Leakage Inductance —— 61
Low Pass Filter —— 51, 77
LPF —— 77
LTspice —— 22
Move Text —— 31
Negative Feedback —— 86
OpenGain —— 92
OpenPhase —— 92
Parameterised Opamp —— 27
Periodic Operating Point —— 185
PFC：Power Facter Correction —— 130
POP —— 185
POP Trigger —— 38
PSD（Power Spectrum Density）—— 145
PSE —— 10
PSpice —— 21
PWM：Pulse Width Modulation —— 183
RCM：cRitical Conduction Mode —— 176
RHP —— 85
RHP Zero —— 198, 199
Right Half-Plane Zero —— 85
Select Simulator —— 27, 36
SEPIC —— 180
SIMetrix —— 27
SIMetrix/SIMPLIS —— 23, 26
SIMPLIS —— 36
Single Ended Primary Inductance Converter —— 180
Subharmonic Oscillation —— 254
Switch-Mode Power Supply：SMPS —— 16
Waveform Generator —— 30
Wire Mode —— 31
Wire モード —— 32

【あ・ア】

アクティブ・フィルタ —— 130
安定な位相余裕 —— 99
位相余裕 —— 93
エミッタ共通増幅回路 —— 161

エミッタ・フォロア回路 —— 133, 166
沿面距離 —— 11
オーバシュート —— 93
オールパス・フィルタ —— 84
汚染度 —— 13
オフライン —— 18
オフライン・レギュレータ —— 18
温度差（℃）—— 150
オンライン —— 18
オンライン・レギュレータ —— 18

【か・カ】
カーソルの移動 —— 36
カーソルの表示 —— 36
過剰位相系 —— 85, 110, 178, 180, 198, 199
過電圧カテゴリ —— 11
過電圧カテゴリⅠ —— 9
過電圧カテゴリⅡ —— 9
過渡解析 —— 33, 37
強制空冷 —— 154
許容リプル電流 —— 203
金属板の熱抵抗 —— 170
空間距離 —— 11
ケイ素鋼板 —— 65
ケース温度 —— 151
結合係数 —— 63, 65, 127
減衰傾度 —— 51, 74
コイルのインピーダンス —— 58
コイルの等価回路 —— 61
降圧型コンバータ —— 174, 197
高圧定電圧電源 —— 160
高域遮断周波数 —— 62, 77
高調波電流 —— 130
高誘電率 —— 213
誤差増幅器 —— 98, 99, 100
誤差増幅器タイプⅠ —— 101, 103, 133, 162, 167
誤差増幅器タイプⅡ
　　　 —— 101, 107, 108, 110, 111, 113, 147, 204, 247
誤差増幅器タイプⅢ —— 101, 113, 116, 215, 233
誤差増幅部 —— 100
コンデンサのインピーダンス —— 53
コンデンサの等価回路 —— 54

【さ・サ】
最高接合温度 —— 151
最大コレクタ損失 —— 151
雑音電圧密度 —— 145
サミング・ポイント —— 119
漸近線 —— 74

仕上がり利得（A_c）—— 88
磁気飽和 —— 67
シミュレータ —— 21
遮断周波数 —— 50
シャント・レギュレータ —— 17, 18
出力インピーダンス —— 20, 138
出力雑音 —— 20, 145
出力電圧の過渡応答波形 —— 141
昇圧型コンバータ —— 177, 198
昇降圧型コンバータ —— 178, 199
商用電源 —— 13
シリーズ・レギュレータ —— 16, 17, 97
シリコン・グリス —— 152
スイッチング方式 —— 16
スイッチング・レギュレータ —— 17
ステップ特性 —— 80
スロー・ブロー —— 70
スロー・ブロー・ヒューズ —— 70
制御部 —— 99, 100
整流・平滑回路 —— 124
積層セラミック・コンデンサ —— 106, 212
絶縁耐圧 —— 152
絶縁トランス —— 15
接合部 —— 151
相互コンダクタンス —— 133
速動溶断型 —— 70

【た・タ】
ダーリントン接続 —— 133
タイムラグ・ヒューズ —— 70
タイム・ラグ溶断型 —— 70
単相三線式 —— 13
チューク（Cuk）コンバータ —— 183
柱上トランス —— 13
直流抵抗 —— 59
直流出力電圧 —— 124
直流電流トランス —— 96
直列共振 —— 53
直列等価抵抗 —— 54, 55, 61, 100, 230
低域遮断周波数 —— 62, 79
定格リプル電流 —— 50
低調波発振 —— 254
電圧帰還・直列注入方式 —— 94
電圧帰還・並列注入方式 —— 95
電圧源 —— 115
電圧出力増幅器 —— 115
電圧制御電圧源 —— 119
電圧制御電流源 —— 119

電圧制御モード —— 190, 194
電圧制御モード Boost コンバータ —— 193
電圧変換率 —— 174
電圧モード Boost コンバータ —— 226
電気用品安全法 —— 10
電流帰還・直列注入方式 —— 96
電流帰還・並列注入方式 —— 97
電流源 —— 115
電流出力増幅器 —— 115
電流制御電圧源 —— 96
電流制御モード —— 190, 195
電流制御モード Boost コンバータ —— 193
電流不連続モード —— 176, 185
電流モード Boost コンバータ —— 240
電流連続モード —— 175, 185
電力増幅器 —— 16
同軸ケーブル —— 84
突入電流 —— 67, 69
トランスの許容最高温度 —— 70
トランスの耐電圧 —— 70
トランスの等価回路 —— 61

【な・ナ】
熱抵抗（℃/W）—— 150
熱電圧 —— 133
ノーマル・ブロー —— 70
ハイパス・フィルタ —— 58

【は・ハ】
裸利得（A_O）—— 88
裸利得 A_O —— 86
バック・コンバータ —— 200
発熱量（W）—— 150
パルス幅変調 —— 183
パルス幅変調器の利得 —— 183
反転型 —— 178
半波整流回路 —— 127
非反転増幅器 —— 86
負帰還 —— 8, 86
負帰還の位相補正 —— 99
複素平面 —— 91
普通溶断型 —— 70
浮動増幅器型定電圧電源 —— 160
浮遊インダクタンス —— 54
浮遊容量 —— 61
浮遊容量成分 —— 59
ブリッジ整流回路 —— 127
プローブ —— 33
平滑回路 —— 127

並列共振 —— 59
並列等価抵抗 —— 54
方向性ケイ素鋼板 —— 65
放熱シート —— 152
飽和電流 —— 127
ボーデ線図 —— 74
ボード線図 —— 74
ポテンショメータ —— 160

【ま・マ】
マイカ・シート —— 152
マイラ・シート —— 152
巻き線抵抗 —— 61, 127
巻き線比 —— 61
巻き線容量 —— 61
マルチステップ解析 —— 40
無駄時間 —— 85, 110
漏れインダクタンス —— 61
漏れ磁束 —— 61

【や・ヤ】
溶断特性 —— 70
容量–重畳直流電圧特性 —— 214
余裕 —— 154

【ら・ラ】
ライン・レギュレーション —— 20
リーケージ・インダクタンス —— 127
理想トランス —— 64
利得余裕 —— 93
リニア方式 —— 16
リニア目盛り —— 73
リニア・レギュレータ —— 16
リプル電圧 —— 124
リプル電圧抑圧比 —— 20
リプル電流 —— 127
流通角 —— 130
両波整流回路 —— 127
力率改善回路 —— 130
リンギンク —— 93
臨界モード —— 176, 185
リンギング波形 —— 142
ループ特性 —— 100, 137
ループ利得 —— 89
ループ利得 $A_O \cdot \beta$ —— 88
零 —— 81
励磁電流波形 —— 68
レギュレータ —— 16
ロード・レギュレーション —— 20, 138
ローパス・フィルタ —— 51

著者略歴

遠坂俊昭（えんざかとしあき）

1949年	群馬県新田郡薮塚本町に生まれる
1966年	アマチュア無線局JA1WVFを前橋にて開局
1973年	（株）三工社に入社
	電気検測車用計測装置，ATS地上子用Qメータの開発に従事
1977年	（株）エヌエフ回路設計ブロックに入社
	アイソレーション・アンプ，ロックイン・アンプ，FRA，保護リレー試験器の開発および特注品の設計に従事
2009年	群馬大学工学部 客員教授

現在，群馬大学にて群馬県の若手電子技術者育成プロジェクト「アナログ・ナレッジ」担当
http://cs3.el.gunma-u.ac.jp/AnalogKnowledge/　アナログナレッジで検索

〈おもな著書〉
計測のためのアナログ回路設計，1997年11月，CQ出版社.
計測のためのフィルタ回路設計，1998年9月，CQ出版社.
PLL回路の設計と応用，2003年11月，CQ出版社.
電子回路シミュレータSPICE実践編，2004年5月，CQ出版社.
PSpiceによるOPアンプ回路設計，2009年8月，CQ出版社.
電子回路シミュレータLTspice実践入門，2012年1月，CQ出版社.

本書のサポート・ページ

http://mycomputer.cqpub.co.jp/

> この本はオンデマンド印刷技術で印刷しました
> 本書は，一般書籍最終版を概ねそのまま再現していることから，記載事項や文章に現代とは異なる表現が含まれている場合があります．事情ご賢察のうえ，ご了承くださいますようお願い申し上げます．

- **本書記載の社名，製品名について** ── 本書に記載されている社名および製品名は，一般に開発メーカーの登録商標または商標です．なお，本文中では ™，®，© の各表示を明記していません．
- **本書掲載記事の利用についてのご注意** ── 本書掲載記事は著作権法により保護され，また産業財産権が確立されている場合があります．したがって，記事として掲載された技術情報をもとに製品化をするには，著作権者および産業財産権者の許可が必要です．また，掲載された技術情報を利用することにより発生した損害などに関して，CQ出版社および著作権者ならびに産業財産権者は責任を負いかねますのでご了承ください．
- **本書付属の CD-ROM についてのご注意** ── 本書付属の CD-ROM に収録したプログラムやデータなどは著作権法により保護されています．したがって，特別の表記がない限り，本書付属の CD-ROM の貸与または改変，複写複製（コピー）はできません．また，本書付属の CD-ROM に収録したプログラムやデータなどを利用することにより発生した損害などに関して，CQ出版社および著作権者は責任を負いかねますのでご了承ください．
- **本書に関するご質問について** ── 文章，数式などの記述上の不明点についてのご質問は，必ず往復はがきか返信用封筒を同封した封書でお願いいたします．ご質問は著者に回送し直接回答していただきますので，多少時間がかかります．また，本書の記載範囲を越えるご質問には応じられませんので，ご了承ください．
- **本書の複製等について** ── 本書のコピー，スキャン，デジタル化等の無断複製は著作権法上での例外を除き禁じられています．本書を代行業者等の第三者に依頼してスキャンやデジタル化することは，たとえ個人や家庭内の利用でも認められておりません．

JCOPY <(社)出版者著作権管理機構 委託出版物>
本書の全部または一部を無断で複写複製（コピー）することは，著作権法上での例外を除き，禁じられています．本書からの複製を希望される場合は，出版社著作権管理機構（TEL：03-5244-5088）にご連絡ください．

電子回路シミュレータ SIMetrix/SIMPLIS による高性能電源回路の設計 [オンデマンド版]

CD-ROM付き

2013年6月25日　初版発行
2020年9月10日　オンデマンド版発行

© 遠坂俊昭 2013
（無断転載を禁じます）

著　者　遠坂　俊昭
発行人　小澤　拓治
発行所　CQ出版株式会社
〒112-8619　東京都文京区千石4-29-14
電話　編集　03-5395-2123
　　　販売　03-5395-2141
振替　00100-7-10665

ISBN978-4-7898-4951-7
定価は表紙に表示してあります

乱丁，落丁本はお取り替えします
Printed in Japan

DTP　森の印刷屋株式会社
印刷・製本　大日本印刷株式会社
表紙デザイン　千村　勝紀
表紙イラストレーション　水野　真帆